高等学校土建类专业应用型本科"十四五"规划教材

混凝土结构与砌体结构设计

主　编　田　悦
副主编　金子捷　张　姝

武汉理工大学出版社
·武　汉·

内容简介

混凝土结构与砌体结构设计是土木工程专业的专业课，本书依据现行国家标准《混凝土结构设计标准》(GB 50010—2010)(2024版)和相应规范的有关内容编写，主要内容包括建筑结构设计内容与分析方法、钢筋混凝土梁板结构、钢筋混凝土单层厂房、钢筋混凝土框架结构及砌体结构。本书编写时，力求内容充实，重点突出，语言通俗易懂，由浅入深，循序渐进，有明确的计算方法和实用设计步骤，做到能具体应用，为了利于教学和自学，每章均有本章概要、学习目标、本章小结及思考题与习题，并在每章最后设置特色的能力训练项目，以加深对所学知识的理解与应用。

本书可作为高等学校土木工程本科专业的专业课教材，也可供土木工程技术人员参考使用。

图书在版编目(CIP)数据

混凝土结构与砌体结构设计 / 田悦主编. -- 武汉：武汉理工大学出版社，2024.6.
ISBN 978-7-5629-7104-7

Ⅰ. TU370.4; TU360.4

中国国家版本馆 CIP 数据核字第 2024EL6868 号

Hunningtu Jiegou yu Qiti Jiegou Sheji

混 凝 土 结 构 与 砌 体 结 构 设 计

项目负责人：王利永(027-87290908)	责 任 编 辑：王　思
责 任 校 对：夏冬琴	版 式 设 计：正风图文
出 版 发 行：武汉理工大学出版社	
地　　　　址：武汉市洪山区珞狮路 122 号	
邮　　　　编：430070	
网　　　　址：http://www.wutp.com.cn	
经　　　　销：各地新华书店	
印　　　　刷：湖北金港彩印有限公司	
开　　　　本：787×1092　1/16	
印　　　　张：21.5	
字　　　　数：520 千字	
版　　　　次：2024 年 6 月第 1 版	
印　　　　次：2024 年 6 月第 1 次印刷	
定　　　　价：53.00 元	

凡购本书，如有缺页、倒页、脱页等印装质量问题，请向出版社发行部调换。
本社购书热线电话：027-87391631　027-87523148　027-87165708(传真)

·版权所有，盗版必究·

前　言

混凝土结构与砌体结构设计是土木工程专业的专业课,本书依据现行国家标准《混凝土结构设计标准》(GB/T 50010—2010)(2024 版)、《混凝土结构通用规范》(GB 55008—2021)、《工程结构通用规范》(GB 55001—2021)、《建筑结构可靠性设计统一标准》(GB 50068—2018)、《砌体结构设计规范》(GB 50003—2011)、《砌体结构通用规范》(GB 55007—2021)及有关图集等,并结合编者多年的教学实践编写而成。通过本课程的学习,读者应掌握混凝土结构及砌体结构的计算方法及构造要求,其教学内容是土木工程专业及相关专业(如建筑学、工程管理、工程造价等)学生应当具备的基础知识,为学生学习后续专业课、进行毕业设计及毕业后从事相关领域工作或继续学习提供坚实基础。

本书主要内容包括建筑结构设计内容与分析方法、钢筋混凝土梁板结构、钢筋混凝土单层厂房、钢筋混凝土框架结构及砌体结构。本书编写时,力求内容充实,重点突出,语言通俗易懂,由浅入深,循序渐进,有明确的计算方法和实用设计步骤,做到能具体应用。为了利于教学和自学,每章均有本章概要、学习目标、本章小结及思考题与习题,并在每章最后设置有特色的能力训练项目,以加深对所学知识的理解与应用,基于"互联网＋教育"的教学理念,可通过扫描书中设置的二维码,对本章节相关知识点进行在线测试。

本书由沈阳城市建设学院教师负责编写,上海建工五建集团东北分公司人员参与编写,沈阳城市建设学院田悦担任主编,沈阳城市建设学院金子捷、张姝担任副主编,沈阳城市建设学院王志博、上海建工五建集团东北分公司吴骞参编,具体分工为如下:田悦编写第1、2、4章,张姝编写第3章,金子捷编写第5章,王志博负责编写各章思考题、习题及附录,吴骞负责编写能力训练项目。全书由田悦组织编写、统稿及最终定稿。

本书在编写过程中参考了大量文献,并引用了一些学者资料,已在本书的参考文献中一一列出。由于编者水平有限,书中缺点甚至错误在所难免,敬请读者批评指正。

编　者
2024 年 5 月

目 录

1 建筑结构设计内容与分析方法 ………………………………………… (1)
  1.1 结构定义与类型 ……………………………………………………… (1)
    1.1.1 结构的定义 …………………………………………………… (1)
    1.1.2 结构的类型 …………………………………………………… (1)
  1.2 建筑结构设计流程和内容 …………………………………………… (2)
  1.3 结构选型与布置 ……………………………………………………… (3)
    1.3.1 结构选型原则 ………………………………………………… (3)
    1.3.2 结构布置原则 ………………………………………………… (3)
  1.4 结构分析方法 ………………………………………………………… (3)
    1.4.1 结构分析的基本原则 ………………………………………… (4)
    1.4.2 结构分析模型 ………………………………………………… (4)
    1.4.3 结构分析方法 ………………………………………………… (5)
  本章小结 …………………………………………………………………… (7)
  思考题 ……………………………………………………………………… (8)

2 钢筋混凝土梁板结构 …………………………………………………… (9)
  2.1 概述 …………………………………………………………………… (9)
    2.1.1 楼(屋)盖类型 ………………………………………………… (9)
    2.1.2 单向板与双向板 ……………………………………………… (10)
  2.2 整体式单向板肋梁楼(屋)盖 ………………………………………… (13)
    2.2.1 楼盖结构平面布置 …………………………………………… (13)
    2.2.2 计算简图与荷载 ……………………………………………… (14)
    2.2.3 按弹性理论计算内力 ………………………………………… (17)
    2.2.4 按塑性内力重分布理论计算内力 …………………………… (21)
    2.2.5 截面设计与构造要求 ………………………………………… (27)

  2.2.6 整体式单向板肋梁楼盖设计实例 …………………………………… (34)
 2.3 整体式双向板肋梁楼（屋）盖 ……………………………………………… (47)
  2.3.1 双向板的受力特征及试验结果 …………………………………… (47)
  2.3.2 按弹性理论计算内力 ……………………………………………… (48)
  2.3.3 截面设计和构造要求 ……………………………………………… (50)
  2.3.4 支承双向板的梁的设计 …………………………………………… (53)
 2.4 楼梯和雨篷 ………………………………………………………………… (53)
  2.4.1 楼梯 ………………………………………………………………… (53)
  2.4.2 雨篷 ………………………………………………………………… (59)
本章小结 …………………………………………………………………………… (61)
思考题 ……………………………………………………………………………… (61)
习题 ………………………………………………………………………………… (62)
能力训练项目 ……………………………………………………………………… (63)

3 钢筋混凝土单层厂房 ………………………………………………………… (64)

 3.1 概述 ………………………………………………………………………… (64)
  3.1.1 单层厂房的类型与特点 …………………………………………… (64)
  3.1.2 单层厂房结构设计流程 …………………………………………… (66)
 3.2 单层厂房的结构组成与结构布置 ………………………………………… (66)
  3.2.1 结构组成 …………………………………………………………… (66)
  3.2.2 主要荷载及传力路线 ……………………………………………… (69)
  3.2.3 结构布置 …………………………………………………………… (70)
  3.2.4 构件选型 …………………………………………………………… (81)
 3.3 排架计算 …………………………………………………………………… (82)
  3.3.1 计算简图 …………………………………………………………… (82)
  3.3.2 荷载计算 …………………………………………………………… (83)
  3.3.3 内力计算 …………………………………………………………… (93)
  3.3.4 内力组合 …………………………………………………………… (102)
 3.4 单层厂房排架柱设计 ……………………………………………………… (105)
  3.4.1 排架柱的构造要求 ………………………………………………… (105)
  3.4.2 排架柱截面设计 …………………………………………………… (110)
  3.4.3 柱裂缝宽度验算 …………………………………………………… (110)
  3.4.4 柱吊装验算 ………………………………………………………… (111)

3.4.5 牛腿设计 ……………………………………………………………… (112)
3.5 柱下独立基础设计 …………………………………………………………… (117)
　　3.5.1 基础底面尺寸的确定 …………………………………………………… (117)
　　3.5.2 基础高度验算 …………………………………………………………… (119)
　　3.5.3 基础底板配筋计算 ……………………………………………………… (121)
　　3.5.4 构造要求 ………………………………………………………………… (123)
3.6 屋架、吊车梁、抗风柱设计要点 ……………………………………………… (125)
　　3.6.1 屋架设计 ………………………………………………………………… (125)
　　3.6.2 吊车梁设计 ……………………………………………………………… (127)
　　3.6.3 抗风柱设计 ……………………………………………………………… (129)
3.7 钢筋混凝土单层厂房排架结构设计实例 …………………………………… (130)
　　3.7.1 设计资料 ………………………………………………………………… (130)
　　3.7.2 构件选型及柱截面尺寸确定 …………………………………………… (131)
　　3.7.3 定位轴线 ………………………………………………………………… (132)
　　3.7.4 计算简图及柱的计算参数 ……………………………………………… (133)
　　3.7.5 荷载计算 ………………………………………………………………… (133)
　　3.7.6 排架内力分析 …………………………………………………………… (136)
　　3.7.7 内力组合 ………………………………………………………………… (143)
　　3.7.8 柱截面设计 ……………………………………………………………… (146)
　　3.7.9 基础设计 ………………………………………………………………… (153)
本章小结 ……………………………………………………………………………… (161)
思考题 ………………………………………………………………………………… (161)
习题 …………………………………………………………………………………… (162)
能力训练项目 ………………………………………………………………………… (164)

4 钢筋混凝土框架结构 …………………………………………………………… (166)
4.1 概述 ……………………………………………………………………………… (166)
4.2 框架结构的布置 ………………………………………………………………… (167)
　　4.2.1 柱网布置 ………………………………………………………………… (167)
　　4.2.2 框架结构的承重方案 …………………………………………………… (169)
　　4.2.3 梁柱相交位置 …………………………………………………………… (170)
　　4.2.4 变形缝设置 ……………………………………………………………… (170)

4.3 框架结构的计算简图及荷载 (171)
4.3.1 梁、柱截面尺寸 (171)
4.3.2 框架结构的计算简图 (172)
4.3.3 荷载计算 (175)

4.4 竖向荷载作用下框架结构内力近似计算 (176)
4.4.1 分层法 (176)
4.4.2 弯矩二次分配法 (180)

4.5 水平荷载作用下框架结构内力和侧移的近似计算 (181)
4.5.1 反弯点法 (181)
4.5.2 D 值法 (185)
4.5.3 框架结构侧移的近似计算 (187)
4.5.4 框架结构的水平位移控制 (190)

4.6 框架结构荷载效应组合及构件设计 (195)
4.6.1 荷载效应组合 (195)
4.6.2 构件设计 (198)

4.7 框架结构一般构造要求 (199)
4.7.1 框架梁 (199)
4.7.2 框架柱 (200)
4.7.3 梁柱节点 (201)
4.7.4 钢筋的连接和锚固 (201)

本章小结 (203)
思考题 (204)
习题 (204)
能力训练项目 (206)

5 砌体结构 (208)
5.1 概述 (208)
5.2 砌体材料及物理力学性能 (209)
5.2.1 砌体材料及强度等级 (209)
5.2.2 砌体类型 (214)
5.2.3 砌体受压性能 (215)
5.2.4 砌体受拉、受弯、受剪性能 (218)
5.2.5 砌体弹性模量、线膨胀系数、收缩率和摩擦系数 (220)

5.3 砌体结构设计方法与砌体强度设计值 ·· (221)
    5.3.1 概率极限状态设计方法 ·· (221)
    5.3.2 砌体强度设计值 ·· (222)
5.4 无筋砌体构件承载力计算 ·· (223)
    5.4.1 受压构件承载力计算 ··· (223)
    5.4.2 局部受压构件承载力计算 ··· (228)
    5.4.3 轴心受拉、受弯、受剪构件承载力计算 ······························· (236)
5.5 混合结构房屋墙体设计 ·· (238)
    5.5.1 结构布置 ·· (238)
    5.5.2 房屋静力计算方案 ··· (240)
    5.5.3 墙、柱高厚比验算 ··· (243)
    5.5.4 刚性方案房屋墙体设计 ··· (248)
    5.5.5 弹性与刚弹性体房屋墙体设计 ··· (254)
5.6 配筋砌体结构设计 ·· (255)
    5.6.1 网状配筋砖砌体 ··· (255)
    5.6.2 组合砖砌体 ·· (257)
5.7 混合结构房屋其他结构构件设计 ·· (264)
    5.7.1 圈梁设计 ·· (264)
    5.7.2 过梁设计 ·· (266)
    5.7.3 挑梁设计 ·· (269)
    5.7.4 墙梁设计 ·· (274)
5.8 砌体构造要求 ·· (275)
    5.8.1 墙、柱的一般构造要求 ··· (275)
    5.8.2 框架填充墙 ·· (277)
    5.8.3 防止或减轻墙体开裂的主要措施 ··· (278)
本章小结 ·· (280)
思考题 ·· (281)
习题 ·· (281)
能力训练项目 ·· (283)

附录 ·· (285)
  附表1 钢筋的公称直径、公称截面面积及理论重量 ······················ (285)
  附表2 等截面等跨连续梁在常用荷载作用下的内力系数 ·············· (287)

附表 3　双向板计算系数 …………………………………………………………………(297)

附表 4　风荷载特征值 ……………………………………………………………………(303)

附表 5　5~50/5t 一般用途电动桥式吊车基本参数和尺寸系列(ZQ1-62)…………(306)

附表 6　钢筋混凝土结构伸缩缝最大间距 ……………………………………………(308)

附表 7　I 形截面柱的力学特征 …………………………………………………………(309)

附表 8　框架柱反弯点高度比 ……………………………………………………………(311)

附表 9　《砌体结构设计规范》(GB 50003—2011)有关规定 …………………………(319)

参考文献 ……………………………………………………………………………………(331)

1　建筑结构设计内容与分析方法

【本章概要】
　　本章主要介绍常见建筑结构设计内容与分析方法，主要内容包括结构定义与类型、建筑结构设计流程和内容、结构选型与布置、结构分析方法等。
【学习目标】
　　通过本章学习，了解建筑结构的概念与结构类型；熟悉结构设计的流程与内容；理解结构选型与布置原则；熟悉结构分析原则、分析模型与分析方法等。

1.1　结构定义与类型

1.1.1　结构的定义

　　广义的结构是指房屋建筑和土木工程的建筑物、构筑物及其相关组成部分的实体,狭义的结构是指建(构)筑物的承重骨架,即由各种材料(如木、砖、石、混凝土、钢材等)建造的结构构件,能承受和传递作用并具有适当刚度的由连接部件组合而成的整体。本书主要讲解混凝土结构与砌体结构设计。

1.1.2　结构的类型

　　由于建(构)筑物的使用功能不同,承受的作用也可能不同,致使建(构)筑物承重结构类型也不同。按建筑材料,可分为木结构、砌体结构、混凝土结构、钢结构等；按结构体系,可分为混合结构、排架结构、框架结构、剪力墙结构、框架-剪力墙结构、筒体结构、网架结构、桁架结构等。结构又分为水平承重结构(如房屋中的楼盖结构、屋盖结构)、竖向承重结构(如房屋中的框架、排架、刚架、剪力墙、筒体等结构)、底部承重结构(如房屋中的基础)。
　　本书将对梁板结构、排架结构、框架结构及砌体结构进行讨论。

1.2　建筑结构设计流程和内容

建筑结构设计是指在结构的可靠性与经济性之间选择一个合理的平衡,力求以最低的代价使结构在规定的条件下和使用期限内,能满足预定的安全性、适应性和耐久性等要求。

建筑结构设计一般分为初步设计阶段、技术设计阶段和施工图设计阶段三个阶段。初步设计阶段也称为方案设计阶段,主要对基础和上部主体结构提出可行的结构方案(包括结构选型、构件布置及传力途径),同时对结构设计的关键问题提出技术措施,结构设计方案应满足安全、适用、经济、保证质量;技术设计阶段主要是进行结构布置,对结构整体进行荷载效应分析及结构的极限状态设计,确定结构及构件的主要构造连接措施、耐久性、施工要求,以及重要部位和薄弱部位的技术措施;施工图设计阶段主要完成各楼层结构平面布置图,各结构构件连接的配筋图及构造图,结构施工总说明,以及各项设计计算书存档,并提交最终设计图。混凝土结构设计流程图及内容如图 1.1 所示。

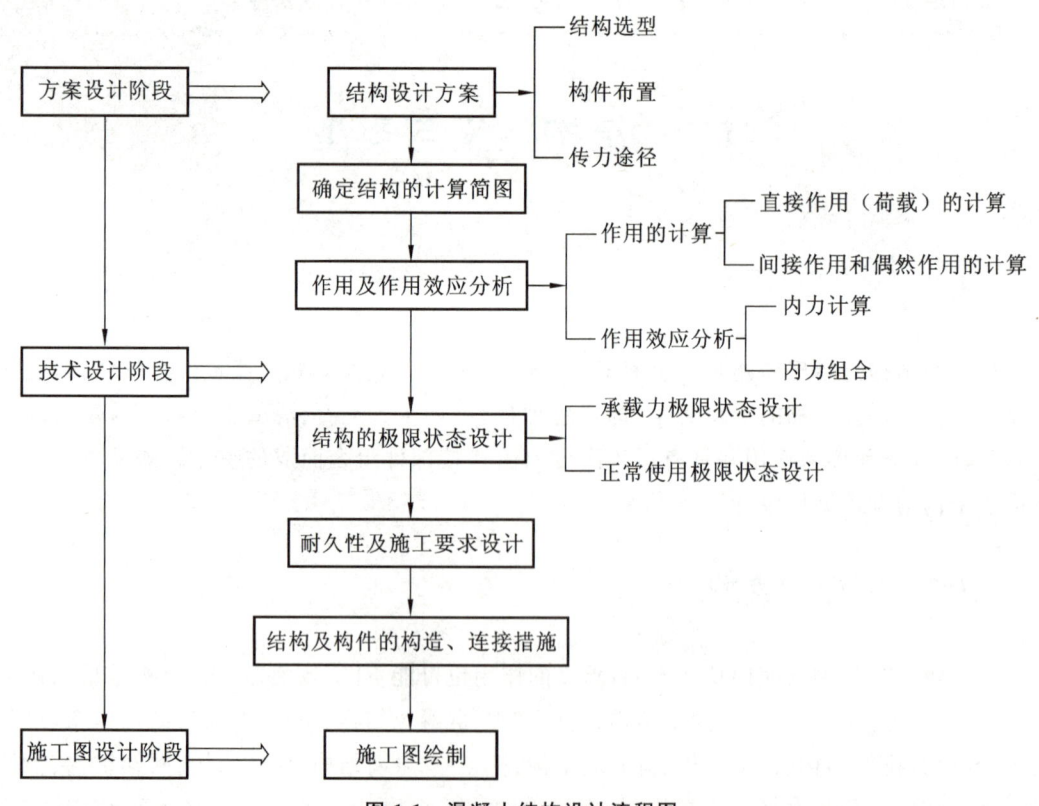

图 1.1　混凝土结构设计流程图

对于有特殊要求的结构,应进行专门设计。例如对于可能遭受偶然作用,且倒塌可能引起严重后果的重要结构,宜进行防连续倒塌设计;既有结构延长使用年限、改变用途、改建、扩建或需要进行加固、修复等,应进行评估、验算或重新设计。

1.3 结构选型与布置

1.3.1 结构选型原则

进行结构设计时,首先要选择各类结构的形式。结构选型是否合理,不但关系到是否满足使用要求和结构受力是否可靠,而且也关系到是否经济和是否方便施工等问题。结构选型的基本原则是:满足使用要求,受力性能好,施工简便,经济合理。

1.3.2 结构布置原则

结构形式选定后,要进行结构布置,即确定哪里设柱、哪里设墙、哪里设梁等问题。结构布置是否合理,不但影响到使用,而且影响到受力、施工和造价等。结构布置的基本原则是:

(1) 在满足使用要求的前提下,沿结构的平面和竖向应尽可能简单、规则、均匀、对称,避免发生突变,减少偶然作用的影响范围,防止因局部破坏引起结构连续倒塌。

(2) 荷载传递路线明确,结构计算简图简单并易于确定。

(3) 结构整体性好,受力可靠,重要构件和关键传力部位应增加冗余约束或有多余传力途径。

(4) 施工简便。

(5) 经济合理。

此外,平面尺寸较大的建筑要考虑温度伸缩缝的设置问题,但设置温度伸缩缝时,温度伸缩缝的最大间距满足附表6要求。在地基不均匀,或者相邻部位高度不同,或者荷载相差较大的房屋中,要考虑沉降缝的设置问题。在地震区,当房屋相距较近,或者房屋中设有伸缩缝或沉降缝时,为了防止地震时房屋与房屋或同一房屋中不同结构单元之间相互碰撞造成房屋毁坏,应考虑防震缝的设置问题。温度伸缩缝、沉降缝和防震缝统称为变形缝。当房屋中需要同时设置温度伸缩缝、沉降缝和防震缝时,应尽可能将三者设置在同一位置上。

1.4 结构分析方法

结构分析是指根据已确定的结构方案,确定合理的计算简图与结构分析方法,通过作用与作用效应分析求出控制截面的最不利内力,以便进行构件截面计算并采取可靠的构造措施。

1.4.1 结构分析的基本原则

在所有的情况下均应对结构的整体进行分析,结构中的重要部位、形状突变部位,以及内力和变形有异常变化的部分(如较大孔洞周围、节点及其附近、支座和集中荷载附近等),必要时应另做更详细的局部分析,基本原则如下:

(1) 确定不利组合作用

结构在不同工作阶段,如结构的施工期、检修期和使用期,预制构件的制作、运输和安装阶段,以及出现偶然事故的情况下,都可能出现多种不利的受力状况,应分别进行结构分析,并确定其可能的不利组合。

(2) 结构分析应以结构的实际工作状况和受力条件为依据

结构分析时,所采用的计算简图、几何尺寸、计算参数、边界条件、结构材料性能指标及构造措施等应符合实际工作状况;结构上可能的作用及其组合、初始应力和变形状况等应符合结构真实受力情况;结构分析时所采用的各种近似假定和简化,应有理论和试验依据或已经工程实践验证;计算精度应符合工程设计的要求。

(3) 结构分析方法及选择

结构分析方法均应符合三类基本方程,即平衡方程(力学)、变形协调(几何)方程和本构(物理)关系方程。其中力学平衡方程必须予以满足;变形协调方程应在不同程度上予以满足;本构关系方程则需要合理满足。结构分析时,应根据结构类型、材料性能和受力特点等选择分析方法,常见的有弹性分析方法、塑性内力重分布分析方法、弹塑性分析方法、塑性极限分析方法、试验分析方法、间接作用分析方法等。

(4) 计算软件的使用

结构分析所采用的计算软件应经考核和验证,其技术条件应符合国家现行规范和标准的要求,对分析结果进行判断和校核,在确认其合理、有效后方可应用于工程设计。目前,市面上比较成熟的结构设计软件有:盈建科结构软件、广联达结构软件及中国建筑科学研究院开发的 PKPM 系列;用于工程线性分析的软件有 SAP2000、ETASS;用于非线性分析的软件有 ANSYS、ABAQUS、LS-DYNA。对于不熟悉的结构形式和重要结构工程,应采用两种以上软件计算,以保证分析结构的可靠性。

(5) 构造措施

结构分析的结果应有相应的措施加以保证,如适筋截面的配筋率、受压柱的轴压比限制、压区相对高度的限制等。

1.4.2 结构分析模型

结构分析时,应结合工程的实际情况和采用的力学模型对承重结构进行适当简化,使其既能较正确地反映结构的真实受力状态,又能够适应所选用分析软件的力学模型和运算能力,从根本上保证分析结构的可靠性。确定结构分析模型时应考虑以下几点:

(1) 考虑空间协同作用

对体形规则的空间结构,可沿柱列或墙轴线分解为不同方向的平面结构分别进行分析,但应考虑平面结构的空间协同工作。当构件的轴向、剪切和扭转变形对结构内力分析影响不大时,可不予以考虑。

(2) 考虑计算简图确定的一般原则

计算简图宜根据结构的实际形状、构件的受力和变形状况、构件间的连接和支承条件以及各种构造措施等,做合理的简化后选定。梁、柱、杆等一维构件的轴线宜取控制截面几何中心的连线,墙、板等二维构件的中轴面宜取控制截面中心线组成的平面或曲线;现浇结构和装配整体式结构的梁柱节点、柱与基础连接处等作为刚接;非整体现浇的次梁两端及板跨两端可作为铰接;有地下室的建筑底层柱,其嵌固端的位置还取决于底板(梁)的刚度;连接构造的整体性决定节点是刚接还是铰接处理;梁、柱等构件的计算跨度或计算高度可按其两端支承长度的中心距或净距确定,并根据支承节点的连接刚度或支承反力的位置加以修订;梁、柱等杆件连接部分的刚度远大于杆件中间截面的刚度时,在计算模型中可视为刚域处理。

(3) 考虑楼盖变形

结构整体分析时,为了减少结构分析的自由度,提高结构分析效率,对于现浇结构或装配整体式结构,可假定楼盖在自身平面内为无限刚性。当楼板不连续或产生明显的平面内变形时,在结构分析中应按弹性楼板考虑。

(4) 考虑楼面梁刚度及地基与结构相互作用

现浇楼盖和装配整体式楼盖的楼板作为梁的有效翼缘,与梁一起形成 T 形截面,提高了楼面梁的刚度,结构分析时予以考虑。当地基与结构的相互作用对结构的内力和变形有显著影响时,结构分析中宜考虑地基与结构相互作用的影响。

1.4.3 结构分析方法

1.4.3.1 弹性分析法

弹性分析法是最基本和最成熟的结构分析方法,也是其他分析方法的基础和特例,可以用于承载能力极限状态和正常使用极限状态作用效应的分析,适用于分析一般结构,大部分混凝土结构设计均基于此方法。

混凝土结构弹性分析宜采用结构力学或弹性力学等分析方法。形体规则的结构,可根据作用的种类和特征,采用适当的简化分析方法,结构内力的弹性分析和截面承载力的极限状态设计相结合,使用上简易可行,按此设计的结构,其承载力设计一般偏于安全。考虑到混凝土结构开裂后刚度减小,对梁、柱构件可分别取用不同的刚度折减值,且不再考虑刚度随作用效应的变化。在此基础上,结构的内力和变形仍可采用弹性分析方法。

结构构件的刚度计算时,混凝土的弹性模量可按《混凝土结构设计标准》(GB/T 50010—2010)(2024 年版)采用;截面惯性矩可按均质的混凝土全截面计算;端部加腋的杆件应考虑其截面变化对结构分析的影响;不同受力状态下构件的截面刚度,宜考虑混凝土开裂、徐变等因素的影响予以折减。

结构中的二阶效应,如重力二阶效应属于结构整体层面的问题,一般在结构整体分析中考虑,可考虑混凝土构件开裂对构件刚度的影响,采用结构力学等方法进行分析,也可以采用《混凝土结构设计标准》(GB/T 50010—2010)(2024年版)中给出的简化分析方法。受压构件的挠曲效应属于构件层面的问题,一般在构件设计时考虑。

对于钢筋混凝土双向板,当边界支承位移对其内力及变形有较大影响时,在分析中宜考虑边界支承竖向变形及扭转等的影响。

1.4.3.2 塑性内力重分布分析方法

混凝土结构在一定条件下可采用考虑塑性内力重分布的分析方法,该方法具有充分发挥结构潜力、节约材料、简化设计和方便施工等优点。弯矩调幅法是钢筋混凝土超静定结构考虑塑性内力重分布分析方法中的一种,该方法应用普遍。

混凝土连续梁和连续单向板,可采用塑性内力重分布分析方法。重力荷载作用下的框架、框架-剪力墙结构中的现浇梁及双向板等,经弹性分析求得内力后,可对支座或节点弯矩进行调幅,并确定相应的跨中弯矩。对于属于协调扭转的混凝土结构构件,由于相邻构件的弯曲转动受到支承梁的约束而在支承梁内引起扭转,其扭转会因为支承梁的开裂产生内力重分布而减小,支承梁的扭转宜考虑内力重分布的影响。

按塑性内力重分布的分析方法设计的结构和构件,尚应满足正常使用极限状态的要求或采取有效的构造措施。对于直接承受动力荷载的结构,以及要求不出现裂缝或处于侵蚀环境等情况下的结构,不应采用塑性内力重分布的分析方法。

1.4.3.3 弹塑性分析方法

弹塑性分析方法以钢筋混凝土的实际力学性能为依据,通过引入相应的本构关系,进行结构受力全过程分析,可以较好地解决各种体形和受力复杂结构的分析问题。但这种分析方法比较复杂,计算工作量大,且各种非线性本构关系尚不够完善和统一,故其应用范围仍然有限,主要用于重大结构工程(如核电站等)的结构分析和地震作用下的结构分析。

结构的弹塑性分析宜遵循以下原则:
(1)先预先设定结构的形状、尺寸、边界条件、材料性能和配筋等。
(2)材料的性能指标宜取平均值,并宜通过试验分析确定。
(3)宜考虑结构几何非线性的不利影响。
(4)分析结果用于承载力设计时,宜考虑抗力模型不定性系数对结构抗力进行适当调整。

混凝土结构的弹塑性分析,可根据实际情况采用静力或动力分析方法。结构的基本构件计算模型宜按下列原则确定:
(1)梁、柱、杆等杆系构件可简化为一维单元,宜采用纤维束模型或塑性铰模型。
(2)墙、板等构件可简化为二维单元,宜采用膜单元、板单元或壳单元。
(3)复杂的混凝土结构、大体积混凝土结构、结构的节点或局部区域需作精细分析时,宜采用三维块体单元。

构件、截面或各种计算单元的力-变形本构关系宜符合实际受力情况。某些变形较大的构件或节点进行局部精细分析时,宜考虑钢筋与混凝土之间的黏结-滑移本构关系。

1.4.3.4 塑性极限分析方法

塑性极限分析方法又称塑性分析法或极限平衡法,主要用于周边有梁或墙支承的双向板设计。承受均布荷载的周边支承的双向矩形板,可采用塑性铰线法或条带法等塑性极限分析法进行承载力极限状态的分析设计。

对不承受多次重复荷载作用的混凝土结构,当有足够的塑性变形能力时,可采用塑性极限理论分析方法进行结构的承载力计算,同时满足正常使用的要求。

整体结构的塑性极限分析计算应符合下列规定:

(1) 对于可预测结构破坏机制的情况,结构的极限承载力可根据设定的结构塑性屈服机制,采用塑性极限理论进行分析;

(2) 对于难以预测结构破坏机制的情况,结构的极限承载力可采用静力或动力弹塑性分析方法确定;

(3) 对于直接承受偶然作用的结构构件或部位,应根据偶然作用的动力特征考虑其动力效应的影响。

1.4.3.5 试验分析方法

结构或其部分的体形不规则和受力状态复杂,又无恰当的简化分析方法时,可采用试验分析方法。如剪力墙及其孔洞周围、框架和桁架的主要节点、受力状态复杂的水坝等。

混凝土结构的试验应专门设计。对试件的形状、尺寸和数量、材料的品种和性能指标、支承和边界条件、加载的方式和过程、量测的项目和测点布置等应进行周密的考虑,以确保试验结果有效和准确。在试验过程中,应及时观察试件的宏观作用效应,如混凝土开裂、裂缝的发展、钢筋的屈服、黏结破坏和滑移等,量测和记录的各种数据应及时整理,试验结束后,对试件的各项性能指标和所需的设计常数应进行分析和计算,并对试验的准确度进行估计,最终得到结论。

1.4.3.6 间接作用分析方法

当混凝土的收缩、徐变以及温度变化等间接作用在结构中产生的作用效应可能危及结构的安全及正常使用时,宜进行间接作用效应的分析,并应采取相应的构造措施和施工措施。

混凝土结构进行间接作用效应的分析,可采用弹塑性分析方法,也可考虑裂缝和徐变对构件刚度的影响,按弹性方法进行近似分析。

本 章 小 结

(1) 建筑结构是房屋建筑的空间受力骨架,主要由水平承重结构、竖向承重结构、底部承重结构三部分组成,除应满足使用和美观需求外,还应能抵御各种作用。梁板结构主要由板和梁组成的结构体系,是工业与民用房屋楼盖、屋盖、楼梯和雨篷等广泛采用的结构形式。混凝土建筑结构根据层数可分为单层混凝土结构和多、高层混凝土结构,单层混凝土结构主要用于单层工业厂房、仓库、食堂等单层空旷房屋;多、高层混凝土结构应用较为广泛,可采用框架、板柱、剪力墙、框架-剪力墙、筒体等结构体系,其中,混凝土框架结构是多层建筑中常见的结构形式。

(2) 结构设计一般分为初步设计阶段、技术设计阶段和施工图设计阶段三个阶段,主要包括结构方案和结构体系的选择、结构布置;确定结构计算简图;作用及作用效应分析;选用合适的结构分析方法进行内力计算、内力组合;构件截面设计及构件间的连接构造;绘制施工图等。其中结构布置是关键,关系着结构的可靠性和经济性。

(3) 合理地确定力学模型和选择分析方法是提高结构设计质量、确保结构安全可靠的重要环节。目前,混凝土结构分析方法主要有弹性分析法、塑性内力重分布分析方法、弹塑性分析方法、塑性极限分析方法、试验分析方法、间接作用分析方法等,进行结构设计时,应根据结构的重要性和使用要求、结构体系的特点、荷载状况、要求的计算精度等选择合理的分析方法。

思 考 题

1.1 简述结构定义与结构类型。

1.2 试简述混凝土结构设计流程。

1.3 混凝土结构分析应遵循哪些基本原则?

1.4 结构分析方法有哪些?简述这些方法的适用范围。

2 钢筋混凝土梁板结构

【本章概要】

本章主要介绍常见钢筋混凝土梁板结构的设计步骤、计算方法及构造要求,主要内容包括概述、单向板肋梁楼盖设计、双向板肋梁楼盖设计、楼梯和雨篷设计等。

【学习目标】

通过本章学习,掌握单、双向板肋梁楼盖的划分及传力途径;掌握单向板肋梁楼盖按弹性理论和塑性内力重分布计算内力的方法;掌握折算荷载、塑性铰、内力重分布、弯矩调幅等概念;掌握构件截面设计及构造要求,楼盖中各构件施工图绘制;了解双向板及其支承梁的受力特点和内力计算方法,了解双向板构造要求;理解楼梯及雨篷设计方法;能够学会进行单向板及双向板肋梁楼盖设计;具有识读和绘制单向板及双向板肋梁楼盖施工图的能力;能处理施工过程中梁板结构简单结构问题。

2.1 概 述

钢筋混凝土梁板结构主要是由板和梁组成的结构体系,是土木工程中常用的结构,广泛用于工业与民用建筑中的屋盖、楼盖、阳台、雨篷、楼梯、筏板基础等,也可以用于水池的顶板和底板、挡土墙、桥梁的桥面结构等。本章重点阐述房屋建筑中楼盖结构的设计方法,并简要介绍楼梯和雨篷等构件的设计方法。

2.1.1 楼(屋)盖类型

2.1.1.1 钢筋混凝土楼盖按施工方法划分

(1) 现浇整体式楼盖

现浇整体式楼盖的混凝土为现场浇筑,具有整体性好、刚度大、防水性和抗震性好、适应性强等优点,在结构布置方面容易满足各种特殊要求,适用于楼面荷载大、对楼(屋)盖平面内刚度要求较高、平面形状不规则的建筑物。现浇整体式楼盖缺点是现场工程量大、模板需求量大、工期长、施工受季节限制、造价较高等。

(2) 装配式楼盖

装配式楼盖是指将预制的梁板构件在现场装配而成的楼盖。其优点是便于工业化生产、施工速度快、可以节约模板、施工工期较短。但结构的刚度和整体性不如现浇整体式楼盖,于抗震不利,在地震多发区应被限制使用。

(3) 装配整体式楼盖

装配整体式混凝土楼盖由预制板(梁)上现浇一叠合层而成为一个整体。其整体性比装配式楼盖好,又比现浇整体式楼盖节省模板,但需进行混凝土二次浇灌,有时还增加焊接量,故对造价和施工进度都带来不利影响,适用于荷载较大的多层工业厂房、高层民用建筑及有抗震设防要求的建筑。

2.1.1.2 钢筋混凝土楼盖的结构形式

(1) 肋梁楼盖

肋梁楼盖由相交的梁和板组成,一般包括楼板、次梁和主梁,它是楼盖中最常见的结构形式。这种结构的特点是构造简单,结构布置灵活,用钢量较少;缺点是模板工程比较复杂。根据区格长短边之比不同,可将肋梁楼盖分为单向板肋梁楼盖[图 2.1(a)]和双向板肋梁楼盖[图 2.1(b)]。

(2) 井式楼盖

井式楼盖由肋梁楼盖演变而成,特点是两个方向的柱网及梁的截面尺寸均相同,而且正交[图 2.1(c)]。由于是两个方向共同受力,因而梁的截面高度较肋梁楼盖要小,故适宜用于跨度较大且柱网呈方形布置的结构,常用于房屋建筑的门厅和大厅。

(3) 密肋楼盖

密肋楼盖由密布的小梁(肋)和板组成[图 2.1(d)]。密肋楼盖由于梁肋的间距小,板厚也很小,梁高也较肋梁楼盖要小,故结构具有自重较轻、材料省、造价低等特点,适用于跨度和荷载较大的大空间多层和高层建筑,如商业楼、办公楼、图书馆、教学楼等。

(4) 无梁楼盖

无梁楼盖又称为板柱楼盖。这种楼盖不设梁,而将板直接支承在带有柱帽(或无柱帽)的柱上[图 2.1(e)]。无梁楼盖顶棚平整,通常用于书库、仓库、商场等工程中,也用于水池的顶板、底板和平板式筏板基础等处。

2.1.2 单向板与双向板

整体式钢筋混凝土楼盖,按板的支承和受力条件不同可分为单向板和双向板两类。只在一个方向弯曲或者主要在一个方向弯曲的板称为单向板;在两个方向弯曲,且不能忽略任何一个方向弯曲的板称为双向板。

图 2.2 所示为承受均布荷载 q 的四边简支矩形板,l_1、l_2 分别为其短、长跨方向的计算跨度。现研究荷载 q 在长、短跨方向力的传递情况,取出跨度中点上两个相互垂直的单位宽度 1 m 的板带,设沿短跨方向传递的荷载为 q_1,沿长跨方向传递的荷载为 q_2,则 $q=q_1+q_2$。

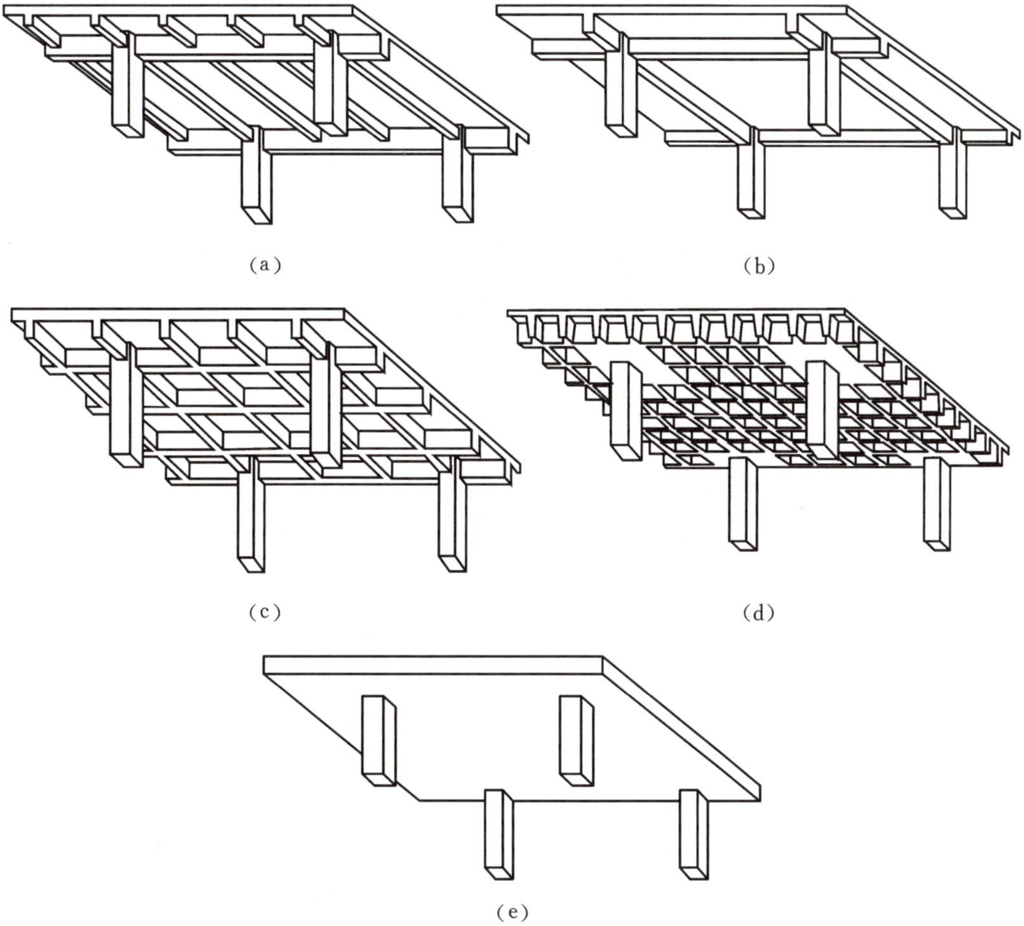

图 2.1 楼盖结构形式
(a)单向板肋梁楼盖;(b)双向板肋梁楼盖;(c)井式楼盖;(d)密肋楼盖;(e)无梁楼盖

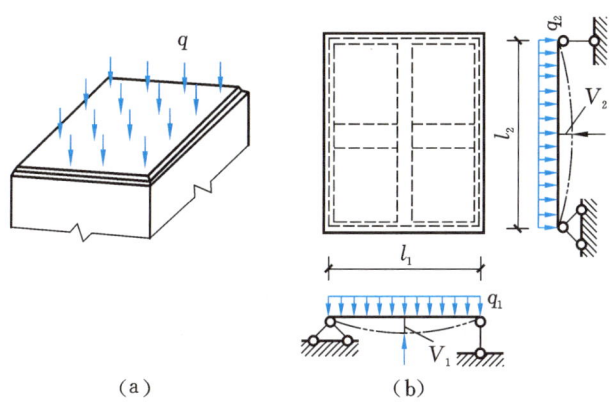

(a)　　　　　　(b)

图 2.2 四边简支板受力状态

忽略相邻板带对它们的影响时,近似将这两条板带视为简支,由跨度中点处挠度相等的条件可求出:

$$f = \frac{5}{384}\frac{q_1 l_1^4}{EI} = \frac{5}{384}\frac{q_2 l_2^4}{EI}$$

可求得两个方向传递的荷载比值 $\frac{q_1}{q_2} = \frac{l_2^4}{l_1^4}$,得到:

$$q_1 = \frac{l_2^4}{l_2^4 + l_1^4}q = k_1 q \tag{2.1}$$

$$q_2 = \frac{l_1^4}{l_2^4 + l_1^4}q = k_2 q \tag{2.2}$$

式中　k_1, k_2——短跨、长跨方向的荷载分配系数。

分析当 $l_2/l_1 = 2$ 时,$q_1 = 0.941q$,$q_2 = 0.059q$,可以看出在长跨方向分配的荷载小于6%;当 $l_2/l_1 = 3$ 时,$q_1 = 0.988q$,$q_2 = 0.012q$,可以看出在长跨方向分配的荷载小于1.2%。由此可见,随着 l_2/l_1 的增大,短跨 l_1 方向分担的荷载比例逐渐增大,长跨 l_2 方向分担的荷载比例逐渐减小。

根据以上分析及荷载最短路径传递原则,在肋梁楼盖设计中,对于单向板,通常沿短跨跨中将均布荷载传递给两长边的支撑梁(墙),如图2.3(a)所示;对于双向板,一般按45°线划分为两个梯形与两个三角形,将均布荷载传递给四周支撑梁(墙),如图2.3(b)所示。

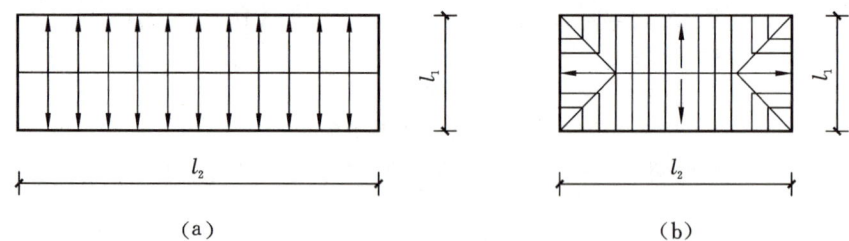

图 2.3　均布荷载下板的荷载传递
(a)单向板传力方向;(b)双向板传力方向

因此,《混凝土结构设计标准》(GB/T 50010—2010)(2024年版)规定:

(1)两对边支承的板应按单向板计算。

(2)四边支承的板应按下列规定计算:

① 当板的长边与短边之比 $l_2/l_1 \leqslant 2$ 时,应按双向板计算;

② 当板的长边与短边之比 $2 < l_2/l_1 < 3$ 时,宜按双向板设计;

③ 当板的长边与短边之比 $l_2/l_1 \geqslant 3$ 时,宜按沿短边方向受力的单向板计算,并沿长边方向布置构造钢筋。

2.2 整体式单向板肋梁楼(屋)盖

整体式单向板肋梁楼盖是一种普遍采用的结构形式,它一般由板、次梁和主梁组成。其荷载的传递路线是荷载→板→次梁→主梁→柱或墙→地基→基础,即板的支座为次梁,次梁间距决定了板的跨度;次梁的支座为主梁,主梁的间距决定了次梁的跨度;主梁的支座为柱或墙,柱或墙的间距决定了主梁跨度。

整体式单向板肋梁楼盖的设计步骤一般为:
(1) 楼盖结构平面布置,初步拟定板厚和主、次梁的截面尺寸。
(2) 确定梁、板的计算简图,即明确其荷载、支座、跨度和跨数等。
(3) 梁、板的内力分析计算。
(4) 按计算及构造要求配筋。
(5) 绘制楼盖施工图。

2.2.1 楼盖结构平面布置

楼盖结构平面布置的主要任务是要合理地确定柱网和梁格,它通常是在建筑设计初步方案提出的柱网和承重墙布置的基础上进行的。

2.2.1.1 柱网布置

柱网布置应与梁格布置统一考虑。柱网尺寸(即梁的跨度)过大,将使梁的截面过大而增加材料用量和工程造价;反之柱网尺寸过小,会使柱和基础的数量增多,也会使造价增加,并将影响房屋的使用,因此柱网布置应综合考虑房屋的使用要求和梁的合理跨度。通常次梁的跨度取 4~6 m,主梁的跨度取 5~8 m 为宜。

2.2.1.2 梁格布置原则

梁格的布置应力求简单、规整,使结构受力合理、节约材料、降低造价;有隔墙时应在相应位置设梁;楼板上开较大洞口时,应四周设小梁;梁格布置尽可能等跨,使梁截面尺寸减小、种类减少,方便施工;主梁跨内次梁的根数宜多于一根,使主梁受力均匀;在确定次梁间距时,以使板厚较小为宜,常用的次梁间距为 1.7~2.7 m。

2.2.1.3 结构布置方案

单向板肋梁楼盖结构平面布置方案主要有以下三种:
(1) 主梁沿横向布置,次梁沿纵向布置[图 2.4(a)]。该方案的优点是主梁和柱可形成横向框架体系,横向侧移刚度大,房屋整体性好,由于主梁与外纵墙垂直,可开设较大窗洞,有利于室内采光。
(2) 主梁沿纵向布置,次梁沿横向布置[图 2.4(b)]。该方案的优点是减小了主梁的截面高度,可增加室内净高,便于沿着纵向布置的通风管道通过,但房屋横向侧移刚度较差,适用于横向柱距比纵向柱距大得多的情况。

(3) 只布置次梁,不设置主梁[图 2.4(c)]。此方案适用于中间有走廊的砌体墙承重混合结构房屋。

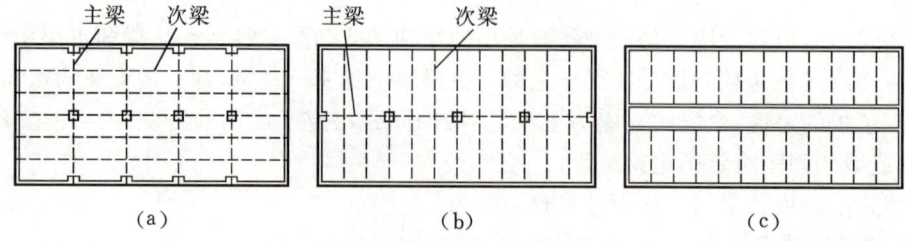

图 2.4　单向板肋梁楼盖结构布置
(a)主梁沿横向布置;(b)主梁沿纵向布置;(c)不设置主梁

2.2.1.4　梁、板截面尺寸

根据受力分析和长期的工程经验,梁、板截面尺寸应满足承载力、刚度及舒适度要求。初步设计阶段可根据工程经验所确定的高跨比拟定:梁的高跨比(梁截面高度 h 与其跨度 l 之比 h/l),对于多跨连续次梁宜取 $1/18\sim1/12$,对于多跨连续主梁取 $1/14\sim1/8$。板的截面高度与跨度之比,对于钢筋混凝土单向板不小于 $1/30$,双向板不小于 $1/40$,无梁支承的有柱帽板不小于 $1/35$,无梁支承的无柱帽板不小于 $1/30$;预应力混凝土板适当减小;当板的荷载、跨度较大时宜适当增加。现浇钢筋混凝土板的厚度不小于表 2.1 的规定。

表 2.1　现浇钢筋混凝土板的最小厚度

板的类别		最小厚度/mm
实心楼板		80
实心屋面板		100
密肋板	上、下面板	50
	肋高	250
悬臂板(根部)	悬臂长度不大于 500 mm	80
	悬臂长度 500~1000 mm	100
无梁楼板		150
现浇空心楼板		200

2.2.2　计算简图与荷载

整体式单向板肋梁楼盖结构的板、次梁及主梁进行内力分析时,必须首先确定计算简图。计算简图包括结构计算模型和荷载图示。单向板肋梁楼盖的板、次梁、主梁和柱均整浇在一起,形成一个复杂体系,但由于板的刚度很小,次梁的刚度又比主梁的刚度小很多,因此可以将板看作被简单支承在次梁上的结构部分,将次梁看作被简单支承在主梁上的结构部分,则整个楼盖体系可以分解为板、次梁和主梁几类构件单独进行计算。在设计中,板和主、次梁可视为多跨连续梁(板),其计算简图应表示出梁(板)的跨数与计算跨度、支座的特点,以及荷载的形式、位置及大小等。

2.2.2.1 支座简化

在肋梁楼盖中,当板或梁支承在砖墙(或砖柱)上时,由于其嵌固作用较小,可假定为铰支座,其嵌固的影响可在构造设计中加以考虑。

当板的支座是次梁,次梁的支座是主梁时,则次梁对板、主梁对次梁都将有一定的嵌固作用,为简化计算,通常也假定为铰支座,由此引起的误差将在内力计算时加以调整。

若主梁的支座是柱,其计算简图应根据梁、柱的抗弯刚度比而定,如果梁的抗弯刚度比柱的抗弯刚度大很多时(通常认为主梁与柱的线刚度比大于3~4),可将主梁视为铰支于柱上的连续梁进行计算,否则应按框架梁设计。

2.2.2.2 计算跨数

为了简化计算,跨数超过5跨的连续梁、板,当各跨荷载相同且跨度相差不超过10%时,可按五跨等跨连续梁、板计算。从图2.5中可知,实际结构第1、2、3跨的内力按五跨连续梁(板)计算简图采用,其余中间各跨(第4跨)的内力均按五跨连续梁(板)的第3跨采用。

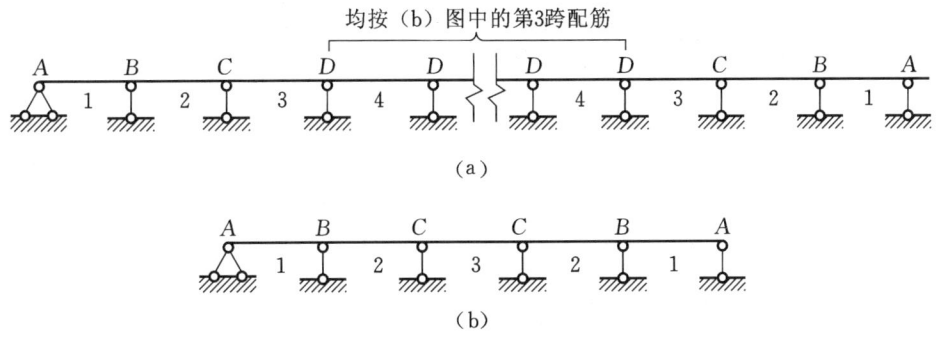

图 2.5 连续梁(板)计算简图
(a)实际简图;(b)计算简图

2.2.2.3 计算单元

为减少计算工作量,进行结构内力分析时,常常不是对整个结构进行分析计算,而是从实际结构中选取具有代表性的某个部分作为计算的对象,称为计算单元。

(1)板

当楼面承受均布荷载时,对于单向板,可取1 m宽的板带作为其计算单元,受荷范围如图2.6(a)中阴影线所示。图2.6(a)中所示为六跨连续板,计算简图如图2.6(b)所示。

(2) 次梁

对于次梁可取具有代表性的一根梁作为计算单元,承受板传来的均布线荷载,取其相邻板跨中线所包围的面积作为该次梁的受荷面积,如图 2.6(a)中阴影线所示。图 2.6(a)中所示为五跨连续次梁,计算简图如图 2.6(c)所示。

(3) 主梁

对于主梁可取具有代表性的一根梁作为计算单元,承受次梁传来的集中荷载,取相邻纵横两个方向梁中心距的一半作为主梁受荷面积,如图 2.6(a)中阴影线所示。因主梁的自重是均布荷载,故可将主梁的自重等效成集中荷载,加入次梁传来的集中荷载一起计算。图 2.6(a)中所示为双跨连续主梁,计算简图如图 2.6(d)所示。

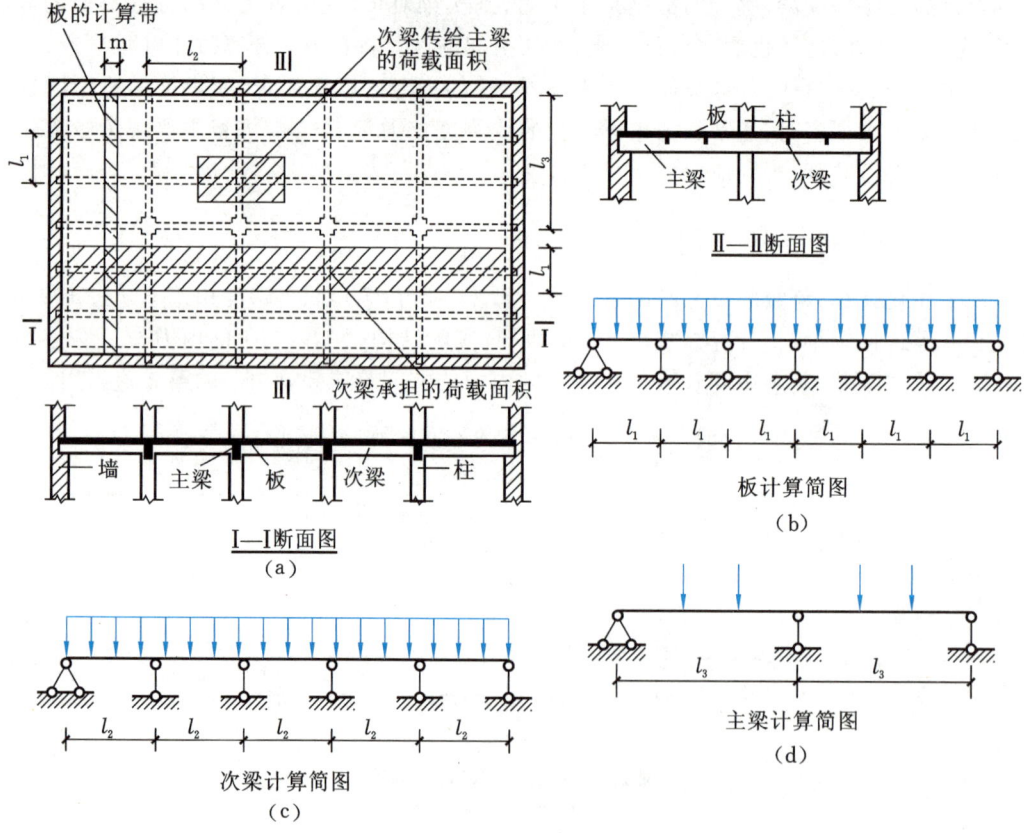

图 2.6 单向板肋梁楼盖计算简图

2.2.2.4 计算跨度

如图 2.6 所示,次梁的间距就是板的跨度,主梁的间距就是次梁的跨度,柱或墙的间距就是主梁的跨度,但跨度并不一定等于计算跨度。梁、板的计算跨度 l_0 是指在内力计算时所取用的跨间长度。梁、板计算跨度按弹性理论和塑性理论取值,详见表 2.2。

表 2.2 梁、板计算跨度取值

内力计算方法	支承情况		计算跨度 l_0	
			梁	板
弹性理论	单跨或多跨的边跨	两端支承在砖墙上	$l_0=l_n+a \leqslant 1.05l_n$	$l_0=l_n+a \leqslant l_n+h$
		一端支承在砖墙上，另一端与梁（或）柱整体连接	$l_0=l_n+a/2+b/2$ $\leqslant 1.025l_n+b/2$	$l_0=l_n+a/2+b/2$ $\leqslant l_n+h/2+b/2$
		两端与梁（柱）整体连接	$l_0=l_n+b$	$l_0=l_n+b$
	中间跨		$l_0=l_n+b$	$l_0=l_n+b$
塑性理论	两端支承在砖墙上		$l_0=l_n+a \leqslant 1.05l_n$	$l_0=l_n+a \leqslant l_n+h$
	一端支承在砖墙上，另一端与梁（或）柱整体连接		$l_0=l_n+a/2 \leqslant 1.025l_n$	$l_0=l_n+a/2 \leqslant l_n+h/2$
	两端与梁（柱）整体连接		$l_0=l_n$	$l_0=l_n$

注：l_0 为梁、板计算跨度；l_n 为梁、板净跨度；h 为板厚；a 为梁、板的支承长度，一般板取 120 mm，次梁取 240 mm，主梁取 370 mm；b 为支座宽度，对于板取次梁宽度，对于次梁，取主梁宽度，对于主梁，取柱宽度。

2.2.2.5 荷载取值

楼盖上的荷载主要有永久荷载和可变荷载两类。永久荷载一般为均布荷载，主要包括结构自重、各构造层自重、永久设备自重等，其标准值可按结构实际构造情况通过计算确定；可变荷载包括楼（屋）面活荷载、雪荷载等，按等效均布荷载考虑，其标准值可按《建筑结构荷载规范》(GB 50009—2012)确定。

依据《建筑结构可靠性设计统一规范》(GB 50068—2018)，永久荷载分项系数 $\gamma_G=1.3$，可变荷载分项系数 $\gamma_Q=1.5$。对于民用建筑，当楼面梁的受荷范围较大时，受荷范围内布满活荷载标准值的可能性较小，故可对可变荷载标准值进行折减，详见《建筑结构荷载规范》(GB 50009—2012)。

2.2.3 按弹性理论计算内力

钢筋混凝土连续梁、板的内力按弹性理论方法计算，是假定梁、板为理想弹性体系，因而其内力计算可按结构力学中所述方法进行，要考虑荷载的最不利布置和结构的内力包络图。

2.2.3.1 活荷载不利布置

作用在连续梁、板上的荷载由恒荷载和活荷载组成，由于活荷载的作用位置具有不确定性，使得构件内力发生变化，因此设计连续梁、板时，应研究活荷载如何布置将使梁、板内某一截面的内力绝对值最大，这种布置称为活荷载最不利布置。

截面活荷载最不利布置的原则为：

（1）求某跨跨内最大正弯矩时，应在该跨布置活荷载，然后隔跨布置。如图 2.7（a）所示活荷载布置，1、3、5 跨跨中产生最大正弯矩；如图 2.7（b）所示活荷载布置，2、4 跨跨中产生最大正弯矩。

（2）求某跨跨内最大负弯矩或跨内最小正弯矩时，该跨不布置活荷载，而在左右邻跨布置活荷载，然后隔跨布置。如图 2.7（a）所示活荷载布置，2、4 跨跨中产生最大负弯矩；如图 2.7（b）所示活荷载布置，1、3、5 跨跨中产生最大负弯矩。

（3）求某支座截面最大负弯矩时，应在该支座相邻两跨布置活荷载，然后隔跨布置。按图 2.7（c）所示活荷载布置，B 支座截面产生最大负弯矩；按图 2.7（d）所示布置活荷载，C 支座截面产生最大负弯矩。

（4）求某支座左、右边截面的最大剪力时，活荷载布置方式与求该支座截面最大负弯矩时的布置相同，如图 2.7（a）、图 2.7（c）、图 2.7（d）所示活荷载布置，A、B、C 支座产生最大剪力。

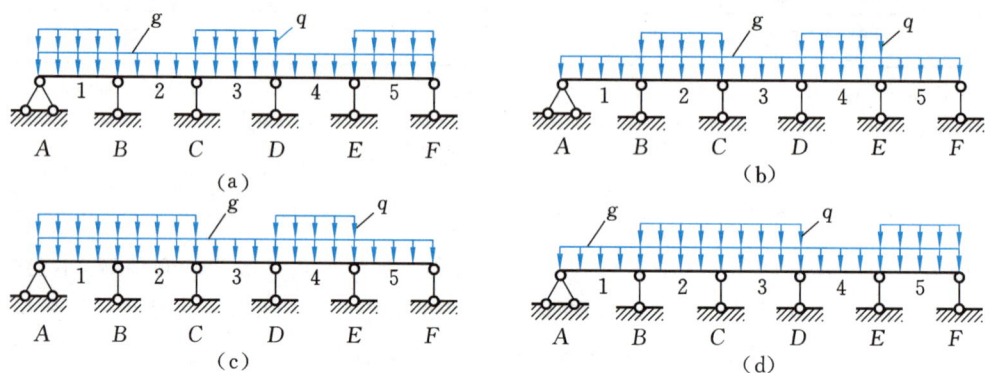

图 2.7　五跨连续梁最不利荷载组合（图中 g、q 分别为恒荷载、活荷载）
(a)恒＋活 1＋活 3＋活 5（产生 M_{1max}、M_{3max}、M_{5max}、M_{2min}、M_{4min}）；
(b)恒＋活 2＋活 4（产生 M_{2max}、M_{4max}、M_{1min}、M_{3min}、M_{5min}）；
(c)恒＋活 1＋活 2＋活 4（产生 M_{Bmax}、$V_{B左max}$、$V_{B右max}$）；
(d)恒＋活 2＋活 3＋活 5（产生 M_{Cmax}、$V_{C左max}$、$V_{C右max}$）

梁上的恒荷载应按实际情况布置。活荷载布置确定后即可按结构力学的方法进行连续梁、板的内力计算。

2.2.3.2　内力计算

明确活荷载的不利布置后，即可按结构力学中所述方法求出弯矩和剪力。为了减轻计算工作量，已将等跨连续梁、板在各种不同布置荷载作用下的内力系数制成计算表格，详见附表 2。设计时可直接从附表 2 中查得内力系数后，按下式计算各截面的弯矩和剪力值：

在均布及三角形荷载作用下各截面的弯矩和剪力值：

$$M = k_1 g l_0^2 + k_2 q l_0^2 \tag{2.3}$$

$$V = k_3 g l_n + k_4 q l_n \tag{2.4}$$

在集中荷载作用下各截面的弯矩和剪力值：

$$M = k_5 G l_0 + k_6 Q l_0 \tag{2.5}$$

$$V = k_7 G + k_8 Q \tag{2.6}$$

式中　g,q——单位长度上的均布永久荷载设计值、均布可变荷载设计值；

　　　G,Q——集中永久荷载设计值、集中可变荷载设计值；

　　　k_1,k_2,k_5,k_6——附表 2 中相应栏中的弯矩系数；

　　　k_3,k_4,k_7,k_8——附表 2 中相应栏中的剪力系数。

若连续梁、板的各跨跨度不相等但相差不超过 10% 时，仍可近似地按等跨内力系数表进行计算。但当求支座负弯矩时，计算跨度可取相邻两跨的平均值（或取其中较大值）；而求跨中弯矩时，则取相应跨的计算跨度。

2.2.3.3　内力包络图

根据各种最不利荷载组合，按一般结构力学方法或利用前述表格进行计算，即可求出各种荷载组合作用下的内力图（弯矩图和剪力图），把它们叠画在同一坐标图上，其外包线所形成的图形即为内力包络图，它表示连续梁、板在各种荷载最不利布置下各截面可能产生的最大内力值。图 2.8、图 2.9 所示分别为五跨连续梁的弯矩包络图和剪力包络图［图中（a）、（b）、（c）、（d）表示图 2.7 中四种活荷载不利组合］，它是确定连续梁纵筋、弯起钢筋、箍筋的布置和绘制配筋图的依据。

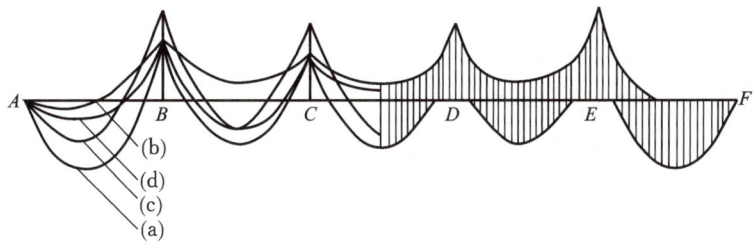

图 2.8　五跨连续梁的弯矩包络图

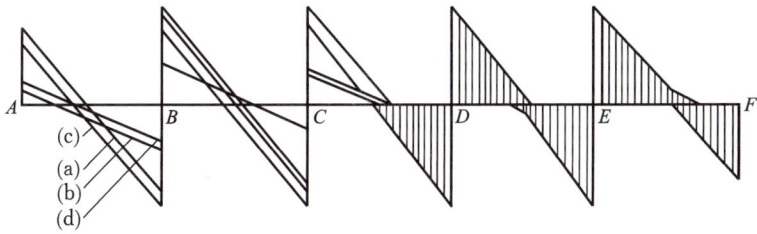

图 2.9　五跨连续梁的剪力包络图

2.2.3.4　折算荷载

采用弹性理论确定肋形梁、板结构的计算简图时，忽略了次梁对板、主梁对次梁的转动约束的影响，在现浇混凝土楼盖中梁、板是整体现浇在一起的，当板发生弯曲转动时，支承它的次梁将产生扭转,次梁的抗扭刚度将约束板的弯曲转动,使板在支座处的实际转角比理想铰支承时的转角小;同样的情况也发生在次梁和主梁之间。为了考虑支座被支承构件的转动约束,使计算结果更符合实际,采用增大永久荷载、相应减小可变荷载,保持总荷载不变的方法来计算内力,以考虑这种有利影响。折算荷载的取值如下:

连续板:

$$g' = g + \frac{q}{2}; q' = \frac{q}{2} \tag{2.7}$$

次梁:

$$g' = g + \frac{q}{4}; q' = \frac{3q}{4} \tag{2.8}$$

式中 g, q——单位长度上永久荷载设计值、可变荷载设计值;

g', q'——单位长度上折算永久荷载设计值、可变荷载设计值。

2.2.3.5 支座宽度的影响

按弹性理论计算连续板、梁的内力时,计算跨度取支座中心线间的距离,故计算所得的支座弯矩及剪力是指支座中心处的弯矩及剪力,而实际控制截面应在支座边缘,应按支座边缘的内力设计值进行配筋计算,如图2.10所示。支座边缘的内力计算按下式确定:

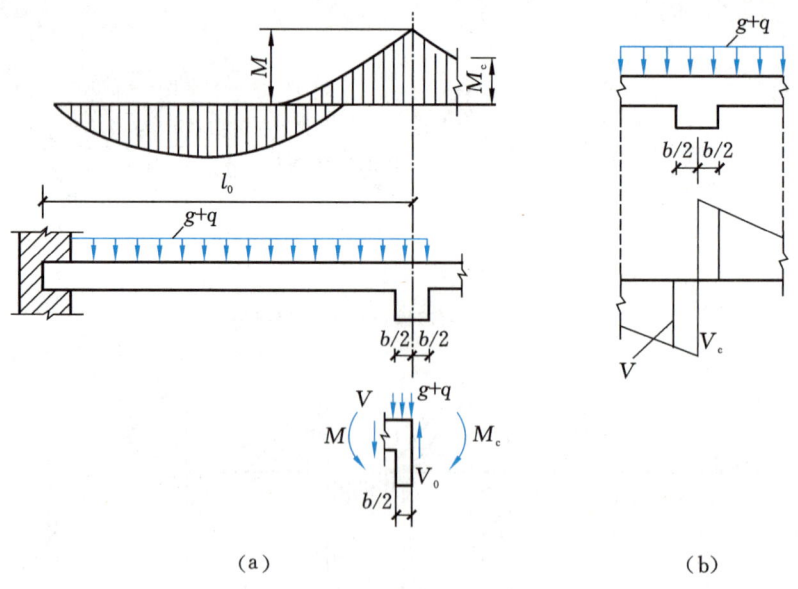

图 2.10 支座边缘的弯矩及剪力
(a)弯矩设计值;(b)剪力设计值

弯矩设计值:

$$M_c = M - V_0 \frac{b}{2} \tag{2.9}$$

剪力设计值：

$$V_c = V - (g+q)\frac{b}{2} \text{（均布荷载）} \quad (2.10)$$

$$V_c = V \text{（集中荷载）} \quad (2.11)$$

式中　M,V——支座中心处弯矩设计值和剪力设计值；
　　　V_0——按简支梁计算的支座剪力设计值(取绝对值)；
　　　b——支座宽度。

2.2.4　按塑性内力重分布理论计算内力

混凝土是弹塑材料，钢筋屈服后表现出塑性特点，即两种材料是非匀质弹性材料。当计算简图和荷载确定后，各截面的 M、V 的分布规律始终不变；按弹性内力包络图进行截面设计，由于各种最不利荷载组合不可能同时发生，任意截面达到承载力设计值时，即认为整个结构达到极限承载力，这与事实不符，其仍有承载潜力；支座的负弯矩一般大于跨中弯矩，因此，抵抗负弯矩钢筋的配筋量较大，会给施工带来困难，且不易保证工程质量。

为了解决上述问题，充分发挥构件的塑性性能，挖掘构件的承载潜力，节约材料和方便施工，可采用塑性内力重分布分析方法计算内力。

2.2.4.1　应力重分布与内力重分布

钢筋混凝土适筋梁正截面受弯的全过程分为三个阶段：未裂阶段、带裂缝工作阶段和破坏阶段。在未裂阶段初期，应力沿着截面高度的分布近似为直线，之后，随着荷载的增加，应力沿着截面高度的分布不再是直线。这种由于钢筋混凝土的非弹性性质，致使截面上的应力不再服从线弹性分布规律的现象，称为应力重分布。它是静定和超静定钢筋混凝土结构都具有的一种基本属性。

对于超静定钢筋混凝土结构，在未裂阶段各截面内力之间的关系是由各构件弹性刚度确定的，到了带裂缝工作阶段，刚度就改变了，裂缝截面的刚度小于未开裂截面的刚度，当内力最大的截面进入破坏阶段出现塑性铰后，结构的计算简图也改变了，致使各截面内力的关系改变更大。这种由于超静定钢筋混凝土结构的非弹性性质引起的各截面内力之间的关系不再遵循线弹性关系的现象，称为内力重分布或塑性内力重分布。塑性内力重分布不是指截面上应力的重分布，而是指超静定结构截面内力之间的关系不再服从线弹性分布规律，静定钢筋混凝土结构不存在塑性内力重分布。

2.2.4.2　塑性铰

如图 2.11 所示的钢筋混凝土简支梁，在集中荷载 P 作用下，跨中截面的内力从加荷至破坏经历了三个阶段。当进入第Ⅲ阶段时，受拉钢筋开始屈服[图 2.11(f)中的 B 点]，并产生塑性流动，混凝土垂直裂缝迅速发展，受压区高度不断缩小，截面绕中和轴转动，最后其受压区混凝土边缘的压应变达到 ε_{cu} 而被压碎[图 2.11(f)中 C 点]，致使构件破坏。从图 2.11(f)中截面的弯矩与曲率的关系曲线可以看出，自钢筋开始屈服至构件破坏(BC 段)，其 $M\text{-}\varphi$ 曲线变化平缓,弯矩的增量(M_u-M_y)不大,但截面曲率的增值($\varphi_u-\varphi_y$)却很大,这样在弯矩仅有微小增长的情况下曲率激增,即截面相对转角急剧增大[图2.11(e)],也就是说构件在塑性变形集中产生的区域[图2.11(a)中的 ab 段,相应于图2.11(b)中 $M>M_y$ 的部分],如同形成了一个能够转动的"铰",一般称为塑性铰,如图2.11(d)所示。可见,塑性铰在破坏阶段开始时形成,具有一定长度,能承受一定的弯矩,并在弯矩作用方向转动,直至截面破坏。

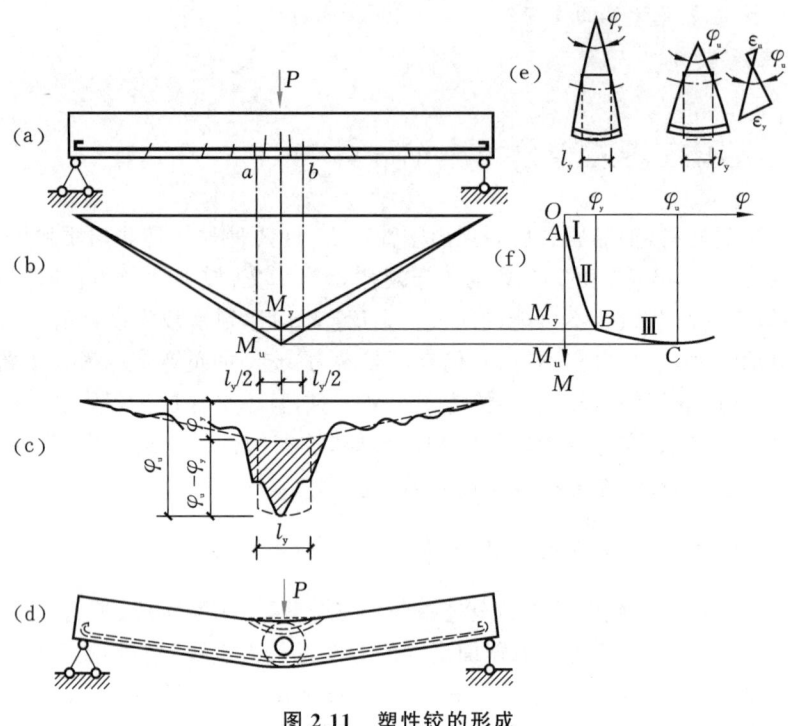

图 2.11 塑性铰的形成

与力学中的理想铰相比,塑性铰具有下列特点:

(1) 理想铰不能承受任何弯矩,而塑性铰则能承受基本不变的弯矩。

(2) 理想铰集中于一点,而塑性铰则有一定的长度区段。

(3) 理想铰可以沿任意方向转动,而塑性铰是有限转动的单向铰,只能沿弯矩作用的方向作有限转动。

塑性铰是构件塑性变形发展的结果。塑性铰出现后,致使静定结构简支梁形成三铰在一条直线上的破坏机构,标志着构件进入破坏状态,如图2.11(d)所示。

塑性铰有钢筋铰和混凝土铰两种。对于配置具有明显屈服点钢筋的适筋梁,塑性铰的形成起因是受拉钢筋先屈服,故称为钢筋铰。当截面配筋率大于界限配筋率,此时钢筋不会屈服,转动主要是由受压区混凝土的非弹性变形引起的,故称为混凝土铰,它的转动量很小,截面破坏突然。混凝土铰大都出现在受弯构件的超筋截面或小偏心受压构件中;钢筋铰则出现在受弯构件的适筋截面或大偏心受压构件中。显然,在静定钢筋混凝土结构中,塑性铰的出现就意味着承载能力的丧失,是不允许存在的;但超静定钢筋混凝土结构中,不会把结构变成几何可变体系的塑性铰是允许存在的。为了保证足够的变形能力,塑性铰应设计成转动能力大、延性好的钢筋铰。

2.2.4.3 塑性内力重分布的过程

如图 2.12 所示两等跨连续梁每跨内作用两个集中荷载 P,以此为例说明塑性内力重分布的过程。根据截面尺寸及所配受拉钢筋数量等,设梁中间支座及跨中截面所能承受的弯矩值分别为 M_{By}、M_{ABy}、M_{BCy},且设 $M_{By}=M_{ABy}=M_{BCy}$;梁内受拉纵筋数量适当,为适筋梁,截面出现塑性铰后具有较大的转动能力;另外,梁中配有足够的抗剪箍筋,保证梁截面达到极限弯矩之前不发生斜截面剪切破坏。

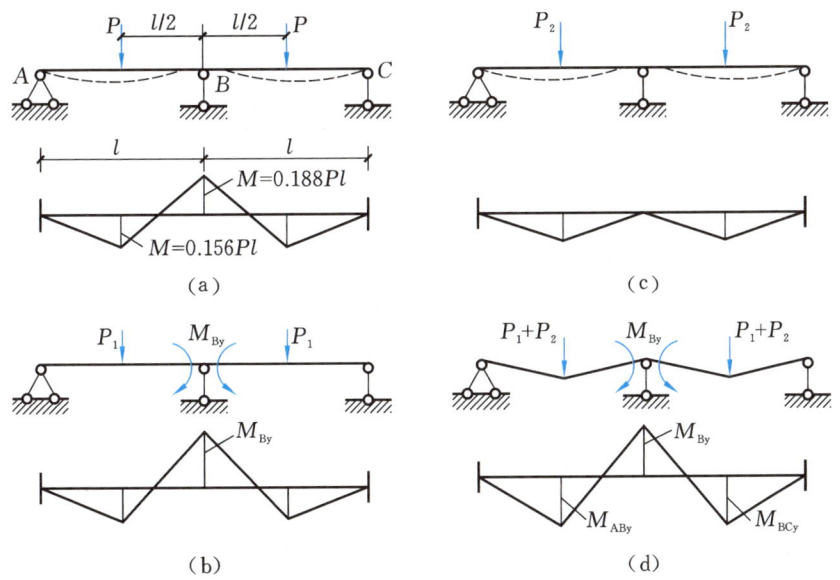

图 2.12 两跨连续梁内力变化过程
(a)弹性阶段;(b)支座截面出现塑性铰;(c)静定结构;(d)极限状态

梁从加载至破坏,经历以下三个阶段:

(1) 弹性阶段

加载初期,混凝土出现裂缝前,结构基本上为弹性体系,梁的内力符合弹性理论的计算结果,弯矩如图 2.12(a)所示。

(2) 弹塑性阶段

加载至中间支座处梁截面受拉区混凝土开裂,而跨中截面尚未出现裂缝,由于中间支座处梁截面刚度有所降低,致使该处梁截面弯矩的增长率大于弹性分析结果,这时梁已发生了内力重分布。随着荷载继续增大,梁跨中也出现裂缝时,结构又一次发生内力重分布。此阶段始于支座截面出现裂缝时,结束于支座截面即将出现塑性铰时。

(3) 塑性阶段

继续加载至中间支座处梁截面受拉纵筋屈服,该截面首先出现塑性铰,这时相应的外荷载值为 P_1,弯矩图如图 2.12(b)所示。两跨连续梁原为一次超静定结构,由于中间支座处梁截面出现塑性铰,则梁由超静定结构变为静定结构,如图 2.12(c)所示。此后再继续加载,直至梁跨中截面刚刚出现塑性铰,设其荷载增值为 P_2,这个过程中间支座处梁截面弯矩保持

不变为 M_{By}，由各跨荷载增值 P_2 所引起的弯矩，则由 AB 和 BC 两个简支梁分别负担，中间支座处塑性铰发生转动，跨中截面弯矩分别达到 M_{ABy} 和 M_{BCy}。在这最后阶段，结构已成为机动体系，如图 2.12(d) 所示。梁的最终承载力为 P_1+P_2，其最后弯矩图如图 2.12(d) 所示。

根据以上分析可知，弹性理论认为结构任一截面内力达到 M_u，整个结构达到极限承载力，这对于弹性材料或静定结构是符合的；对于弹塑性材料的超静定结构，达到承载力极限状态的标志并不是某一个截面内力达到极限承载力，而是先在一个或者几个截面出现塑性铰，随着荷载增加，当其他截面陆续出现塑性铰，直至结构的整体或局部形成几何可变体系后，结构破坏。

弹性理论计算的极限荷载是 P_1，按考虑塑性内力重分布计算的极限荷载是 P_1+P_2，这表明弹塑性材料的超静定结构，从出现塑性铰到结构破坏之间，其承载力还有储备，充分利用可节省材料。而塑性铰出现位置、次序与塑性内力重分布程度可以实现人为控制。

塑性内力重分布需考虑以下因素：

（1）塑性铰应具有足够的转动能力

塑性铰转动能力主要取决于纵向钢筋的配筋率、钢筋的品种和混凝土极限压应变值，配筋率越低，受压区高度越小，塑性铰转动能力越大；混凝土极限压应变越大，塑性铰转动能力越大；混凝土强度等级增大时，极限压应变值减小，转动能力变小。

（2）结构构件应具有足够的斜截面承载能力

想要实现预期的塑性内力重分布，其前提条件之一就是在破坏机构形成前，不发生因斜截面受剪承载力不足而引起的破坏，否则将阻碍塑性内力重分布继续进行。国内外试验表明：支座出现塑性铰后，连续梁的受剪承载力比不出现塑性铰时的承载力低。

（3）满足正常使用条件

如果最初出现的塑性铰转动幅度过大，塑性铰附近截面的裂缝就可能开展过宽，结构挠度过大，不能满足正常使用要求。因此，塑性内力重分布时，应对塑性铰的允许转动量予以控制，也就是要控制塑性铰内力重分布的幅度，一般要求在正常使用阶段不应该出现塑性铰。

2.2.4.4　弯矩调幅法的概念和基本原则

目前，钢筋混凝土超静定结构考虑塑性内力重分布的计算方法，有极限平衡法、塑性铰法、变刚度法、强迫转动法、弯矩调幅法、非线性全过程分析法等，其中弯矩调幅法应用较多。

（1）弯矩调幅法

所谓弯矩调幅法，就是对结构按弹性方法所算得的弯矩值和剪力值进行适当的调整，用以考虑结构非弹性变形引起的内力重分布。截面弯矩调幅系数用下式表示：

$$\beta = 1 - \frac{M_a}{M_e} \tag{2.12}$$

式中　β——弯矩调幅系数；

M_a——调整后的弯矩设计值；

M_e——按弹性方法计算所得的弯矩设计值。

(2)弯矩调幅法的基本原则

根据实验研究以及实践经验,应用弯矩调幅法进行结构承载能力极限状态计算时,须遵循下列规定：

① 受力钢筋宜采用 HPB300、HRB400、HRBF400、HRB500、HRBF500 级热轧钢筋；混凝土强度等级宜在 C25 至 C45 范围内选用。

② 梁截面的弯矩调幅系数 β 一般不宜超过 0.25,对于板不宜超过 0.20。

③ 弯矩调整后的两端截面受压区相对高度 ξ 不应超过 0.35,也不宜小于 0.1；如果截面按计算配有受压钢筋,在计算 ξ 时,还应考虑受压钢筋的作用。

④ 调整后的结构内力必须满足静力平衡条件,连续梁、板的各跨两支座弯矩的平均值与跨中弯矩值之和不得小于简支梁弯矩值的 1.02 倍(图 2.13),各控制截面的弯矩值不宜小于简支梁弯矩值的 1/3。

$$\frac{M_A+M_B}{2}+M \geqslant 1.02 M_0 \tag{2.13}$$

式中　M_0——按简支梁计算的跨中弯矩设计值；

M_A, M_B——调幅后连续梁或连续单向板的左、右支座截面弯矩调幅后的设计值。

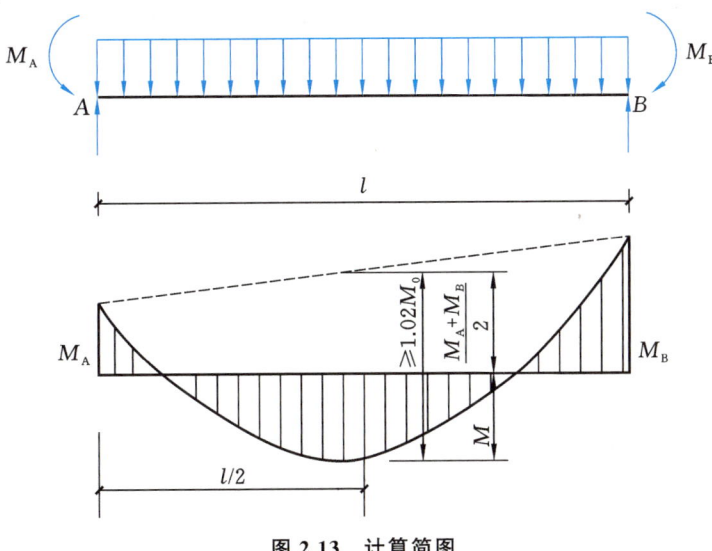

图 2.13　计算简图

⑤ 为了防止结构在实现弯矩调整所要求的内力重分布前发生剪切破坏,应在可能产生塑性铰的区段适量增加箍筋数量。按《混凝土结构设计标准》(GB/T 50010—2010)(2024 年版)斜截面受剪承载力计算所得的箍筋数量增大 20%。箍筋数量增大的区段为：当为集中荷载时,取支座边至最近一个集中荷载之间的区段；当为均布荷载时,取距支座边为 $1.05h_0$ 的区段,此处 h_0 为梁截面的有效高度。

此外,为了减少构件发生斜拉破坏的可能性,配置的受剪箍筋配箍率的下限值应符合下列要求：

$$\rho_{sv}=\frac{A_{sv}}{bs} \geqslant 0.36 \frac{f_t}{f_{yv}} \tag{2.14}$$

2.2.4.5 采用弯矩调幅法计算等跨连续梁、板内力

在均布荷载或间距相同、大小相等的集中荷载作用下,等跨连续梁、板各跨跨中和支座截面的弯矩设计值可按下式确定:

承受均布荷载:

$$M = \alpha_m (g+q) l_0^2 \tag{2.15}$$

承受集中荷载:

$$M = \eta \alpha_m (G+Q) l_0 \tag{2.16}$$

式中 g, q——单位长度上的均布永久荷载设计值、均布可变荷载设计值;
　　　G, Q——集中永久荷载设计值、集中可变荷载设计值;
　　　α_m——考虑塑性内力重分布的弯矩计算系数,按表2.3采用;
　　　η——集中荷载修正系数,按表2.4采用;
　　　l_0——计算跨度,按表2.2采用。

表 2.3 连续梁和连续单向板考虑塑性内力重分布的弯矩计算系数 α_m

端支座支承情况		截面					
		端支座 A	边跨跨中 I	离端第二支座 B	离端第二跨跨中 II	中间支座 C	中间跨跨中 III
梁板搁置在墙上		0	1/11	两跨连续: −1/10 三跨以上连续: −1/11	1/16	−1/14	1/16
板	与梁整体连接	−1/16	1/14				
梁		−1/24					
梁与柱整体现浇		−1/16	1/14				

注:①表中系数适用于荷载比 $q/g > 0.3$ 的等跨连续梁和连续单向板。
②连续梁或连续单向板的各跨长度不等,但相邻两跨与短跨之比值小于1.1时,仍可采用表中弯矩系数值。计算支座弯矩时,计算跨度应取相邻两跨跨中的较大跨度值;计算跨中弯矩时,计算跨度应取本跨长度。

表 2.4 集中荷载修正系数 η

荷载情况	截面					
	A	I	B	II	C	III
跨中点处作用一个集中荷载	1.5	2.2	1.5	2.7	1.6	2.7
跨中三分点处作用两个集中荷载	2.7	3.0	2.7	3.0	2.9	3.0
跨中四分点处作用三个集中荷载	3.8	4.1	3.8	4.5	4.0	4.8

在均布荷载或间距相同、大小相等的集中荷载作用下,等跨连续梁、板支座边缘的剪力设计值可按下式确定:

承受均布荷载:

$$V = \alpha_v (g+q) l_n \tag{2.17}$$

承受集中荷载:

$$V = n\alpha_v (G+Q) \tag{2.18}$$

式中 g,q——单位长度上的均布永久荷载设计值、均布可变荷载设计值;
G,Q——集中永久荷载设计值、集中可变荷载设计值;
α_v——考虑塑性内力重分布的剪力计算系数,按表2.5采用;
n——跨内集中荷载的个数;
l_n——净跨度。

表 2.5 考虑塑性内力重分布的剪力计算系数

荷载情况	支承情况	截面位置				
		A 支座右侧	第二支座 B		中间支座 C	
			左侧	右侧	左侧	右侧
均布荷载	搁置在墙上	0.45	0.60	0.55	0.55	0.55
	与梁或柱整体现浇	0.50	0.55			
集中荷载	搁置在墙上	0.42	0.65	0.60	0.55	0.55
	与梁或柱整体现浇	0.50	0.60			

2.2.4.6 塑性内力重分布方法的适用范围

按塑性理论方法求结构内力,使内力分析与截面配筋计算相协调,结果比较经济,但一般情况下结构的裂缝较宽、变形较大。因此,下列情况下的超静定结构不应采用塑性理论进行结构内力分析:直接承受动力荷载的结构构件,以及要求不允许出现裂缝或处于三 a、三 b 类环境情况下的结构。

在现浇钢筋混凝土肋梁楼盖中,板和次梁通常按照塑性理论分析内力,而主梁则按弹性理论分析内力。这是因为主梁为楼盖的主要构件,为保证使用中有较好的性能,主梁需要有较大安全储备,正常使用阶段对挠度及裂缝控制较严。

2.2.5 截面设计与构造要求

2.2.5.1 单向板的配筋计算及构造要求

(1) 单向板的设计要点
① 支承在次梁或墙上的连续板,一般可按照塑性理论计算内力。
② 对于单向板,可仅沿短跨方向按单筋矩形截面的受弯构件进行配筋计算,长跨方向按构造配筋。计算宽度 $b=1000$ mm,板厚按照计算确定,应符合表2.1的规定。

③ 板一般均满足斜截面抗剪要求,设计时可不进行抗剪计算。

④ 四周与梁整体连接的单向板,由于拱效应使板中各计算截面弯矩减小(图2.14),中间跨的跨中截面和中间支座计算弯矩都按减小20%计算,其他截面不减小。

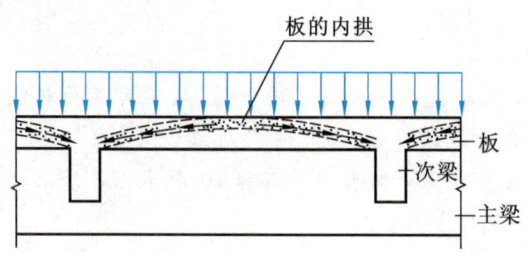

图2.14　钢筋混凝土连续板内拱卸荷作用

(2) 单向板的构造要求

① 板的跨度与厚度:板的跨度根据梁格布置确定;板的厚度要满足建筑功能的要求且要考虑板的跨度、所受的荷载大小等因素,从刚度要求出发,根据经验板厚最小取值,板厚取10 mm倍数,板的配筋率一般为0.3%～0.8%,最小板厚要求满足表2.1的要求。

② 板的支承长度:应满足其受力钢筋在支座内的锚固要求,且一般不小于板厚,当搁置在砖墙上时,不少于120 mm。

③ 板中受力钢筋:板的受力钢筋一般采用HPB300、HRB400和HRBF400级,常用直径为6 mm、8 mm、10 mm、12 mm、14 mm等。对于支座负筋,为了便于施工架立,宜采用较大直径的钢筋。板中受力钢筋间距,一般不小于70 mm;当板厚$h \leqslant 150$ mm时,不宜大于200 mm;当板厚$h > 150$ mm时,不宜大于$1.5h$,且不宜大于250 mm。由于板在跨中一般承受正弯矩而在支座处承受负弯矩,因此在板跨中须配底部钢筋,而在支座处往往配板面钢筋,从而有两种配筋方式,弯起式和分离式,如图2.15所示。

弯起式配筋:将一部分跨中正弯矩钢筋在适当的位置(反弯点附近)弯起,并伸过支座后作负弯矩钢筋使用;延伸长度应满足覆盖负弯矩图和锚固的要求,如图2.15(a)所示。由于施工比较麻烦,目前弯起式配筋已很少应用。弯起式配筋可先按跨内正弯矩的需要确定所需钢筋的直径和间距,然后在支座附近弯起1/2(隔一弯一)以承受负弯矩,但最多不超过2/3(隔一弯二)。如果弯起钢筋的截面面积还不满足所要求的支座负筋的需要,可另加直钢筋;通常取相同的钢筋间距。弯起角一般为30°,当板厚$h > 120$ mm时,可采用45°。采用弯起式配筋,应注意相邻两跨跨中及中间支座钢筋直径和间距互相配合,间距变化应有规律,钢筋直径种类不宜过多,以利施工。

分离式配筋:跨中正弯矩钢筋宜全部伸入支座锚固;而在支座处另配负弯矩钢筋,其范围应能覆盖负弯矩区域并满足锚固要求,如图2.15(b)所示。由于施工方便,分离式配筋已成为工程中主要采用的配筋方式。

为了保证锚固可靠,板内伸入支座的下部正钢筋采用半圆弯钩。对于上部负钢筋,为了保证施工时钢筋的设计位置,宜做成直抵模板的直钩形式。因此,直钩部分的钢筋长度为板厚减净保护层厚。

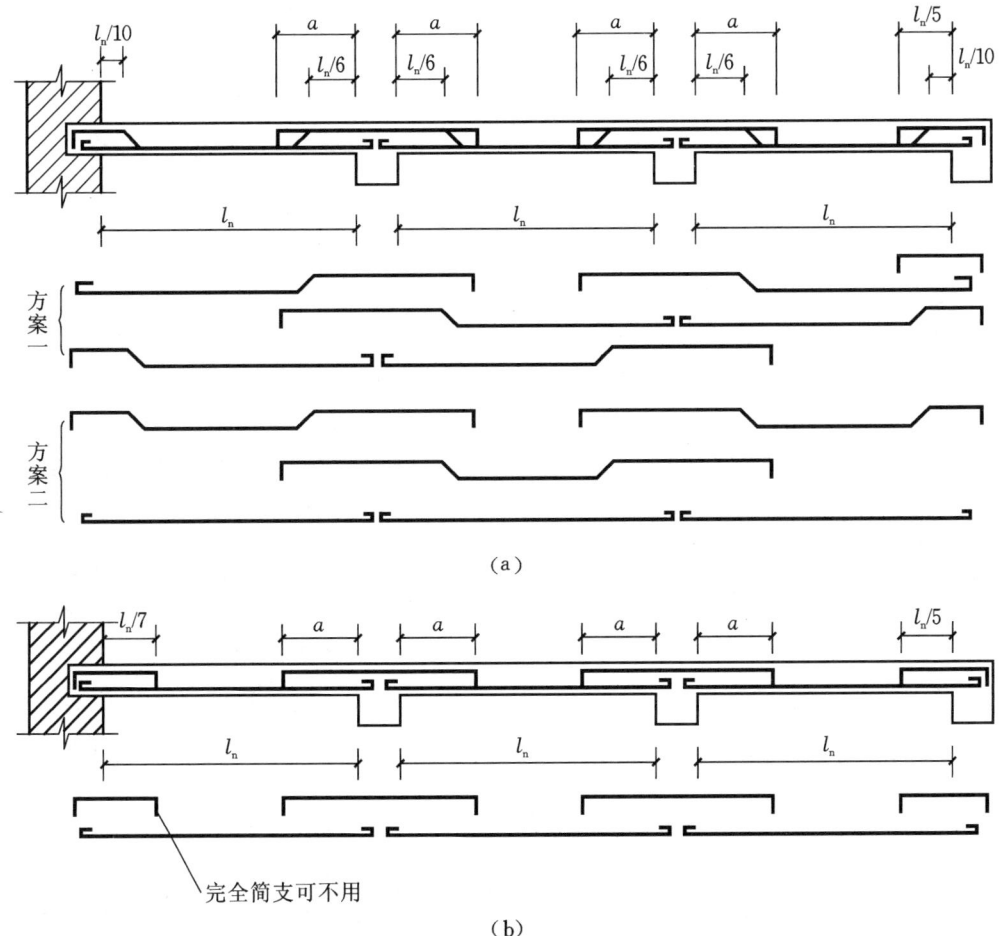

图 2.15　钢筋混凝土连续板受力钢筋配筋方式
(a)弯起式配筋方式；(b)分离式配筋方式

钢筋的弯起和截断：对承受均布荷载的等跨连续单向板或双向板，受力钢筋弯起和截断的位置一般可按图 2.15 直接确定。采用弯起式配筋时，跨中正弯矩钢筋可在距支座边 $l_n/6$ 处弯起 $1/2\sim2/3$，以承受支座上的负弯矩。支座处的负弯矩钢筋，可在距支座边不小于 a 的距离处截断，其取值如下：当 $q/g\leqslant3$ 时，$a=l_n/4$；当 $q/g>3$ 时，$a=l_n/3$。

图 2.15 所示的配筋要求，适用于承受均布荷载的等跨或相邻跨度相差不大于 20% 的多跨连续板，可不必绘制弯矩包络图进行钢筋布置。如果板相邻跨度差超过 20%，或各跨荷载相差较大时，受力钢筋的弯起和截断的位置则应按弯矩包络图确定。

④ 板中构造钢筋

分布钢筋：当按单向板设计时，除沿受力方向布置受力钢筋外，尚应在垂直受力方向布置分布钢筋，分布钢筋应布置在受力钢筋的内侧。分布钢筋的作用是：与受力钢筋组成钢筋网，便于施工中固定受力钢筋的位置；承受由于温度变化和混凝土收缩所产生的内力；承受并分布板上局部荷载产生的内力;对四边支承板,可承受在计算中未计及但实际存在的长跨方向的弯矩。

分布钢筋宜采用 HPB300、HRB400 和 HRBF400 级钢筋,常用直径是 6 mm 和 8 mm。《混凝土结构设计标准》(GB/T 50010—2010)(2024 年版)规定,单位长度上分布钢筋的截面面积不宜小于单位宽度上受力钢筋截面面积的 15%,且不宜小于该方向板截面面积的 0.15%;分布钢筋的间距不宜大于 250 mm,直径不宜小于 6 mm;对集中荷载较大或温度变化较大的情况,分布钢筋的截面面积应适当增加,其间距不宜大于 200 mm。

垂直于主梁的板面构造钢筋:当现浇板的受力钢筋与梁平行时,例如单向板肋梁楼盖的主梁,此时靠近主梁梁肋的板面荷载将直接传给主梁而引起负弯矩,这样会导致板与主梁相接的板面产生裂缝,有时裂缝甚至开展较宽。因此《混凝土结构设计标准》(GB/T 50010—2010)(2024 年版)规定,应沿主梁长度方向配置间距不大于 200 mm 且与主梁垂直的上部构造钢筋,其直径不宜小于 8 mm,且单位长度内的总截面面积不宜小于板中单位宽度内受力钢筋截面面积的三分之一。该构造钢筋伸入板内的长度从梁边算起每边不宜小于板计算跨度 l_0 的四分之一,如图 2.16 所示。

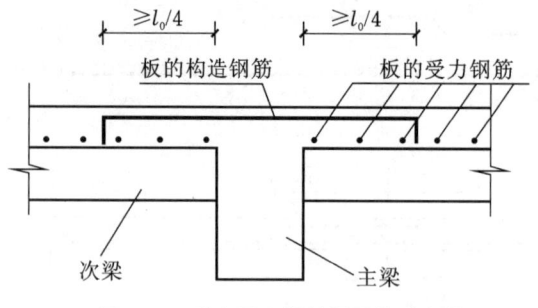

图 2.16 垂直于主梁的板面构造钢筋

嵌入承重墙内的板面构造钢筋:嵌固在承重墙内的单向板,由于墙的约束作用,板在墙边也会产生一定的负弯矩;垂直于板跨度方向,由于部分荷载将就近传给支承墙,也会产生一定的负弯矩,使板面受拉开裂,如图 2.17(a)所示。在板角部分,除因传递荷载使板在两个正交方向引起负弯矩外,由于温度收缩影响产生的角部拉应力也会使板角产生斜向裂缝。为避免这种裂缝的出现和开展,《混凝土结构设计标准》(GB/T 50010—2010)(2024 年版)规定,对于嵌固在承重砌体墙内的现浇混凝土板,应沿支承周边配置上部构造钢筋,其直径不宜小于 8 mm,间距不宜大于 200 mm,其伸入板内的长度,从墙边算起不宜小于板短边跨度的七分之一。

板角构造钢筋:在两边嵌固于墙内的板角部分应配置双向上部构造钢筋,该钢筋伸入板内的长度从墙边算起不宜小于板短边跨度的四分之一;沿板的受力方向配置的上部构造钢筋,其截面面积不宜小于该方向跨中受力钢筋截面面积的三分之一;沿非受力方向配置的上部构造钢筋数量,可根据经验适当减少,如图 2.17(b)所示。

防裂构造钢筋:在温度、收缩应力较大的现浇板区域内,钢筋间距宜取为 150~200 mm,并应在板的未配筋表面双向布置温度收缩钢筋(也称为防裂构造钢筋),配筋率均不宜小于 0.1%。温度收缩钢筋既可利用原有钢筋贯通布置,也可另行设置构造钢筋网,并与原有钢筋按受拉钢筋的要求搭接,或在周边构件中锚固。

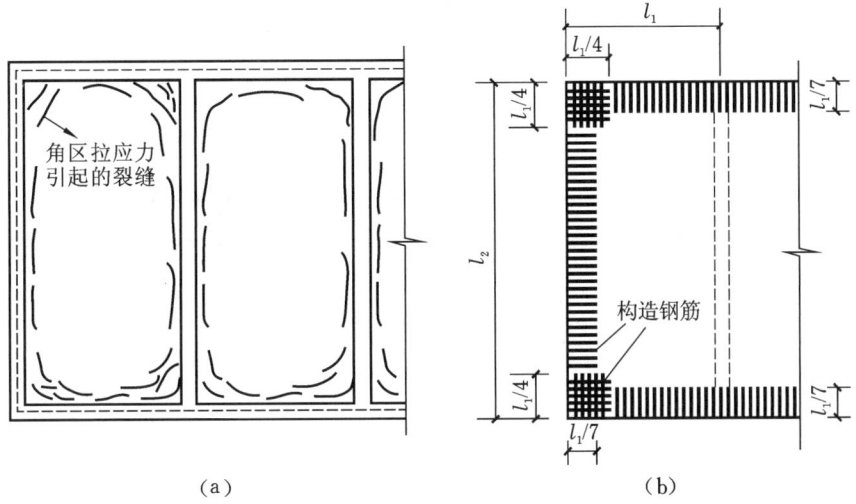

图 2.17 嵌固在砌体墙内的板上部构造钢筋的配置
(a)嵌固在砌体墙内的板表面裂缝形态;(b)嵌固在砌体墙内的板面构造钢筋配置

2.2.5.2 次梁的配筋计算与构造要求

(1) 次梁的设计要点

① 次梁承受板传来的荷载,通常可按塑性理论方法计算内力。

② 次梁和板整体现浇,配筋计算时,跨中按 T 形截面计算,其翼缘计算宽度 b'_f 可按有关规定确定;支座因翼缘位于受拉区,按矩形截面计算。

③ 按斜截面受剪承载力确定横向钢筋,当荷载、跨度较小时,一般只利用箍筋抗剪;当荷载、跨度较大时,宜在支座附近设置弯起钢筋,以减少箍筋用量。

④ 当次梁考虑塑性内力重分布时,调幅截面的相对受压区高度应满足 $0.1 \leqslant \xi \leqslant 0.35$。

(2) 次梁的构造要求

① 次梁的跨度一般为 4~6 m,梁高为跨度的 1/18~1/12,梁宽为梁高的 1/3~1/2。纵向钢筋的配筋率为 0.6%~1.5%。次梁伸入墙内的长度一般应不小于 240 mm。

② 梁中受力钢筋的弯起和切断原则上应按弯矩包络图确定。但对于跨度相差不超过 20%、承受均布荷载的次梁,当 $q/g \leqslant 3$ 时,可按图 2.18 确定。

2.2.5.3 主梁的配筋计算与构造要求

(1) 主梁的设计要点

① 主梁除承受自重外,主要承受由次梁传来的集中荷载,为简化计算,主梁自重可折算成集中荷载进行计算。

② 与次梁相同,主梁跨中按 T 形截面计算,其翼缘计算宽度 b'_f 可按有关规定确定;支座因翼缘位于受拉区,按矩形截面计算。

③ 按斜截面受剪承载力确定横向钢筋,当荷载、跨度较小时,一般只利用箍筋抗剪;当荷载、跨度较大时,宜在支座附近设置弯起钢筋,以减少箍筋用量。

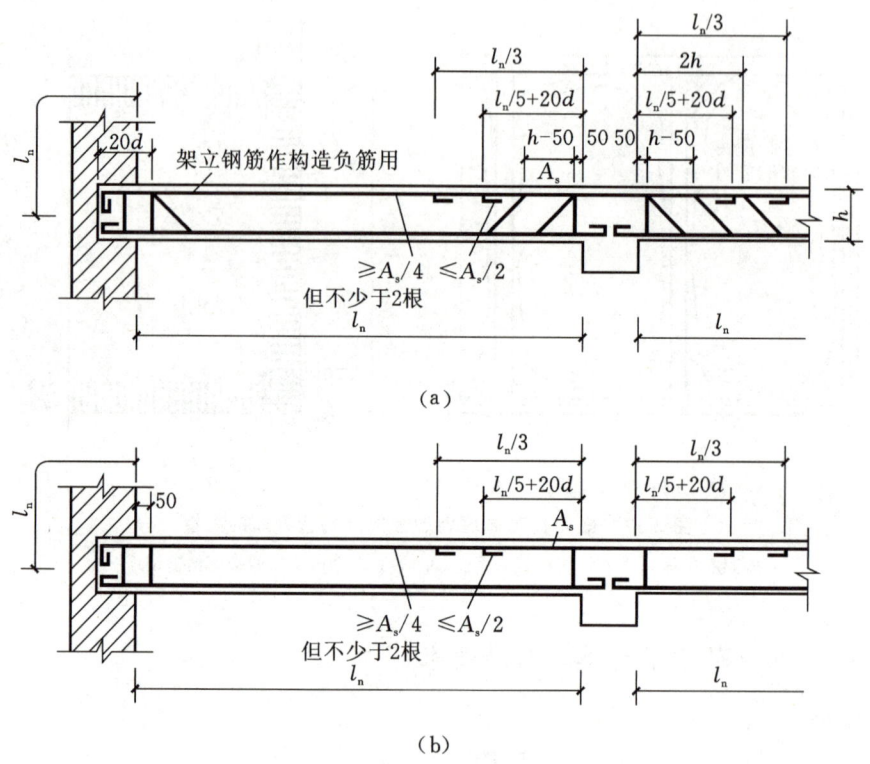

图 2.18 次梁的配筋构造
(a)有弯起钢筋;(b)无弯起钢筋

④ 主梁支座截面的有效高度 h_0:在主梁支座处,由于板、次梁和主梁截面的上部纵向钢筋相互交叉重叠,如图 2.19 所示,且主梁负筋位于板和次梁的负筋之下,因此主梁支座截面的有效高度减小。在计算主梁支座截面纵筋时,截面有效高度 h_0 可取为:

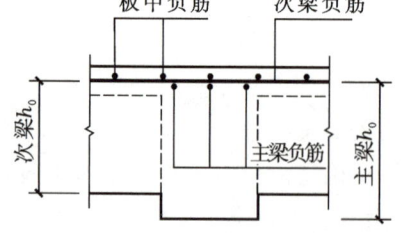

图 2.19 主梁支座处截面的有效高度

单排钢筋时:

$$h_0 = h - (60 \sim 65) \text{ mm}$$

双排钢筋时:

$$h_0 = h - (80 \sim 85) \text{ mm}$$

⑤ 主梁的内力计算通常采用弹性理论方法,不考虑塑性内力重分布。这是因为主梁是比较重要的构件,需要有较大的承载力储备,在使用荷载下的挠度及裂缝控制较严。如果主梁作为框架结构的横梁,它除受弯外,还承受轴向压力,而轴向压力会降低截面塑性转动能力。因此,主梁在计算内力时一般不考虑塑性内力重分布。

(2) 主梁的构造要求

① 主梁伸入墙内的长度一般应不小于 370 mm。

② 主梁纵向受力钢筋的弯起和截断,原则上应按弯矩包络图确定,并满足有关构造

要求。

③ 主梁附加横向钢筋:主梁和次梁相交处,在主梁高度范围内受到次梁传来的集中荷载的作用,其腹部可能出现斜裂缝,如图 2.20(a)所示。因此,应在集中荷载影响区 s 范围内加设附加横向钢筋(箍筋、吊筋),以防止斜裂缝出现而引起局部破坏。位于梁下部或梁截面高度范围内的集中荷载,应全部由附加横向钢筋承担,并应布置在长度为 $s=2h_1+3b$ 的范围内。附加横向钢筋宜优先采用箍筋,如图 2.20(b)所示。当采用吊筋时,其弯起段应伸至梁上边缘,且末端水平段长度在受拉区不应小于 $20d$,在受压区不应小于 $10d$,此处 d 为吊筋的直径。

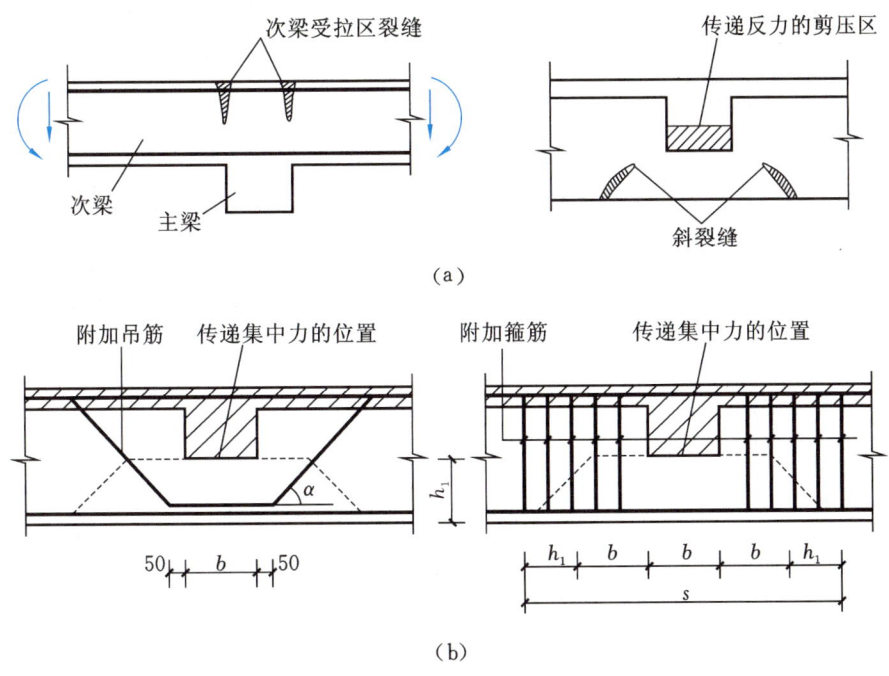

图 2.20 附加横向钢筋布置
(a)主、次梁相交处受力状态;(b)附加横向钢筋布置

附加箍筋和吊筋的总截面面积按下式计算:

$$F \leqslant 2f_y A_{sb} \sin\alpha + m \cdot n \cdot f_{yv} A_{sv1} \tag{2.19}$$

式中 F——由次梁传递的集中力设计值;
      f_y——附加吊筋的抗拉强度设计值;
      f_{yv}——附加箍筋的抗拉强度设计值;
      A_{sb}——附加吊筋的截面面积;
      A_{sv1}——附加单肢箍筋的截面面积;
      n——在同一截面内附加箍筋的肢数;
      m——附加箍筋的排数;
      α——附加吊筋与梁轴线间的夹角,一般为 45°,当梁高 $h>800$ mm 时,采用 60°。

2.2.6 整体式单向板肋梁楼盖设计实例

某设计使用年限为 50 年的工业用仓库楼盖,采用整体式钢筋混凝土结构,楼盖梁板布置如图 2.21 所示,图示范围内不考虑楼梯间。柱截面拟定为 300 mm×300 mm,柱高 4.5 m,墙厚 370 mm。

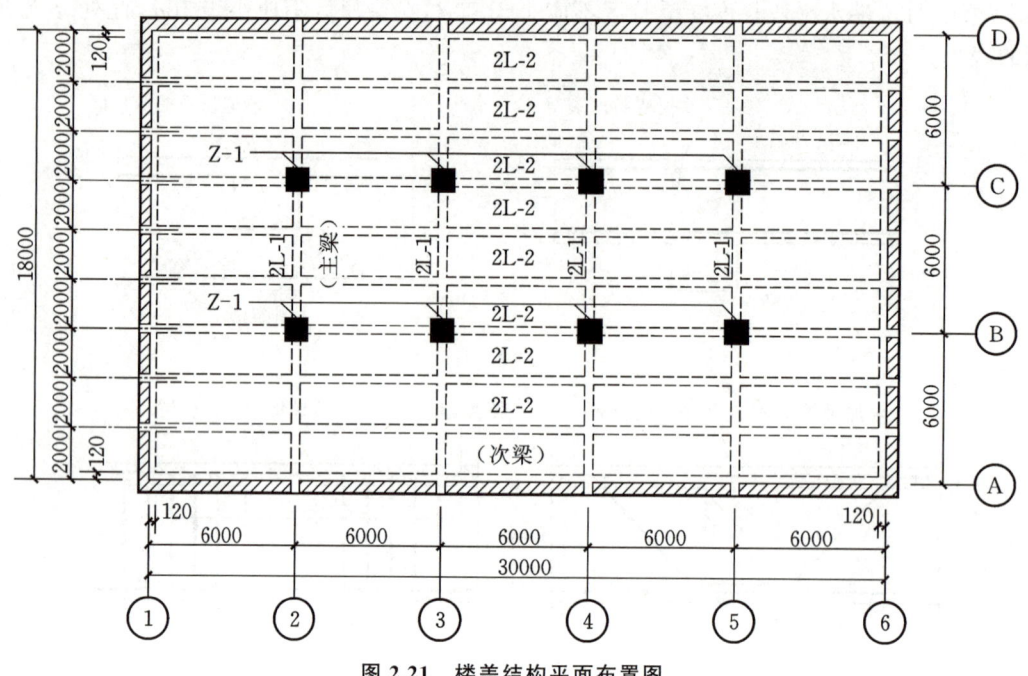

图 2.21 楼盖结构平面布置图

(1)楼面构造层做法:20 mm 厚水泥砂浆面层,15 mm 厚混合砂浆天棚抹灰。梁用 15 mm 厚混合砂浆抹灰。

(2)材料选用:混凝土采用 C25,梁中受力纵筋采用 HRB400 级钢筋,其他钢筋均采用 HPB300 级钢筋。

(3)楼面活荷载为 6 kN/m²。

2.2.6.1 板的设计

按塑性内力重分布方法计算。根据不验算挠度的刚度条件,板厚 $h \geqslant \dfrac{l}{30} = \dfrac{2000}{30} = 66.6$ mm<80 mm,故取板厚 $h=80$ mm。

次梁截面高度 $h = \left(\dfrac{1}{18} \sim \dfrac{1}{12}\right)l = \left(\dfrac{1}{18} \sim \dfrac{1}{12}\right) \times 6000 = 333.3 \sim 500$ mm,取次梁高度 $h=450$ mm,截面宽度 $b = \left(\dfrac{1}{3} \sim \dfrac{1}{2}\right)h = \left(\dfrac{1}{3} \sim \dfrac{1}{2}\right) \times 450 = 150 \sim 225$ mm,取次梁宽度 $b=200$ mm。

根据结构平面布置,板的实际支承情况如图2.22(a)所示。

(1) 荷载计算

20 mm 厚水泥砂浆面层: $1.3\times0.02\times20=0.52$ kN/m²

80 mm 厚钢筋混凝土板: $1.3\times0.08\times25=2.6$ kN/m²

15 mm 厚混合砂浆天棚抹灰: $1.3\times0.015\times17=0.33$ kN/m²

恒荷载设计值: $g=3.45$ kN/m²

活荷载设计值: $q=1.5\times6=9$ kN/m²

合计: $g+q=3.45+9=12.45$ kN/m²

每米板宽全部荷载设计值: $1\times12.45=12.45$ kN/m

$$\frac{q}{g}=\frac{9}{3.45}=2.6<3$$

(2) 计算简图

取 1 m 宽板作为计算单元,板各跨的计算跨度为:

中间跨: $l_0=l_n=2.0-0.2=1.8$ m

边跨: $l_0=l_n+\dfrac{h}{2}=2.0-0.12-\dfrac{0.2}{2}+\dfrac{0.08}{2}=1.82$ m

故板的计算简图如图2.22(b)所示。

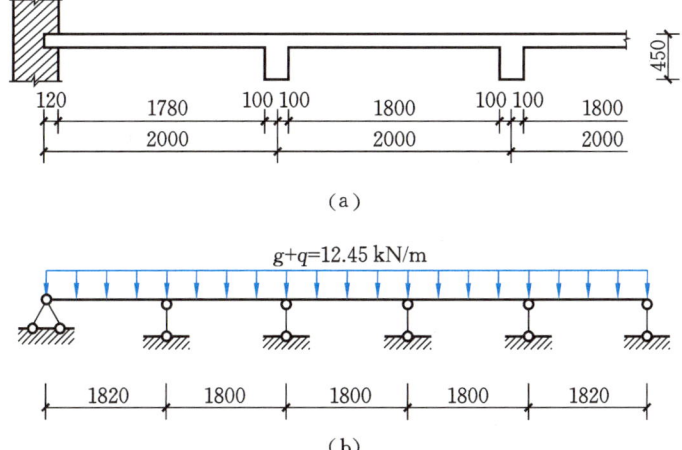

图 2.22 板的实际支承情况及计算简图
(a)板的实际支承情况;(b)计算简图

(3) 弯矩计算

边跨与中间跨的计算跨长相差 $\dfrac{1.82-1.8}{1.8}\times100\%=1.1\%<10\%$,故可按等跨连续板计算内力,其结果详见表2.6。

表 2.6 连续板各截面弯矩计算

截面	边跨跨中	离端第二支座	离端第二跨中 中间跨跨中	中间支座
弯矩系数	$+\dfrac{1}{11}$	$-\dfrac{1}{11}$	$+\dfrac{1}{16}$	$-\dfrac{1}{14}$
$M=\alpha_m(g+q)l_0^2$ /(kN·m)	$\dfrac{1}{11}\times 12.45\times 1.82^2$ $=3.75$	$-\dfrac{1}{11}\times 12.45\times\left(\dfrac{1.82+1.8}{2}\right)^2$ $=-3.71$	$\dfrac{1}{16}\times 12.45\times 1.8^2$ $=2.52$	$-\dfrac{1}{14}\times 12.45\times 1.8^2$ $=-2.88$

（4）板正截面承载力计算

$b=1000$ mm，$h=80$ mm，板的截面有效高度 $h_0=h-a_s=80-20=60$ mm，钢筋采用 HPB300 级（$f_y=270$ N/mm²），混凝土采用 C25（$f_c=11.9$ N/mm²，$f_t=1.27$ N/mm²），$\alpha_1=1.0$。板的配筋计算结果详见表 2.7。

表 2.7 板的配筋计算

板带位置	边区板带(①～②,⑤～⑥轴线间)				中间区板带(②～⑤轴线间)			
截面	边跨跨中	离端第二支座	离端第二跨跨中	中间支座	边跨跨中	离端第二支座	离端第二跨跨中	中间支座
$M/(\text{kN·m})$	3.75	−3.71	2.52	−2.88	3.75	−3.71	2.52×0.8 $=2.02$	-2.88×0.8 $=-2.31$
$\alpha_s=\dfrac{M}{\alpha_1 f_c b h_0^2}$	0.088	0.087	0.059	0.067	0.088	0.087	0.047	0.054
$\xi=1-\sqrt{1-2\alpha_s}$	0.092	0.091	0.061	0.069	0.092	0.091	0.048	0.056
$A_s=\dfrac{\alpha_1 f_c b\xi h_0}{f_y}$ /mm²	243.3	240.6	161.3	182.5	243.3	240.6	126.9	148.1
选用钢筋	$\phi 8@200$	$\phi 8@200$	$\phi 8@200$	$\phi 8@200$	$\phi 8@200$	$\phi 8@200$	$\phi 8@200$	$\phi 8@200$
实际配筋/mm²	251	251	251	251	251	251	251	251

计算结果表明，支座截面的 ξ 均小于 0.35，符合塑性内力重分布的原则。

$$\rho_{\min}=\max\left\{0.2\%,0.45\dfrac{f_t}{f_y}\right\}=0.212\%$$

故 $A_{s,\min}=0.212\%\times 1000\times 80=169.6$ mm²。

2.2.6.2 次梁的设计

按塑性内力重分布计算。主梁的截面高度 $h = \left(\dfrac{1}{14} \sim \dfrac{1}{8}\right)l = \left(\dfrac{1}{14} \sim \dfrac{1}{8}\right) \times 6000 = 428.6 \sim 750$ mm，取 $h = 650$ mm，梁宽 $b = \left(\dfrac{1}{3} \sim \dfrac{1}{2}\right)h = \left(\dfrac{1}{3} \sim \dfrac{1}{2}\right) \times 650 = 216.7 \sim 325$ mm，取 $b = 250$ mm，次梁实际支承情况如图 2.23(a) 所示。

(1) 荷载计算

板传来的恒荷载：　　　　　$3.45 \times 2 = 6.9$ kN/m

次梁自重：　　　　$1.3 \times 25 \times 0.2 \times (0.45 - 0.08) = 2.41$ kN/m

次梁两侧粉刷：$1.3 \times 17 \times 0.015 \times (0.45 - 0.08) \times 2 = 0.25$ kN/m

恒荷载设计值：　　　　　$g = 9.56$ kN/m

活荷载设计值：　　　　$q = 1.5 \times 6 \times 2 = 18$ kN/m

总荷载：　　　　$g + q = 9.56 + 18 = 27.56$ kN/m

$$\dfrac{q}{g} = \dfrac{18}{9.56} = 1.88$$

(2) 计算简图

次梁各跨的计算跨度：

中间跨：　　　　　$l_0 = l_n = 6.0 - 0.25 = 5.75$ m

边跨：$l_0 = l_n + \dfrac{a}{2} = 6.0 - 0.12 - \dfrac{0.25}{2} + \dfrac{0.24}{2} = 5.875$ m $< 1.025 l_n = 5.899$ m，取 $l_0 = 5.875$ m

边跨与中间跨的计算跨长相差 $\dfrac{5.875 - 5.75}{5.75} = 2.2\% < 10\%$，故可按等跨连续梁计算。计算简图如图 2.23(b) 所示。

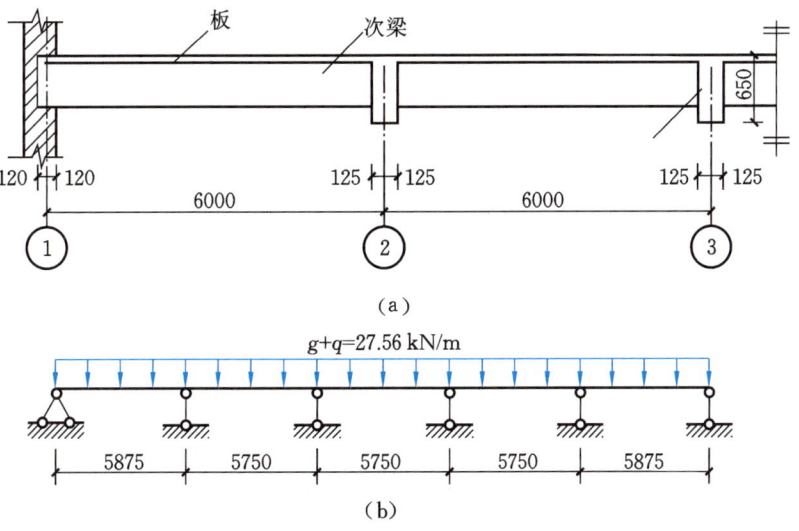

图 2.23　次梁的实际支承情况和计算简图

(a) 次梁实际支承情况；(b) 次梁计算简图

(3) 内力计算

次梁各截面的弯矩设计值见表 2.8,次梁各截面的剪力设计值见表 2.9。

表 2.8 次梁各截面弯矩设计值计算表

截面	边跨跨中	离端第二支座	离端第二跨跨中 中间跨跨中	中间支座
弯矩系数 α_m	$+\dfrac{1}{11}$	$-\dfrac{1}{11}$	$+\dfrac{1}{16}$	$-\dfrac{1}{14}$
$M=\alpha_m(g+q)l_0^2$ /(kN·m)	$\dfrac{1}{11}\times 27.56\times 5.875^2$ $=86.48$	$-\dfrac{1}{11}\times 27.56\times\left(\dfrac{5.875+5.75}{2}\right)^2$ $=-84.65$	$\dfrac{1}{16}\times 27.56\times 5.75^2$ $=56.95$	$-\dfrac{1}{14}\times 27.56\times 5.75^2$ $=-65.09$

表 2.9 次梁各截面剪力设计值计算表

截面	端支座右侧	离端第二支座左侧	离端第二支座右侧	中间支座左侧、右侧
剪力系数 α_v	0.45	0.6	0.55	0.55
$V=\alpha_v(g+q)l_n$ /kN	$0.45\times 27.56\times 5.755$ $=71.37$	$0.6\times 27.56\times 5.755$ $=95.16$	$0.55\times 27.56\times 5.75$ $=87.16$	$0.55\times 27.56\times 5.75$ $=87.16$

(4) 次梁截面承载力计算

次梁正截面受弯承载力计算时,跨中截面按 T 形截面进行承载力计算,支座截面按矩形截面进行承载力计算。

跨中截面按 T 形截面进行承载力计算,其翼缘计算宽度为:

边跨: $b_f'=\dfrac{l_0}{3}=\dfrac{5875}{3}=1958$ mm $<b+s_n=200+1800=2000$ mm

又 $\dfrac{h_f'}{h_0}=\dfrac{80}{410}=0.19>0.1$,不考虑翼缘高度,故 $b_f'=1958$ mm。

中间跨: $b_f'=\dfrac{l_0}{3}=\dfrac{5750}{3}=1917$ mm $<b+s_n=2000$ mm

故取 $b_f'=1917$ mm。

判别各跨中 T 形截面的类型,取 $h_0=h-a_s=450-40=410$ mm,则:

$$\alpha_1 f_c b_f' h_f'\left(h_0-\dfrac{h_f'}{2}\right)=1.0\times 11.9\times 1958\times 80\times\left(410-\dfrac{80}{2}\right)=689.7 \text{ kN·m}$$

与表 2.8 中的弯矩值比较可知,各跨中截面均属于第一类 T 形截面。

支座截面按矩形截面进行承载力计算。$h=450$ mm,$b=200$ mm,支座与跨中截面均按一排钢筋考虑,故取 $h_0=450-40=410$ mm,梁的纵筋采用 HRB400 级($f_y=360$ N/mm^2),箍筋采用 HPB300 级($f_{yv}=270$ N/mm^2),混凝土采用 C25($f_c=11.9$ N/mm^2,$f_t=1.27$ N/mm^2),$\alpha_1=1.0$,次梁正截面承载力计算见表 2.10,斜截面承载力计算见表 2.11。

表 2.10 次梁正截面承载力计算

截面	边跨跨中	离端第二支座	离端第二跨跨中 中间跨跨中	中间支座
$M/(\text{kN}\cdot\text{m})$	86.48	-84.65	56.95	-65.09
$\alpha_s = \dfrac{M}{\alpha_1 f_c b h_0^2}$	$\dfrac{86.48\times 10^6}{1.0\times 11.9\times 1958\times 410^2}$ $=0.022$	$\dfrac{84.65\times 10^6}{1.0\times 11.9\times 200\times 410^2}$ $=0.212$	$\dfrac{56.95\times 10^6}{1.0\times 11.9\times 1917\times 410^2}$ $=0.015$	$\dfrac{65.09\times 10^6}{1.0\times 11.9\times 200\times 410^2}$ $=0.163$
$\xi = 1 - \sqrt{1-2\alpha_s}$	0.022	0.241	0.015	0.179
$A_s = \dfrac{\alpha_1 f_c b \xi h_0}{f_y}$ $/\text{mm}^2$	583.8	653.2	389.7	485.2
选用钢筋	3⌀16	2⌀18+1⌀16	2⌀16	2⌀18
实际配筋/mm²	603	710.1	402	509

表 2.11 次梁斜截面承载力计算

截面	端支座右侧	离端第二支座左侧	离端第二支座右侧	中间支座左侧、右侧
V/kN	71.37	95.16	87.16	87.16
$0.25\beta_c f_c b h_0$	243.6 kN$>V$	243.6 kN$>V$	243.6 kN$>V$	243.6 kN$>V$
$0.7 f_t b h_0$	72.9 kN$>V$	72.9 kN$<V$	72.9 kN$<V$	72.9 kN$<V$
选用箍筋	双肢ϕ8	双肢ϕ8	双肢ϕ8	双肢ϕ8
$A_{sv}=nA_{sv1}$ $/\text{mm}^2$	100.6	100.6	100.6	100.6
$s=\dfrac{f_{yv}A_{sv}h_0}{V-0.7f_t b h_0}$ $/\text{mm}$	构造配箍	$\dfrac{270\times 100.6\times 410}{(95.16-72.9)\times 10^3}$ $=500$	$\dfrac{270\times 100.6\times 410}{(87.16-72.9)\times 10^3}$ $=781$	$\dfrac{270\times 100.6\times 410}{(87.16-72.9)\times 10^3}$ $=781$
实配箍筋间距/mm	200	200	200	200

2.2.6.3 主梁的设计

主梁按弹性理论计算内力。柱的截面尺寸为 300 mm×300 mm，主梁的实际支承情况如图 2.24(a)所示。

(1) 荷载计算

为了简化计算，主梁自重按集中荷载考虑。

次梁传来的恒荷载： $9.56\times 6=57.36$ kN

主梁的自重： $1.3\times 25\times 0.25\times(0.65-0.08)\times 2=9.26$ kN

梁侧抹灰： $1.3\times 17\times 0.015\times(0.65-0.08)\times 2\times 2=0.76$ kN

恒荷载设计值： $G=67.38$ kN

活荷载设计值： $Q=1.5\times6\times2\times6=108$ kN

总荷载： $G+Q=67.38+108=175.38$ kN

(2) 计算简图

由于主梁线刚度较钢筋混凝土柱线刚度大得多,故主梁中间支座按铰支承考虑。主梁端部搁置在砖壁柱上,其支承长度为 370 mm。

主梁计算跨度：

中间各跨： $l_0=l_n+b=6$ m

边跨： $l_n=6-0.12-\dfrac{0.3}{2}=5.73$ m

$$l_0=l_n+\dfrac{b}{2}+\dfrac{a}{2}=5.73+\dfrac{0.3}{2}+\dfrac{0.37}{2}=6.065 \text{ m}$$

$$l_0=1.025l_n+\dfrac{b}{2}=1.025\times5.73+\dfrac{0.3}{2}=6.023 \text{ m}$$

取 $l_0=6.023$ m,计算简图如图 2.24(b)所示。因边跨与中间各跨跨度相差小于10%,计算时可采用等跨连续梁的弯矩及剪力系数。

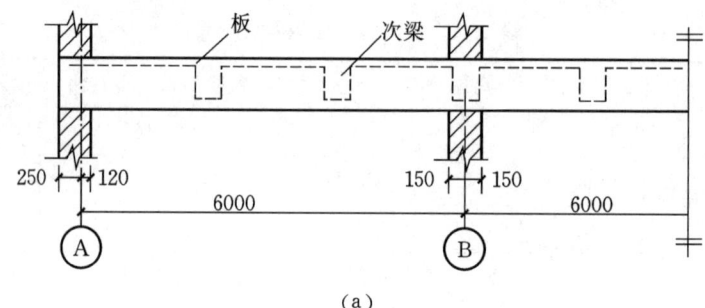

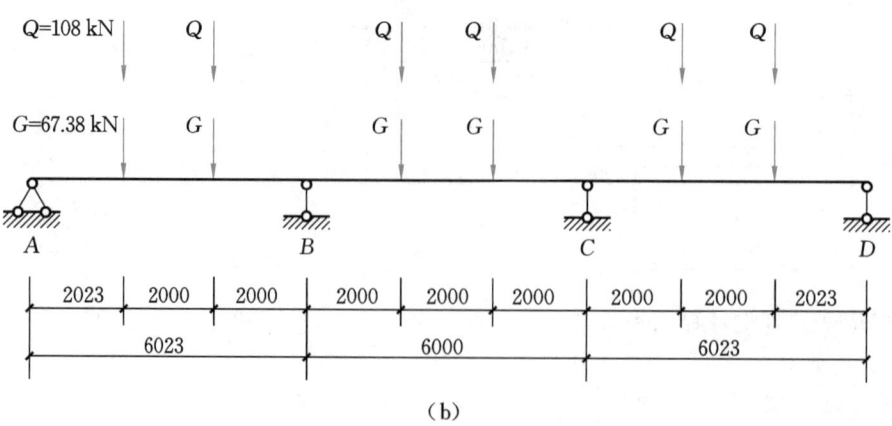

图 2.24 主梁的实际支承情况和计算简图

(a)主梁实际支承情况；(b)主梁计算简图

(3) 弯矩、剪力计算及其包络图

在各种不同分布的荷载作用下,内力计算可采用等跨连续梁的内力系数表进行,跨内和支座截面最大弯矩及剪力可按照下式计算：

$$M = k_1 G l_0 + k_2 Q l_0$$
$$V = k_3 G + k_4 Q$$

式中　k_1, k_2, k_3, k_4——由附表 2 中相应系数表查得；

　　　l_0——计算跨度，对 B 支座，计算跨度可用相邻两跨的平均值。

边跨：　　　　　　$G l_0 = 67.38 \times 6.023 = 405.83 \text{ kN} \cdot \text{m}$

　　　　　　　　　$Q l_0 = 108 \times 6.023 = 650.48 \text{ kN} \cdot \text{m}$

中间跨：　　　　　$G l_0 = 67.38 \times 6.0 = 404.28 \text{ kN} \cdot \text{m}$

　　　　　　　　　$Q l_0 = 108 \times 6.0 = 648 \text{ kN} \cdot \text{m}$

B 支座：　　　　$G l_0 = 67.38 \times \left(\dfrac{6.023 + 6}{2} \right) = 405.05 \text{ kN} \cdot \text{m}$

　　　　　　　　　$Q l_0 = 108 \times \left(\dfrac{6.023 + 6}{2} \right) = 649.24 \text{ kN} \cdot \text{m}$

主梁的弯矩和剪力计算分别见表 2.12 与表 2.13。

表 2.12　主梁各截面弯矩计算　　　　　　　　　　单位:kN·m

项次	荷载简图	边跨跨中 $\dfrac{k}{M_1}$	中间支座 $\dfrac{k}{M_B(M_C)}$	中间跨跨中 $\dfrac{k}{M_2}$
①	G 作用于 1、2、1 跨 (A B C D)	$\dfrac{0.244}{99.02}$	$\dfrac{-0.267}{-108.15}$	$\dfrac{0.067}{27.09}$
②	Q 作用于边跨 1、1 (A B C D)	$\dfrac{0.289}{187.99}$	$\dfrac{-0.133}{-86.35}$	$\dfrac{-}{-86.35}$
③	Q 作用于中跨 2 (A B C D)	$\approx \dfrac{1}{3} M_B = -28.78$	$\dfrac{-0.133}{-86.35}$	$\dfrac{0.2}{129.6}$
④	Q 作用于 1、2 跨 (A B C D)	$\dfrac{0.229}{148.96}$	$\dfrac{-0.311(-0.089)}{-201.91(-57.78)}$	$\dfrac{0.17}{110.16}$
最不利组合	①+②	287.01	-194.5	-59.26
	①+③	70.24	-194.5	156.69
	①+④	247.98	-310.05	137.25

表 2.13 主梁各截面剪力计算　　　　　　　　　　　单位:kN

项次	荷载简图	边支座 $\dfrac{k}{V_A^r}$	中间支座 $\dfrac{k}{V_B^l(V_C^l)}$	中间支座 $\dfrac{k}{V_B^r(V_C^r)}$
①	G 作用于 A 1 B 2 C 1 D	$\dfrac{0.733}{49.39}$	$\dfrac{-1.267(-1.000)}{-85.37(-67.38)}$	$\dfrac{1.000(1.267)}{67.38(85.37)}$
②	Q 作用于 A 1 B 2 C 1 D	$\dfrac{0.866}{93.53}$	$\dfrac{-1.134(0)}{-122.47(0)}$	$\dfrac{0(1.134)}{0(122.47)}$
④	Q 作用于 A 1 B 2 C 1 D	$\dfrac{0.689}{74.41}$	$\dfrac{-1.311(-0.778)}{-141.59(-84.02)}$	$\dfrac{1.222(0.089)}{131.98(9.61)}$
最不利组合	①+②	142.92	−207.84(−67.38)	67.38(207.84)
最不利组合	①+④	123.8	−226.96(−151.4)	199.36(94.98)

将以上最不利组合下的弯矩和剪力叠画在同一坐标图上,可得到主梁的弯矩包络图和剪力包络图,如图 2.25 所示。

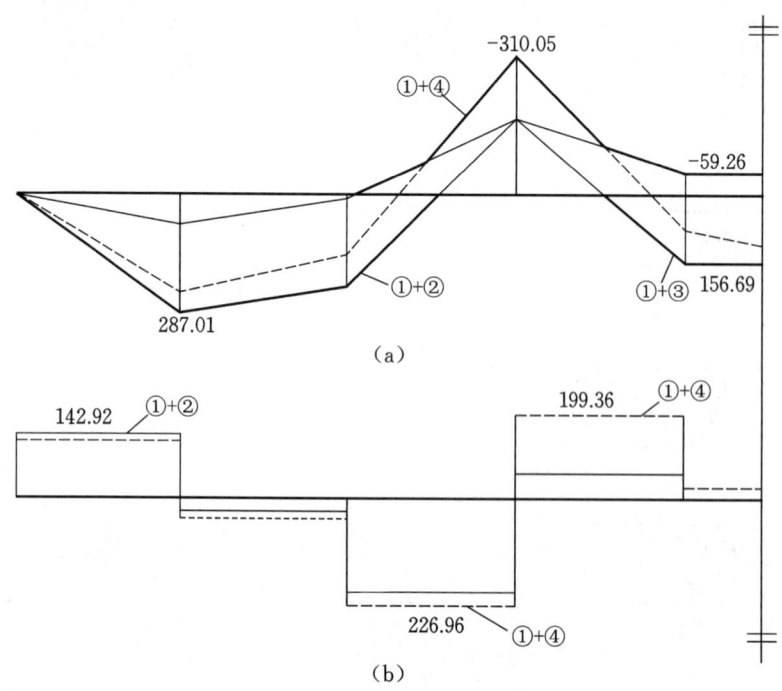

图 2.25 弯矩及剪力包络图
(a)弯矩包络图;(b)剪力包络图

2 钢筋混凝土梁板结构

(4) 主梁截面承载力计算

主梁正截面受弯承载力计算时,跨内截面按 T 形截面进行承载力计算($h'_f = 80$ mm,截面有效高度 $h_0 = 650 - 40 = 610$ mm),其翼缘计算跨度为:

$$b'_f = \frac{l_0}{3} = \frac{6000}{3} = 2000 \text{ mm} < b + s_n = 6000 \text{ mm}$$

又 $\dfrac{h'_f}{h_0} = \dfrac{80}{610} = 0.13 > 0.1$,不考虑翼缘高度,故 $b'_f = 2000$ mm。

判别各跨中 T 形截面的类型:

$$\alpha_1 f_c b'_f h'_f \left(h_0 - \frac{h'_f}{2}\right) = 1.0 \times 11.9 \times 2000 \times 80 \times \left(610 - \frac{80}{2}\right) = 1085.28 \text{ kN} \cdot \text{m} > 287.01 \text{ kN} \cdot \text{m}$$

各跨中截面均属于第一类 T 形截面。

支座截面按矩形截面计算,因支座弯矩较大,考虑布置双排钢筋,且布置在次梁主筋下面,截面有效高度 $h_0 = 650 - 80 = 570$ mm,$V_0 = G + Q = 67.38 + 108 = 175.38$ kN,主梁中间支座宽 $b = 300$ mm。

梁纵筋采用 HRB400 级($f_y = 360$ N/mm²),箍筋采用 HPB300 级($f_{yv} = 270$ N/mm²),混凝土采用 C25($f_c = 11.9$ N/mm², $f_t = 1.27$ N/mm²),$\alpha_1 = 1.0$,主梁正截面承载力计算见表 2.14,斜截面承载力计算见表 2.15。

表 2.14 主梁正截面承载力计算

截面	边跨跨中	中间支座	中间跨跨中	
$M/(\text{kN} \cdot \text{m})$	287.01	−310.05	156.69	−59.26
$V_0 \dfrac{b}{2}$ /(kN·m)		26.71		
$\left(M - V_0 \dfrac{b}{2}\right)$ /(kN·m)		−283.34		
$\alpha_s = \dfrac{M}{\alpha_1 f_c b h_0^2}$	$\dfrac{287.01 \times 10^6}{1.0 \times 11.9 \times 2000 \times 610^2}$ $= 0.032$	$\dfrac{283.34 \times 10^6}{1.0 \times 11.9 \times 250 \times 570^2}$ $= 0.293$	$\dfrac{156.69 \times 10^6}{1.0 \times 11.9 \times 2000 \times 610^2}$ $= 0.018$	$\dfrac{59.26 \times 10^6}{1.0 \times 11.9 \times 250 \times 570^2}$ $= 0.061$
$\xi = 1 - \sqrt{1 - 2\alpha_s}$	0.033	0.357	0.018	0.063
$A_s = \dfrac{\alpha_1 f_c b \xi h_0}{f_y}$ /mm²	1330.8	1681.6	725.9	296.8
选用钢筋	2⌀20+2⌀22	4⌀18+2⌀22	3⌀18	2⌀18
实际配筋/mm²	1388	1777	763	509

表 2.15 主梁斜截面承载力计算

截面	支座 A	支座 B^l（左）	支座 B^r（右）
V/kN	142.92	226.96	199.36
$0.25\beta_c f_c b h_0$	453.69 kN$>V$	423.94 kN$>V$	423.94 kN$>V$
$0.7 f_t b h_0$	135.57 kN$<V$	126.68 kN$<V$	126.68 kN$<V$
选用箍筋	双肢φ8	双肢φ8	双肢φ8
$A_{sv}=nA_{sv1}$ /mm²	100.6	100.6	100.6
$s=\dfrac{f_{yv}A_{sv}h_0}{V-0.7f_t b h_0}$ /mm	$\dfrac{270\times100.6\times610}{(142.92-135.57)\times10^3}$ $=2254.3$	$\dfrac{270\times100.6\times570}{(226.96-126.68)\times10^3}$ $=154.4$	$\dfrac{270\times100.6\times570}{(199.36-126.68)\times10^3}$ $=213$
实配箍筋间距/mm	150	150	150

（5）主梁吊筋计算

由次梁传递给主梁的全部集中荷载设计值为：

$$F=G+Q=57.36+108=165.36 \text{ kN}$$

吊筋采用 HRB400 级钢筋，弯起角度 45°，则：

$$A_{sb}=\frac{F}{2f_y \sin\alpha_s}=\frac{165.36\times10^3}{2\times360\times0.707}=324.8 \text{ mm}^2$$

因此，吊筋选用 2Φ16（$A_s=402$ mm²）。

（6）绘制施工图

绘制单向板肋梁楼盖配筋图，如图 2.26 所示。

2 钢筋混凝土梁板结构

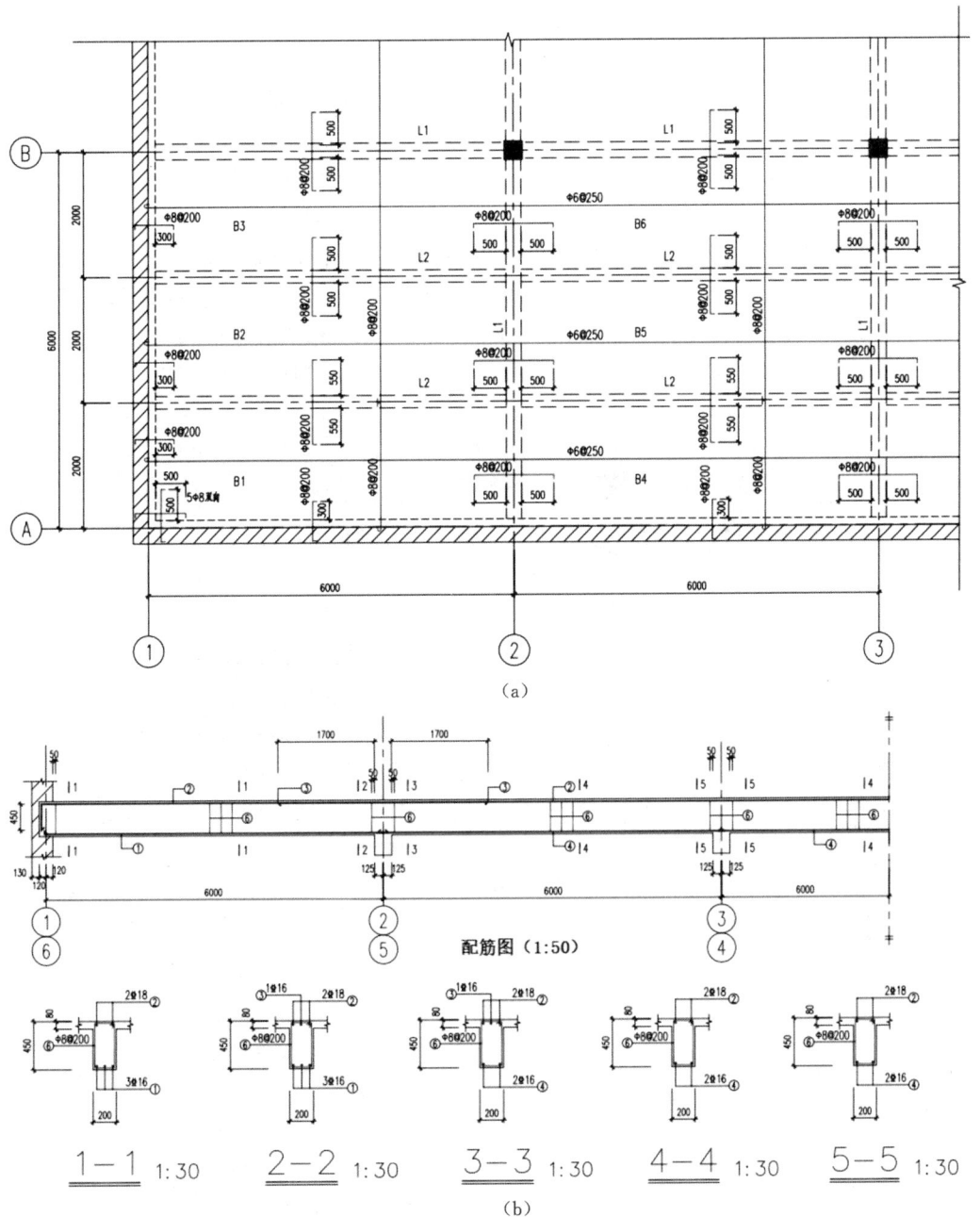

图 2.26 单向板肋梁楼盖配筋图
(a)板配筋图(1∶50);(b)次梁配筋图及截面图;(c)主梁抵抗弯矩图、配筋图及截面图

混凝土结构与砌体结构设计

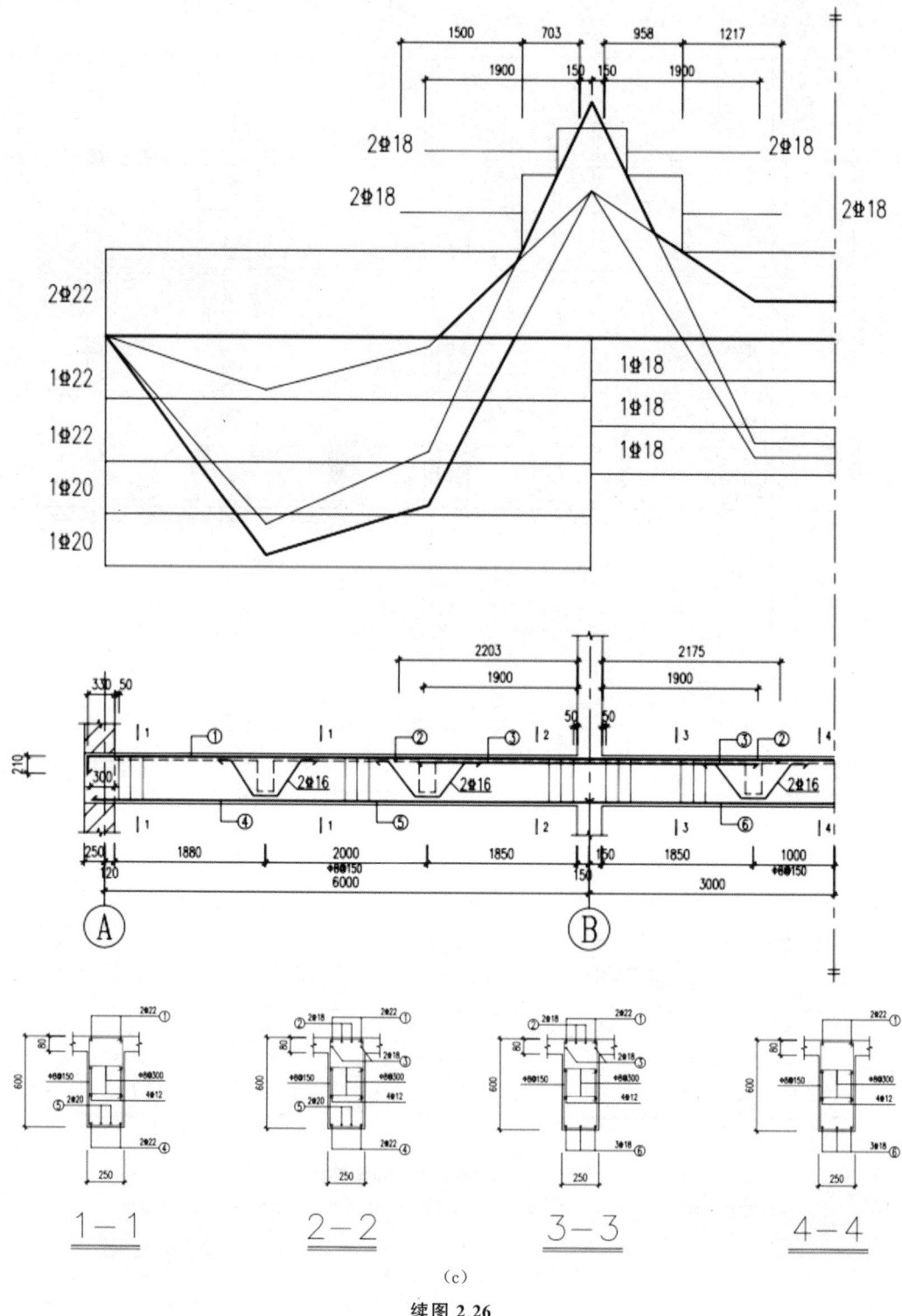

(c)

续图 2.26

2.3　整体式双向板肋梁楼(屋)盖

在肋梁楼盖中,从理论上讲,凡是两个方向上的受力都不能忽略的板称为双向板。双向板肋梁楼盖受力性能较好,可以跨越较大跨度,梁格的布置可使顶棚整齐美观,常用于民用及公共建筑房屋跨度较大的房间及门厅等处。当梁格尺寸及使用荷载较大时,双向板肋梁楼盖比单向板肋梁楼盖经济,所以也常用于工业建筑楼盖中。双向板可以是四边支承、三边支承或两邻边支承;承受的荷载可以是均布荷载、三角形荷载、梯形荷载;板的形状可以是矩形、圆形、三角形或其他形状。常见的是均布荷载作用下四边支承双向矩形板。

2.3.1　双向板的受力特征及试验结果

双向板在两个方向的横截面上都作用有弯矩和剪力,另外还有扭矩。双向板中因有扭矩的存在,受力后使板的四周有上翘的趋势,受到墙的约束后,板的跨中弯矩减小,而显得刚度较大,因此双向板的受力性能比单向板的优越。双向板的受力情况较为复杂,其内力的分布取决于双向板四边的支承条件(简支、嵌固、自由等)、几何条件(板两边长的比值)及作用于板上荷载的性质(集中力、均布荷载)等因素。

试验研究表明:在承受均布荷载作用的四边简支正方形板和矩形板中,在裂缝出现之前,板基本处于弹性工作阶段。随着荷载的增加,正方形板第一批裂缝首先出现在板底中央,随后沿对角线呈45°向四角扩展,如图2.27(a)所示;在接近破坏时,在板的顶面四角附近出现垂直于对角线方向的圆弧形裂缝,如图2.27(b)所示,促使板底对角线方向的裂缝进一步扩展,最终由于跨中钢筋屈服导致板的破坏。矩形板第一批裂缝出现在板底中央且平行于长边方向,如图2.27(c)所示;当荷载继续增加时,这些裂缝逐渐延伸,并沿45°方向向四角扩展,然后板顶四角也出现圆弧形裂缝,如图2.27(d)所示,最后导致板的破坏。

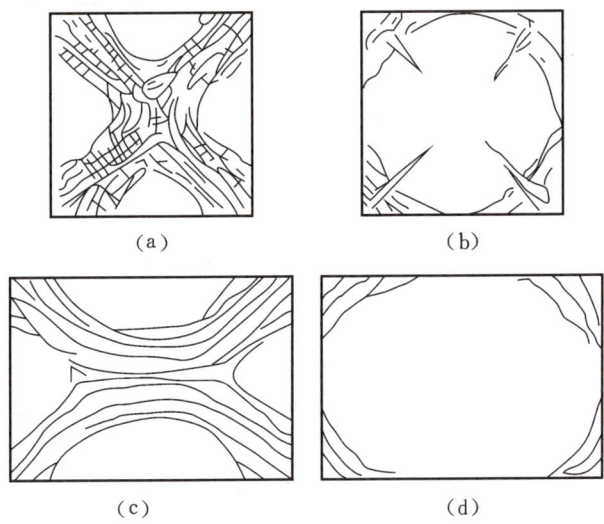

图2.27　双向板的破坏裂缝

2.3.2 按弹性理论计算内力

与单向板一样,双向板在荷载作用下的内力分析也有弹性理论和塑性理论两种方法,本章仅介绍弹性理论计算方法;有关双向板的塑性理论计算方法,请参阅有关书籍资料。

2.3.2.1 单区格双向板按弹性理论计算内力

对于单区格双向板,按弹性理论方法计算通常是直接应用根据弹性理论编制的计算用表(见附表3)进行内力计算。在该附表中,按边界条件选列了6种计算简图,如图2.28所示,附表3分别给出了在均布荷载作用下的跨内弯矩和支座弯矩系数,故板跨内或支座弯矩设计值可按下式计算:

$$m = 表中系数 \times (g+q)l_0^2 \tag{2.20}$$

式中 m——跨内或支座弯矩设计值,(kN·m)/m;
  g,q——均布恒荷载设计值和均布活荷载设计值;
  l_0——板的较小跨度方向的计算跨度。

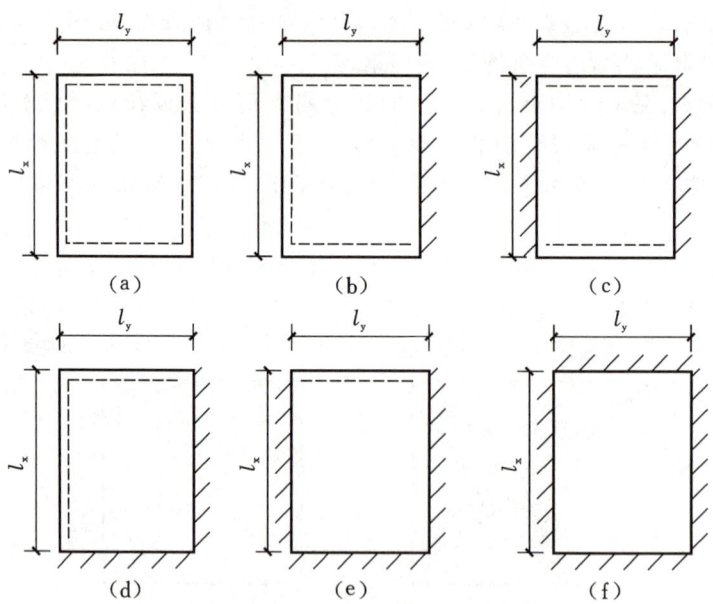

图 2.28 双向板的计算简图
(a)四边简支;(b)一边固定、三边简支;(c)两对边固定、两对边简支;
(d)两邻边固定、两邻边简支;(e)三边固定、一边简支;(f)四边固定

需要说明的是,附表3中的系数是根据材料的泊松比 $\nu=0$ 确定的。对于跨内弯矩还需考虑横向变形的影响,当 $\nu \neq 0$ 时,则应按下式进行折算:

$$m_x^{(\nu)} = m_x + \nu m_y \tag{2.21}$$

$$m_y^{(\nu)} = m_y + \nu m_x \tag{2.22}$$

式中 $m_x^{(\nu)}, m_y^{(\nu)}$ —— l_x 和 l_y 方向考虑 ν 影响的跨内弯矩设计值；

m_x, m_y —— l_x 和 l_y 方向 $\nu=0$ 时的跨内弯矩设计值；

ν —— 泊松比，对钢筋混凝土可取 $\nu=0.2$。

2.3.2.2 多区格双向板按弹性理论计算内力

多跨连续板内力的精确计算更为复杂，在工程中一般采用实用的简化计算方法，即通过对双向板上活荷载的最不利布置及支承情况等的合理简化，将多跨连续板转化为单跨双向板进行计算。该方法假定其支承梁的抗弯刚度很大，梁的竖向变形可忽略不计且不受扭。同时规定，当在同一方向的相邻最大与最小跨度之差小于20%时，可按下述方法计算：

(1) 跨中最大正弯矩

在计算多跨连续双向板某跨跨中的最大弯矩时，其活荷载的布置方式如图2.29(a)所示，即当求某区格板的跨中最大弯矩时，应在该区格布置活荷载，然后在其左、右、前、后分别隔跨布置活荷载（棋盘式布置）。此时，在活荷载作用的区格内将产生跨中最大弯矩。

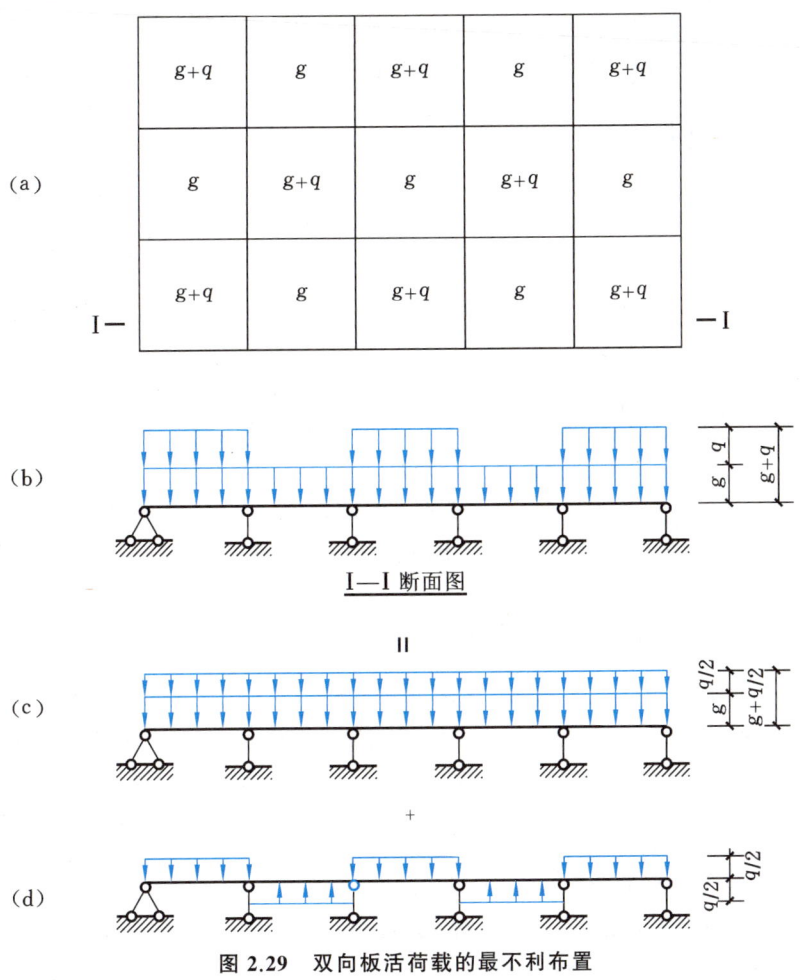

图 2.29 双向板活荷载的最不利布置

在图 2.29(b)所示的荷载作用下，任一区格板的边界条件为既非完全固定又非理想简支的情况。为了能利用单跨双向板的内力计算系数表来计算连续双向板，可以采用如下近似方法：

把棋盘式布置的荷载分解为各跨满布的对称荷载 $g+\dfrac{q}{2}$ 和各跨向上、向下相间作用的反对称荷载 $\pm\dfrac{q}{2}$，如图 2.29(c)、图 2.29(d)所示，这里的 g 为均布恒荷载，q 为均布活荷载。

在对称荷载 $g+\dfrac{q}{2}$ 作用下，所有中间支座两侧的荷载相同，则支座的转动变形很小，若忽略远跨荷载的影响，则可以近似地认为支座截面处转角为零，这样就可将所有的中间支座均视为固定支座，从而所有的中间区格板均可视为四边固定双向板；对于其他的边、角区格板，可根据其外边界条件按实际情况确定，可分为三边固定一边简支、两边固定两边简支和四边固定等。这样，根据各区格板的四边支承情况，即可分别求出在对称荷载 $g+\dfrac{q}{2}$ 作用下的跨中弯矩。

在反对称荷载 $\pm\dfrac{q}{2}$ 作用下，在中间支座处，相邻区格板的转角方向是一致的、大小基本相同，即相互没有约束影响。若忽略梁的扭转作用，则可近似地认为支座截面弯矩为零，可将所有中间支座均视为简支支座，因而在反对称荷载 $\pm\dfrac{q}{2}$ 作用下，各区格板的跨中弯矩可按单跨四边简支双向板来计算。

最后将各区格板在上述两种荷载作用下的跨中弯矩相叠加，即得到各区格板的跨中最大弯矩。

(2) 支座最大负弯矩

支座最大负弯矩可近似按满布活荷载时求得。这时认为各区格板都固定在中间支座上，楼盖周边仍按实际支承情况确定，然后按单块双向板计算出各支座的负弯矩。利用附表 3 求得各区格板中各固定边的支座弯矩。对某些中间支座，若由相邻两个区格板求得的同一支座弯矩不相等，则可近似地取其平均值作为该支座的最大负弯矩。

2.3.3 截面设计和构造要求

2.3.3.1 截面设计

(1) 双向板的厚度

双向板的厚度一般应不小于 80 mm，也不宜大于 160 mm，且应满足表 2.1 的规定。双向板一般可不做变形和裂缝验算，因此要求双向板应具有足够的刚度。对于简支情况的板，其板厚 $h \geqslant l_0/40$；对于连续板，$h \geqslant l_0/50$（l_0 为板短跨方向上的计算跨度）。

(2) 板的截面有效高度

由于双向板短跨方向的跨中弯矩比长跨方向要大，因此短跨方向的受力钢筋应放在长跨方向受力钢筋的外侧,以充分利用板的有效高度。例如对一类环境,短跨方向,板的截面有效高度 $h_0=h-20$ mm;长跨方向, $h_0=h-30$ mm。

(3) 弯矩折减

对于周边与梁整体连接的双向板,由于在两个方向受到支承构件的变形约束,整块板内存在着穹顶作用,使板内弯矩显著减小。鉴于这一有利因素,对四边与梁整体连接的双向板,其计算弯矩可根据下列情况予以折减:

① 中间区格的跨中截面及中间支座减小 20%。

② 边区格的跨中截面及从楼板边缘算起的第二支座截面,当 $l_b/l<1.5$ 时,减小 20%;当 $1.5 \leqslant l_b/l \leqslant 2.0$ 时,减小 10%(l 为垂直于板边缘方向的计算跨度,l_b 为沿板边缘方向的计算跨度,如图 2.30 所示)。

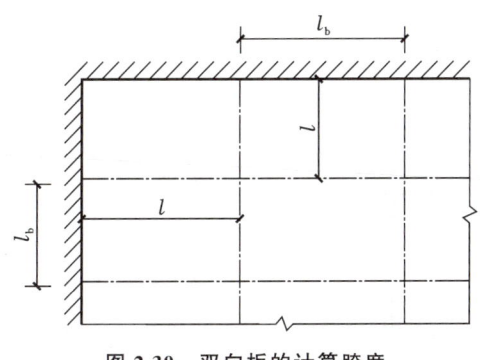

图 2.30 双向板的计算跨度

③ 角区格不折减。

(4) 配筋计算

根据单位宽度的截面弯矩设计值 m,按下式计算受拉钢筋截面面积 A_s:

$$A_s = \frac{m}{f_y \gamma_s h_0} \tag{2.23}$$

在截面配筋计算时,可取截面内力臂系数 $\gamma_s = 0.90 \sim 0.95$。

2.3.3.2 构造要求

双向板宜采用 HRB400 级和 HPB300 级钢筋,其配筋方式类似于单向板,有弯起式和分离式两种,实际工程中多采用分离式配筋,如图 2.31 所示。

按弹性理论计算时,所求得板底钢筋的数量是根据跨中最大弯矩求得的,而跨中弯矩沿板宽向两边逐渐减小,故配筋也可逐渐减少。考虑到施工方便,可按图 2.32 所示将板在两个方向各划分成三个板带,边缘板带的宽度为较小跨度的 1/4,其余为中间板带。在中间板带内按跨中最大弯矩配筋,而两边板带配筋为其相应中间板带的一半;连续板的支座负弯矩钢筋是按各支座的最大负弯矩分别求得的,故应沿全支座均匀布置而不在边缘板带内减少。但在任何情况下,每米宽度内的钢筋不得少于 3 根。

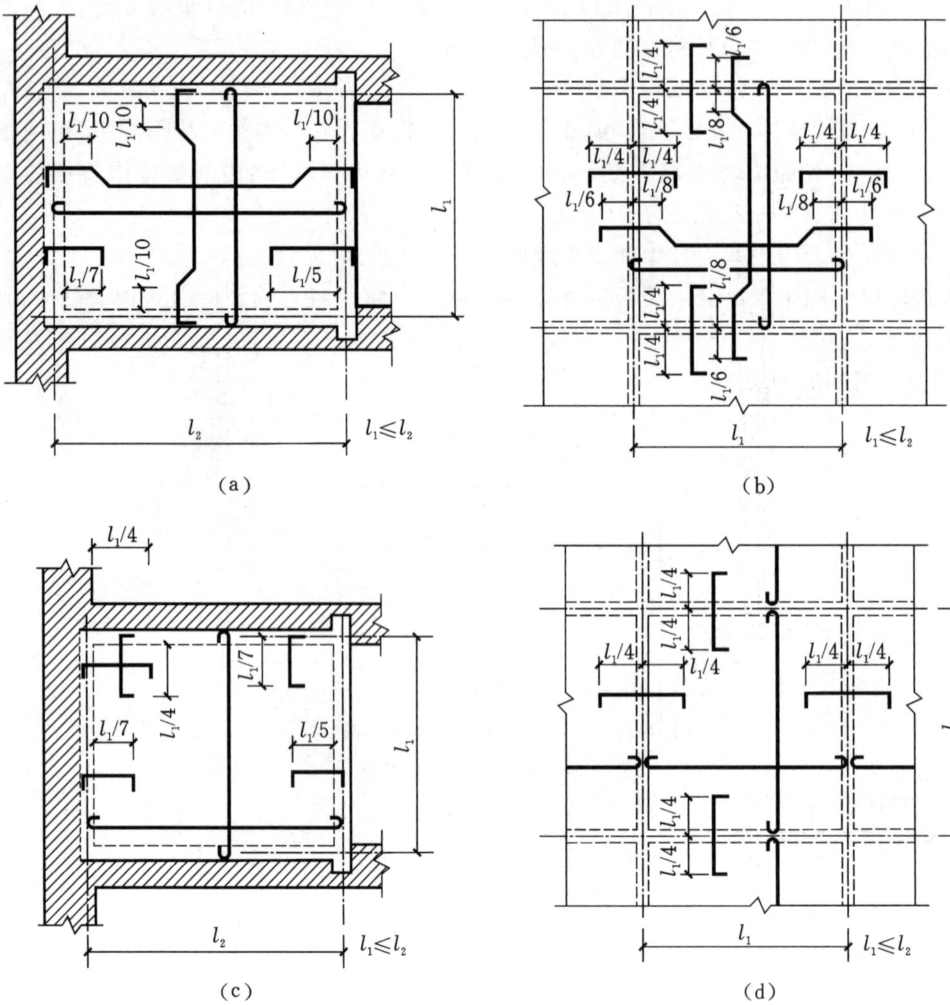

混凝土结构与砌体结构设计

图 2.31 连续双向板的配筋方式
(a)单块板弯起式配筋;(b)连续板弯起式配筋;(c)单块板分离式配筋;(d)连续板分离式配筋

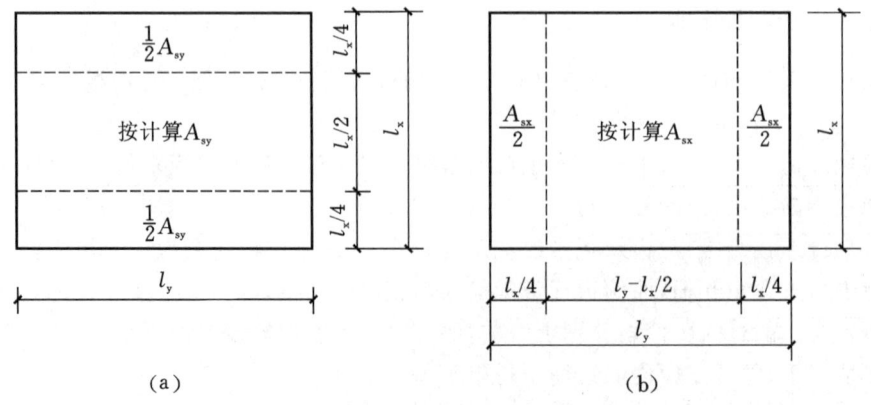

图 2.32 双向板配筋时板带的划分

2.3.4 支承双向板的梁的设计

作用在双向板上的荷载是由两个方向传到四边的支承梁上的。通常采用如图2.33(a)所示的近似方法(45°线法),将板上的荷载就近传递到四周的梁上。这样,长边梁上由板传来的荷载呈梯形分布;短边梁上的荷载则呈三角形分布。先将梯形和三角形荷载折算成等效均布荷载q',如图2.33(b)所示,利用均布荷载作用下等跨连续梁的计算表格计算内力;再根据所得的支座弯矩和梁上的实际荷载,利用静力平衡关系分别求出跨中弯矩和支座剪力。

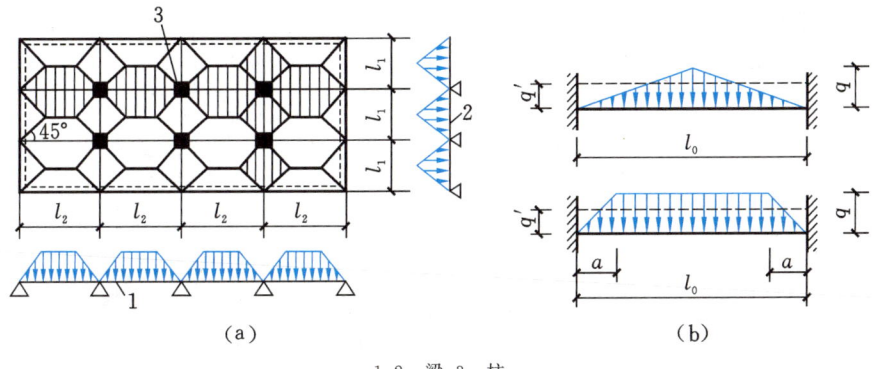

1,2—梁;3—柱

图 2.33 双向板支承梁的荷载分布及荷载折算
(a)双向板传给支承梁的荷载;(b)荷载的折算

三角形荷载作用:

$$p' = \frac{5}{8}q \tag{2.24}$$

梯形荷载作用:

$$q' = (1 - 2\alpha^2 + \alpha^3)q \tag{2.25}$$

其中,$\alpha = \dfrac{a}{l_0}$。梁的截面设计和构造要求等均与支承单向板的梁相同。

2.4 楼梯和雨篷

钢筋混凝土梁板结构的应用非常广泛,除大量用于前述各种类型的楼盖、屋盖外,楼梯、雨篷、阳台、挑梁等也属于梁板结构。这些结构构件的工作条件各不相同,外形比较特殊,因而在计算中各具特点。本节主要介绍楼梯、雨篷的计算及构造特点。

2.4.1 楼梯

楼梯是多层及高层房屋中的重要组成部分,是楼层间相互联系的垂直交通设施,其平面布置、踏步尺寸、栏杆形式等由建筑设计确定。

2.4.1.1 楼梯的结构类型

楼梯的类型较多,按施工方法不同,可分为现浇整体式和预制装配式。现浇钢筋混凝土楼梯的整体性好,刚度大,有利于抗震。其按梯段的结构形式不同,又可分为梁式楼梯、板式楼梯、悬挑楼梯和螺旋楼梯。

梁式楼梯由踏步板、斜梁、平台板和平台梁组成,如图 2.34(a)所示。踏步板支承在斜梁上,斜梁再支承于平台梁上。作用在楼上的荷载先由踏步板传递给斜梁,再由斜梁传至平台梁。梁式楼梯的钢材和混凝土用量少、自重轻,但支模和施工较复杂。当梯段跨度大于 3 m 时,采用梁式楼梯较为经济。

板式楼梯由梯段板、平台板和平台梁组成,如图 2.34(b)所示。梯段板是一块带有踏步的斜板,两端支承在上、下平台梁上。板式楼梯的梯段底面平整,外形简洁,便于支模和施工。但是,当梯段跨度较大时,梯段板较厚,自重较大,钢材和混凝土用量较多。当活荷载较小,梯段跨度不大于 3 m 时,常采用板式楼梯。

悬挑楼梯具有悬挑的梯段和平台,支座仅设在上下楼层处,如图 2.34(c)所示。当建筑中不宜设置平台梁和平台板的支承时,可采用悬挑楼梯。螺旋楼梯如图 2.34(d)所示,用于建筑上有特殊要求的地方,一般不设置平台的场合,或者需要有特殊的建筑造型时采用。这两种楼梯属于空间受力体系,内力计算比较复杂,造价较高,施工也较麻烦。

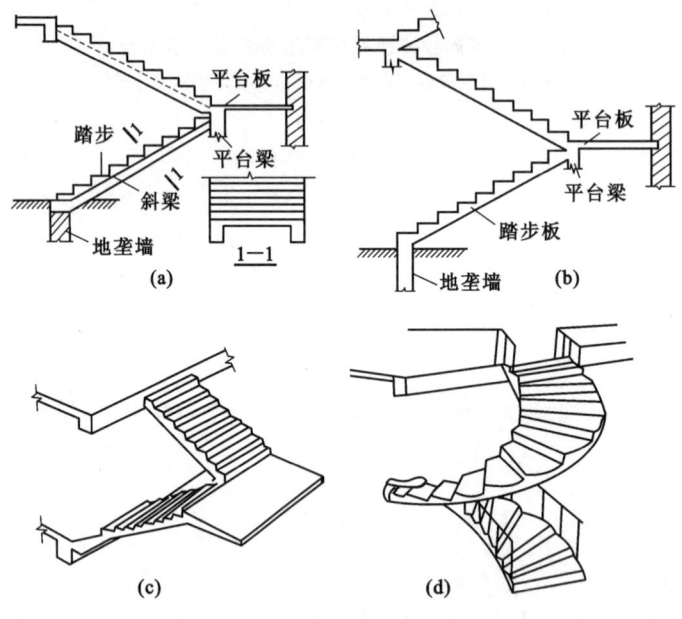

图 2.34 楼梯类型

(a)梁式楼梯;(b)板式楼梯;(c)悬挑楼梯;(d)螺旋楼梯

楼梯的结构设计步骤包括:
(1)根据建筑要求和施工条件,确定楼梯的结构形式和结构布置。
(2)根据建筑类别,确定楼梯的活荷载标准值。
(3)进行楼梯各部件的内力计算和截面设计。
(4)绘制施工图,处理连接部件的配筋构造。

2.4.1.2 板式楼梯的计算与构造

(1) 梯段板

如图 2.35 所示,梯段板为两端支承在平台梁上的斜板。计算梯段板时,可取出 1 m 宽的板带或以整个梯段板作为计算单元。内力计算时,梯段板可以简化为简支斜板,计算简图如图 2.35(b)所示。斜板又可化作水平板计算,见图 2.35(c),计算跨度按斜板的水平投影长度取值。

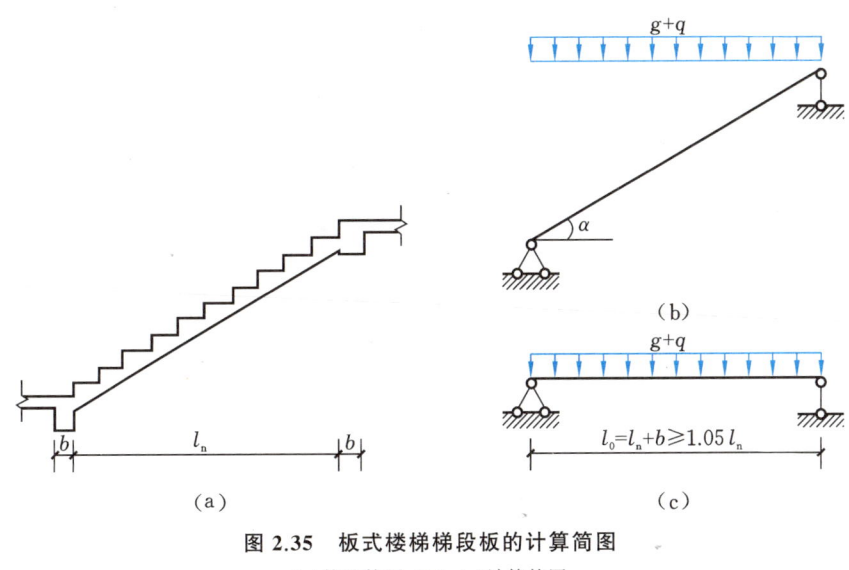

图 2.35 板式楼梯梯段板的计算简图
(a)构造简图;(b)、(c)计算简图

由材料力学知识可知,简支斜板在竖向均布荷载作用下(沿水平投影长度)的最大弯矩与相应的简支水平板(荷载相同、水平跨度相同)的最大弯矩相等,即:

$$M_{max}=\frac{1}{8}(g+q)l_0^2 \tag{2.26}$$

梯段板为斜向搁置的受弯构件,竖向荷载还将产生轴向力,但因其影响很小,故设计时可不考虑。由于梯段板与平台梁为整体连接,平台梁对梯段板有弹性约束作用,利用这一有利因素,设计时可将梯段板的跨中弯矩适当减小,计算时其最大弯矩可按下式求取:

$$M_{max}=\frac{1}{10}(g+q)l_0^2 \tag{2.27}$$

梯段板中的受力钢筋按跨中弯矩计算求得,如考虑到平台梁对梯段板的弹性约束作用,在板的支座处应配置一定数量的构造负筋(一般可取$\phi 8@200$,长度为 $l_0/4$),以承受实际存在的负弯矩和防止产生过宽的裂缝。在垂直受力钢筋方向仍应按构造配置分布钢筋,其钢筋直径为 6 mm 或 8 mm,布置在受力钢筋的内侧,并要求每个踏步板内布置 1 根分布钢筋,如图 2.36 所示。梯段板和一般平板的计算一样,可不必进行斜截面受剪承载力验算。梯段板的厚度不应小于 $\left(\dfrac{1}{25}\sim\dfrac{1}{30}\right)l_0$。

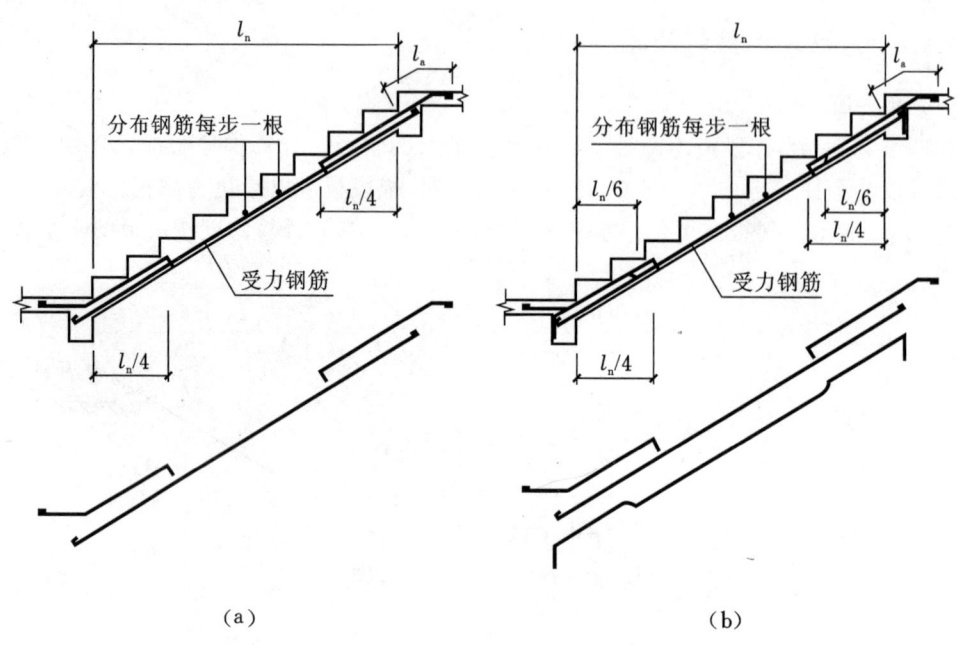

图 2.36 板式楼梯梯段板配筋图
(a)分离式；(b)弯起式

(2) 平台板

平台板通常为单向板，当板的两边均与梁整体连接时，考虑到梁对板的弹性约束作用，板的跨中弯矩也可按 $M=\dfrac{1}{10}(g+q)l_0^2$ 计算；当板的一边与梁整体连接而另一边支承在墙上时，板的跨中弯矩则应按 $M=\dfrac{1}{8}(g+q)l_0^2$ 计算，l_0 为平台板的计算跨度，如图 2.37 所示。

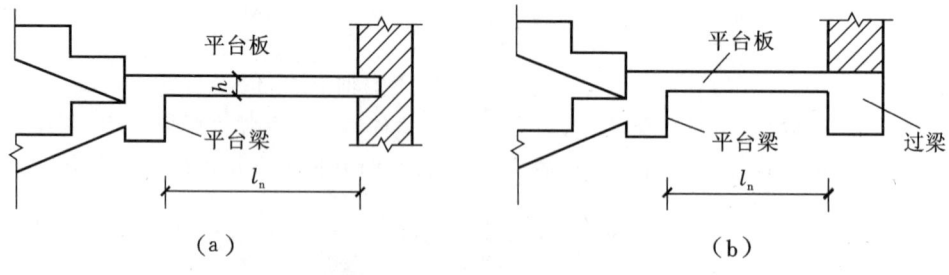

图 2.37 平台板的支承情况
(a)一边与梁整体连接；(b)两边均与梁整体连接

考虑到板支座的转动会受到一定约束，一般应将板下部钢筋在支座附近弯起一半，或在板面支座处另配短钢筋，伸出支座边缘长度为 $\dfrac{l_n}{4}$，如图 2.38 所示。

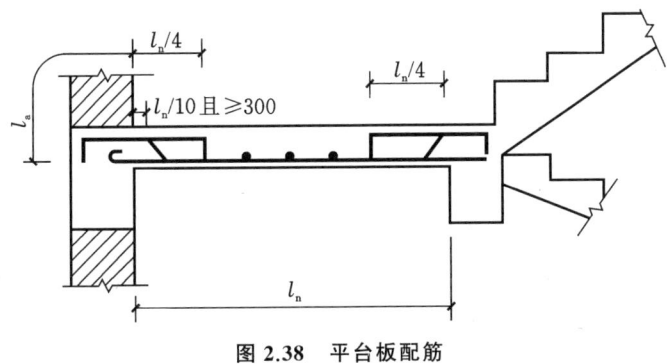

图 2.38 平台板配筋

(3)平台梁

平台梁的两端一般支承在楼梯间的承重墙上,承受梯段板、平台板传来的均布荷载和自重,可按简支的倒 L 形梁计算。平台梁的截面高度,一般可取 $h \geqslant \dfrac{l_0}{12}$($l_0$ 为平台梁的计算跨度)。平台梁的设计和构造要求与一般梁相同。

2.4.1.3　梁式楼梯的计算与构造

(1)踏步板

踏步板的高度由建筑设计确定,踏步板厚度 t 视踏步板跨度而定,一般 t 为 40～60 mm。踏步板的截面为梯形截面,为计算方便,一般在竖向切出一个踏步,按竖向简支计算,板的高度按折算高度取用,折算高度可取梯形截面的平均高度(图 2.39)。踏步板的配筋按计算确定,但每一级踏步的受力钢筋不得少于 2Φ8,为了承受支座处的负弯矩,板底受力钢筋伸入支座后,每 2 根中应弯上 1 根,分布钢筋常选用 Φ8@200,沿梯段均匀布置,如图 2.40 所示。

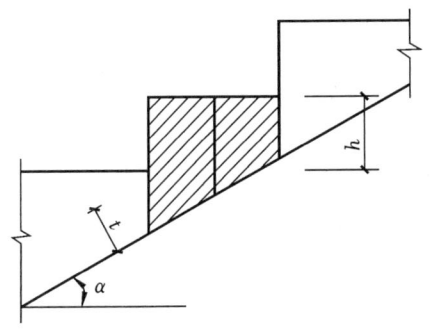

图 2.39　踏步板的截面高度取法

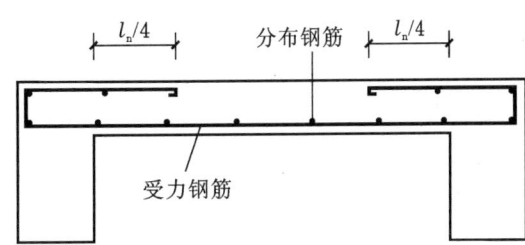

图 2.40　现浇梁式楼梯踏步板配筋图

(2)斜梁

斜梁两端支承在平台梁上,承受踏步板传来的荷载和自重。斜梁的内力计算与板式楼梯的梯段板相同,计算简图如图 2.41 所示。斜梁内力计算可按简支梁考虑:

$$M_{max} = \frac{1}{8}(g+q)l_0^2 \qquad (2.28)$$

$$V = \frac{1}{2}(g+q)l_n\cos\alpha \qquad (2.29)$$

式中 g, q——作用于斜梁上沿水平投影方向的恒荷载及活荷载设计值；

l_0, l_n——斜梁的计算跨度及净跨的水平投影长度；

α——斜梁与水平线的夹角。

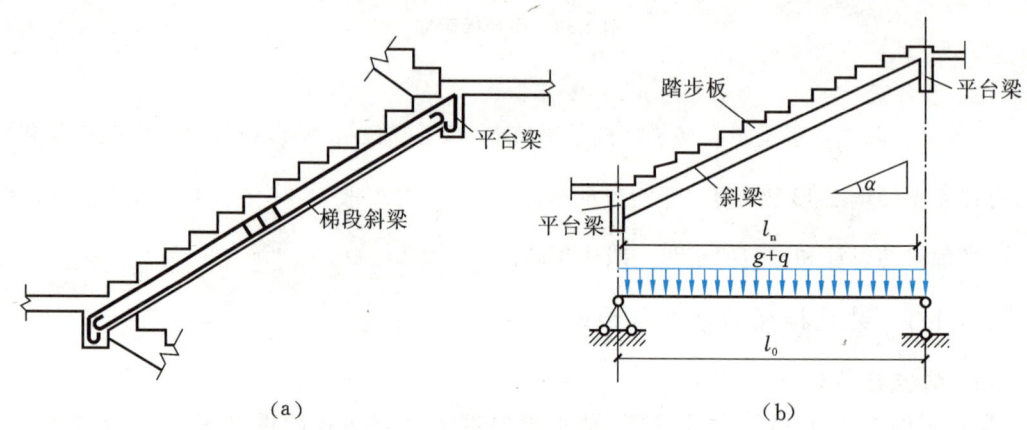

图 2.41 斜梁的计算简图及配筋图

斜梁按照倒 L 形截面计算，踏步板下的斜板视为斜梁的受压翼缘，斜梁的截面高度一般取 $h \geqslant \dfrac{l_0}{20}$。

(3) 平台板和平台梁

梁式楼梯平台板的计算和构造与板式楼梯完全相同。梁式楼梯平台梁与板式楼梯的不同之处在于，梁式楼梯中的平台梁除承受平台板传递的均布荷载和自重外，还承受斜梁传来的集中荷载，在计算中应予考虑。计算简图如图 2.42 所示。平台梁的配筋和构造要求与一般梁相同。

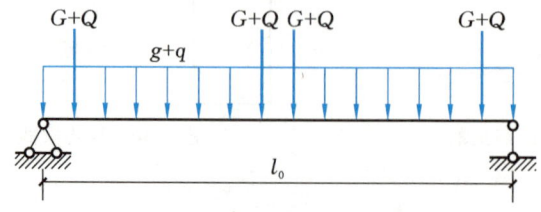

图 2.42 梁式楼梯平台梁计算简图

2.4.2 雨篷

雨篷是设置在建筑物外墙出入口的上方用以挡雨并有一定装饰作用的水平构件。按结构形式不同,雨篷有板式和梁板式两种。一般雨篷的外挑长度大于 1.5 m 时,需设计成有悬挑边梁的梁板式雨篷;外挑长度在 1.5 m 以内时,则常设计成板式雨篷。板式雨篷一般由雨篷板和雨篷梁组成(图 2.43),雨篷梁既是雨篷板的支承,又兼有门窗过梁的作用。

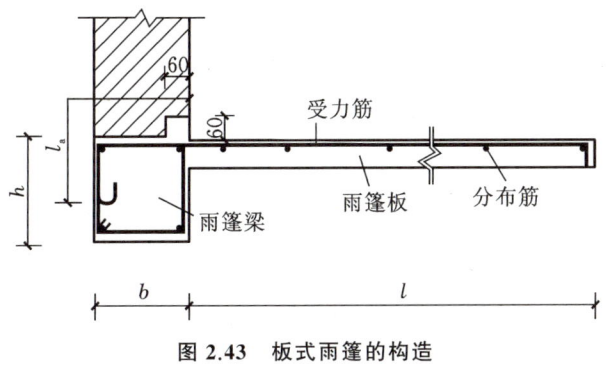

图 2.43 板式雨篷的构造

雨篷计算内容包括:①雨篷板的正截面承载力计算;②雨篷梁在弯矩、剪力、扭矩共同作用下的承载力计算;③雨篷抗倾覆验算。

2.4.2.1 雨篷板的计算

雨篷板上的荷载包括恒荷载、雪荷载、均布活荷载、施工和检修集中荷载,其中雪荷载和均布活荷载不同时考虑,施工和检修集中荷载与均布活荷载不同时考虑。每一个集中荷载值为 1.0 kN,进行承载力计算时,沿板宽每 1 m 考虑一个集中荷载;进行抗倾覆验算时,沿板宽每隔 2.5~3.0 m 考虑一个集中荷载。

雨篷板的内力分析,当无边梁时与一般悬臂板相同;当有边梁时,与一般梁板结构相同。

2.4.2.2 雨篷梁的计算

(1)雨篷梁所承受的荷载

雨篷梁所承受的荷载包括自重、梁上砌体重(可能计入楼盖传来的荷载),以及雨篷板传来的荷载。梁板荷载与墙体自重,按下列规定采用:

① 对砖和小型砌块砌体,当梁板下墙体高度 $h_w < l_n$ 时(l_n 为过梁净跨),应计入梁板传来的荷载;当 $h_w \geq l_n$ 时,可不考虑梁板传来的荷载。

② 对砖砌体,当过梁上的墙体高度 $h_w < \dfrac{l_n}{3}$ 时,按墙体均布自重采用;当墙体高度 $h_w \geq \dfrac{l_n}{3}$ 时,按高度为 $\dfrac{l_n}{3}$ 墙体的均布自重考虑。

③ 对砌块砌体,当过梁上的墙体高度 $h_w < \dfrac{l_n}{2}$ 时,按墙体均布自重采用;当墙体高度 $h_w \geqslant \dfrac{l_n}{2}$ 时,按高度为 $\dfrac{l_n}{2}$ 墙体的均布自重考虑。

(2) 雨篷梁的弯矩、剪力、扭矩计算

当雨篷板上作用有均布荷载 p 时,作用在雨篷梁中心线的力包括竖向力 V 和力矩 m_p,如图 2.44 所示,沿板宽方向每 1 m 的竖向力 V 和力矩 m_p 分别为:

$$V = pl \tag{2.30}$$

$$m_p = pl\left(\frac{b+l}{2}\right) \tag{2.31}$$

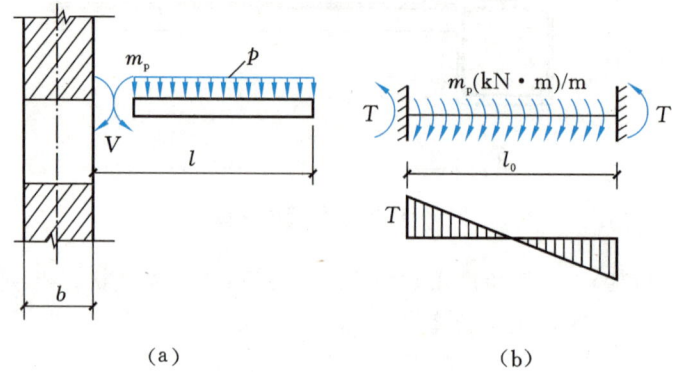

图 2.44 雨篷梁上的扭矩

(a)雨篷板传来的竖向力和力矩;(b)雨篷梁上的扭矩分布

在力矩 m_p 作用下,雨篷梁的最大扭矩为:

$$T = \frac{m_p l_0}{2} \tag{2.32}$$

此处 l_0 为雨篷梁的跨度,可近似取 $l_0 = 1.05 l_n$。

雨篷梁在自重、梁上砌体重力等荷载作用下产生弯矩和剪力;在雨篷板传来的荷载作用下不仅产生弯矩和剪力,还将产生扭矩,因此,雨篷梁是弯矩、剪力、扭矩构件,应按弯矩、剪力、扭矩构件确定所需的纵向钢筋和箍筋的截面面积,并满足构造要求。

2.4.2.3 雨篷抗倾覆验算

雨篷板上荷载使整个雨篷绕雨篷梁底的倾覆点转动倾倒,而梁上自重、梁上砌体重力等却有阻止雨篷倾覆的稳定作用。雨篷的抗倾覆验算参见第 5.7.3 小节。

【在线测试】

本 章 小 结

(1) 梁板结构的设计步骤为:①结构选型与布置;②确定计算简图;③荷载计算及内力计算;④截面配筋计算;⑤绘制施工图。其中结构选型和布置是结构设计的关键,其是否合理直接影响结构安全可靠性和经济性,应根据使用要求、结构受力特点等慎重考虑。

(2) 确定结构计算简图是进行结构分析的关键,应抓住主要因素,忽略次要因素,反映结构受力和变形的基本特点,用一个简化图形式替代实际结构。

(3) 单向板单向受力,单向弯曲;双向板双向受力,双向弯曲。设计中可按板的四边支承情况和板的两个方向跨度比值来区分单向板还是双向板。

(4) 整体式单向板肋梁楼盖设计中,主梁一般采用弹性理论计算内力,板和次梁按考虑塑性内力重分布分析方法计算内力。

(5) 塑性铰是钢筋混凝土超静定结构实现塑性内力重分布的关键。一方面,为了保证塑性铰具有足够的转动能力,要求塑性铰截面的相对受压区高度应满足 $0.1 \leqslant \xi \leqslant 0.35$,混凝土具有较大的极限压应变值,合适的配筋率;另一方面,要求塑性铰的转动幅度不宜过大,即截面的弯矩调幅系数 $\beta \leqslant 25\%$(对梁)或 $\beta \leqslant 20\%$(对板)。

(6) 整体式双向板楼盖可按弹性理论和塑性理论计算内力,多跨连续双向板荷载的分解是双向板由多区格板转化为单区格板结构分析的重要方法。

(7) 楼梯设计时均按受弯构件计算,斜板、斜梁的内力计算要注意荷载、板长等投影关系,另外考虑到板、梁简支假定与实际结构的差异,在支座处应配置构造负筋。

(8) 雨篷板是受弯构件,受力主筋应放在板受拉部位(往往是板的上方);雨篷梁是弯矩、剪力、扭矩构件,若兼作过梁,梁上墙体荷载的取法同过梁。

思 考 题

2.1 钢筋混凝土楼盖结构有哪几种类型?说明它们各自的受力特点和适用范围。

2.2 简述现浇肋梁楼盖的组成及荷载传递路径。

2.3 现浇梁板结构中,单向板和双向板是如何划分的?受力特点有何不同?

2.4 简述整体单向板肋梁楼盖的设计步骤。

2.5 按弹性理论计算时,说明板、次梁、主梁的计算简图。

2.6 什么是塑性内力重分布?塑性铰与塑性内力重分布有什么关系?

2.7 设计计算连续梁时为什么考虑活荷载最不利布置?确定截面内力最不利活荷载布置的原则是什么?

2.8 什么是内力包络图?为什么要画内力包络图?

2.9 按塑性内力重分布理论方法计算结构内力的适用条件是什么?

2.10 混凝土结构中"塑性铰"与力学中的"理想铰"有何异同?

2.11 什么叫弯矩调幅法?设计中为什么控制弯矩调幅值?

2.12 单向板肋梁楼盖中,板内应配置哪几种钢筋?

2.13 连续双向板按弹性理论计算,如果要考虑可变荷载的最不利布置,如何借用单区格板表格计算?

习 题

2.1 如图 2.45 所示两跨连续梁,承受集中恒荷载设计值 $G=22$ kN,集中活荷载设计值 $Q=45$ kN,梁截面尺寸 $b\times h=200$ mm$\times$450 mm,采用 C30 混凝土,HRB400 级钢筋。

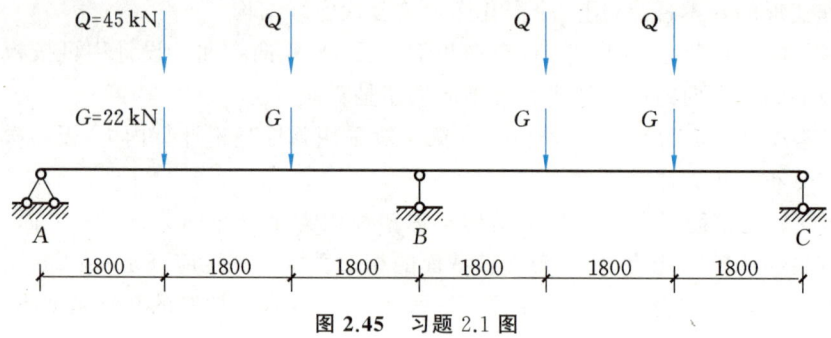

图 2.45 习题 2.1 图

(1) 绘制出该梁的弯矩包络图及剪力包络图。
(2) 计算选用支座及跨中截面钢筋。

2.2 某现浇钢筋混凝土肋梁楼盖的次梁,如图 2.46 所示,截面尺寸为 $b\times h=200$ mm$\times$450 mm,承受恒荷载标准值 $g_k=8.0$ kN/m(恒荷载分项系数 1.3),承受活荷载标准值 $q_k=10$ kN/m(活荷载分项系数 1.5),采用 C30 混凝土,HRB400 级钢筋。

(1) 按塑性理论计算内力。
(2) 计算支座及跨中截面钢筋。

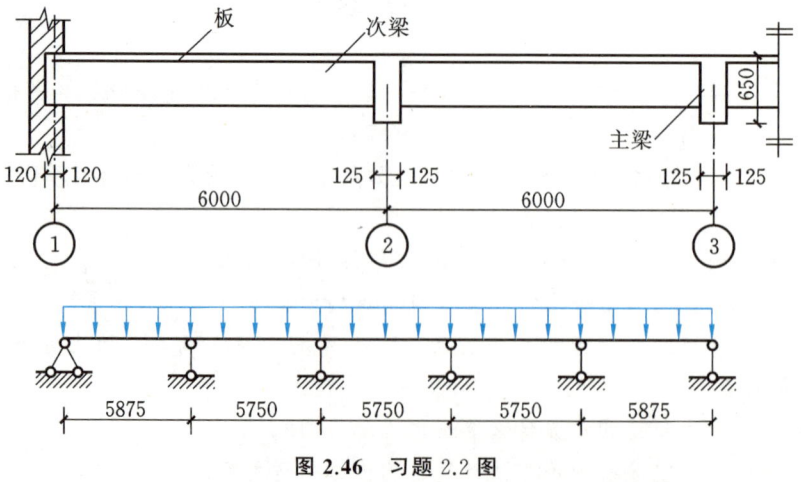

图 2.46 习题 2.2 图

能力训练项目

训练任务:

整体式单向板肋梁楼盖设计:某工业仓库楼盖,平面尺寸 30 m×18 m,层高 4.5 m,四周为 370 mm 承重墙,室内设置 8 个立柱(柱截面尺寸为 350 mm×350 mm),楼盖平面图如图 2.47 所示。

(1)设计资料

楼面均布活荷载 6 kN/m²。

楼面做法:楼面面层用 20 mm 厚水泥砂浆抹面,钢筋混凝土板、板底及梁用 15 mm 厚的石灰砂浆抹底。

材料选择:混凝土等级采用 C30,主梁和次梁的纵向受力钢筋采用 HRB400 级钢筋,板钢筋、主次梁箍筋材料为 HPB300 级钢筋。

(2)训练任务及要求

① 结构平面布置:柱网、主梁、次梁及板的布置。

② 板的设计、次梁设计及主梁设计。

③ 绘制结构施工图:结构布置图(1:100);板配筋图(1:100);次梁配筋图及截面图(1:50;1:25);主梁配筋图及截面图(1:50;1:20)。

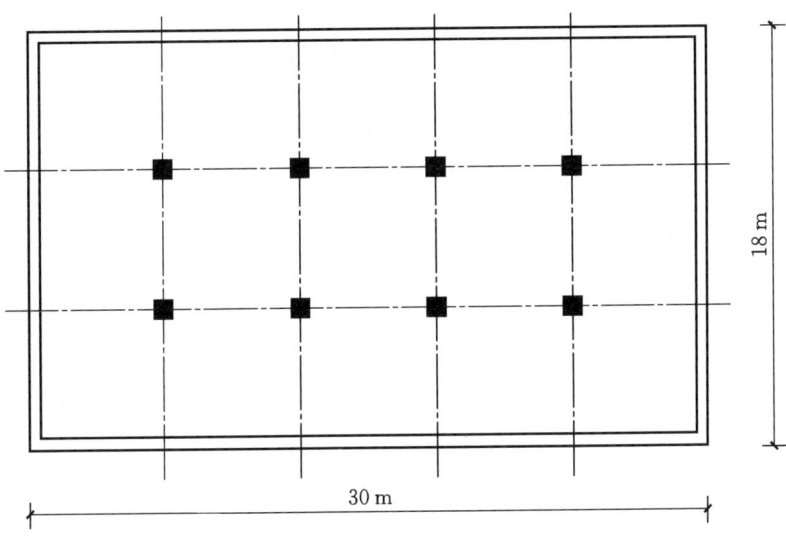

图 2.47 能力训练项目图

3 钢筋混凝土单层厂房

【本章概要】

本章主要介绍钢筋混凝土单层工业厂房设计步骤、计算方法及构造要求,主要内容包括单层厂房的结构组成与结构布置、排架计算、单层厂房排架柱设计、柱下独立基础设计,以及屋架、吊车梁、抗风柱设计要点等。

【学习目标】

通过本章学习要求了解单层厂房的结构组成与结构布置;熟练掌握等高排架结构的计算方法和内力组合;掌握排架柱及柱下独立基础设计计算与构造要求;理解牛腿的受力性能、承载力计算,了解牛腿的构造要求;了解屋架、吊车梁、抗风柱设计要点;能够进行单层厂房排架结构的设计,进行单层厂房各类构件布置、排架柱与柱下独立基础施工图的绘制与识读;能根据施工图纸和施工实际条件,明确单层厂房排架结构施工图中各结构构件的做法和构造要求。

3.1 概 述

厂房是指用于从事工业生产的各类房屋建筑的总称,多用于冶金、机械、化工、电子、纺织、食品等工业建筑。厂房按层数不同,可分为单层厂房和多层厂房。单层厂房在目前工业建筑中应用范围较广,尤其是设有重型机器或设备,如冶金、机械制造、纺织类厂房常采用单层厂房;电子、食品类厂房因设有轻型设备常采用多层厂房。本章重点讲单层厂房。

3.1.1 单层厂房的类型与特点

3.1.1.1 单层厂房的类型

单层厂房按照其生产规模可分为大、中、小型;依据其主要承重材料可分为砌体结构、钢筋混凝土结构和钢结构等。单层厂房承重结构的选择主要取决于厂房的跨度、高度和吊车起重量等因素。一般来说,对于无吊车或吊车起重量不超过 5 t、跨度在 15 m 以内、柱顶标高不超过 8 m 且无特殊工艺要求的小型厂房,可采用砌体结构;对于重型吊车(吊车起重量在 250 t 以上,吊车工作级别为 A4、A5 级)、跨度大于 36 m 或有特殊工艺要求(如设有 10 t 以上的锻锤或高温车间的特殊部位)的大型厂房,采用全钢结构或由钢筋混凝土柱与钢屋架组成的结构;其他类型的厂房则采用装配式钢筋混凝土结构。

钢筋混凝土单层厂房按承重结构体系可分为排架结构和刚架结构两种类型。排架结构主要由屋架(屋面梁)、柱和基础组成。其中,柱与屋面梁铰接,与基础刚接。排架结构是钢筋混凝土单层厂房中应用最广泛的一种结构形式。根据生产工艺和使用要求的不同,排架结构可设计成单跨或多跨、等高或不等高、锯齿形等形式,如图3.1所示。排架结构常用于跨度超过30 m,檐口高度为20～30 m或更高,吊车起重量150 t或更大的厂房。

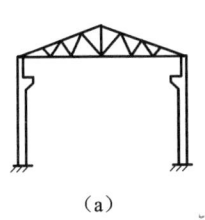 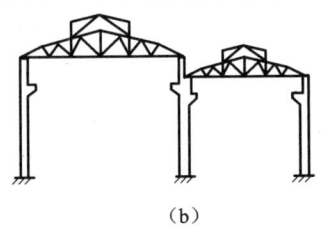 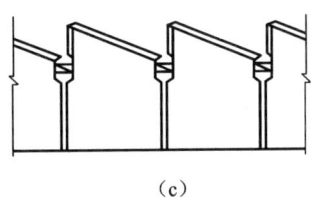

图 3.1　排架结构
(a)单跨排架;(b)不等高排架;(c)锯齿形排架

刚架结构主要有门式刚架,由横梁、柱和基础组成。其中,柱与横梁刚接,与基础铰接。当横梁之间的顶节点为铰接时为三铰门式刚架,属于静定结构,如图3.2(a)所示;当横梁之间的顶节点为刚接时为二铰门式刚架,属于超静定结构,如图3.2(b)所示;当门架跨度较大时,为了便于运输和吊装,通常将整个门架做成三段,在横梁弯矩较小的截面处设置接头,用焊接或螺栓连接成整体,如图3.2(c)所示。刚架结构常用于屋盖较轻的无吊车或吊车起重量不超过10 t、跨度不超过18 m、檐口高度不超过10 m的中、小型单层厂房或仓库,以及礼堂、食堂、体育馆等公共建筑。

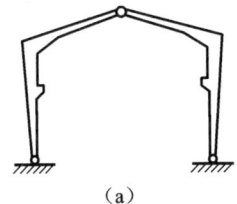 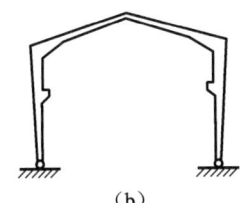 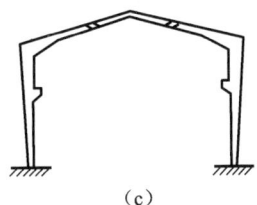

图 3.2　刚架结构
(a)三铰门架;(b)二铰门架;(c)三段式门架

3.1.1.2　单层厂房的特点

单层工业厂房与民用建筑相比较,具有以下特点:

(1)厂房室内多无隔墙,形成空旷的大空间,能够满足不同的生产工艺要求。为此,室内常采用水平和垂直运输设备,如桥式起重机、动力机械设备。在结构设计时,应考虑动力荷载、移动荷载对结构构件的影响。

(2)厂房占地面积大,跨度及高度大,对工程地质勘查的要求更高,构件的内力、截面尺寸均较大。

(3)柱是承受屋盖荷载、墙体荷载、起重机荷载及地震作用的主要构件。

(4)结构构件宜采用标准化构件,便于定型设计和工业化施工,缩短工期。

本章重点讲装配式钢筋混凝土单层厂房排架结构设计。

3.1.2 单层厂房结构设计流程

单层厂房结构设计在满足工艺要求的前提下,可分为方案设计、技术设计和施工图绘制三个阶段,如图3.3所示。方案设计阶段主要进行结构选型和结构布置,是单层厂房结构设计的关键;技术设计阶段主要进行荷载计算、结构分析和构件设计。

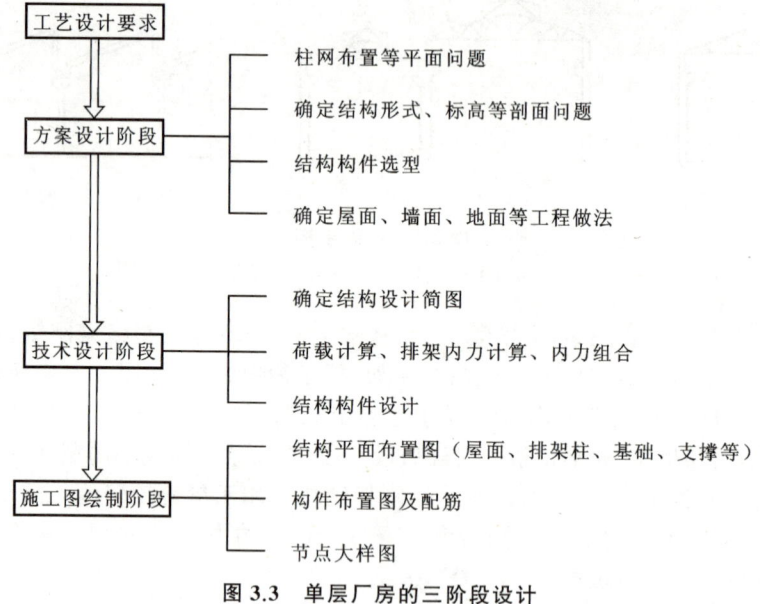

图 3.3 单层厂房的三阶段设计

3.2 单层厂房的结构组成与结构布置

3.2.1 结构组成

单层厂房排架结构是一个复杂的空间受力体系,主要由屋盖结构、横向平面排架结构、纵向平面排架结构和围护结构四部分组成,如图3.4所示。

3.2.1.1 屋盖结构

屋盖结构主要由屋面板、天沟板、天窗架、屋架、檩条、屋盖支撑、托架等构件组成,其主要作用有围护、承重、采光和通风等。

屋盖结构按有无檩条分为有檩体系和无檩体系两类。有檩体系由小型屋面板、檩条、屋架及屋架支撑组成,如图3.5(a)所示。有檩体系属于轻型屋盖,具有构件质量轻、便于运输与安装等优点,但因荷载传递路线长,结构整体性和刚度较差,适用于中、小型厂房。无檩体系由大型屋面板、屋架或屋面梁及屋盖支撑组成,如图3.5(b)所示。无檩体系属于重型屋盖,其刚度和整体性好,适用于中、大型厂房。

3 钢筋混凝土单层厂房

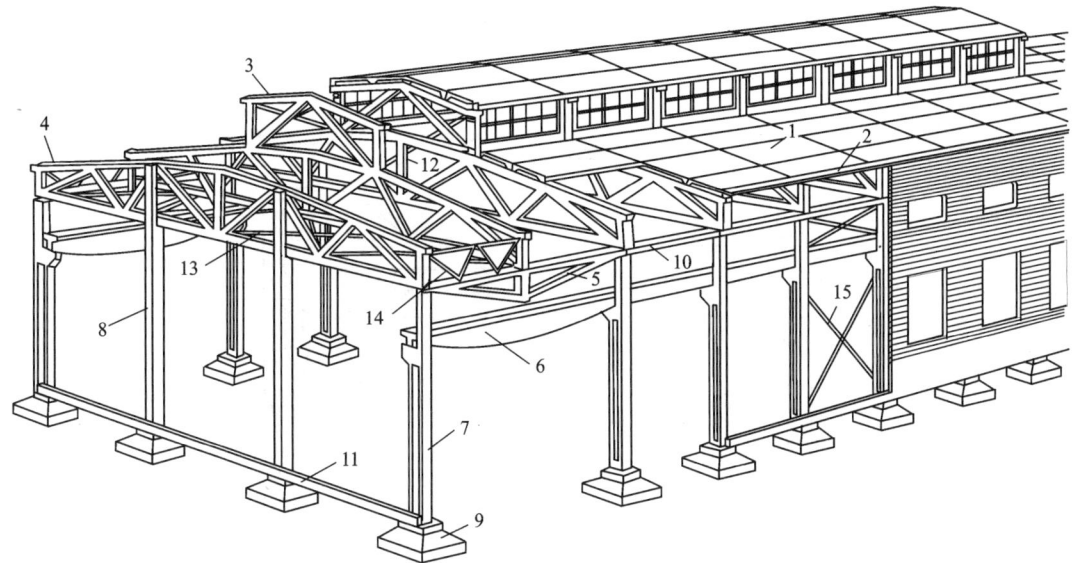

1—屋面板;2—天沟板;3—天窗架;4—屋架;5—托架;6—吊车梁;7—排架;8—抗风柱;9—基础;10—连系梁;
11—基础梁;12—天窗架垂直支撑;13—屋架下弦横向水平支撑;14—屋架端部垂直支撑;15—柱间支撑

图 3.4 单层厂房的结构组成

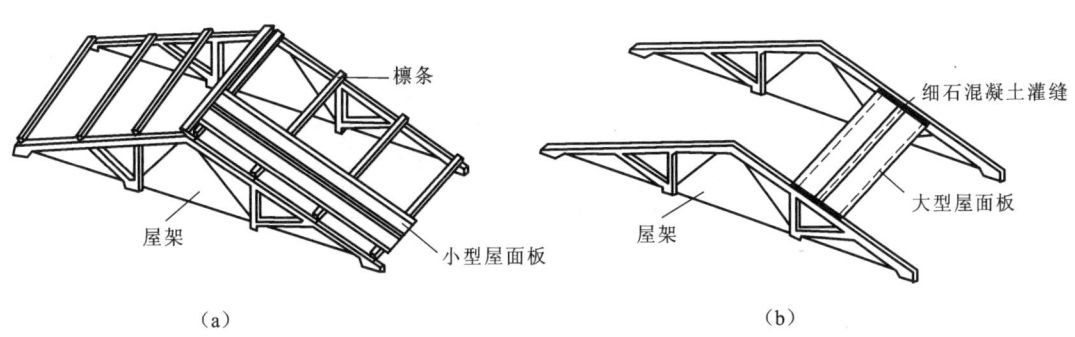

图 3.5 屋盖结构
(a)有檩体系;(b)无檩体系

3.2.1.2 横向平面排架

横向平面排架结构由横梁(屋面梁)、横向柱列和基础组成,是厂房的承重体系,如图 3.6 所示。横向平面排架结构主要承受竖向荷载(如结构自重、屋面荷载、雪荷载和吊车竖向荷载)和横向水平荷载(如风荷载、吊车横向制动力和横向水平地震作用),并将这些荷载传至基础及地基。

3.2.1.3 纵向平面排架

纵向平面排架结构由连系梁、吊车梁、纵向柱列、柱间支撑和基础等构件组成,如图 3.7 所示。纵向平面排架结构主要是保证厂房结构的纵向稳定性和刚度,承受纵向水平荷载(如吊车纵向制动力、纵向水平地震作用、温度应力及纵向风荷载),将这些荷载传给基础及地基。

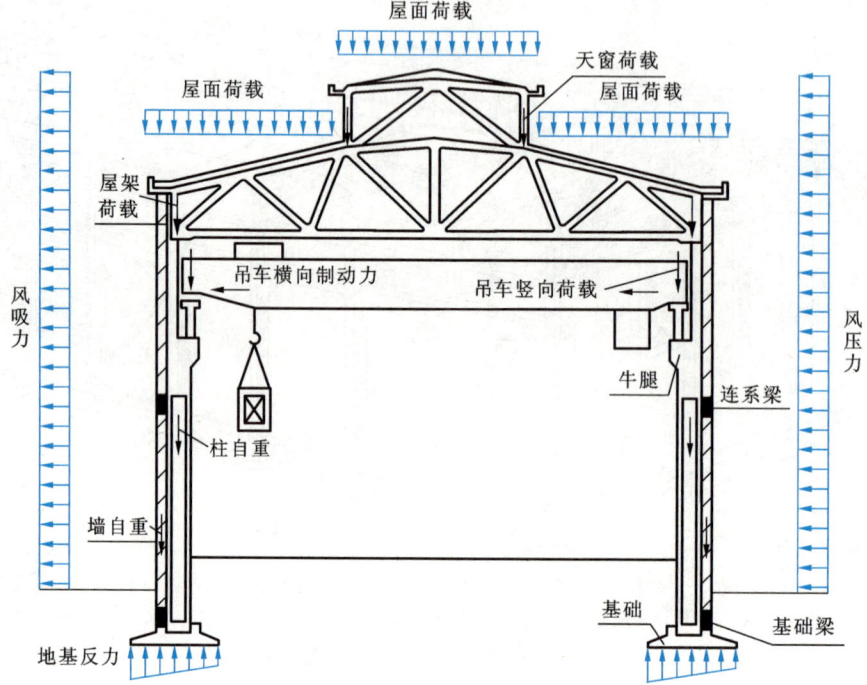

图 3.6 横向平面排架结构

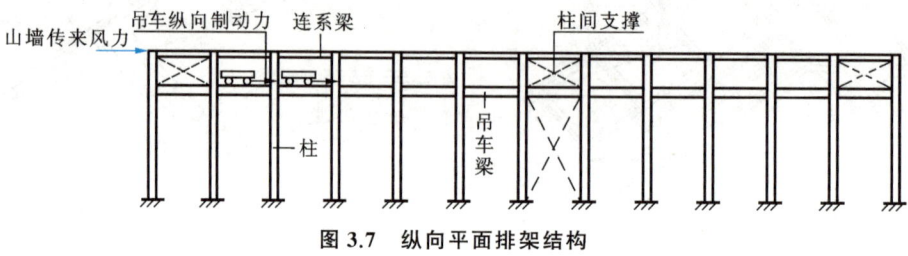

图 3.7 纵向平面排架结构

3.2.1.4 围护结构

围护结构位于厂房的四周,包括纵墙、山墙、抗风柱、连系梁、基础梁等构件。这些构件承受的荷载主要是墙体和构件自重及作用在墙面上的风荷载。

单层厂房各构件及其作用见表 3.1。

表 3.1 单层厂房结构构件及其作用

构件名称		构件作用	备注
屋盖结构	屋面板	承受屋面构造层自重、屋面活荷载、雪荷载、积灰荷载以及施工荷载等,并将它们传给屋架(屋面梁),具有覆盖、围护和传递荷载的作用	支承在屋架(屋面梁)或檩条上
	天沟板	屋面排水并承受屋面积水及天沟板上的构造层自重、施工荷载等,并将它们传给屋架	—
	天窗架	形成天窗以便于采光和通风,承受其上屋面板传来的荷载及天窗上的风荷载等,并将它们传给屋架	—

续表3.1

构件名称		构件作用	备注
屋盖结构	托架	当柱距比屋架间距大时,用以支承屋架,并将荷载传给柱	—
	屋架(屋面梁)	与柱形成横向排架结构,承受屋盖上的全部竖向荷载,并将它们传给柱	—
	檩条	支承小型屋面板(或瓦材),承受屋面板传来的荷载,并将它们传给屋架	有檩体系屋盖中采用
柱	排架柱	承受屋盖结构、吊车梁、外墙、柱间支撑等传来的竖向和水平荷载,并将它们传给基础	同时为横向排架和纵向排架中的构件
	抗风柱	承受山墙传来的风荷载,并将它们传给屋盖结构和基础	也是围护结构的一部分
支撑体系	屋盖支撑	加强屋盖结构空间刚度,保证屋架的稳定,将风荷载传给排架结构	—
	柱间支撑	加强厂房的纵向刚度和稳定性,承受并传递纵向水平荷载至排架柱或基础	—
围护结构	外纵墙山墙	厂房的围护构件,承受风荷载及其自重	—
	连系梁	连系纵向柱列,增强厂房的纵向刚度,并将风荷载传递给纵向柱列,同时还承受其上部墙体的重量	—
	圈梁	加强厂房的整体刚度,防止由于地基不均匀沉降或较大振动荷载引起的不利影响	—
	过梁	承受门窗洞口上部墙体的重量,并将它们传给门窗两侧墙体	—
	基础梁	承受围护墙体的重量,并将它们传给基础	—
吊车梁		承受吊车竖向和横向或纵向水平荷载,并将它们分别传给横向或纵向排架	简支在牛腿柱上
基础		承受柱、基础梁传来的全部荷载,并将它们传给地基	—

3.2.2 主要荷载及传力路线

3.2.2.1 荷载种类

单层厂房主要承受永久荷载和可变荷载。永久荷载包括各类结构构件和围护结构的自重,以及管道和固定生产设备的重力;可变荷载包括屋面活荷载、雪荷载、积灰荷载、风荷载、吊车荷载和地震作用。

3.2.2.2 传力路线

按照荷载作用方向的不同,单层厂房承受的荷载又分为竖向荷载、横向水平荷载和纵向水平荷载。其中前两种荷载通过横向排架传至地基(图3.6),后一种荷载通过纵向排架传至地基(图3.7)。为了方便理解,可将荷载传递路线进行简化,如图3.8所示。由荷载传递路线可知,横向排架是单层厂房主要的承重体系,通过计算和构造保证厂房的结构安全;纵向排架主要通过构造措施保证空间结构的整体稳定性。

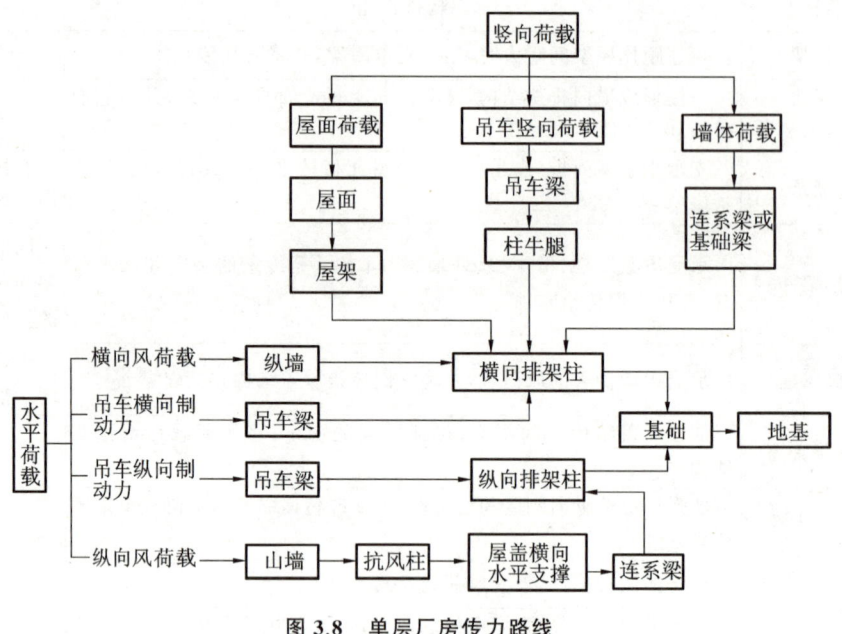

图 3.8　单层厂房传力路线

3.2.3　结构布置

3.2.3.1　平面布置

（1）柱网布置

柱网是指厂房承重柱的纵向和横向定位轴线所形成的网络。柱网布置是确定纵向定位轴线之间（跨度）和横向定位轴线之间（柱距）的尺寸。柱网尺寸确定后，承重柱的位置、屋面板、屋架、吊车梁和基础梁等构件的跨度和位置也随之确定。柱网布置是否合理，将影响厂房结构的经济性和技术先进性。

柱网布置的一般原则：①应满足生产工艺及使用要求，并力求建筑平面和结构方案经济合理；②保证结构构件标准化和定型化，遵守《厂房建筑模数协调标准》（GB/T 50006—2010）中规定的统一模数制规定；③适应生产发展和技术革新的要求。

根据《厂房建筑模数协调标准》（GB/T 50006—2010）所规定的统一模数制，以 100 mm 为基本单位，用"M"表示。当厂房跨度小于或等于 18 m 时，采用 30M 数列的倍数，常选用 9 m、12 m、15 m 和 18 m；当厂房跨度大于 18 m 时，应符合 60M 数列的倍数，常选用 24 m、30 m、36 m 等。抗风柱的柱距一般采用 15M 数列的倍数，常选用 6 m，也可采用 9 m 和 12 m。厂房柱网布置和建筑模数如图 3.9 所示。

在厂房柱网布置时，应注意边列柱、抗风柱、外纵墙、山墙和定位轴线的关系，这将导致这些构件在选型时出现厂房两端部第一柱间的吊车梁、屋面板、天沟板、基础梁与其他柱间的相应构件选型略有不同。

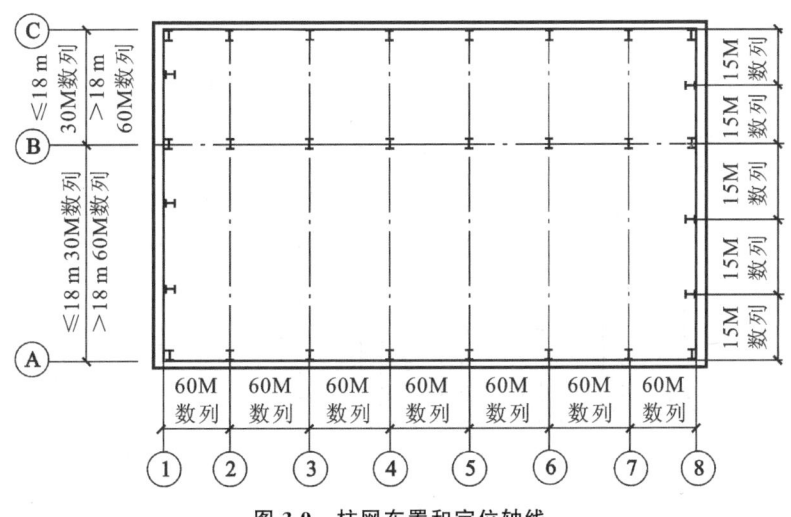

图 3.9 柱网布置和定位轴线

(2) 定位轴线

结构平面的主要尺寸由定位轴线表示,定位轴线包括横向定位轴线和纵向定位轴线,是确定厂房主要承重构件相互位置的基准线,同时也是施工放线和设备定位的依据。其中,沿厂房跨度方向的轴线即平行于厂房横向平面排架的轴线称为横向定位轴线,以①、②、③、④等表示;沿厂房柱距方向的轴线即平行于厂房纵向平面排架的轴线称为纵向定位轴线,以Ⓐ、Ⓑ、Ⓒ等表示。如图 3.9 所示。

定位轴线之间的距离应与主要构件的标志尺寸相一致,且符合建筑模数。标志尺寸是指构件的实际尺寸加上两端必要的构造尺寸。如大型屋面板的实际尺寸是 1 490 mm×5 960 mm,标志尺寸是 1 500 mm×6 000 mm,两者的差值为构造尺寸。

① 横向定位轴线

与横向定位轴线有关的构件有屋面板和吊车梁,以及连系梁、基础梁、纵向支承等构件。中间的横向定位轴线与柱截面的几何中心重合;山墙处的横向定位轴线与山墙内边缘重合,因此需将端柱中心线内移 600 mm,其目的是保证端部屋架和山墙、抗风柱的位置不发生冲突,屋面板端头与山墙内边缘重合而形成封闭式的横向定位轴线。同理,在伸缩缝两侧的柱中心线也须向两边各内移 600 mm,使伸缩缝中心线与横向定位轴线重合,如图 3.10 所示。

② 纵向定位轴线

与纵向定位轴线有关的构件有屋架(屋面梁)、排架柱、抗风柱、基础等构件。对于无吊车或吊车起重量不大于 30 t 的厂房,应使边柱外边缘、纵墙内边缘、纵向定位轴线三者重合。为确保吊车梁和柱之间的构造连接及吊车的安全行驶,纵向定位轴线之间的距离 L(即跨度)与吊车轨距 L_k 之间的关系[图 3.11(a)]:

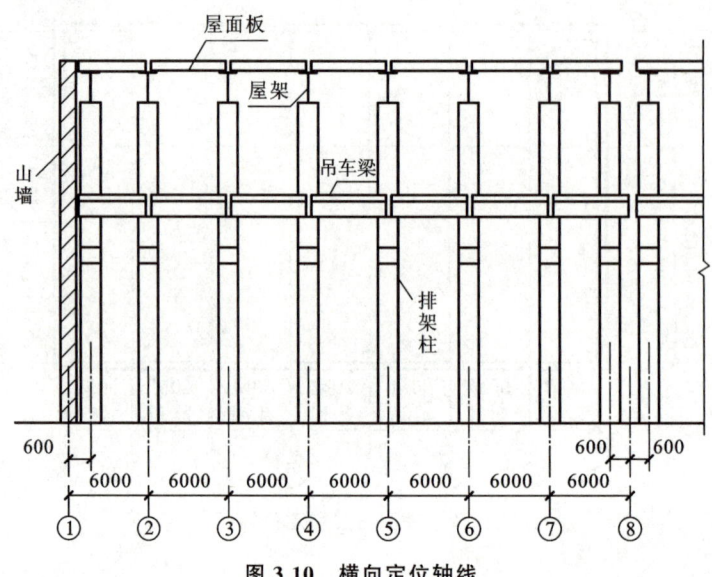

图 3.10 横向定位轴线

$$L = L_k + 2e \tag{3.1}$$
$$e = B_1 + B_2 + B_3 \tag{3.2}$$

式中 L——厂房跨度,即纵向定位轴线间的距离;

L_k——吊车跨度,即吊车轨道中心线间的距离,可由附表 5 查得;

e——吊车轨道中心线至定位轴线间的距离,一般取 750 mm,当吊车起重量大于 75 t 时,宜取 1000 mm;

B_1——吊车轨道中心至吊车桥架端部的距离,可由附表 5 查得;

B_2——吊车桥架外边缘至上柱内边缘的净空宽度,当吊车起重量不大于 50 t 时,取不小于 80 mm,当吊车起重量大于 50 t 时,取不小于 100 mm;

B_3——边柱的上柱截面高度或中柱边缘至其纵向定位轴线的距离。

对厂房的边柱,当计算求得的 $e \leqslant 750$ mm 时,取 $e = 750$ mm,纵向定位轴线与纵墙内边缘重合,称为封闭式结合,如图 3.11(b)所示;当 $e > 750$ mm 时,纵向定位轴线在距吊车轨道中心线 750 mm 处,不与纵墙内边缘重合,称为非封闭式结合,如图 3.11(c)所示。非封闭轴线与纵墙内边缘之间的距离,称为联系尺寸,根据吊车起重量可取 150 mm、250 mm 或 500 mm。

对多跨等高厂房,当 $e \leqslant 750$ mm 时,取 $e = 750$ mm,纵向定位轴线一般与中柱的上柱中心线重合,如图 3.11(d)所示;当 $e > 750$ mm 时,需设两条纵向定位轴线,这两条定位轴线间的距离称为插入距,插入距的中线应与上柱的中心线重合,如图 3.11(e)所示。

对多跨不等高厂房,当相邻两跨不等高时,当 $e \leqslant 750$ mm 时,取 $e = 750$ mm,纵向定位轴线一般与较高部分厂房上柱的外边缘重合,如图 3.11(f)所示;当 $e > 750$ mm 时,必须增设一条定位轴线,如图 3.11(g)所示,且插入距的值一般取 150 mm、250 mm。

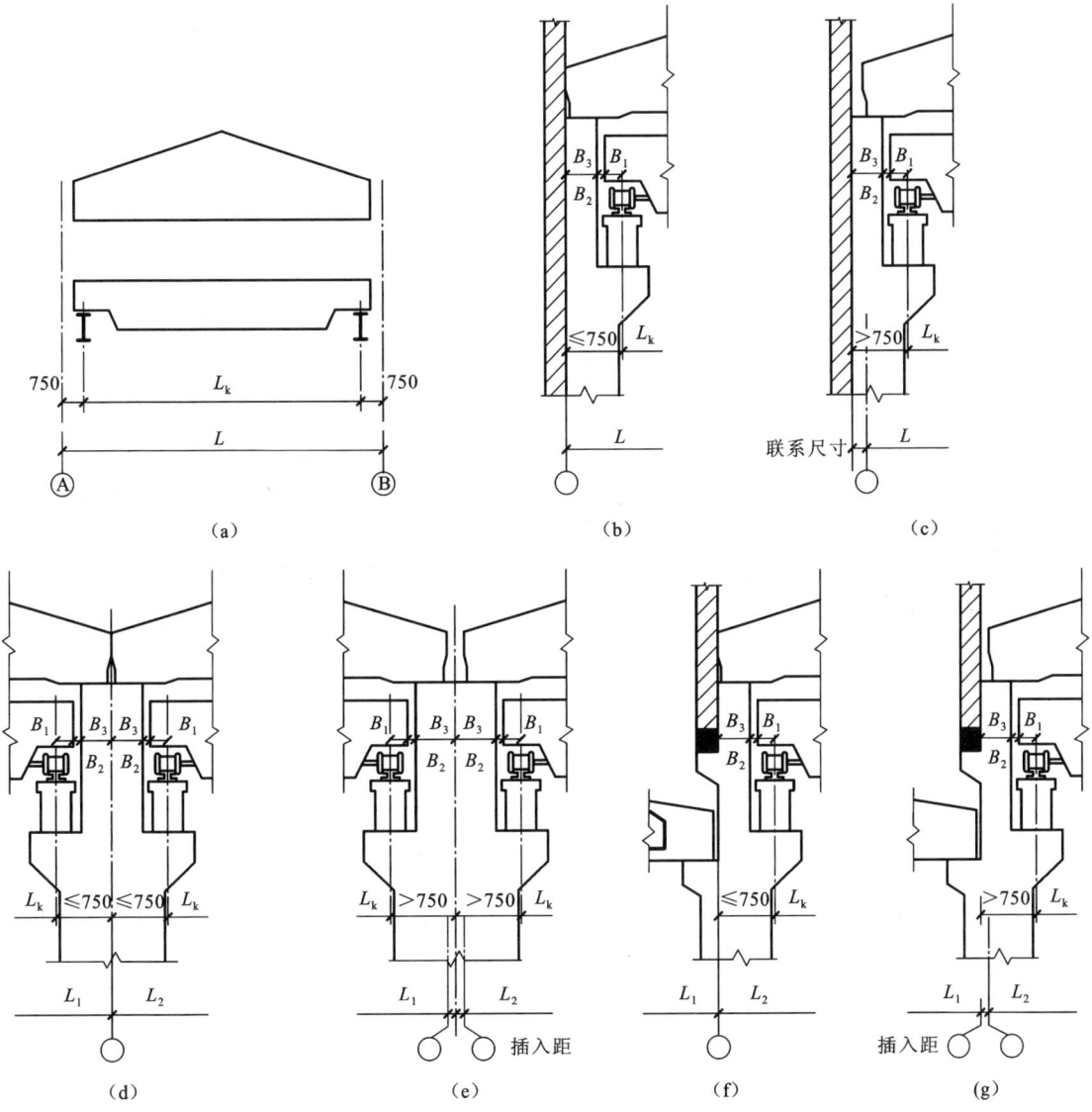

图 3.11　纵向定位轴线与吊车的关系

(3) 变形缝设置

变形缝包括伸缩缝、沉降缝和防震缝三种。

① 伸缩缝。如果厂房长度和跨度过大,当温度变化时,由于温度变形将使结构内部产生很大温度应力,严重时可将墙面、屋面或纵向梁拉裂,影响厂房正常使用。通过设置伸缩缝,将厂房分成几个温度区段,以减小结构中的温度应力。《混凝土结构设计标准》(GB/T 50010—2010)(2024 年版)规定:对于装配式钢筋混凝土排架结构,当处于室内或土中时,伸缩缝的最大间距为 100 m;当处在露天时,伸缩缝的最大间距为 70 m。当厂房的伸缩缝间距超过规定值时,应验算温度应力。

② 沉降缝。单层厂房排架结构对地基不均匀沉降有较好的自适应能力,故在一般单层

厂房中可不设沉降缝。但当厂房相邻两部分高度差大于 10 m，相邻两跨的吊车起重量相差很大，地基承载力或下卧层土质有较大差别，或因厂房各部分施工前后对土壤压缩程度不同时，均应考虑设置沉降缝。沉降缝应将建筑物从屋顶到基础全部分开，使缝两侧的结构可以自由沉降而互不影响。

③ 防震缝。位于地震区的单层厂房，当因生产工艺或使用要求使平面、立面布置复杂，或结构相邻两部分的刚度和高度差较大，以及在厂房侧边贴建房屋和构筑物（如生活间、变电所、锅炉房）时，应设置防震缝将相邻两部分断开。防震缝应沿厂房全高设置，两侧应布置墙或柱，基础可不设缝。为避免地震时防震缝两侧结构相互碰撞，防震缝应有必要的宽度。防震缝的宽度由抗震设防烈度、房屋高度确定。

当厂房需设置伸缩缝、沉降缝和防震缝时，应三缝合一，并应符合防震缝最小宽度要求。

(4) 单层厂房结构布置原则

因单层厂房具有多跨、不等高和不等长等特点，又常采用铰接排架结构，导致结构的赘余度较小，故按下列原则进行单层厂房结构布置：

① 多跨厂房宜等高和等长，高低跨厂房不宜采用一端开口的结构布置。

② 厂房柱距宜相等，各柱列的侧向刚度宜均匀，当有抽柱时，应采用抗震加强措施。

③ 厂房有贴建的房屋和构筑物，不宜布置在厂房角部和紧邻防震缝处。

④ 厂房体形复杂或有贴建的房屋和构筑物时，宜设防震缝；在厂房纵横跨交接处、大柱网厂房（指柱网尺寸不小于 12 m 的厂房）或不设柱间支撑的厂房，防震缝宽度可采用 100～150 mm，其他情况可采用 50～90 mm。

⑤ 两个主厂房之间的过渡跨至少应有一侧采用防震缝与主厂房脱开。

⑥ 厂房内的工作平台、刚性工作间宜与厂房主体结构脱开。

⑦ 厂房的同一结构单元内，不应采用不同的结构形式；厂房端部应设屋架，不应采用山墙承重；厂房单元内不应采用横墙和排架混合承重。

⑧ 厂房内上吊车的钢梯不应靠近防震缝设置；多跨厂房各跨上吊车的钢梯不宜设置在同一横向轴线附近。

⑨ 厂房天窗架的设置要求见表 3.2。

表 3.2 厂房天窗架的设置要求

项目	内容
天窗	宜采用凸出屋面较小的避风型天窗，有条件或设防烈度为 9 度时宜采用下沉式天窗
凸出屋面的天窗	宜采用钢天窗架，设防烈度为 6～8 度时，可采用矩形截面杆件的钢筋混凝土天窗架
天窗架	不宜从厂房结构单元第一开间开始设置，设防烈度为 8～9 度时宜从厂房单元端部第三柱间开始设置
天窗屋盖、端壁板和侧板	宜采用轻型板材，不应采用端壁板代替端天窗架

3.2.3.2 剖面布置

厂房设计时须按生产工艺和有无吊车等因素,确定室内平面至屋架下弦底面及吊车轨道顶面的距离,分别以屋架下弦底面和吊车轨道顶面的标高来表示。

厂房高度是指室外地坪至柱顶的距离。对有吊车的厂房,厂房高度主要由吊车梁的轨顶标高控制,并考虑起吊工作需要的净空要求(即屋架下弦与吊车架外轮廓线的距离不小于 220 mm)来确定柱顶标高、牛腿顶面标高及全柱高,如图 3.12 所示,并符合下列几何关系:

① 柱顶标高=轨顶标高(已知)+轨顶以上高度(附表 5 查取)+屋架下弦与吊车顶面安全距离(一般取 100~300 mm)。

② 牛腿顶面标高=轨顶标高-吊车梁高-轨顶垫块高(一般取 200 mm)。

③ 上柱高 H_u =柱顶标高-牛腿顶面标高。

④ 全柱高 H =柱顶标高-室内外高差-室外地坪至基础顶面高。

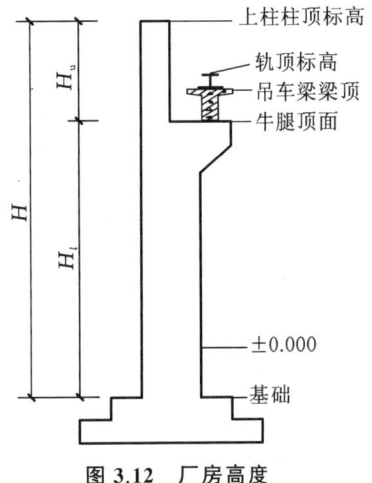

图 3.12 厂房高度

⑤ 下柱高 H_l =全柱高-上柱高。

图 3.12 所示轨道中心线与纵向轴线的距离取 750 mm。确定的高度值还应符合厂房建筑模数要求。一般厂房自室内地坪至屋架下弦底面的高度为 30M 的倍数;对有吊车的厂房,自室内地面至柱顶的高度为 60M 的倍数,至排架柱牛腿的高度为 30M 的倍数。

3.2.3.3 支撑布置

就整体作用而言,支撑作用包括:①保证结构构件的稳定与正常工作;②增强厂房的整体稳定性和空间刚度;③把纵向风荷载、吊车纵向水平荷载传递到主要承重构件;④保证在施工安装阶段结构构件的稳定。在装配式钢筋混凝土单层厂房结构中,支撑虽然不是主要的承重构件,但却是联系主要结构构件并把它们构成整体的重要组成部分。工程实践证明,若支撑布置不当,不仅会影响厂房的正常使用,甚至可能引起厂房倒塌,应给予足够重视。

厂房支撑分为屋盖支撑和柱间支撑两大类,本节主要讲述各类支撑的作用和布置原则,具体布置方法及其连接构造可参阅有关标准图集。

(1) 屋盖支撑

屋盖支撑包括上弦横向水平支撑、下弦横向水平支撑、下弦纵向水平支撑、垂直支撑与纵向水平系杆、天窗架支撑等。

① 上弦横向水平支撑

上弦横向水平支撑是沿厂房跨度方向用交叉角钢、直腹杆和屋架上弦杆共同构成的水平桁架。其作用是保证屋架上弦杆在平面外的稳定和屋盖纵向水平刚度,同时作为山墙抗风柱端的水平支座,承受由山墙传来的风荷载和其他纵向水平荷载,并将其传至厂房的纵向柱列。

当屋盖为有檩体系,或虽为无檩体系但屋面板与屋架的连接质量不能保证,且山墙抗风柱风荷载传至屋架上弦时,应在每一伸缩缝区段端部第一或第二柱间布置上弦横向水平支撑,如图 3.13(a)所示。当厂房有天窗且天窗通过厂房端部第二柱间或通过伸缩缝时,应在第一或第二柱间天窗范围内设置上弦横向水平支撑,并在天窗范围内沿纵向设置一至三道通长的受压系杆,将天窗范围内各榀屋架与上弦横向水平支撑联系起来,如图 3.13(b)所示。

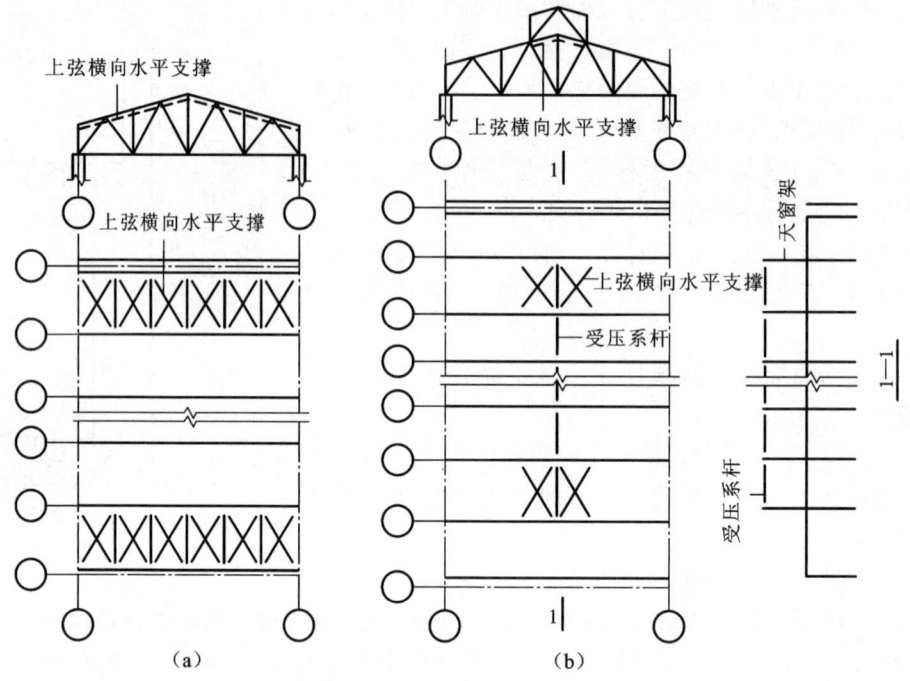

图 3.13 上弦横向水平支撑布置

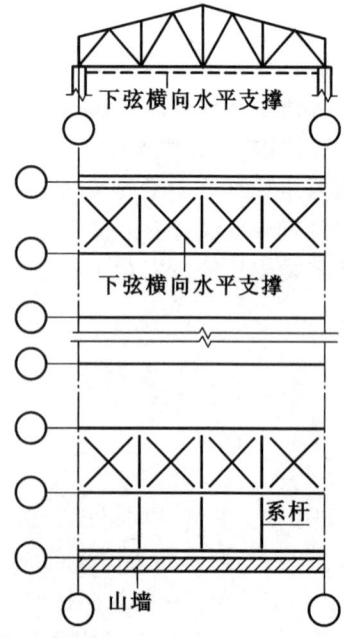

图 3.14 下弦横向水平支撑布置

② 下弦横向水平支撑

在屋架下弦平面内,由交叉角钢、直腹杆和屋架下弦杆组成的水平桁架,称为下弦横向水平支撑。其作用是将山墙风荷载及纵向水平荷载传至纵向柱列,同时防止屋架下弦的侧向振动。

当厂房跨度大于 18 m,或者当屋架下弦设有悬挂吊车或厂房内有较大的振动,以及山墙风荷载通过抗风柱传至屋架下弦时,应在每一伸缩缝区段端部设置下弦横向水平支撑,如图 3.14 所示,并宜与上弦横向水平支撑设置在同一柱间,以形成空间桁架体系。

③ 下弦纵向水平支撑

下弦纵向水平支撑是指由交叉角钢、直腹杆和屋架下弦第一柱间共同组成的纵向水平桁架,其作用是加强屋盖结构的横向水平刚度,保证横向水平荷载的纵向分布,加强厂房的空间作用,保证托架上弦的侧向稳定。

当厂房内设有软钩桥式吊车且厂房高度大、吊车起重量较大(如等高多跨厂房柱高大于 15 m,吊车工作级别为 A1~A5,起重量大于 50 t),或厂房内设有硬钩桥式吊车,或设有大于 5 t 的悬挂式吊车,或设有较大振动设备,以及厂房内因抽柱或柱距较大设置托架时,应在屋架下弦端柱间沿厂房纵向通长或局部设置一道下弦纵向水平支撑,如图 3.15(a)所示。当厂房已设有下弦横向水平支撑时,为保证厂房空间刚度,下弦纵向水平支撑应尽可能与下弦横向水平支撑连接,以形成封闭的水平支撑系统,如图 3.15(b)所示。

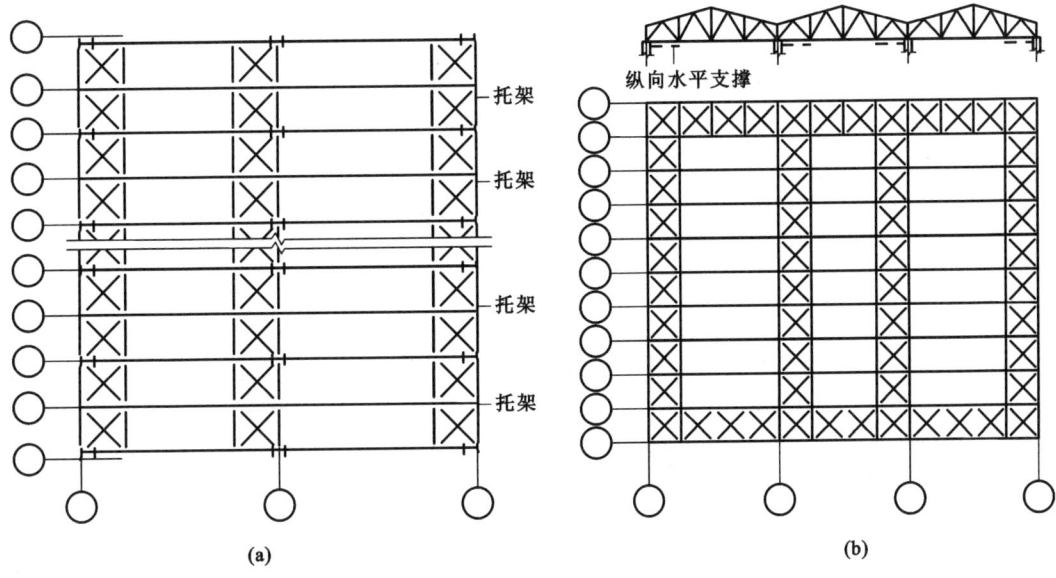

图 3.15 纵向水平支撑布置

④ 垂直支撑及纵向水平系杆

由角钢杆件与屋架直腹杆组成的垂直桁架称为屋盖垂直支撑,主要形式为十字交叉形或 W 形。其作用是保证屋架承受荷载后在平面外的稳定并传递纵向水平力,因此应与下弦横向水平支撑布置在同一柱间内。水平系杆分为上弦水平系杆、下弦水平系杆。上弦水平系杆可保证屋架上弦或屋面梁受压翼缘的侧向稳定;下弦水平系杆可防止在吊车或有其他水平振动时屋架下弦发生侧向振动。

当厂房跨度小于 18 m 且无天窗时,一般可不设垂直支撑和水平系杆;当厂房跨度为 18～30 m、屋架间距为 6 m、采用大型屋面板时,应在每一伸缩缝区段端部的第一或第二柱间设置一道垂直支撑;当跨度大于 30 m 时,应在屋架跨度 1/3 左右的节点处设置两道垂直支撑;当屋架端部高度大于 1.2 m 时,还应在屋架两端各布置一道垂直支撑,如图 3.16 所示;当厂房伸缩缝区段大于 90 m 时,还应在柱间支撑柱距内增设一道屋架垂直支撑。

当屋盖设置垂直支撑时,应在未设置垂直支撑的屋架间,在相应于垂直支撑平面内的屋架上弦和下弦节点处设置通长的水平系杆。凡设在屋架端部主要支承节点处和屋架上弦屋脊处的通长水平系杆,均应采用刚性系杆,其余均可采用柔性系杆;当屋架横向水平支撑设在伸缩缝区段两端的第二柱间内时,第一柱间内的水平系杆均应采用刚性系杆。

⑤ 天窗架支撑

天窗架支撑包括天窗架上弦横向水平支撑、天窗架间的垂直支撑和水平系杆。其作用是保证天窗架上弦的侧向稳定和将天窗端壁上的风荷载传给屋架。

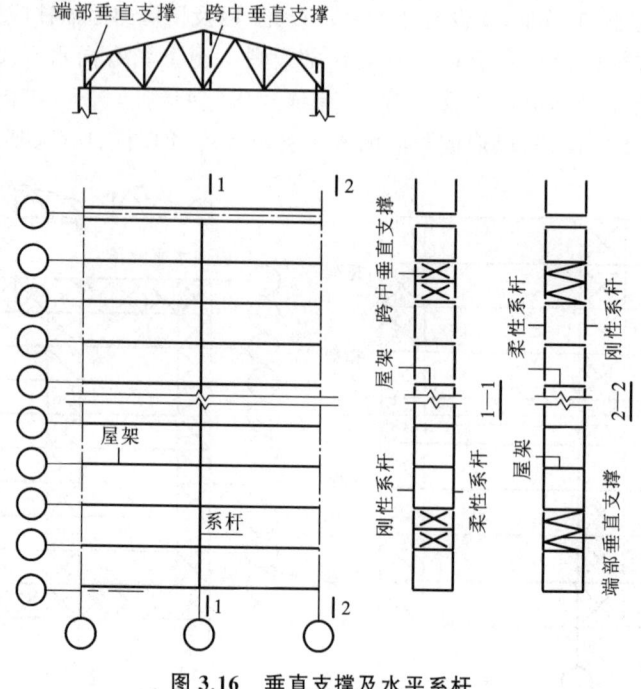

图 3.16 垂直支撑及水平系杆

天窗架上弦横向水平支撑和垂直支撑一般均设置在天窗端部第一柱间内;当天窗区段较长时,还应在区段中部设有柱间支撑的柱间内设置垂直支撑。垂直支撑一般设置在天窗的两侧;当天窗架跨度不小于 12 m 时,还应在天窗中间竖杆平面内设置一道垂直支撑;当天窗有挡风板时,在挡风板立柱平面内也应设置垂直支撑。在未设置上弦横向水平支撑的天窗架间,应在上弦节点处设置柔性系杆;对有檩体系的屋盖,檩条可代替柔性系杆,如图 3.17 所示。

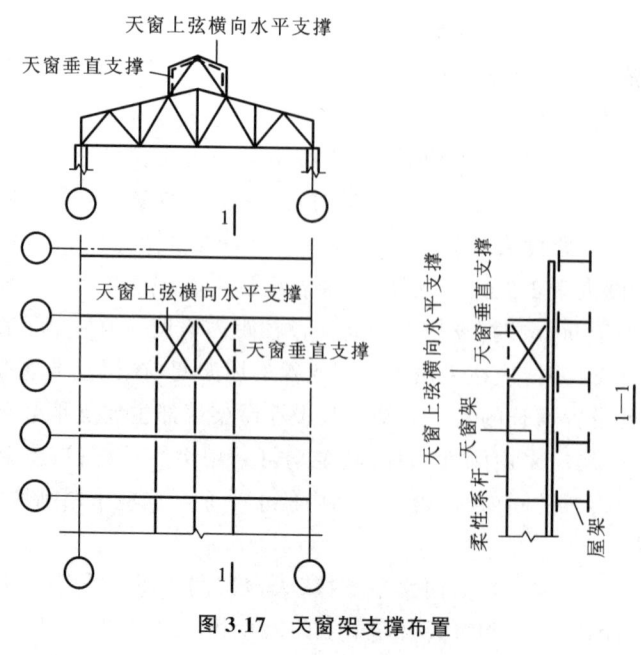

图 3.17 天窗架支撑布置

（2）柱间支撑

柱间支撑是纵向平面排架中最主要的抗侧力构件,其作用是提高厂房的纵向刚度和稳定性,并将吊车纵向水平制动力、山墙及天窗端壁的风荷载传至基础。对有吊车的厂房,按其位置可分为上柱柱间支撑和下柱柱间支撑。上柱柱间支撑位于吊车梁上部,并在柱顶设置通长的刚性系杆,用以承受在山墙及天窗壁上的风荷载,并保证厂房上部的纵向刚度;下柱柱间支撑位于吊车梁的下部,承受上部支撑传来的内力和吊车纵向制动力,并将其传至基础,如图 3.18 所示。

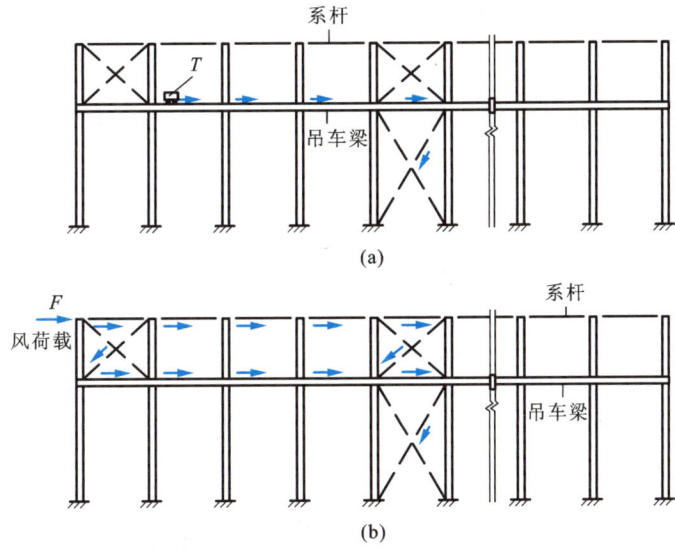

图 3.18 柱间支撑布置及其传力路径
(a)吊车纵向制动力;(b)风荷载作用

下列情况之一者,应设置柱间支撑:
① 厂房内设有工作级别为 A6～A8 的吊车,或 A1～A5 的吊车起重量在 10 t 及以上。
② 厂房内设有 3 t 及以上的悬挂式吊车。
③ 厂房跨度不小于 18 m 或柱高不小于 8 m。
④ 每纵向柱列的总数在 7 根以下。
⑤ 露天吊车栈桥的柱列。

柱间支撑通常由交叉型钢或钢管组成,交叉倾角一般为 35°～55°,宜取 45°。柱顶设置通长的刚性系杆来传递荷载,这样纵向构件的收缩受柱间支撑的约束较小。在温度变化或混凝土收缩时,不致产生较大的温度应力或收缩应力。当柱间有通行要求或放置设备,或柱距较大而不宜采用交叉支撑时,可采用门架式支撑,如图 3.19 所示。

上柱柱间支撑一般设置在伸缩缝区段两端与屋盖横向水平支撑相对应的柱间,以及伸缩缝区段中

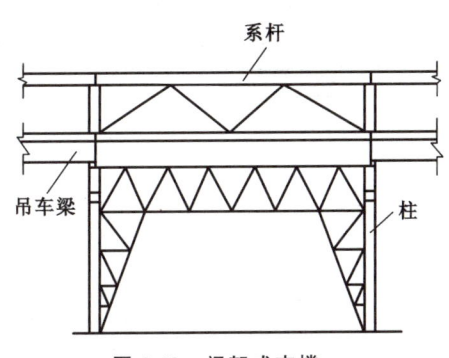

图 3.19 门架式支撑

央或临近中央的柱间;下柱柱间支撑设置在伸缩缝区段中部与上柱柱间支撑对应的位置;当厂房单元较长时设置两道下柱支撑,但两道下柱支撑应在厂房单元中间 1/3 区段内,不宜设置在厂房端部。

3.2.3.4 围护结构

围护结构主要包括屋面板、墙体、抗风柱、圈梁、连系梁、过梁和基础梁等构件。其作用是承受风、雪荷载及地基不均匀沉降所引起的内力。下面主要讨论抗风柱、连系梁及基础梁的作用及布置原则,圈梁及过梁在第 5 章讲述。

(1) 抗风柱

厂房山墙的受风面积较大,一般需设抗风柱将山墙分成几个区段,使山墙受到的风荷载一部分直接传给纵向柱列,另一部分则经抗风柱下端传至基础或经抗风柱上端屋盖系统传至纵向柱列。抗风柱及其连接构造见图 3.20。

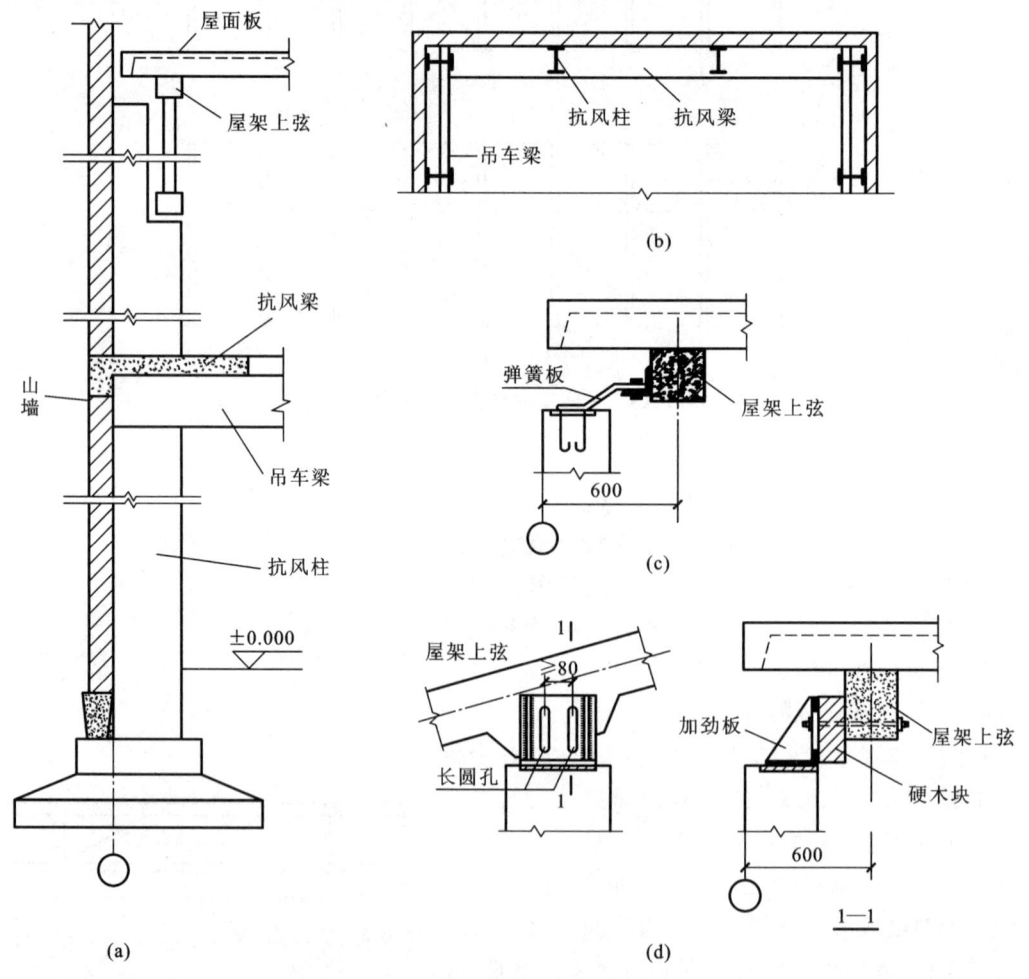

图 3.20 抗风柱及其连接构造

当厂房高度及跨度不大(如跨度不大于 12 m,柱顶高度小于 8 m)时,可以采用砖壁柱作为抗风柱;当高度和跨度都较大时,则采用钢筋混凝土抗风柱,一般设置在山墙内侧;当厂房高度很大时,为减小抗风柱截面尺寸,可加设水平抗风梁或桁架,如图 3.20(a)、图 3.20(b)所示,作为抗风柱的中间铰支座。

抗风柱一般与屋架上弦铰接,与基础刚接。抗风柱上端与屋架的连接必须满足两个要求:一是在水平方向必须与屋架有可靠的连接以保证有效传递风荷载;二是在竖向脱开,允许两者有一定的竖向相对位移,以防止抗风柱与屋架因沉降不均匀产生不利影响。因此,两者之间一般采用竖向可以移动、水平方向又有较大刚度的弹簧板连接,如图 3.20(c)所示;当不均匀沉降较大时,宜采用槽形孔螺栓连接,如图 3.20(d)所示。

(2) 连系梁

连系梁的作用是联系纵向柱列、增强厂房纵向刚度并把风荷载传递到纵向柱列,同时还承受上部墙体的自重。连系梁一般为预制构件,两端支承在柱外侧的牛腿上,其连接可采用螺栓连接或焊接连接。

(3) 基础梁

基础梁一般设置在边柱的外侧,两端直接放置在柱基础的顶面,用以承受围护墙体的自重。当基础埋置深度较大时,可在基础梁和基础之间设置垫块,如图 3.21 所示。基础梁顶面至少低于室内地坪 50 mm,底部距地基土表面应预留 100 mm 的空隙,使基础梁随柱基础一起沉降而不受地基土的约束,同时还可以防止因地基土冻胀将基础梁顶裂。

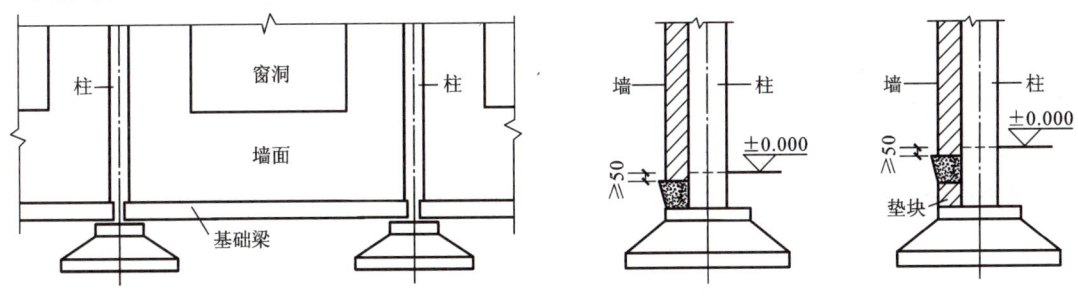

图 3.21 基础梁布置

3.2.4 构件选型

单层厂房结构的主要构件有屋盖结构构件、支撑、吊车梁、墙板、连系梁、柱和基础等。在进行构件选型时,应全面考虑厂房刚度、生产使用和建筑的工业化、现代化要求,结合具体施工条件、材料供应、构件本身性能和技术经济指标综合分析确定。

除柱和基础之外,其余构件一般均可以从工业厂房结构构件标准图集中选用合适的标准构件,不必另行设计。常用的工业厂房结构构件标准图集有三类:

(1) 经住房城乡建筑部批准的全国通用标准图集,适用于全国各地。

(2) 经某地区(省、市)审定的通用图集,适用于该地区(省、市)所属部门。

(3) 经某设计院审定的定型图集,适用于该设计院所设计的工程。

当设计的构件符合图集中所列的各项要求时,便可直接从图集中选用某个型号的构件;当设计条件不符合图集中规定的要求时,必须对构件进行承载力、变形和裂缝宽度验算,有时还要做局部修改,以满足设计要求。

3.3 排架计算

单层厂房排架结构实际上是空间结构体系,应采用三维有限元分析。由于柱距呈规律性排列,荷载传递具有明确的方向性,通常将空间体系简化为纵、横向平面排架分别计算,并近似认为各个横向平面排架与各个纵向平面排架之间互不影响,各自独立工作。

纵向平面排架,由于厂房纵向排架柱子较多,水平刚度较大,每根柱子分配的水平力较小,因而在非地震区不必计算,通过设置柱间支撑从构造上予以加强。只当纵向柱列不多于 7 根或需要考虑地震作用或温度应力时,才进行纵向平面排架计算。

横向平面排架是厂房的主要承重结构,并随厂房的跨度、高度及吊车起重量而变化,因此必须对横向平面排架进行内力分析,主要内容包括:确定计算简图、荷载计算、柱控制截面的内力分析和内力组合。其目的是求出排架柱各控制截面在各种荷载作用下的内力,并通过内力组合求出最不利内力,以此作为排架柱设计的依据;而柱底截面的最不利内力是作为基础设计的依据。所以本节讲的排架计算主要指横向平面排架计算。

3.3.1 计算简图

3.3.1.1 计算单元

由相邻柱距的中心线截出一个典型区段,称为排架的计算单元,如图 3.22 中阴影部分。除吊车等移动荷载外,阴影部分就是排架的负荷范围,或称荷载从属面积。对于厂房端部或伸缩缝处的排架,其负荷范围只有中间排架的一半,但为了施工方便,一般也按中间排架设计。通常当各列柱距相等时[图 3.22(a)],计算单元等于柱距。当厂房中有局部抽柱时[图 3.22(b)],计算单元内的二榀排架可以合并为一榀排架来进行内力分析,合并后平面排架柱的惯性矩应按合并考虑,求得内力后应将合并的柱内力重新分配到原单根柱内。

3.3.1.2 基本假定

对钢筋混凝土排架结构进行计算时,为了简化计算,根据构造和实践,常采用以下基本假定:

(1) 柱上端与屋架或屋面梁铰接。
(2) 柱下端与基础固接。
(3) 屋架或屋面梁是没有轴向变形的刚性杆。
(4) 排架之间相互无联系,不考虑排架之间的影响而按平面排架考虑。

采用以上计算假定后,可得到横向平面排架的计算简图,如图 3.23 所示。图 3.23 中排架柱的高度由基础顶面算至柱顶铰接处,其中,H_u 表示上柱柱高(从牛腿到柱顶),H_l 表示下柱柱高(从基础顶面到牛腿顶面)。排架柱的计算轴线均取上、下柱截面的形心线。当柱为变截面柱时,排架柱的轴线为一折线,如图 3.23(b)所示。为简化计算,通常将折线用变截

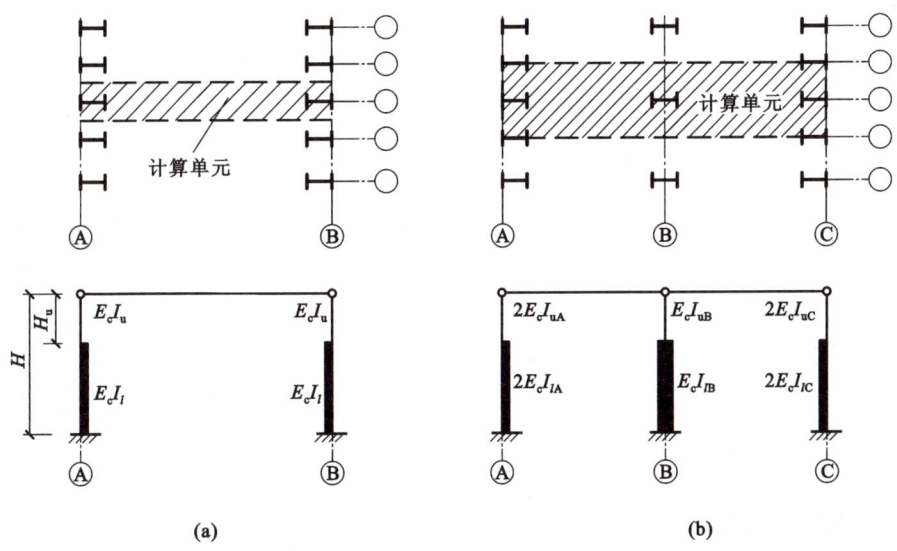

图 3.22 排架的计算单元和计算简图
(a)各列柱距相等时；(b)有局部抽柱时

面的形式来表示，跨度以厂房的轴线为准，如图 3.23(c)所示，此时需在柱的变截面处增加一个力矩 M，其值等于上柱传下的竖向力乘以上、下柱截面形心线间的距离 e。柱的截面抗弯刚度由预先拟定的截面尺寸和混凝土强度等级确定。

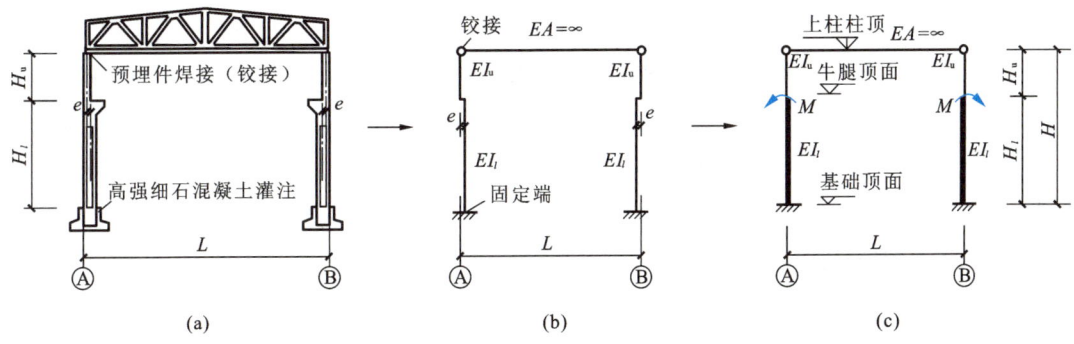

图 3.23 横向排架的计算简图

3.3.2 荷载计算

作用在排架上的荷载分为永久荷载和可变荷载两类。

3.3.2.1 永久荷载

各种永久荷载的数值可按材料重度和结构的有关尺寸计算得到，标准构件可从标准图集上直接查得。考虑到构件安装顺序，吊车梁和柱等构件是在屋面梁未吊装之前就位的，这时排架体系远没有形成，因此对吊车梁自重和柱自重产生的内力不按排架分析，而按悬臂柱分析。

(1) 屋盖自重 G_1

屋盖自重包括屋架或屋面梁、屋面板、天沟板、天窗架、屋面构造层以及屋盖支撑等重力荷载。计算单元范围内屋盖的总重力荷载是通过屋架或屋面梁的端部以竖向集中力 G_1 的形式传至柱顶,其作用点视实际连接情况而定。当采用屋架时,竖向集中力作用点通过屋架上、下弦几何中心线的交点而作用于柱顶[图 3.24(a)];当采用屋面梁时,可认为通过梁端作用于柱顶[图 3.24(b)]。根据屋架(屋面梁)与柱顶连接中的定型设计构造规定,屋盖自重 G_1 作用点位于距厂房纵向定位轴线 150 mm 处,对上柱截面几何中心线的偏心距为 e_1,对下柱截面几何中心线又有一偏心距 e_0。

(2) 悬墙自重 G_2

当设有连系梁支承围护墙体时,计算单元范围内连系梁、墙体和窗等重力荷载以竖向集中力 G_2 的形式作用在支承连系梁的柱牛腿顶面,其作用点通过连系梁或墙体截面的形心轴,距下柱截面几何中心线的距离为 e_2,如图 3.24(c)所示。

(3) 吊车梁和轨道及连接件自重 G_3

吊车梁和轨道及连接件重力荷载 G_3 可从有关标准图集中直接查得,其中轨道及连接件重力荷载可按 0.8~1.0 kN/m 估算。它以竖向集中力的形式沿吊车梁截面中心线作用在柱牛腿顶面,其作用点一般距纵向定位轴线 750 mm,对下柱截面几何中心线的偏心距为 e_3,如图 3.24(c)所示。

(4) 上柱自重 G_4、下柱自重 G_5

上柱自重 G_4、下柱自重 G_5 分别作用于各自截面的几何中心线上,且上柱自重 G_4 对下柱截面几何中心线有一偏心距 e_0,如图 3.24(c)所示。

永久荷载作用下某单跨横向平面排架结构的计算简图如图 3.24(d)所示。

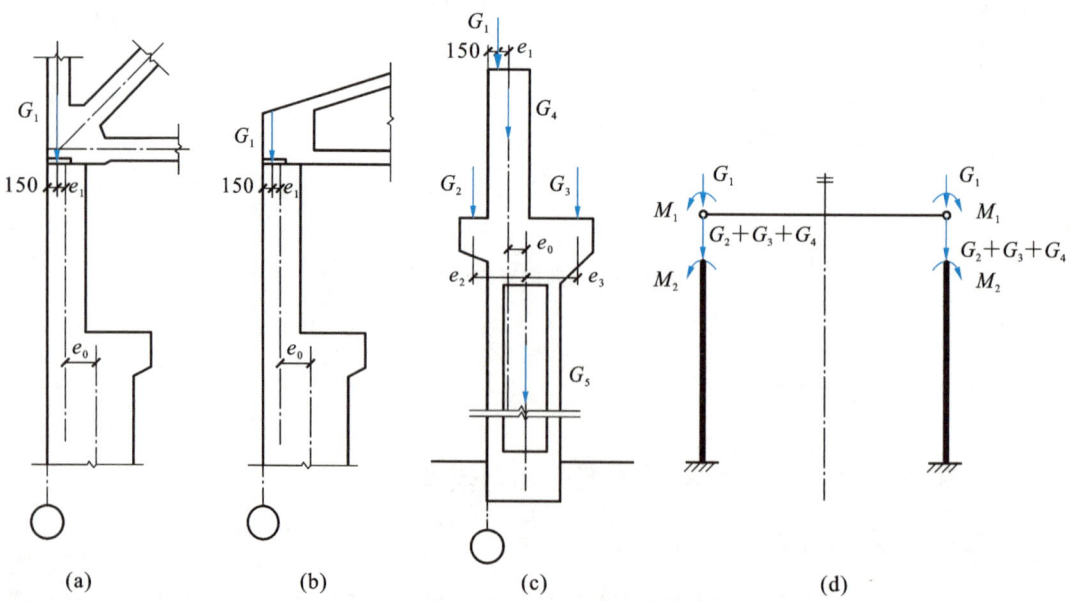

图 3.24 永久荷载作用位置及相应的横向平面排架计算简图

(a)屋架荷载 G_1 位置;(b)屋面梁荷载 G_1 位置;(c)G_1~G_5 荷载作用位置;(d)排架计算简图

3.3.2.2 可变荷载

(1) 屋面活荷载 Q_1

屋面活荷载包括屋面均布活荷载、雪荷载和积灰荷载三种,其荷载分项系数均为 1.5。Q_1 以竖向集中力形式作用于厂房纵向定位轴线内侧 150 mm 处,与屋面永久荷载 G_1 位置相同,对上柱和下柱均产生附加弯矩。

① 屋面均布活荷载

屋面均布活荷载标准值按水平投影面积计算,《建筑结构荷载规范》(GB 50009—2012)规定,对不上人屋面,其屋面均布活荷载标准值为 0.5 kN/m², 组合值系数可取 0.7, 频遇值系数可取 0.5, 准永久值系数取 0。

② 雪荷载

根据《建筑结构荷载规范》(GB 50009—2012)规定, 屋面水平投影面积上的雪荷载标准值 s_k 按下式计算:

$$s_k = \mu_r s_0 \tag{3.3}$$

式中　s_0——基本雪压(kN/m²),取 50 年重现期的雪压, 可由《建筑结构荷载规范》(GB 50009—2012)中的全国基本雪压分布图确定;

　　　μ_r——屋面积雪分布系数,指屋面水平投影面积上的雪荷载与基本雪压的比值,可根据不同的屋面形式,由《建筑结构荷载规范》(GB 50009—2012)查得。

设计建筑结构及屋面的承重构件时,应按下列规定确定积雪的分布情况:①屋面板和檩条按积雪不均匀分布的最不利情况采用;②屋架和拱壳应分别按全跨积雪的均匀分布、不均匀分布和半跨积雪的均匀分布按最不利情况采用;③框架和柱可按全跨积雪的均匀分布情况采用。

雪荷载的组合值系数可取 0.7,频遇值系数可取 0.6,准永久值系数按雪荷载分区Ⅰ、Ⅱ、Ⅲ的不同,分别取 0.5、0.2 和 0。

③ 积灰荷载

设计生产中有大量排灰的厂房或厂房临近此类建筑时,对于具有一定除尘设施和保证清灰制度的机械、冶金、水泥等的厂房屋面,其水平投影面上的屋面积灰荷载标准值按《建筑结构荷载规范》(GB 50009—2012)确定。

考虑到上述屋面荷载同时出现的可能性,《建筑结构荷载规范》(GB 50009—2012)规定,不上人的屋面均布活荷载,可不与雪荷载和风荷载同时组合;积灰荷载应与雪荷载或不上人的屋面均布活荷载两者中的较大值同时考虑。对于两跨排架,考虑活荷载出现的可能性,屋面活荷载作用下的计算简图如图 3.25 所示。

(2) 吊车荷载

单层厂房常用的吊车有悬挂式吊车、手动吊车、电动葫芦及桥式吊车等。其中悬挂式吊车的水平荷载可不列入排架计算,由支撑系统承受;手动吊车和电动葫芦可不考虑水平荷载。因此这里讲的吊车荷载专指桥式吊车。

吊车的生产、订货和吊车荷载的计算都是以吊车的工作级别为依据的。根据吊车在使

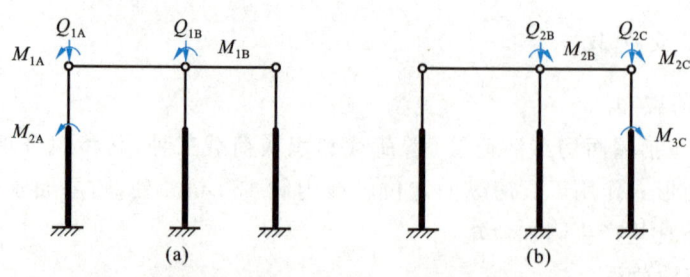

图 3.25 屋面活荷载作用下排架计算简图
(a)活荷载作用下左跨;(b)活荷载作用下右跨

用期内要求的总工作循环次数和荷载状态,将吊车分为 8 个工作级别:A1~A8。一般满载机会少,运行速度低及不需要紧张而繁重工作的场所,如水电站、机械检修站等的吊车工作级别属于 A1~A3;机械加工车间和装配车间的吊车工作级别属于 A4、A5;冶炼车间和直接参加连续生产的吊车工作级别属于 A6~A8。

桥式吊车对排架作用有竖向荷载、横向水平荷载及纵向水平荷载。

① 吊车竖向荷载设计值 D_{max}、D_{min}

桥式吊车由大车(桥架)和小车组成,大车在吊车梁的轨道上沿厂房纵向行驶,小车在大车(桥架)的轨道上沿横向运行,带有吊钩的起重卷扬机安装在小车上。

当小车吊有额定的起重量运行到大车一侧的极限位置时,如图 3.26 所示,在这一侧的每个大车的轮压称为最大轮压标准值 $P_{max,k}$,相应另一侧的轮压称为最小轮压标准值 $P_{min,k}$,$P_{max,k}$ 与 $P_{min,k}$ 同时发生。$P_{max,k}$ 和 $P_{min,k}$ 可从吊车产品说明书中查得,见附表 5。

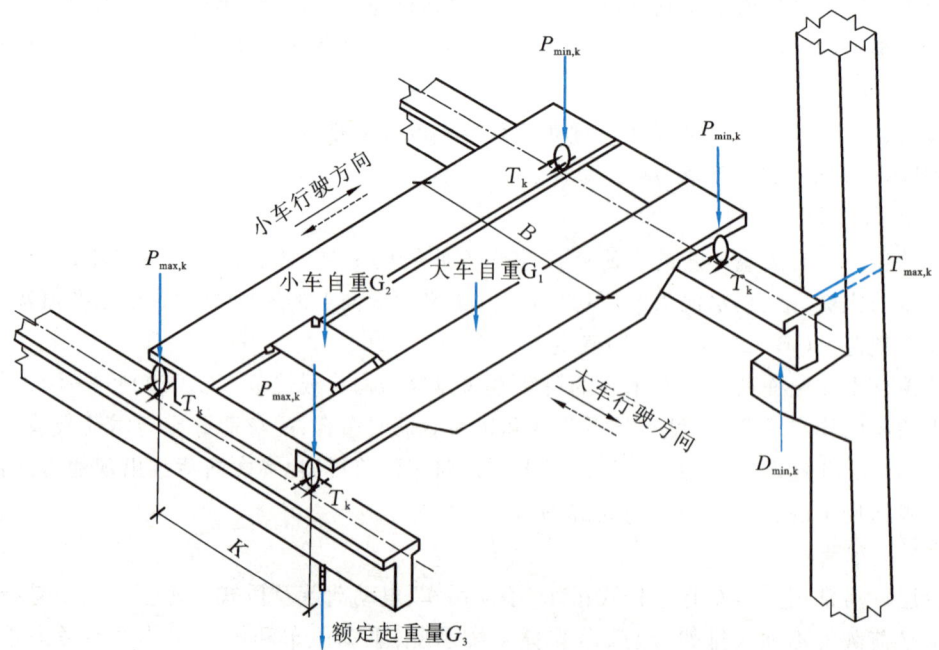

图 3.26 吊车荷载示意图

对四轮吊车，$P_{max,k}$和$P_{min,k}$与大车质量m_1、吊车的额定起重量Q及小车质量m_2，满足下列平衡关系：

$$P_{min,k} = \frac{G_{1,k}+G_{2,k}+G_{3,k}}{2} - P_{max,k} = \frac{m_1 g + m_2 g + Qg}{2} - P_{max,k} \quad (3.4)$$

式中　$G_{1,k}$，$G_{2,k}$——大车、小车的自重标准值，以"kN"计，$G_{1,k}=m_1 g$，$G_{2,k}=m_2 g$；

　　　$G_{3,k}$——吊车额定起吊质量Q对应的重力标准值，以"kN"计，$G_{3,k}=Qg$；

　　　m_1，m_2——大车、小车的质量（标准值），kg；

　　　Q——吊车的额定起重量（标准值），kg；

　　　g——重力加速度，近似取 10 m/s²。

吊车是移动的，因而由$P_{max,k}$作用对吊车梁支座产生的最大反力标准值$D_{max,k}$，由$P_{min,k}$作用对吊车梁支座另一侧产生的最小反力标准值$D_{min,k}$，均需根据简支吊车梁支座反力影响线来确定，如图 3.27 所示。$D_{max,k}$和$D_{min,k}$为同时作用在排架上的吊车竖向荷载标准值，按下式计算：

$$D_{max,k} = \beta P_{max,k} \sum y_i = \beta P_{max,k}(y_1+y_2+y_3+y_4) \quad (3.5)$$

$$D_{min,k} = \beta P_{min,k} \sum y_i = D_{max,k} \frac{P_{min,k}}{P_{max,k}} \quad (3.6)$$

式中　$\sum y_i$——各大车轮压下影响线纵标的总和，其中$y_1=1$；

　　　β——多台吊车荷载折减系数，按表 3.3 可查得。

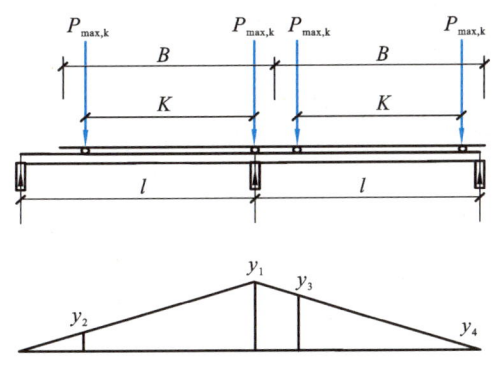

图 3.27　吊车梁支座反力影响线

表 3.3　多台吊车的荷载折减系数

参与组合吊车的台数	吊车工作级别	
	A1～A5	A6～A8
2	0.90	0.95
3	0.85	0.90
4	0.80	0.85

吊车最大轮压的设计值 $P_{\max}=\gamma_Q P_{\max,k}$，吊车最小轮压的设计值 $P_{\min}=\gamma_Q P_{\min,k}$，故作用在排架上的吊车竖向荷载设计值 $D_{\max}=\gamma_Q D_{\max,k}$，$D_{\min}=\gamma_Q D_{\min,k}$，其中 γ_Q 为吊车荷载的分项系数，$\gamma_Q=1.5$。

由于 $D_{\max}$ 可能发生在左柱上，也有可能发生在右柱上。$D_{\max}$、$D_{\min}$ 对下柱都是偏心压力，作用位置与吊车梁和轨道及连接件自重 G_3 相同，对下柱截面几何中心线的偏心距分别为 e_3 或 e_3'。对于两跨等高排架，考虑每跨分别作用吊车，且 $D_{\max}$、$D_{\min}$ 作用在同一跨厂房两侧的排架柱上两种可能，则吊车竖向荷载作用下的计算简图如图 3.28(a) 所示。

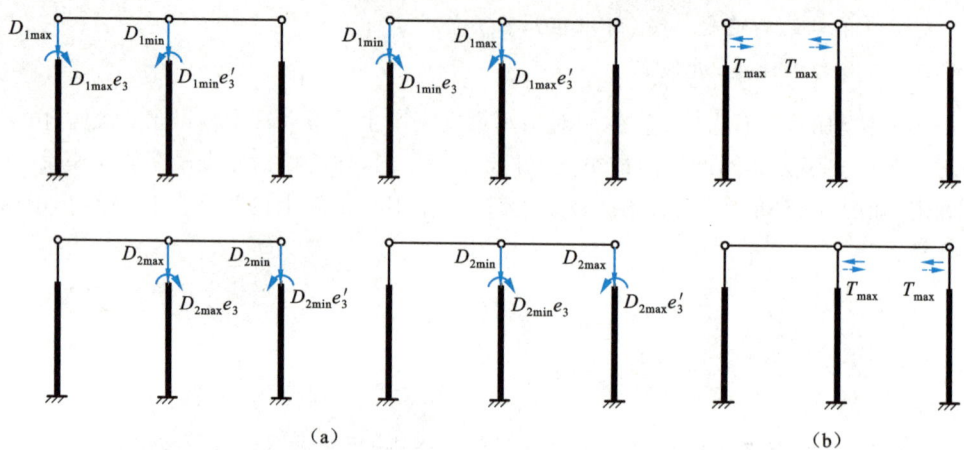

(a)　　　　　　　　　　　　　(b)

图 3.28　吊车荷载作用下排架计算简图
(a)吊车竖向荷载作用下；(b)吊车横向水平荷载作用下

② 吊车横向水平荷载设计值 $T_{\max}$

吊车横向水平荷载是当小车吊有重物制动时所引起的横向水平惯性力，它通过小车制动轮与桥架轨道之间的摩擦力传给大车，再通过大车轮传给吊车梁，吊车梁通过柱的连接钢板传给排架柱。因此对排架而言，吊车横向水平荷载应均分于桥架的两端，分别由轨道上的车轮平均传至轨道，其方向与轨道垂直，作用在吊车梁顶面水平处，如图 3.29 所示，并应考虑正反两个方向的制动情况，其作用方向既可向左，也可向右，对于两跨排架结构，计算简图如图 3.28(b) 所示。

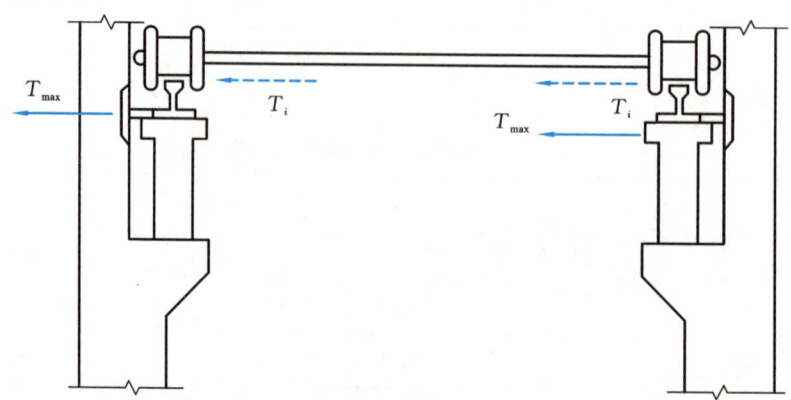

图 3.29　吊车横向水平荷载作用位置

吊车横向水平荷载标准值,应按照小车自重标准值 $G_{2,k}$ 与额定起重力标准值 $G_{3,k}$ 之和乘以横向水平荷载系数 α,因此总的吊车横向水平荷载标准值 $\sum T_{i,k}$ 可表示为:

$$\sum T_{i,k} = \alpha(G_{2,k} + G_{3,k}) \tag{3.7}$$

其中吊车横向水平荷载系数 α 按现行《建筑结构荷载规范》(GB 50009—2012)规定:

对于软钩吊车:当额定起重量 $Q \leqslant 10$ t 时,$\alpha = 0.12$;当额定起重量 10 t $< Q <$ 50 t 时,$\alpha = 0.10$;当额定起重量 $Q \geqslant 75$ t 时,$\alpha = 0.08$。

对于硬钩吊车,$\alpha = 0.20$。

对于一般四轮桥式吊车,吊车横向水平荷载应均分于桥架的梁端,分别由轨道上的车轮平均传至轨道,通常起重量 $Q \leqslant 50$ t 的桥式吊车,其大车总轮数为 4,大车每一轮压传递给吊车梁的横向水平荷载标准值 T_k 按下式计算:

$$T_k = \frac{1}{4}\alpha(G_{2,k} + G_{3,k}) \tag{3.8}$$

由于吊车是移动的,吊车对排架产生的最大横向水平荷载应根据影响线确定。作用在排架柱上的 $T_{max,k}$ 是每个大车轮压的横向水平制动力通过吊车梁传给柱的最大横向反力。与 $D_{max,k}$ 或 $D_{min,k}$ 计算类似,因此考虑多台吊车的荷载折减系数后,$T_{max,k}$ 按下式计算:

$$T_{max,k} = \beta T_k \sum y_i = \frac{1}{4}\alpha\beta(G_{2,k} + G_{3,k}) \sum y_i \tag{3.9}$$

如果两台吊车作用下的 D_{max} 已求得,则两台吊车作用下的 T_{max} 可直接由 D_{max} 求得,即:

$$T_{max} = D_{max} \frac{T_k}{P_{max,k}} \tag{3.10}$$

③ 吊车纵向水平荷载 T_0。

吊车纵向水平荷载是由大车的运行机构在刹车时引起的纵向水平惯性力,因此它与桥式吊车每侧的制动轮数有关,也与吊车的最大轮压 $P_{max,k}$ 有关。

吊车纵向水平荷载作用于刹车轮与轨道接触点,方向与轨道一致。吊车纵向水平荷载由吊车每侧制动轮传至两侧轨道,并通过吊车梁传给纵向柱列或柱间支撑,故与横向排架结构无关,即在横向排架结构内力分析中不考虑吊车纵向水平荷载。吊车纵向水平荷载标准值应按作用在一侧轨道上所有制动轮的最大轮压之和的 10% 采用,按下式计算:

$$T_0 = 0.1 n P_{max,k} \tag{3.11}$$

式中 $P_{max,k}$——吊车最大轮压标准值;

n——吊车每侧制动轮数,对于一般四轮吊车,取 $n = 1$。

排架计算考虑多台吊车竖向荷载时,对单层吊车的单跨厂房的每个排架,参与组合的吊车台数不宜多于 2 台;对单层吊车的多跨厂房的每个排架,不宜多于 4 台。考虑多台吊车水平荷载时,对单跨或多跨厂房的每个排架,参与组合的吊车台数不应多于 2 台。由于多台吊车同时出现 D_{max} 和 D_{min} 的概率,以及同时出现 T_{max} 的概率都较小,因此在进行排架计算时,多台吊车竖向荷载标准值和水平荷载标准值都应乘以多台吊车的荷载折减系数 β,见表3.3。

吊车荷载的组合值系数、频遇值系数及准永久值系数按表3.4采用。厂房排架设计时,在荷载准永久组合中可不考虑吊车荷载;但吊车梁按正常使用极限状态设计时,宜采用吊车荷载的准永久值。

表3.4 吊车荷载的组合值系数、频遇值系数及准永久值系数

吊车工作级别		组合值系数 ψ_c	频遇值系数 ψ_f	准永久值系数 ψ_q
软钩吊车	A1～A3	0.70	0.60	0.50
	A4、A5	0.70	0.70	0.60
	A6、A7	0.70	0.70	0.70
硬钩吊车及工作级别为A8的软钩吊车		0.95	0.95	0.95

【例3.1】已知某一单跨厂房,跨度为24 m,柱距为6 m,设计时考虑两台20/5 t的A4桥式吊车,吊车桥架跨度 $L_k=22.5$ m,桥架宽度 $B=5.55$ m,轮距 $K=4.4$ m,大车质量 $m_1=20.2$ t,小车质量 $m_2=7.8$ t,最大轮压标准值 $P_{max,k}=205$ kN。求 D_{max}、D_{min} 及 T_{max}。

【解】根据吊车桥架宽度 B 和轮距 K,按线性内插可求得吊车梁支座反力影响线中各轮压对应点的竖向坐标值:$y_1=1.0$,$y_2=1.6/6=0.267$,$y_3=(6-1.15)/6=0.808$,$y_4=0.45/6=0.075$,如图3.30所示。两台吊车作用考虑荷载折减系数 $\beta=0.9$,吊车横向水平荷载系数 $\alpha=0.10$。

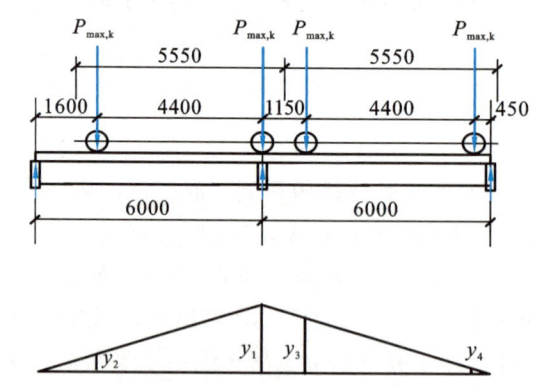

图3.30 吊车梁支座竖向反力影响线及求 D_{max} 时吊车位置

(1) 最小轮压标准值

$$P_{min,k}=\frac{G_{1,k}+G_{2,k}+G_{3,k}}{2}-P_{max,k}=\frac{(m_1+m_2+Q)g}{2}-P_{max,k}$$

$$=\frac{(20.2+7.8+20)\times10}{2}-205=35 \text{ kN}$$

(2) 吊车竖向荷载设计值

$$D_{\max}=\gamma_Q\beta P_{\max,k}\sum y_i=1.5\times0.9\times205\times\left(1+\frac{1.6+4.85+0.45}{6}\right)=595.01\text{ kN}$$

$$D_{\min}=D_{\max}\frac{P_{\min,k}}{P_{\max,k}}=595.01\times\frac{35}{205}=101.59\text{ kN}$$

(3) 吊车横向水平荷载设计值

$$T_k=\frac{1}{4}\alpha(G_{2,k}+G_{3,k})=\frac{1}{4}\times0.1\times(7.8+20)\times10=6.95\text{ kN}$$

$$T_{\max}=D_{\max}\frac{T_k}{P_{\max,k}}=595.01\times\frac{6.95}{205}=20.17\text{ kN}$$

(3) 风荷载

风是空气从气压高的地方向气压低的地方流动而形成的。当风以一定的速度向前流动遇到建筑的阻挡时,风将在建筑物上产生风压,称为风荷载。作用于排架上的风荷载,其作用方向垂直于建筑物表面,有压力和吸力两种情况,其大小与建筑体形、建筑高度、结构自振频率、地面粗糙度等因素有关。

《建筑结构荷载规范》(GB 50009—2012)规定,垂直于建筑物表面上的风荷载标准值 w_k (kN/m^2),当计算主要受力结构时,应按下式计算:

$$w_k=\beta_z\mu_s\mu_z w_0 \tag{3.12}$$

式中 w_k——风荷载标准值(kN/m^2);

w_0——基本风压值(kN/m^2),是以当地比较空旷平坦地面上离地 10 m 高处统计所得的 50 年一遇 10 min 平均最大风速为标准确定的风压值,可由《建筑结构荷载规范》(GB 50009—2012)查取,其值不得小于 0.3 kN/m^2;

β_z——高度 z 处的风振系数,对高度小于 30 m 的单层厂房取 1.0;

μ_s——风荷载体形系数,与厂房的外表体形和尺寸有关,风荷载体形系数由附表 4.1 查得,其中正号表示压力,负号表示吸力;

μ_z——风压高度变化系数,根据所在地区的底面粗糙程度类别和离地面的高度由附表 4.2 查得。

为方便计算,通常将作用在厂房上的风荷载做如下简化:

① 排架柱顶以下墙面上的水平风荷载近似按均布荷载计算,其风压高度变化系数可按柱顶标高确定,这是偏于安全的。对于图 3.31(a)所示的排架结构,柱顶以下墙面上的均布风荷载按下列式计算:

$$q_{1k}=w_{1k}B=\mu_{s1}\mu_z w_0 B \tag{3.13}$$

$$q_{2k}=w_{2k}B=\mu_{s2}\mu_z w_0 B \tag{3.14}$$

式中 B——计算单元宽度,等于柱距。

② 对于图 3.31(a)的排架结构,排架柱顶以上的风荷载以水平集中力的形式作用在排架柱柱顶,如图 3.31(c)所示。主要包括两个部分:屋盖(或天窗架)端部的风荷载也近似按照均布荷载计算,其风压高度变化系数可根据厂房(或天窗架)檐口标高确定;屋面的风荷载

为垂直于屋面的均布荷载[图 3.31(b)],其风压高度变化系数可根据屋顶(或天窗顶)标高确定,且仅考虑其水平分力对排架的作用[图 3.31(d)]。作用下排架柱柱顶的水平集中荷载按下式计算:

$$F_{wk} = \sum_{i=1}^{n} w_{ik} Bl \sin\theta = [(\mu_{s1} + \mu_{s2})h_1 + (\mp\mu_{s3} \pm \mu_{s4})h_2]\beta_z \mu_z w_0 B \quad (3.15)$$

式中　　l——屋面斜长;其余符号意义见图 3.31。

μ_s 取绝对值,其前有正负号,上面符号用于左吹风,下面符号用于右吹风。

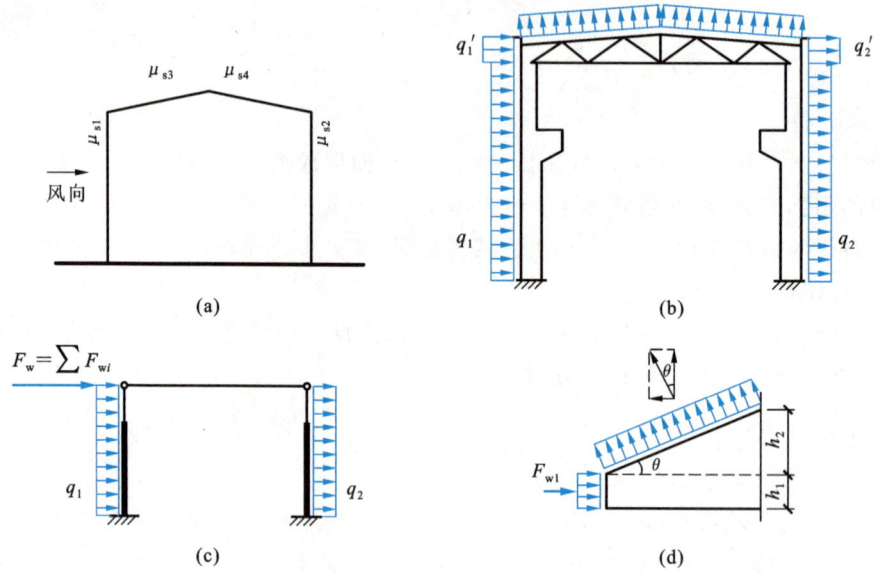

图 3.31 风荷载计算

(a)风荷载体形系数;(b)作用于排架上的风荷载;(c)风荷载作用于排架计算简图;(d)屋面上的风荷载

由于风的方向是变化的,故进行排架结构内力分析时,应考虑左风和右风两种情况。风荷载的分项系数 $\gamma_Q = 1.5$,即风荷载设计值 $q_1 = 1.5 q_{1k}$, $q_2 = 1.5 q_{2k}$, $F_w = 1.5 F_{wk}$。

【例 3.2】已知某双跨排架,计算单元宽度 $B = 6$ m,上柱高 $H_u = 3.8$ m,全柱高 $H = 12.9$ m。地面粗糙度为 B 类,基本风压 $w_0 = 0.55$ kN/m²,风荷载体形系数如图 3.32 所示。试求 q_1、q_2 及 F_w。

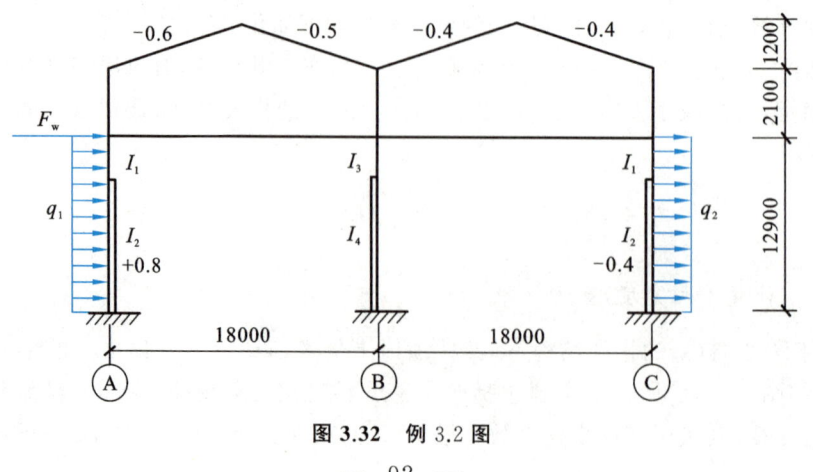

图 3.32 例 3.2 图

【解】(1) 求均布荷载 q_1、q_2 设计值

查附表 4.2，地面粗糙度 B 类，10 m 时 $\mu_z=1.0$，15 m 时 $\mu_z=1.13$，柱顶高度为 12.9 m 处的风压高度变化系数：

$$\mu_z = 1 + \frac{1.13-1}{15-10} \times (12.9-10) = 1.08$$

$$q_1 = \gamma_Q \beta_z \mu_s \mu_z w_0 B = 1.5 \times 1.0 \times 0.8 \times 1.08 \times 0.55 \times 6 = 5.35 \text{ kN/m}(\rightarrow)$$

$$q_2 = \gamma_Q \beta_z \mu_s \mu_z w_0 B = 1.5 \times 1.0 \times 0.4 \times 1.08 \times 0.55 \times 6 = 2.14 \text{ kN/m}(\rightarrow)$$

(2) 求集中荷载 F_w 设计值

檐口高度为 12.9 m + 2.1 m = 15 m 处的风压高度变化系数 $\mu_z=1.13$，则：

$$F_w = \gamma_Q [(0.8+0.4)h_1 + (-0.6+0.5-0.4+0.4)h_1] \beta_z \mu_z w_0 B$$
$$= 1.5 \times [1.2 \times 2.1 + (-0.1) \times 1.2] \times 1.13 \times 0.55 \times 6 = 17.79 \text{ kN}$$

3.3.3 内力计算

3.3.3.1 作用在排架上的荷载形式

进行排架内力计算时，首先要确定排架上有哪几种可能单独考虑的荷载情况，然后针对每种荷载情况利用力学方法进行排架内力计算，再进行最不利内力组合。以单跨排架为例，可能有以下单独作用形式：

① 恒荷载($G_1 \sim G_5$)。
② 屋面活荷载(Q_1)。
③ 吊车竖向荷载 D_{max} 作用于左柱(D_{min} 作用于右柱)。
④ 吊车竖向荷载 D_{max} 作用于右柱(D_{min} 作用于左柱)。
⑤ 吊车右刹车，T_{max} 作用于左、右柱，方向由左向右。
⑥ 吊车左刹车，T_{max} 作用于左、右柱，方向由右向左。
⑦ 风荷载(F_w、q_1、q_2)，方向由左向右。
⑧ 风荷载(F_w、q_1、q_2)，方向由右向左。

3.3.3.2 等高排架内力计算

等高排架是指各柱的柱顶标高相等，如图 3.33(a)所示，或柱顶标高虽不相等，但柱顶由倾斜横梁相连的排架，如图 3.33(b)所示。由于排架横梁刚度可视为刚性连杆，故等高排架在任何荷载作用下各柱柱顶的水平位移均相等。因此可按剪力分配法求出各柱顶剪力，再由已知柱顶剪力和外荷载共同作用按独立悬臂柱计算任意截面的内力。

(1) 单阶悬臂柱的侧向刚度

当柱顶受水平集中力 $P=1$ 作用时，柱顶水平位移为 δ，由于单层厂房排架结构是超静定结构，计算其内力时，除利用静力平衡条件外，还需利用变形条件。水平位移 δ 可根据结构力学中的图乘法求得，计算简图如图 3.34 所示(图中 I_u 表示上柱截面惯性矩，I_l 表示下柱截面惯性矩，H 表示从基础顶面算起的柱子全高，H_l 表示下柱高度，H_u 表示上柱高度)：

$$\delta = \frac{H_u^2}{2E_c I_u} \frac{2}{3} H_u + \frac{H_u(H-H_u)}{2E_c I_l} \frac{1}{3}(3H_u + H_l) + \frac{H(H-H_u)}{2E_c I_l} \frac{1}{3}(3H_u + 2H_l) = \frac{H_u^3}{2E_c I_u} + \frac{H^3 - H_u^3}{3E_c I_l}$$

(3.16)

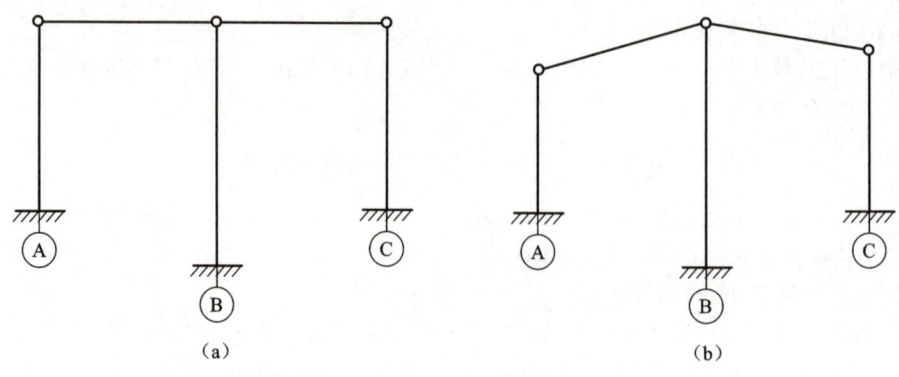

图 3.33 等高排架

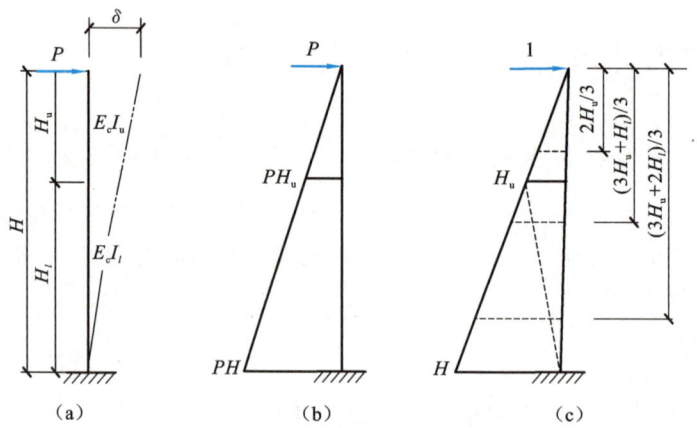

图 3.34 柱顶作用水平集中荷载时位移计算简图

(a)单位力作用下顶点位移;(b)M_p 图;(c)$\overline{M}_1$ 图

令 $\lambda = \dfrac{H_u}{H}, n = \dfrac{I_u}{I_l}$，则：

$$\delta = \dfrac{H_u^3}{2E_c I_l}\left(\dfrac{\lambda^3}{n} + 1 - \lambda^3\right) = \dfrac{H^3}{C_0 E_c I_l} \tag{3.17}$$

其中，C_0 为柱顶水平位移系数，$C_0 = \dfrac{3}{\dfrac{\lambda^3}{n} + 1 - \lambda^3} = \dfrac{3}{1 - \lambda^3\left(\dfrac{1}{n} - 1\right)}$。

因此，要使柱顶产生单位水平位移，则需在柱顶施加 $\dfrac{1}{\delta}$ 的水平力。显然，材料相同时，柱越粗壮，需施加的柱顶水平位移越大，可见 $\dfrac{1}{\delta}$ 反映了柱抵抗侧移的能力，一般称它为"抗剪刚度"或"侧向刚度"。

按照上述方法，表 3.5 列出了单阶变截面柱的柱顶水平位移系数 C_0 及在各种荷载作用下的柱顶反力系数 $C_1 \sim C_{11}$。

表 3.5 单阶变截面柱的柱顶位移系数 C_0 和柱顶反力系数 $C_1 \sim C_{11}$

序号	简图	R	$C_0 \sim C_5$	序号	简图	R	$C_6 \sim C_{11}$
1			$\delta = \dfrac{H^3}{C_0 EI_l}$ $C_0 = \dfrac{3}{1+\lambda^3\left(\dfrac{1}{n}-1\right)}$	6		TC_6	$C_6 = \dfrac{1-0.5\lambda(3-\lambda^2)}{1+\lambda^3\left(\dfrac{1}{n}-1\right)}$
2		$\dfrac{M}{H}C_1$	$C_1 = \dfrac{3}{2} \times \dfrac{1-\lambda^2\left(1-\dfrac{1}{n}\right)}{1+\lambda^3\left(\dfrac{1}{n}-1\right)}$	7		TC_7	$C_7 = \dfrac{b^2(1-\lambda)^2[3-b(1-\lambda)]}{2\left[1+\lambda^3\left(\dfrac{1}{n}-1\right)\right]}$
3		$\dfrac{M}{H}C_2$	$C_2 = \dfrac{3}{2} \times \dfrac{1+\lambda^2\left(\dfrac{1-a^2}{n}-1\right)}{1+\lambda^3\left(\dfrac{1}{n}-1\right)}$	8		qHC_8	$C_8 = \dfrac{\dfrac{a^4}{n}\lambda^4 - \left(\dfrac{1}{n}-1\right)(6a-8)a\lambda^4 - a\lambda(6a\lambda-8)}{8\left[1+\lambda^3\left(\dfrac{1}{n}-1\right)\right]}$

续表3.5

序号	简图	R	$C_0 \sim C_5$	序号	简图	R	$C_6 \sim C_{11}$
4		$\dfrac{M}{H}C_3$	$C_3 = \dfrac{3}{2} \times \dfrac{1-\lambda^2}{1+\lambda^3\left(\dfrac{1}{n}-1\right)}$	9		qHC_9	$C_9 = \dfrac{8\lambda - 6\lambda^2 + \lambda^4\left(\dfrac{3}{n}-2\right)}{8\left[1+\lambda^3\left(\dfrac{1}{n}-1\right)\right]}$
5		$\dfrac{M}{H}C_4$	$C_4 = \dfrac{3}{2} \times \dfrac{2b(1-\lambda)-b^2(1-\lambda)^2}{1+\lambda^3\left(\dfrac{1}{n}-1\right)}$	10		qHC_{10}	$C_{10} = \dfrac{3-b^3(1-\lambda)^3[4-b(1-\lambda)]+3\lambda^4\left(\dfrac{1}{n}-1\right)}{8\left[1+\lambda^3\left(\dfrac{1}{n}-1\right)\right]}$
6		TC_5	$C_5 = \left\{\dfrac{2-3a\lambda+\lambda^3}{n} - \left[\dfrac{(2+a)(1-a)^2}{n}-(2-3a)\right]\right\} \div 2\left[1+\lambda^3\left(\dfrac{1}{n}-1\right)\right]$	11		qHC_{11}	$C_{11} = \dfrac{3\left[1+\lambda^4\left(\dfrac{1}{n}-1\right)\right]}{8\left[1+\lambda^3\left(\dfrac{1}{n}-1\right)\right]}$

注:表中 $n=I_u/I_l$, $\lambda=H_u/H$, $1-\lambda=H_l/H$。

3 钢筋混凝土单层厂房

(2) 柱顶水平集中力作用下等高排架内力分析

如图 3.35 所示,当柱顶作用水平集中力 F 时,设有 n 根等高柱,任一根柱 i 的侧向刚度为 $\dfrac{1}{\delta_i}$,各柱顶产生侧移 Δ_i,根据基本假定横梁为无轴向变形的刚性杆,则每根柱顶的顶点位移相等,即:

$$\Delta_1 = \Delta_2 = \cdots = \Delta_i = \cdots = \Delta_n = \Delta \tag{3.18}$$

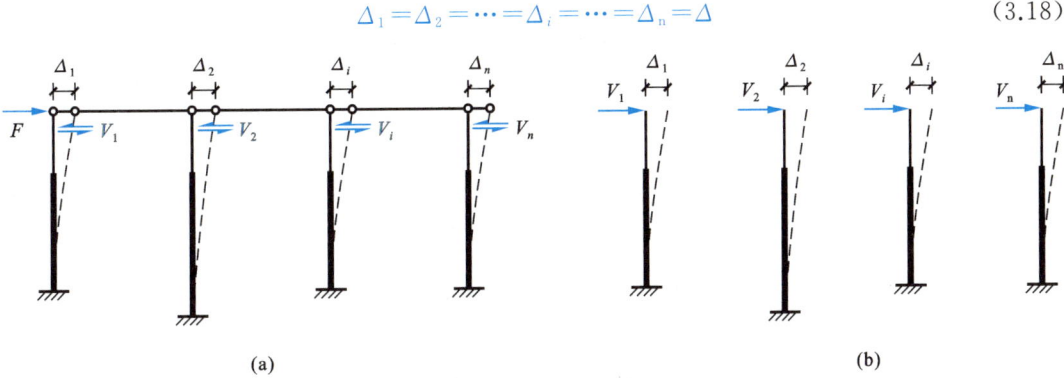

图 3.35 柱顶水平集中力作用下的等高排架内力分析

若沿着横梁与柱的连接处将各柱的柱顶切开,则在各柱顶的切口上作用一对相应的剪力 V_i,对横梁取隔离体进行受力分析,由平衡条件可得:

$$F = V_1 + V_2 + \cdots + V_i + \cdots + V_n = \sum_{i=1}^{n} V_i \tag{3.19}$$

此外根据侧向刚度的定义,可得:

$$V_i = \frac{1}{\delta_i} \Delta_i \tag{3.20}$$

将式(3.18)、式(3.20) 代入式(3.19) 可得:

$$F = V_1 + V_2 + \cdots + V_i + \cdots + V_n = \left(\frac{1}{\delta_1} + \frac{1}{\delta_2} + \cdots + \frac{1}{\delta_i} + \cdots + \frac{1}{\delta_n} \right) \Delta = \sum_{i=1}^{n} \frac{1}{\delta_i} \cdot \Delta \tag{3.21}$$

可得:

$$\Delta = \frac{F}{\sum_{i=1}^{n} \dfrac{1}{\delta_i}} \tag{3.22}$$

将式(3.22)代入式(3.20)可得:

$$V_i = \frac{\dfrac{1}{\delta_i}}{\sum_{i=1}^{n} \dfrac{1}{\delta_i}} F = \eta_i F \tag{3.23}$$

式中 $\dfrac{1}{\delta_i}$ ——第 i 根排架柱的侧向刚度,即悬臂柱柱顶产生单位水平位移所需施加的水平力;

η_i——第 i 根排架柱的剪力分配系数,满足 $\sum \eta_i = 1$。

式(3.23)表明,当排架结构柱顶作用水平集中力 F 时,各柱的剪力按其侧向刚度与各柱侧向刚度总和的比例进行分配,称为剪力分配法。侧向刚度大的排架柱分配的柱顶剪力就多些,反之则少些。另外,各柱顶剪力 V_i 仅与 F 的大小有关,而与 F 的作用位置(即作用在排架柱顶左侧还是右侧)无关,但 F 的作用位置会影响横梁内力。

按式(3.23)求得柱顶剪力 V_i 后,用平衡条件可求得排架柱各截面的弯矩和剪力。

(3) 任意荷载作用下等高排架的内力分析

任意荷载作用下,等高排架的内力无法直接用剪力分配法求解柱顶剪力,但可采用拆分叠加原则,利用剪力分配法实现。任意荷载作用下等高排架的内力计算步骤如下:

① 先在排架柱顶附加不动铰支座以阻止其产生水平位移,则各柱为单阶一次超静定柱,如图 3.36(b)所示。利用表 3.5 中柱顶反力系数可求得各柱反力 R_i 及相应的柱顶剪力,得到柱顶假想的不动铰支座反力 $R = \sum_{i=1}^{n} R_i$。在图 3.46(b) 中,$R = R_1 + R_3$,因为柱 2 没有外部荷载,$R_2 = 0$。

② 撤销假想的附加不动铰支座,将 R 反向作用于排架柱顶,如图 3.36(c)所示。应用剪力分配法求出柱顶水平力 R 作用下各柱顶剪力 $\eta_i R$。

③ 叠加上述两步骤中的内力,可得到在任意荷载作用下排架柱顶剪力 $V_i = R_i + \eta_i R$,如图 3.36(d)所示。

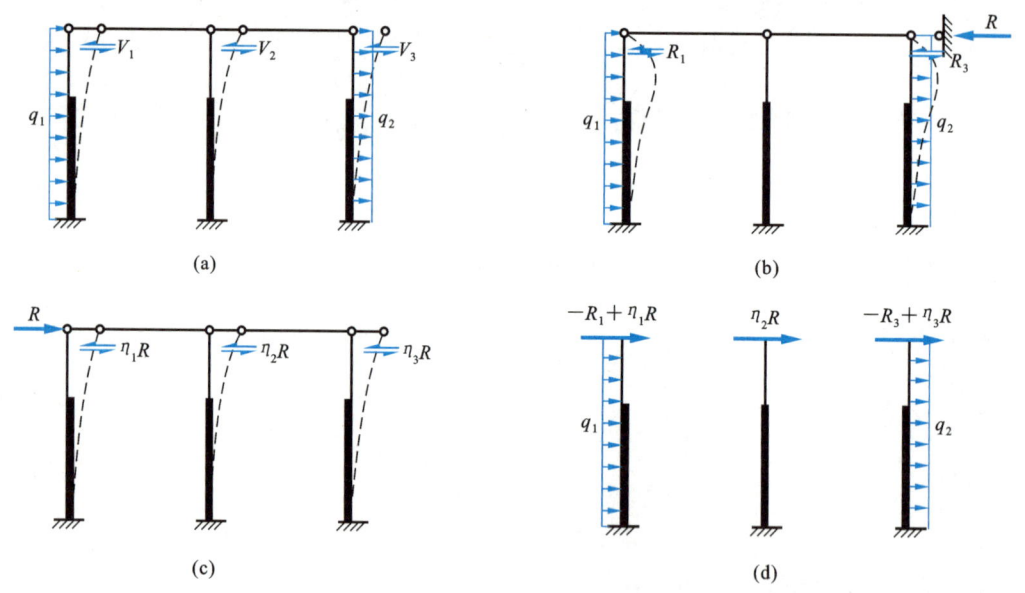

图 3.36　任意荷载作用下等高排架内力分析
(a)柱顶附加不动铰支座;(b)单阶一次超静定;(c)剪力分配;(d)柱顶剪力

④ 求出各排架柱顶的剪力后,可按静定结构的竖向悬臂柱在柱顶剪力和外加荷载共同作用下计算柱各控制截面的弯矩和剪力。

这里规定,柱顶剪力、柱顶水平集中力、柱顶不动铰支座反力,凡是自左向右作用取正号,反之取负号。

3.3.3.3 不等高排架内力计算

不等高排架在任意荷载作用下,由于高、低跨的柱顶位移不相等,因此不能用剪力分配法求解,通常用结构力学中的力法进行分析。下面以图 3.37(a)所示两跨不等高排架为例,说明其内力计算方法。图 3.37(b)所示为不等高排架的基本结构,未知力为 x_1、x_2,由每根横梁两端水平位移相等的变形条件,建立力法方程如下:

$$\left.\begin{array}{l}\delta_{11}x_1+\delta_{12}x_2+\Delta_{1p}=0\\ \delta_{21}x_1+\delta_{22}x_2+\Delta_{2p}=0\end{array}\right\} \tag{3.24}$$

式中 δ_{11},δ_{12},δ_{21},δ_{22}——基本结构柔度系数,可由图 3.37(c)、图 3.37(d)的单位力弯矩图采用图乘法得到;

   Δ_{1p},Δ_{2p}——载常数,可分别由图 3.37(c)与图 3.37(e)以及图 3.37(d)与图 3.37(e)图乘得到。

解力法方程式(3.24)可求得 x_1、x_2,则不等高排架各柱的内力可用平衡条件求得。

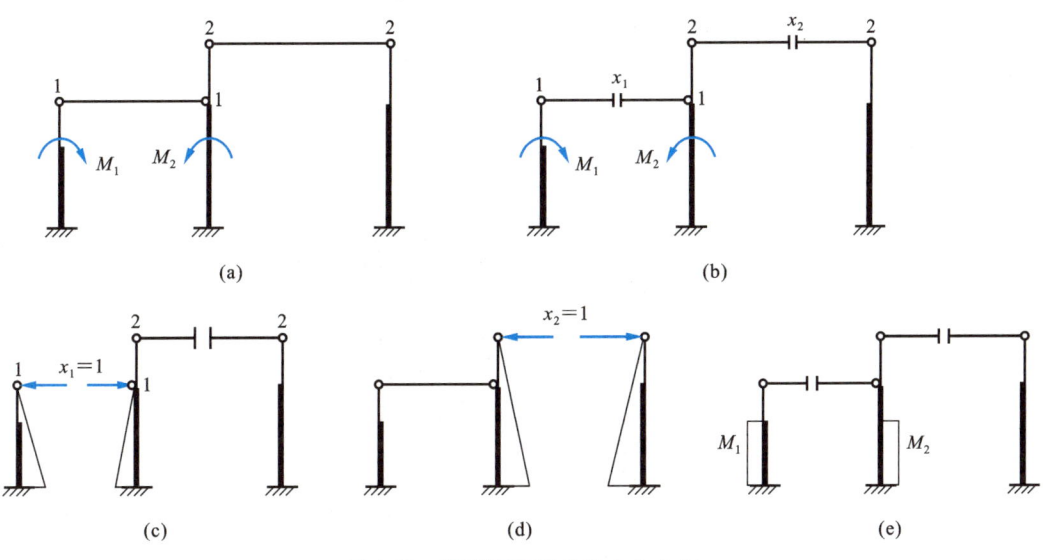

图 3.37 两跨不等高排架内力分析

【**例 3.3**】 如图 3.38 所示单跨排架,在 A 柱柱顶作用的力矩设计值 $M_1=24.5$ kN·m,在 B 柱柱顶作用的力矩设计值 $M_2=24.5$ kN·m;柱截面惯性矩 $I_{1A}=2.13\times10^9$ mm^4,$I_{2A}=14.38\times10^9$ mm^4,$I_{1B}=7.2\times10^9$ mm^4,$I_{2B}=19.5\times10^9$ mm^4,上柱高 $H_u=3.9$ m,全柱高 $H=12.8$ m,试求此排架的柱顶剪力。

【**解**】(1) 求剪力分配系数

$$\lambda=\frac{H_u}{H}=\frac{3.9\text{ m}}{12.8\text{ m}}=0.305$$

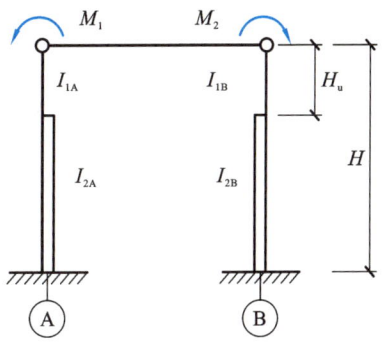

图 3.38 例 3.3 图

A 柱：$n_A = \dfrac{I_{1A}}{I_{2A}} = \dfrac{2.13 \times 10^9 \text{ mm}^4}{14.38 \times 10^9 \text{ mm}^4} = 0.148$

B 柱：$n_B = \dfrac{I_{1B}}{I_{2B}} = \dfrac{7.2 \times 10^9 \text{ mm}^4}{19.5 \times 10^9 \text{ mm}^4} = 0.369$

A 柱：$C_0 = \dfrac{3}{1+\lambda^3\left(\dfrac{1}{n_A}-1\right)} = \dfrac{3}{1+0.305^3 \times \left(\dfrac{1}{0.148}-1\right)} = 2.58$

B 柱：$C_0 = \dfrac{3}{1+\lambda^3\left(\dfrac{1}{n_B}-1\right)} = \dfrac{3}{1+0.305^3 \times \left(\dfrac{1}{0.369}-1\right)} = 2.86$

A 柱：$\delta_A = \dfrac{H^3}{E_c I_2 C_0} = \dfrac{(12.8 \times 10^3)^3}{E \times 14.38 \times 10^9 \times 2.58} = \dfrac{56.53}{E_c}$

B 柱：$\delta_B = \dfrac{H^3}{E_c I_2 C_0} = \dfrac{(12.8 \times 10^3)^3}{E \times 19.5 \times 10^9 \times 2.86} = \dfrac{37.6}{E_c}$

则分配系数：

$$\eta_A = \dfrac{\dfrac{1}{\delta_A}}{\dfrac{1}{\delta_A}+\dfrac{1}{\delta_B}} = \dfrac{\dfrac{1}{56.53}}{\dfrac{1}{56.53}+\dfrac{1}{37.6}} = 0.399; \quad \eta_B = \dfrac{\dfrac{1}{\delta_B}}{\dfrac{1}{\delta_A}+\dfrac{1}{\delta_B}} = \dfrac{\dfrac{1}{37.6}}{\dfrac{1}{56.53}+\dfrac{1}{37.6}} = 0.601$$

(2) 求柱顶反力

查表 3.5 可知：

A 柱：$C_{1A} = \dfrac{3}{2}\dfrac{1-\lambda^2\left(1-\dfrac{1}{n}\right)}{1+\lambda^3\left(\dfrac{1}{n}-1\right)} = \dfrac{3}{2} \times \dfrac{1-0.305^2 \times \left(1-\dfrac{1}{0.148}\right)}{1+0.305^3 \times \left(\dfrac{1}{0.148}-1\right)} = 1.98$

B 柱：$C_{1B} = \dfrac{3}{2}\dfrac{1-\lambda^2\left(1-\dfrac{1}{n}\right)}{1+\lambda^3\left(\dfrac{1}{n}-1\right)} = \dfrac{3}{2} \times \dfrac{1-0.305^2 \times \left(1-\dfrac{1}{0.369}\right)}{1+0.305^3 \times \left(\dfrac{1}{0.369}-1\right)} = 1.66$

在 M_1 作用下：

$$R_A = \dfrac{M}{H} C_{1A} = \dfrac{24.5}{12.8} \times 1.98 = 3.79 \text{ kN}(\rightarrow)$$

在 M_2 作用下：

$$R_B = \dfrac{M}{H} C_{1B} = \dfrac{24.5}{12.8} \times 1.66 = 3.18 \text{ kN}(\leftarrow)$$

则：

$$R = R_A - R_B = 3.79 - 3.18 = 0.61 \text{ kN}(\rightarrow)$$

(3) 求柱顶剪力

$$V_A = -\eta_A R + R_A = -0.399 \times 0.61 + 3.79 = 3.55 \text{ kN}(\rightarrow)$$

$$V_B = -\eta_B R - R_B = -0.601 \times 0.61 - 3.18 = 3.55 \text{ kN}(\leftarrow)$$

【例 3.4】 风荷载作用下,如图 3.39 所示的双跨等高排架,已知:$F_w = 2$ kN,$q_1 = 1.87$ kN/m,$q_2 = 1.17$ kN/m;A 柱和 C 柱相同,$I_{1A} = I_{1C} = 2.45 \times 10^9$ mm^4,$I_{2A} = I_{2C} = 9.56 \times 10^9$ mm^4,$I_3 = 4.65 \times 10^9$ mm^4,$I_4 = 13.89 \times 10^9$ mm^4;E_c 都相同;上柱高均为 $H_u = 3.8$ m,全柱高 $H = 12.9$ m。求用剪力分配法计算此排架在风荷载作用下的柱顶剪力。

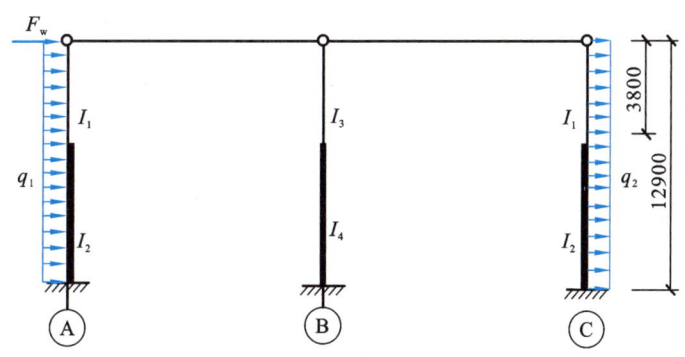

图 3.39 例 3.4 图

【解】(1)计算剪力分配系数

$$\lambda = \frac{H_u}{H} = \frac{3.8}{12.9} = 0.295$$

A、C 柱:
$$n_1 = \frac{2.45 \times 10^9}{9.56 \times 10^9} = 0.256$$

B 柱:
$$n_2 = \frac{4.65 \times 10^9}{13.89 \times 10^9} = 0.335$$

A、C 柱:
$$C_0 = \frac{3}{1 + \lambda^3 \left(\frac{1}{n_1} - 1\right)} = \frac{3}{1 + 0.295^3 \times \left(\frac{1}{0.256} - 1\right)} = 2.792$$

B 柱:
$$C_0 = \frac{3}{1 + \lambda^3 \left(\frac{1}{n_2} - 1\right)} = \frac{3}{1 + 0.295^3 \times \left(\frac{1}{0.335} - 1\right)} = 2.885$$

$$\delta_A = \delta_C = \frac{H^3}{E_c I_2 C_0} = \frac{(12.9 \times 10^3)^3}{E_c \times 9.56 \times 10^9 \times 2.792} = \frac{80.43}{E_c}$$

$$\delta_B = \frac{H^3}{E_c I_2 C_0} = \frac{(12.9 \times 10^3)^3}{E_c \times 13.89 \times 10^9 \times 2.885} = \frac{53.57}{E_c}$$

则剪力分配系数:

$$\eta_A = \eta_C = \frac{\dfrac{1}{\delta_A}}{\dfrac{1}{\delta_A} + \dfrac{1}{\delta_B} + \dfrac{1}{\delta_C}} = \frac{\dfrac{1}{80.43}}{\dfrac{1}{80.43} + \dfrac{1}{53.57} + \dfrac{1}{80.43}} = 0.287$$

$$\eta_B = \frac{\dfrac{1}{\delta_B}}{\dfrac{1}{\delta_A} + \dfrac{1}{\delta_B} + \dfrac{1}{\delta_C}} = \frac{\dfrac{1}{53.57}}{\dfrac{1}{80.43} + \dfrac{1}{53.57} + \dfrac{1}{80.43}} = 0.426$$

(2) 求柱顶反力

查表 3.5 可知：

$$C_{11} = \frac{3}{8} \frac{1+\lambda^4\left(\dfrac{1}{n_1}-1\right)}{1+\lambda^3\left(\dfrac{1}{n_1}-1\right)} = \frac{3}{8} \times \frac{1+0.295^4\times\left(\dfrac{1}{0.256}-1\right)}{1+0.295^3\times\left(\dfrac{1}{0.256}-1\right)} = 0.357$$

在 q_1 作用下： $R_A = q_1 C_{11} H = 1.87 \times 0.357 \times 12.9 = 8.61 \text{ kN}(\leftarrow)$

在 q_2 作用下： $R_C = q_2 C_{11} H = 1.17 \times 0.357 \times 12.9 = 5.39 \text{ kN}(\leftarrow)$

(3) 求柱顶剪力

$$V_A = \eta_A(R_A + R_B + F_w) - R_A = 0.287 \times (8.61 + 5.39 + 2) - 8.61 = -4.02 \text{ kN}(\leftarrow)$$

$$V_B = \eta_B(R_A + R_B + F_w) = 0.426 \times (8.61 + 5.39 + 2) = 6.82 \text{ kN}(\rightarrow)$$

$$V_C = \eta_C(R_A + R_B + F_w) - R_C = 0.287 \times (8.61 + 5.39 + 2) - 8.61 = -0.8 \text{ kN}(\leftarrow)$$

3.3.4 内力组合

排架结构内力组合，就是根据各种荷载可能同时出现的情况，求出在某些荷载作用下，柱控制截面可能产生的最不利内力，作为柱和基础配筋计算的依据。因此，内力组合时需要确定柱的控制截面和相应的最不利内力，并进行荷载效应组合。

3.3.4.1 柱的控制截面

在荷载作用下，柱的内力是沿长度变化的，设计时应根据内力图和截面的变化情况，选取几个控制截面进行内力的最不利组合，以此作为配筋计算的依据。在一般单阶柱中，整个上柱截面的配筋相同，整个下柱截面的配筋也相同，故应分别找出上柱和下柱的控制截面。

对上柱而言，牛腿顶面（即上柱底截面）Ⅰ—Ⅰ截面的内力最大，故取Ⅰ—Ⅰ截面作为上柱的控制截面。对下柱而言，在吊车竖向荷载作用下，一般牛腿顶面处的Ⅱ—Ⅱ截面的弯矩最大；在吊车横向水平荷载和风荷载作用下，柱底Ⅲ—Ⅲ截面的弯矩最大。因此，对下柱通常取牛腿顶面处的Ⅱ—Ⅱ截面和柱底Ⅲ—Ⅲ截面作为下柱的两个控制截面，如图 3.40 所示。柱底Ⅲ—Ⅲ截面也是设计柱下基础的依据。当柱上作用有较大的集中荷载（如悬墙重力）时，还需将集中荷载作用处的截面作为控制截面。

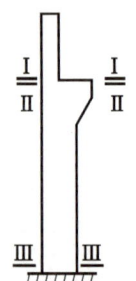

图 3.40 单阶柱的控制截面

3.3.4.2 荷载效应组合

排架内力分析一般是首先分别求出各种荷载单独作用下的内力，再考虑各单项荷载同时出现的可能性，并因这几种可变荷载同时达到其设计值的可能性较小而考虑可变荷载的组合系数，即进行荷载效应组合。对不考虑抗震设防的单层厂房排架结构，荷载效应基本组合的设计值 S_d 按下式确定：

$$S_d = \sum_{i \geqslant 1} \gamma_{G_i} S_{G_ik} + \gamma_{Q1} \gamma_{L1} S_{Q_1k} + \sum_{j>1} \gamma_{Q_j} \psi_{cj} \gamma_{L_j} S_{Q_jk} \tag{3.25}$$

式中 γ_{G_i} ——第 i 个永久荷载分项系数,当对结构不利时,不应小于 1.3;当对结构有利时,不应大于 1.0。

γ_{Q1}, γ_{Qj} ——第 1 个和第 j 个可变荷载的分项系数,当对结构不利时,不应小于 1.5;当对结构有利时,应取 0,对于标准值大于 4 kN/m² 的工业房屋楼面活荷载,当对结构不利时不应小于 1.4,当对结构有利时,应取 0。

S_{G_ik} ——第 i 个按永久荷载标准值 G_{ik} 计算的荷载效应值。

S_{Q_jk} ——按可变荷载标准值 Q_{jk} 计算的荷载效应值,其中 S_{Q_1k} 为诸可变荷载效应中起控制作用的。

γ_{L1}, γ_{Lj} ——第 1 个和第 j 个考虑结构设计使用年限调整系数,其中 γ_{L1} 为主导可变荷载 Q_1 考虑设计使用年限调整系数;结构设计使用年限为 5 年时,取为 0.9;结构设计使用年限为 50 年时,取 γ_{Lj} 为 1.0;结构设计使用年限为 100 年时,取 γ_{Lj} 为 1.1。

ψ_{cj} ——对可变荷载 Q_j 的组合值系数,一般情况下取 $\psi_{cj}=0.7$;对书库、档案库、密集书柜库、通风机房、电梯机房等取 $\psi_{cj}=0.9$;对工业建筑活荷载的组合值系数应按《建筑结构荷载规范》(GB 50009—2012)取用。

对于正常使用极限状态,应根据不同的设计要求,采用荷载的标准组合、准永久值组合。验算柱下独立基础地基承载力时,应采用荷载效应的标准组合 S_d,按下式确定:

$$S_d = \sum_{i \geqslant 1} S_{G_ik} + S_{Q_1k} + \sum_{j \geqslant 1} \psi_{cj} S_{Q_jk} \tag{3.26}$$

在对排架柱进行裂缝宽度验算时,尚需进行准永久组合,其效应设计值为:

$$S_d = \sum_{i \geqslant 1} S_{G_ik} + \sum_{j \geqslant 1} \psi_{qj} S_{Q_jk} \tag{3.27}$$

应当指出,《建筑结构荷载规范》(GB 50009—2012)第 6.4.2 条规定,厂房排架设计时,在荷载准永久组合中可不考虑吊车荷载。又由于屋面活荷载(不上人屋面)和风荷载的准永久值系数 ψ_q 均为 0,所以按式(3.27)组合时,其效应设计值较小,一般不起控制作用。

3.3.4.3 最不利内力组合

排架柱为偏心受压构件,内力包括弯矩 M、剪力 V、轴力 N,其中 M、N 为主要内力,决定纵向钢筋的数量。由于弯矩 M 和轴力 N 有很多种组合,通常难以判断哪一种组合是决定截面配筋的最不利内力。一般做法是先求出几种可能的最不利内力组合,经过截面配筋计算,通过比较后加以确定。

为求得排架柱承受最不利内力的配筋量,一般应考虑以下四种最不利内力组合:

(1) $+M_{max}$ 及相应的 N、V。

(2) $-M_{max}$ 及相应的 N、V。

(3) N_{max} 相应 M、V。

(4) N_{min} 相应 M、V。

由对称配筋矩形偏心受压正截面 N_u-M_u 相关曲线可知:对于大偏心受压截面,当 M 不变、N 越小时,或当 N 不变、M 越大时,配筋量越多;对于小偏心受压截面,当 M 不变、N 越大时,或当 N 不变、M 越大时,配筋量越多。对不考虑抗震设防的排架柱,箍筋一般由构造控制,故进行柱截面设计时,可不考虑最大剪力所对应的不利内力组合。

3.3.4.4　内力组合注意事项

(1) 每次内力组合都必须包括永久荷载产生的内力。

(2) 每次内力组合时,只能以一种内力(如 $+M_{max}$ 或 $-M_{max}$ 或 N_{max} 或 N_{min})为目标来决定可变荷载的取舍,并求出与其相应的其余两种内力。

(3) 风荷载有左风和右风两种情况,两者只能选择一种参与组合。

(4) 在吊车竖向荷载中,同一柱的同一侧牛腿上有 D_{max} 或 D_{min} 作用,两者只能选择一种参与组合。

(5) 吊车横向水平荷载 T_{max} 同时作用在同一跨内的两个柱子上,可能向左也可能向右,组合时只能选取其中一个方向。

(6) 当取 N_{max} 或 N_{min} 为组合目标时,应使相应的弯矩 M 绝对值最大,因此对于不产生轴力而产生弯矩的可变荷载项也应参与组合。如风荷载及吊车横向水平荷载作用下轴力 N 为零,但有弯矩 M,虽然将其组合并不改变组合目标,但可使弯矩值 M 增大或减小,故当以 N_{max} 或 N_{min} 为组合目标时,风荷载及吊车横向水平荷载作用也应参与组合。

(7) 注意 D_{max} 或 D_{min} 与 T_{max} 间的关系。一方面,由于吊车横向水平荷载不可能脱离其竖向荷载而单独存在,因此当取用 T_{max} 所产生的内力时,就应把同跨内 D_{max} 或 D_{min} 产生的内力参与组合,即"有 T 必有 D"。另一方面,吊车竖向荷载可以脱离吊车横向水平荷载而单独存在,即"有 D 不一定有 T"。不过考虑到 T_{max} 既可能向左也可能向右作用的特性,在有 D_{max} 或 D_{min} 组合时同时考虑 T_{max} 的组合,将得到最不利内力。故考虑吊车荷载组合时,应遵循"有 T 必有 D,有 D 也要有 T"的原则组合。

(8) 由于多台吊车同时满载的可能性较小,所以当多台吊车参与组合时,吊车竖向荷载和水平荷载作用下的内力应乘以表 3.3 规定的折减系数。同时注意吊车荷载数目,对于单跨厂房,参与组合的吊车不宜多于 2 台;对于多跨厂房,参与组合的吊车不宜多于 4 台。

(9) 对于柱底应按式(3.25)计算内力的设计值(M、N、V)并按式(3.26)计算内力的标准值(M_k、N_k、V_k),注意不要忘记剪力的组合,这主要用于基础设计。

3.3.4.5　对内力组合值的评判

柱内力组合结果是柱配筋计算的依据,纵向受力钢筋由内力(M、N)按偏心受压构件正截面计算,同时尚应按轴心受压构件验算垂直于弯矩作用平面的受压承载力。箍筋由内力(V、N)按偏心受压构件斜截面计算,对一般矩形、I 形截面的实腹柱,可直接按构造配置箍筋。

单层厂房柱常采用对称配筋,当按偏心受压构件计算正截面受压承载力时,可按以下步骤选取最不利内力:

(1) 计算控制截面界限破坏时对应的轴向力 N_b。对于矩形截面,$N_b=\alpha_1 f_c b\xi_b h_0$,对于 I 形截面,一般 $\xi_b h_0 > h'_f$,则 $N_b=\alpha_1 f_c [b\xi_b h_0+(b'_f-b)h'_f]$。当 $N \leqslant N_b$ 时,属于大偏心受压情况;当 $N > N_b$ 时,属于小偏心受压情况。

(2) 根据上述大、小偏压判别条件,将柱内力组合中控制截面的所有内力先划分为大偏心受压组和小偏心受压组。

(3) 对大偏心受压组:按照"弯矩相差不多时,轴力越小越不利;轴力相差不多时,弯矩越大越不利"原则进行比较,选出最不利内力。

(4) 对小偏心受压组:按照"弯矩相差不多时,轴力越大越不利;轴力相差不多时,弯矩越大越不利"原则进行比较,选出最不利内力。

(5) 根据第(3)和(4)步选出最不利内力分别按大、小偏心受压公式计算配筋量,再比较两者配筋结果,选取配筋较大值作为该柱的最后配筋。

(6) 当按轴心受压构件验算垂直于弯矩作用平面的受压承载力时,应在柱内力组合中选取最大轴力作为控制截面的最不利内力。

3.4 单层厂房排架柱设计

单层厂房的排架柱设计主要设计内容包括:排架柱的构造要求,柱的配筋设计,柱裂缝宽度验算,柱吊装验算,牛腿设计。

3.4.1 排架柱的构造要求

3.4.1.1 柱的截面形式

单层厂房排架柱一般采用预制柱,一般由上柱、下柱和牛腿组成,柱的形式分为单肢柱和双肢柱。上柱一般为矩形截面,下柱的截面形式较多,有矩形截面、I 形截面、双肢柱和管柱等,如图 3.41 所示。

矩形截面柱[图 3.41(a)]的缺点是在偏心受压时不能充分发挥截面上混凝土的承载作用,故而自重大,费材料;但由于其构造简单、施工方便,在小型厂房中有时被采用。其截面不宜过大,截面高度一般在 700 mm 以内。

I 形截面柱[图 3.41(a)]的截面形式合理,能比较充分地发挥混凝土的承载作用,而且整体性好,施工方便,适用范围大,常在柱截面高度为 600~1400 mm 时采用。但是,在设有桥式吊车的厂房中,上柱和牛腿附近的高度范围内,由于受力较大及构造需求仍应做成实腹矩形截面,下柱中插入基础杯口内的一段也宜做成实腹矩形截面。

双肢柱的下柱由肢杆、肩梁和腹杆组成,包括平腹杆双肢柱和斜腹杆双肢柱[图 3.41(b)],适用于柱的截面高度大于 1400 mm 时,平腹杆双肢柱比斜腹杆双肢柱的构造简单,制作较方便,腹部整齐的矩形孔洞便于布置工艺管道,但受力性能不如斜腹杆双肢柱好。

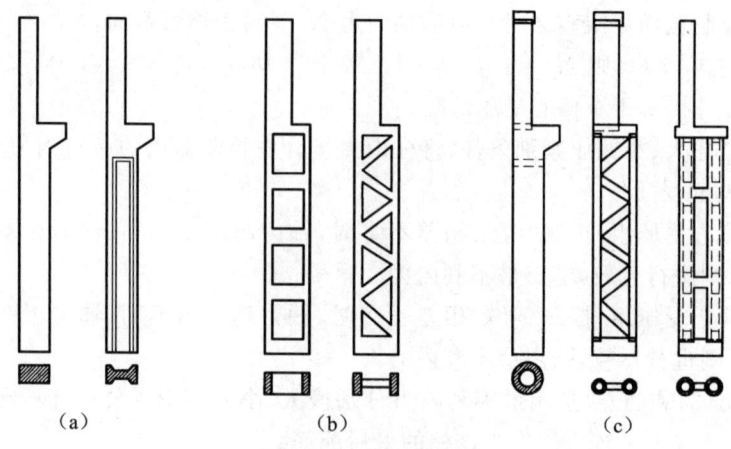

图 3.41 柱的形式
(a)矩形截面柱;(b)双肢柱;(c)管柱

管柱有圆管柱和方管柱,可做成单肢柱或双肢柱[图 3.41(c)],工程中应用较多的是双肢管柱。管柱的优点是采用高速离心法生产,机械化程度高,混凝土质量好,自重轻,可减少施工现场工作量,节约模板等,但其节点构造复杂且受到制管设备的限制,故应用较少。

3.4.1.2 柱的截面尺寸

柱的截面尺寸除应满足承载力的要求之外,还应保证具有足够的刚度。由于影响厂房结构刚度的因素有很多,目前主要根据工程经验和实测试验资料来保证厂房刚度。表 3.6 给出了柱距为 6 m 的单跨、多跨厂房最小柱截面尺寸的限制。若柱截面尺寸满足表 3.6 的限值要求,则厂房的横向刚度可得到保证,其变形能满足要求。

表 3.6 6 m 柱距单层厂房矩形、I 形截面柱截面尺寸限值

柱的类型	b	h		
		$Q \leqslant 10$ t	10 t $< Q <$ 30 t	30 t $\leqslant Q \leqslant$ 50 t
有吊车厂房下柱	$\geqslant \dfrac{H_l}{22}$	$\geqslant \dfrac{H_l}{14}$	$\geqslant \dfrac{H_l}{12}$	$\geqslant \dfrac{H_l}{10}$
露天吊车柱	$\geqslant \dfrac{H_l}{25}$	$\geqslant \dfrac{H_l}{10}$	$\geqslant \dfrac{H_l}{8}$	$\geqslant \dfrac{H_l}{7}$
单跨无吊车厂房柱	$\geqslant \dfrac{H}{30}$	$\geqslant \dfrac{1.5H}{25}$(或 $0.06H$)		
多跨无吊车厂房柱	$\geqslant \dfrac{H}{30}$	$\geqslant \dfrac{H}{20}$		
仅承受风荷载与自重的山墙抗风柱	$\geqslant \dfrac{H_b}{40}$	$\geqslant \dfrac{H_l}{25}$		
同时承受由连系梁传来山墙重的山墙抗风柱	$\geqslant \dfrac{H_b}{30}$	$\geqslant \dfrac{H_l}{25}$		

注:H_l 为下柱高度(算至基础顶面);H 为柱全高(算至基础顶面);H_b 为山墙抗风柱从基础顶面至柱平面外(宽度)方向支撑点的高度。

对于 I 形截面,其截面高度和宽度确定后,可参考表 3.7 确定腹板和翼缘尺寸。根据大量的工程设计经验,当厂房柱距为 6~12 m 时,一般桥式软钩吊车起重量为 5~100 t 时,柱的截面形式和截面尺寸可参考表 3.8 和表 3.9,I 形截面柱的截面力学特征见附表 7。

表 3.7 I 形截面柱腹板、翼缘尺寸参考表

截面宽度	b_f/mm	300~400	400	500	600	图例
截面高度	h/mm	500~700	700~1000	1000~2500	1500~2500	
腹板厚度 b/mm $b/h' \geqslant \frac{1}{14} \sim \frac{1}{10}$		60	80~100	100~120	120~150	
翼板厚度 h_f/mm		80~100	100~150	150~200	200~250	

表 3.8 厂房柱截面形式和尺寸参考表(吊车工作级别为 A4、A5)

吊车起重量 /t	轨顶标高 /m	6 m 柱距(边柱)		6 m 柱距(中柱)	
		上柱/mm	下柱/mm	上柱/mm	下柱/mm
≤5	6~8	□400×400	I400×600×100	□400×400	I400×600×100
10	8	□400×400	I400×700×100	□400×600	I400×800×150
	10	□400×400	I400×800×150	□400×600	I400×800×150
15~20	8	□400×400	I400×800×150	□400×600	I400×800×150
	10	□400×400	I400×900×150	□400×600	I400×1000×150
	12	□500×400	I500×1000×200	□500×600	I500×1200×200
30	8	□400×400	I400×1000×150	□400×600	I400×1000×150
	10	□400×500	I400×1000×150	□500×600	I500×1200×150
	12	□500×500	I500×1000×200	□500×600	I500×1200×200
	14	□600×500	I600×1200×200	□600×600	I600×1200×200
50	10	□500×500	I500×1200×200	□500×700	双 500×1600×300
	12	□500×600	I500×1400×200	□500×700	双 500×1600×300
	14	□600×600	I600×1400×200	□600×700	双 600×1800×300

注:表中"□"表示矩形截面 $b \times h$(宽度×高度);"I"表示 I 形截面 $b_f \times h \times h_f$(翼缘宽度×高度×翼缘高度);"双"表示双肢柱 $b \times h \times h_f$(宽度×高度×翼缘高度)。

表 3.9 厂房柱截面形式和尺寸参考表(吊车工作级别为 A6、A7)

吊车起重量/t	轨顶标高/m	6 m 柱距(边柱)		6 m 柱距(中柱)	
		上柱/mm	下柱/mm	上柱/mm	下柱/mm
≤5	6~8	□400×400	I400×600×100	□400×500	I400×800×150
10	8	□400×400	I400×800×150	□400×600	I400×800×150
	10	□400×400	I400×800×150	□400×600	I400×800×150
15~20	8	□400×400	I400×800×150	□400×600	I400×1000×150
	10	□500×500	I500×1000×200	□500×600	I500×1000×200
	12	□500×500	I500×1000×200	□500×600	I500×1000×220
30	10	□500×500	I500×1000×200	□500×600	I500×1200×200
	12	□500×600	I500×1200×200	□500×600	I500×1400×200
	14	□600×600	I600×1400×200	□600×600	I600×1400×200
50	10	□500×500	I500×1200×200	□500×700	双 500×1600×300
	12	□500×600	I500×1400×200	□500×700	双 500×1600×300
	14	□600×600	I600×1600×300	□600×700	双 600×1800×300
75	12	双 600×1000×250	双 600×1800×300	双 600×1000×300	双 600×2200×350
	14	双 600×1000×250	双 600×1800×300	双 600×1000×300	双 600×2200×350
	16	双 700×1000×250	双 700×2000×350	双 700×1000×300	双 700×2200×350
100	12	双 600×1000×250	双 600×1800×300	双 600×1000×300	双 600×2400×350
	14	双 600×1000×250	双 600×1800×350	双 600×1000×300	双 600×2400×350
	16	双 700×1000×300	双 700×2000×400	双 700×1000×300	双 700×2400×400

注:表中"□"表示矩形截面 $b×h$(宽度×高度);"I"表示 I 形截面 $b_f×h×h_f$(翼缘宽度×高度×翼缘高度);"双"表示双肢柱 $b×h×h_f$(宽度×高度×翼缘高度)。

3.4.1.3 柱的计算长度

进行柱受压承载力计算时,涉及柱的计算长度 l_0。对于刚性屋盖单层厂房排架柱、露天吊车柱和栈桥柱,其计算长度 l_0 可按表 3.10 采用。

表 3.10　刚性屋盖的单层厂房排架柱、露天吊车柱和栈桥柱的计算长度 l_0

柱的类型		排架方向	垂直排架方向 l_0	
			有柱间支撑	无柱间支撑
无吊车厂房排架柱	单跨	1.5H	1.0H	1.2H
	两跨及多跨	1.25H	1.0H	1.2H
有吊车厂房排架柱	上柱	$2.0H_u$	$1.25H_u$	$1.5H_u$
	下柱	$1.0H_l$	$0.8H_l$	$1.0H_l$
露天吊车柱和栈桥柱		$2.0H_l$	$1.0H_l$	—

注：①表中 H 为从基础顶面算起的柱子全高；H_l 为从基础顶面至装配式吊车梁底面或现浇式吊车梁顶面的柱子下部高度；H_u 为从装配式吊车梁底面或从现浇式吊车梁顶面算起的柱子上部高度。
②表中有吊车厂房排架柱的计算长度，当计算中不考虑吊车荷载时，可按无厂房排架柱的计算长度采用，但上柱的计算长度仍可按有吊车厂房采用。
③表中有吊车厂房排架柱的上柱在排架方向的计算长度，仅适用于 $H_u/H_l \geqslant 0.3$ 的情况；当 $H_u/H_l < 0.3$ 时，计算长度宜采用 $2.5H_u$。

3.4.1.4　构造要求

柱的混凝土强度等级不应低于 C25，采用 500 MPa 及以上等级的钢筋，混凝土强度等级不应低于 C30。纵向钢筋一般采用 HRB400、HRB500 级以及相应的细晶粒钢筋，柱中纵向受力钢筋一般采用对称配置，直径不宜小于 12 mm，全部纵向钢筋的配筋率不宜大于 5%，一侧最小纵向钢筋配筋率不应小于 0.2%。当混凝土强度等级低于 C60 时，全部纵向钢筋的最小配筋率不应小于 0.5%（HRB500 级钢筋）或 0.55%（HRB400 级钢筋）。柱中纵向钢筋的净间距不应小于 50 mm，且不宜大于 300 mm；在偏心受压柱中，垂直于弯矩作用平面的侧面上的纵向受力钢筋及轴心受压柱中各边的纵向受力钢筋，其间距不宜大于 300 mm。偏心受压柱的截面高度不小于 600 mm 时，在柱的侧面应设置直径 10～16 mm 的纵向构造钢筋，并相应地设置复合箍筋或拉筋。

箍筋一般采用 HPB300 级或 HRB400 级钢筋。柱中箍筋应做成封闭式，箍筋直径不应小于 $d/4$（d 为纵向钢筋的最大直径），且不应小于 6 mm；箍筋间距不应大于 400 mm 及构件截面的短边尺寸，且不应大于 $15d$（d 为纵向钢筋的最小直径）；当柱截面短边尺寸大于 400 mm 且各边纵向钢筋多于 3 根时，或当柱截面短边尺寸不大于 400 mm 但各边纵向钢筋多于 4 根时，应设置复合箍筋；柱中全部纵向受力钢筋的配筋率大于 3% 时，箍筋直径不应小于 8 mm，间距不应大于 $10d$（d 为纵向受力钢筋的最小直径），且不应大于 200 mm。箍筋末端应做成 135°弯钩，且弯钩末端平直段长度，非抗震时不应小于 $5d$，抗震时不应小于 $10d$（d 为纵向受力钢筋的最小直径）。

3.4.2 排架柱截面设计

3.4.2.1 截面配筋计算

单层厂房排架柱各控制截面不利内力组合值(M、N、V)是柱配筋的依据。纵向受力钢筋按偏心受压构件正截面承载力计算,且一般采用对称配筋,此外,还应按轴心受压构件进行平面外受压承载力计算。一般情况下,矩形、I 形截面实腹柱可按构造措施配置箍筋,不必进行受剪承载力计算。

3.4.2.2 排架柱的 P-Δ 效应

在荷载作用下,柱对各截面产生的弯矩 M_0 称为第一阶弯矩,对应为一阶效应;竖向荷载 P 与柱在水平荷载作用下各截面产生的水平位移 Δ_i 的乘积,称为第二阶弯矩,对应为 P-Δ 二阶效应。于是,考虑 P-Δ 二阶效应后,柱底的总弯矩为 $M = M_0 + P\Delta$。《混凝土结构设计标准》(GB/T 50010—2010)(2024 年版)中采用近似弯矩增大系数法来计算 P-Δ 二阶效应,即令弯矩增大系数 $\eta_s = \dfrac{M}{M_0} = \dfrac{M_0 + P\Delta}{M_0} = 1 + \dfrac{P\Delta}{M_0}$,则:

$$M = \eta_s M_0 \tag{3.28}$$

$$\eta_s = 1 + \dfrac{h_0}{1500\left(\dfrac{M_0}{N} + e_a\right)}\left(\dfrac{l_0}{h}\right)^2 \zeta_c \tag{3.29}$$

$$\zeta_c = \dfrac{0.5 f_c A}{N} \tag{3.30}$$

$$e_i = e_0 + e_a \tag{3.31}$$

式中　ζ_c——截面曲率修正系数,当 $\zeta_c > 1.0$ 时,取 $\zeta_c = 1.0$;

　　　e_i——初始偏心距;

　　　M_0——一阶弹性分析柱端弯矩设计值;

　　　e_0——轴向压力对截面重心的偏心距,$e_0 = M_0/N$;

　　　e_a——附加偏心距,其值应取 20 mm 和偏心方向截面最大尺寸的 1/30 两者中的较大值;

　　　l_0——排架柱的计算长度,按表 3.10 采用;

　　　h, h_0——考虑弯曲方向柱的截面高度与截面有效高度;

　　　A——柱的截面面积,对 I 形截面取 $A = bh + 2(b_f - b)h_f$。

3.4.3 柱裂缝宽度验算

柱裂缝宽度验算属于正常使用极限状态的验算,应在无地震作用时柱内力组合中选取最不利内力进行验算。在荷载效应的标准组合下,并考虑长期作用影响的最大裂缝宽度

(w_{max})应满足 $w_{max} \leqslant [w_{max}]$，其中，一类环境类别时，最大裂缝宽度限值$[w_{max}] = 0.3$ mm。另外，对于 $e_0/h_0 \leqslant 0.55$ 的偏心受压构件，可不验算裂缝宽度。

3.4.4 柱吊装验算

施工吊装阶段柱的受力状态与使用阶段完全不同，此时混凝土强度可能远未达到设计强度，柱可能在脱模、翻身或吊装时出现裂缝，所以应验算柱在吊装时的承载力和裂缝宽度。

柱吊装方式有翻身吊和平吊两种，计算简图应根据吊点位置确定。平吊较为方便，当采用平吊不满足承载力或裂缝宽度限值时，可采用翻身吊。当采用翻身吊时[图 3.42(a)]，截面的受力方向与使用阶段一致，可按矩形或 I 形截面进行受弯承载力验算，一般均可满足要求。当采用平吊时[图 3.42(b)]，截面的受力方向是柱的平面外方向，截面有效高度大大减小，腹板作用甚微，可以忽略。故可将 I 形截面的柱在平吊时简化为宽 $2h_f$、高 b_f 的矩形截面，受力分析时只考虑两翼缘最外边的一排钢筋参与工作。

当采用一点起吊时，吊点一般设置在牛腿根部变截面处，柱在其自重作用下为受弯构件，计算简图和弯矩图如图 3.42(c)所示。一般取上柱柱底、牛腿根部和下柱跨中三个控制截面进行验算，其设计特点为：

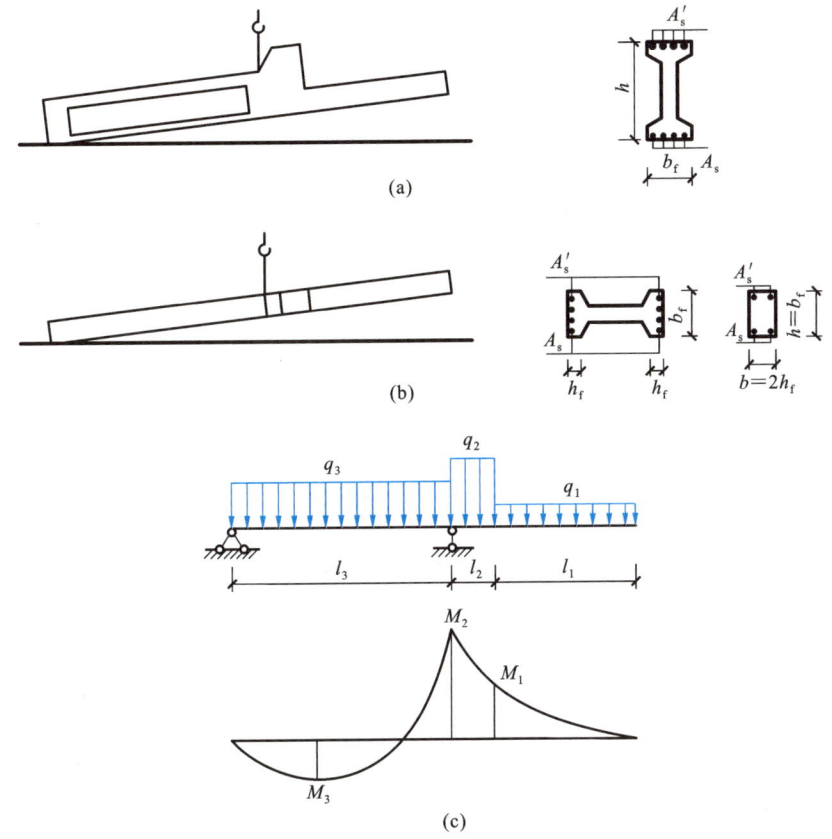

图 3.42 柱的吊装方式及计算简图
(a)翻身吊；(b)平吊；(c)计算简图和弯矩图

(1) 荷载为柱的自重乘以动力系数 1.5，柱自重分项系数取 1.3。

(2) 因吊装阶段属于临时性阶段，构件的安全等级比使用阶段的安全等级可降低一级。

(3) 混凝土强度取吊装的实际强度，一般要求大于 70% 的设计强度。

(4) 柱在吊装阶段可按其在使用阶段允许出现裂缝的控制等级进行裂缝宽度验算。当吊装验算不满足要求时，应优先采用调整或增设吊点以减小弯矩的方法或采取临时加固措施来解决；当变截面处配筋不足时，可在该局部区段加配短钢筋。

3.4.5 牛腿设计

在单层厂房钢筋混凝土柱中，常在其支承屋架、托架、吊车梁或连系梁等构件的部位，设置从柱侧面伸出的短悬臂，称为牛腿，如图 3.43 所示。牛腿不是一个独立的构件，其作用是将牛腿顶面承受的荷载传给柱子。

根据牛腿承受的竖向力 F_v 的作用点至下柱边缘的水平距离 a 的大小，一般把牛腿分为两类：当 $a>h_0$ 时为长牛腿，如图 3.43(a) 所示，按悬臂梁进行设计；当 $a \leqslant h_0$ 时为短牛腿，如图 3.43(b) 所示，其实质为变截面深梁，受力性能与普通悬臂梁不同，是本节讨论的重点。a 为竖向集中力作用线至下柱边缘的距离；h_0 为牛腿截面的有效高度。

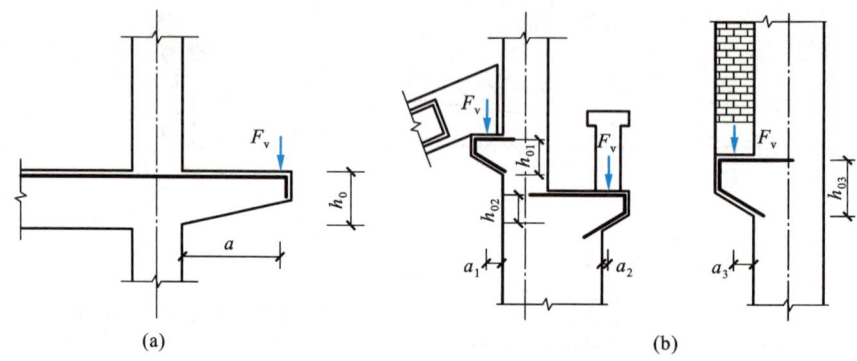

图 3.43 牛腿示意图
(a)长牛腿；(b)短牛腿

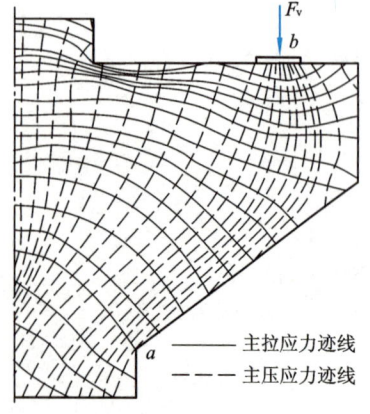

图 3.44 牛腿的应力状态

3.4.5.1 牛腿的受力特点和破坏形态

试验研究表明，从加载至破坏，牛腿大体经历弹性、裂缝出现与开展、破坏三个阶段。

(1) 弹性阶段

通过 $a/h_0=0.5$ 的环氧树脂牛腿模型进行光弹性试验得到牛腿的主应力迹线，如图 3.44 所示。由图 3.44 可知，在牛腿上部，主拉应力轨迹线基本上与牛腿上边缘平行，且牛腿上表面的拉应力沿长度方向比较均匀。牛腿下部主压应力轨迹线大致与从加载点 b 到牛腿下部与柱的相交点 a 的连线 ab 相平行。另外，在上柱根部与牛腿交界处存在应力集中现象。

(2) 裂缝出现与开展阶段

试验表明,当竖向荷载加到极限荷载的20%～40%时,首先在牛腿与上柱根部交接处附近因应力集中出现自上而下的竖向裂缝,如图3.45中裂缝①,裂缝细小且开展较慢,对牛腿的受力性能影响不大;当荷载继续加到极限荷载40%～60%时,在加载垫板内侧附近产生第一条斜裂缝,如图3.45中裂缝②,裂缝方向大体与主压力轨迹线平行。

(3) 破坏阶段

继续加载,随 a/h_0 值的不同,牛腿出现以下几种破坏形态:

a. 压弯破坏。当 $0.75 < a/h_0 \leqslant 1$ 且纵向钢筋配筋率较少时,随着荷载增加,斜裂缝②不断向受压区延伸,纵向钢筋拉应力也随之增大并逐渐达到屈服强度,这时斜裂缝②外侧部分绕牛腿根部与柱的交点转动,使受压区混凝土压碎而破坏,如图3.45(a)所示。

b. 斜压破坏。当 $0.1 \leqslant a/h_0 \leqslant 0.75$ 时,随着荷载增加,斜裂缝②外侧出现细而短小的斜裂缝③,当这些斜裂缝逐渐贯通时,斜裂缝②、③间的斜向主压应力超过混凝土的抗压强度,混凝土表面剥落、压碎而破坏,如图3.45(b)所示。有时,牛腿不出现斜裂缝③,而是在加载垫板下突然出现一条通长斜裂缝④而破坏,如图3.45(c)所示。

c. 剪切破坏。当 $a/h_0 < 0.1$ 时或虽 a/h_0 较大但牛腿的外边缘高度 h_1 较小时,在牛腿与下柱交接面上出现一系列短而细的斜裂缝,最后牛腿沿此裂缝从柱上切下发生破坏,如图3.45(d)所示,破坏时牛腿纵向钢筋应力较小。

d. 局部受压破坏。当加载板尺寸过小或牛腿宽度过窄时,可能导致加载板下混凝土发生局部受压破坏,如图3.45(e)所示。

当牛腿纵向受力钢筋锚固不足时,还可能发生钢筋被拔出等现象。

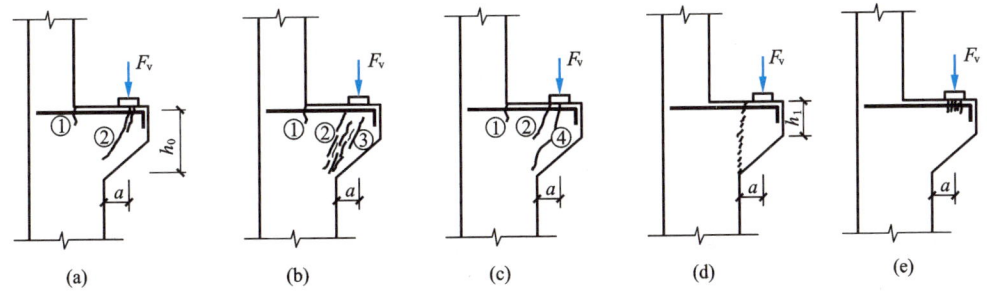

图 3.45 牛腿的破坏形态
(a)压弯破坏;(b)、(c)斜压破坏;(d)剪切破坏;(e)局部受压破坏

3.4.5.2 牛腿的设计

为防止上述各种破坏,牛腿应有足够大的截面,配置足够的钢筋,并满足一系列构造要求。但从压弯和斜压破坏形态看,破坏裂缝的出现是在斜裂缝②形成以后,所以控制斜裂缝②的出现和开展是确定牛腿截面尺寸和进行承载力计算的主要依据。因此,牛腿设计的主要内容包括确定牛腿的截面尺寸、牛腿的承载力计算和构造要求。

(1) 牛腿截面尺寸的确定

牛腿的截面宽度与柱宽相同,故确定牛腿的截面尺寸主要是确定其高度。

牛腿截面尺寸的确定,一般以斜截面的抗裂度为控制条件,控制其在使用阶段不出现或仅出现细微斜裂缝为准,牛腿的截面尺寸应符合下式要求:

$$F_{vk} \leqslant \beta \left(1 - 0.5 \frac{F_{hk}}{F_{vk}}\right) \frac{f_{tk}bh_0}{0.5 + \dfrac{a}{h_0}} \tag{3.32}$$

式中 F_{vk}——作用于牛腿顶部按荷载标准值组合计算的竖向力值;

F_{hk}——作用于牛腿顶部按荷载标准值组合计算的水平拉力值;

β——裂缝控制系数,支承吊车梁的牛腿,取 $\beta=0.65$,其他牛腿,取 $\beta=0.80$;

a——竖向力作用点至下柱边缘的水平距离,应考虑安装偏差 20 mm,当考虑安装偏差后的竖向力作用点仍位于下柱截面以内时取 $a=0$;

b——牛腿宽度;

h_0——牛腿与下柱交接处的垂直截面有效高度,取 $h_0=h_1-a_s+c \cdot \tan\alpha$,当 $\alpha>45°$ 时,取 $\alpha=45°$,c 为下柱边缘到牛腿边缘的水平长度。

此外,牛腿的外边缘高度 h_1 不小于 $h/3$ 且不应小于 200 mm;牛腿外边缘至吊车梁外边缘的距离不宜小于 70 mm;牛腿底边倾角应满足 $\alpha \leqslant 45°$,如图 3.46 所示。

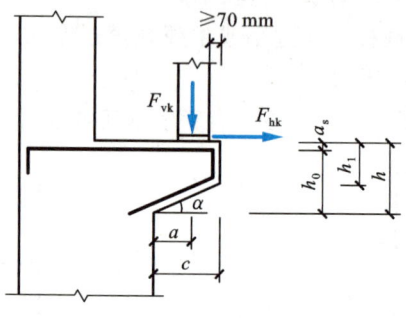

图 3.46 牛腿尺寸

当式(3.32)不满足时,采取加大受压面积,提高混凝土强度等级或配置钢筋网等有效加强措施。

为防止牛腿顶面局部受压破坏,垫板下的局部压应力 σ_c 应满足下式要求:

$$\sigma_c = \frac{F_{vk}}{A} \leqslant 0.75 f_c \tag{3.33}$$

式中 A——局部受压面积;

f_c——混凝土轴心抗压强度设计值。

(2) 牛腿的承载力计算

试验研究表明,牛腿(短悬臂)在竖向力设计值 F_v 和水平拉力设计值 F_h 共同作用下,其受力特征可用由顶部水平的纵向受力钢筋作为拉杆和牛腿内的混凝土斜压杆组成的简化三角桁架模型描述,竖向力由桁架水平拉杆的拉力和斜压杆的压力来承担,作用在牛腿顶部向外的水平拉力由水平拉杆承担,如图 3.47 所示。

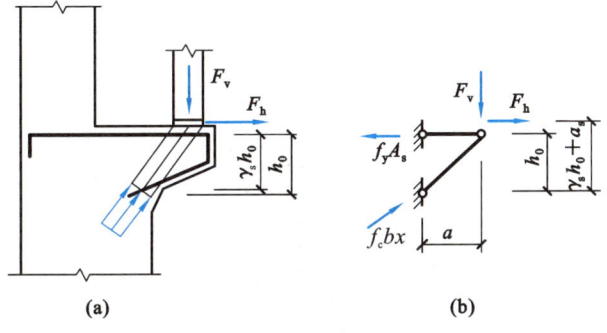

图 3.47 牛腿计算简图

根据牛腿的计算简图,通过对下柱与牛腿交界处取矩得到:

$$f_y A_s \gamma_s h_0 \geqslant F_v a + F_h(\gamma_s h_0 + a_s) \tag{3.34}$$

近似取 $\gamma_s = 0.85$,$\dfrac{\gamma_s h_0 + a_s}{\gamma_s h_0} = 1.2$,则纵向受力钢筋的面积 A_s 为:

$$A_s \geqslant \dfrac{F_v a}{0.85 f_y h_0} + 1.2 \dfrac{F_h}{f_y} \tag{3.35}$$

式中 F_v,F_h——作用在牛腿顶部的竖向力设计值、水平拉力设计值;

a——竖向力作用点至下柱边缘的水平距离,当 $a < 0.3 h_0$ 时,取 $a = 0.3 h_0$;

f_y——纵向受拉钢筋强度设计值。

(3)构造要求

① 沿牛腿顶部配置的纵向受力钢筋,宜采用 HRB400 级或 HRB500 级热轧带肋钢筋,全部纵向受力钢筋及弯起钢筋宜沿牛腿外边缘向下伸入下柱内 150 mm 后截断。

② 承受竖向力所需的纵向受力钢筋的配筋率不应小于 0.2% 及 $0.45 f_t / f_y$,也不宜大于 0.6%,钢筋数量不宜少于 4 根,直径不应小于 12 mm。

③ 当牛腿的截面尺寸满足式(3.32)要求,可不进行斜截面受剪承载力计算,只需要按照构造要求设计水平箍筋和弯起钢筋。

水平箍筋的直径为 6~12 mm,间距为 100~150 mm;在上部 $2 h_0 / 3$ 范围内的箍筋总截面面积不宜小于承受竖向力的受拉钢筋截面面积的 1/2。

当牛腿的 $a / h_0 \geqslant 0.3$ 时,宜设弯起钢筋。弯起钢筋宜采用 HRB400 级或 HRB500 级热轧带肋钢筋,并宜使其与集中荷载作用点到牛腿斜边下端点连线的交点位于牛腿上部 $l/6 \sim l/2$ 范围内,l 为该连线的长度,如图 3.48 所示。弯起钢筋截面面积不宜小于承受竖向力的受拉钢筋截面面积的 1/2,且不宜少于 2 根直径 12 mm 的钢筋,纵向受拉钢筋不得兼作弯起钢筋。

④ 当牛腿设于上柱柱顶时,宜将牛腿对边的柱外侧纵向受力钢筋沿柱顶水平弯入牛腿,作为牛腿纵向受拉钢筋使用。当牛腿顶面纵向受拉钢筋与牛腿对边的柱外侧纵向钢筋分开配置时,牛腿顶面纵向受拉钢筋应弯入柱外侧,并符合钢筋搭接的规定。

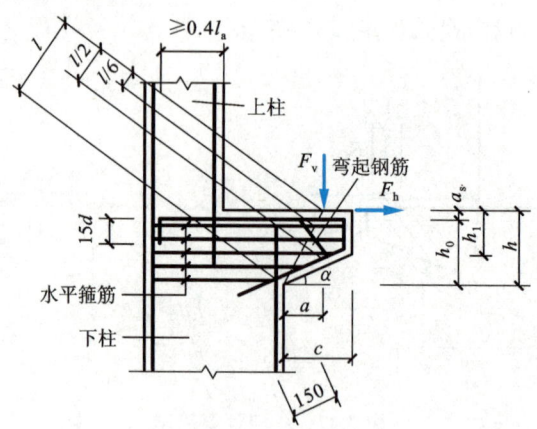

图 3.48 牛腿配筋构造

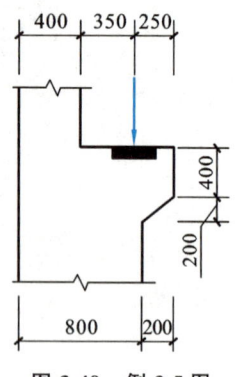

图 3.49 例 3.5 图

【例 3.5】已知某支承吊车梁的牛腿，如图 3.49 所示，柱截面宽度 $b=400$ mm，$a_s=40$ mm。作用于牛腿顶部的按荷载标准组合计算的竖向力值 $F_{vk}=265.4$ kN，水平拉力 $F_{hk}=105$ kN；按荷载基本组合计算的竖向力值 $F_v=371.6$ kN，水平拉力 $F_h=140$ kN。混凝土强度等级为 C30，牛腿水平纵向钢筋采用 HRB400 级钢筋，要求验算牛腿截面尺寸、局部受压承载力及牛腿水平纵向钢筋。

【解】C30 混凝土：$f_{tk}=2.01$ N/mm^2，$f_t=1.43$ N/mm^2，$f_c=14.3$ N/mm^2；HRB400 级钢筋：$f_y=360$ N/mm^2，纵向钢筋最小配筋率 $\rho_{min}=0.2\%$。

牛腿截面有效高度 $h_0=h-a_s=600$ mm -40 mm $=560$ mm。

(1) 验算牛腿截面尺寸

因考虑 20 mm 安装偏差后的竖向力作用点仍位于下柱截面以内，故取 $a=0$，则：

$$\beta\left(1-0.5\frac{F_{hk}}{F_{vk}}\right)\frac{f_{tk}bh_0}{0.5+\frac{a}{h_0}}=0.65\times\left(1-0.5\times\frac{105}{265.4}\right)\times\frac{2.01\times400\times560}{0.5}$$

$$=469.5\text{ kN}>F_{vk}=265.4\text{ kN}$$

(2) 验算牛腿局部受压承载力

取吊车梁垫板尺寸为 300 mm×200 mm，则：

$$\sigma_c=\frac{F_{vk}}{A}=\frac{265.4\times10^3}{300\times200}=4.42\text{ N/mm}^2<0.75f_c=0.75\times14.3=10.7\text{ N/mm}^2$$

满足要求。

(3) 牛腿水平纵向钢筋计算

当 $a<0.3h_0$ 时，取 $a=0.3h_0=0.3\times560$ mm $=168$ mm，则：

$$A_s\geqslant\frac{F_v a}{0.85f_y h_0}+1.2\frac{F_h}{f_y}=\frac{371.6\times10^3\times168}{0.85\times360\times560}+1.2\times\frac{140\times10^3}{360}=831\text{ mm}^2$$

选用 4⌀18（$A_s=1018$ mm^2）

验算配筋率：

$$0.2\% < \rho = \frac{A_s}{bh_0} = \frac{1018 \text{ mm}^2}{400 \text{ mm} \times 560 \text{ mm}} = 0.454\% < 0.6\%$$

满足要求。

3.5 柱下独立基础设计

单层厂房的柱下基础一般采用独立基础，承受上部结构传来的荷载并传给地基。柱下独立基础按照受力性能分为轴心受压基础和偏心受压基础两类，在单层厂房中，柱下独立基础一般是偏心受压基础。在基础形式和埋置深度确定后，基础设计主要包括确定基础的底面尺寸、确定基础高度及基础底板的配筋计算，对一些重要的建筑物或土质较为复杂的地基，尚应进行变形或稳定性验算。

3.5.1 基础底面尺寸的确定

基础底面尺寸应根据地基承载力计算确定。由于独立基础的刚度较大，可假定基础底面的反力为线性分布。

3.5.1.1 轴心受压柱下独立基础

轴心受压时，基础底面反力为均匀分布，如图 3.50 所示。

按材料力学公式可得：

$$p_k = \frac{N_k + G_k}{A} \leq f_a \tag{3.36}$$

式中　p_k——相应于荷载标准组合时，基础底面处的压应力标准值；

　　　N_k——上部结构传至基础顶面的竖向荷载标准值；

　　　G_k——基础自重和基础上的土重，取 $G_k = \gamma_m d A$，其中 γ_m 为基础及其上填土的平均重度（一般近似取 $\gamma_m = 20 \text{ kN/m}^3$），$d$ 为基础埋置深度；

　　　A——基础底面面积，$A = b \times l$，b 为基础底面的长度，l 为基础底面的宽度；

　　　f_a——经过深度和宽度修正后的地基承载力特征值。

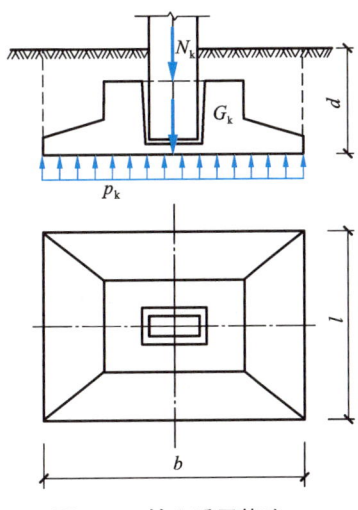

图 3.50　轴心受压基础

将 $G_k = \gamma_m d A$ 代入式(3.36)，可得基础底面面积：

$$A \geq \frac{N_k}{f_a - \gamma_m d} \tag{3.37}$$

设计时首先对地基承载力特征值作深度修正求得其 f_a，再由式(3.37)求出基础底面面积 A，由于基础底面一般为矩形或正方形，应根据 A 值求得基础底面的长度 b 和宽度 l。求得的 l 值大于 3 m 时，还需对地基承载力做宽度修正，重新求得 f_a 值及相应的 l 值。如此经过几次计算，直至新求得的 l 值与其前一次求得的 l 值接近，则该 l 值为最后确定的基础底面宽度。

3.5.1.2 偏心受压柱下独立基础

在偏心受压荷载作用下，基础底面的压力为线性分布，如图 3.51 所示。

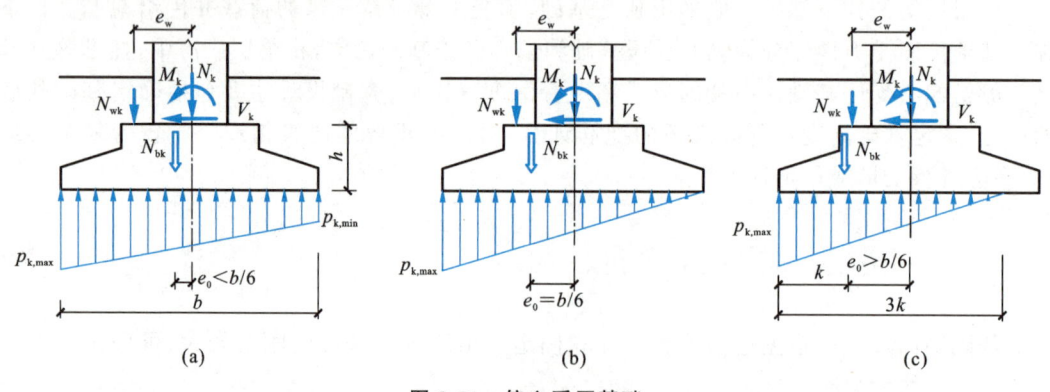

图 3.51 偏心受压基础

按材料力学公式可得矩形基础底面边缘的最大地基反力和最小地基反力：

$$\left.\begin{array}{c}p_{k,\max}\\p_{k,\min}\end{array}\right\}=\frac{N_{bk}}{A}\pm\frac{M_{bk}}{W} \tag{3.38}$$

式中 $p_{k,\max}$，$p_{k,\min}$——相应于荷载效应标准组合时，基础底面边缘的最大压力值和最小压力值；

W——基础底面的抵抗矩，$W=\dfrac{lb^2}{6}$，其中 l 为垂直于力矩作用方向的基础底面边长；

N_{bk}，M_{bk}——相应于荷载效应标准组合时，作用于基础底面的竖向压力值和力矩值，按下式计算：

$$N_{bk}=N_k+G_k+N_{wk} \tag{3.39}$$

$$M_{bk}=M_k\pm V_k h\pm N_{wk}e_w \tag{3.40}$$

式中 N_k，M_k，V_k——按荷载效应标准组合时，作用于基础顶面的轴力、弯矩、剪力值，在选择排架柱Ⅲ—Ⅲ截面的内力组合时，当轴力 N_k 值相近时，取弯矩绝对值较大的一组，一般还需考虑 $N_{k,\max}$ 及影响的 M_k，V_k 这一组不利内力组合；

N_{wk}——相应于荷载效应标准组合时基础梁传来的竖向力值；

e_w——基础梁中心线至基础底面中心线的距离；

h——按经验初步拟定的基础的高度。

令 $e_0 = \dfrac{M_{bk}}{N_{bk}}$，并将 $W = \dfrac{lb^2}{6}, A = bl$ 代入式(3.38)，则基础底面两端的压应力值为：

$$\left.\begin{array}{c} p_{k,\max} \\ p_{k,\min} \end{array}\right\} = \dfrac{N_{bk}}{bl}\left(1 \pm \dfrac{6e_0}{b}\right) \tag{3.41}$$

由式(3.41)可知，当 $e_0 < \dfrac{b}{6}$ 时，$p_{k,\min} > 0$，地基反力分布图形为梯形，表示基底全部受压，如图 3.51(a)所示；当 $e_0 = \dfrac{b}{6}$ 时，$p_{k,\min} = 0$，地基反力分布图形为三角形，基底也为全部受压，如图 3.51(b)所示；当 $e_0 > \dfrac{b}{6}$ 时，$p_{k,\min} < 0$，由于基础底面与地基土的接触面间不能承受拉力，故基础底面的一部分与地基土脱离，而基础底面与地基土接触的部分其反力仍呈三角形分布，如图 3.51(c)所示。

根据力的平衡条件，可求出基础底面边缘的最大应力值为：

$$p_{k,\max} = \dfrac{2N_{bk}}{3kl} \tag{3.42}$$

式中　k——基础底面竖向压力 N_{bk} 作用点至基础底面最大受压边缘的距离，$k = \dfrac{b}{2} - e_0$。

在确定偏心受压柱下独立基础底面尺寸时，应同时符合下列两个要求：

$$p_k = \dfrac{p_{k,\max} + p_{k,\min}}{2} \leqslant f_a \tag{3.43}$$

$$p_{k,\max} \leqslant 1.2 f_a \tag{3.44}$$

偏心受压基础底面尺寸一般采用试算法，其步骤如下：
(1) 按轴心受压基础公式(3.37)计算基础底面面积 A。
(2) 考虑基础底面弯矩的影响，将基础底面面积 A 增大 10%～40%，初步选定基础底面的边长 b 和 l，对于底面，长短边之比常取 1.5～2.0。
(3) 按式(3.38)计算基础底面边缘最大和最小压应力。
(4) 验算是否符合式(3.43)和式(3.44)的要求，如不满足，应调整基础底面尺寸 b、l 重新验算，直至满足要求为止。

3.5.2　基础高度验算

试验研究表明，当柱与基础交接处或基础变阶处的高度不足时，柱传来的荷载将使基础发生冲切破坏，如图 3.52(a)所示，即沿柱周边或变阶处周边大致成 45°方向的截面被拉开而形成图 3.52(b)所示的角锥形(阴影部分)破坏。基础的冲切破坏是由于沿冲切面的主拉应力 σ_{pt} 超过混凝土的轴心抗拉强度 f_t 而引起的，如图 3.52(c)所示。为避免发生冲切破坏，基础应具有足够的高度，使角锥体冲切面以外由地基土净反力所产生的冲切力不大于冲切面上混凝土所能承受的抗冲切力。

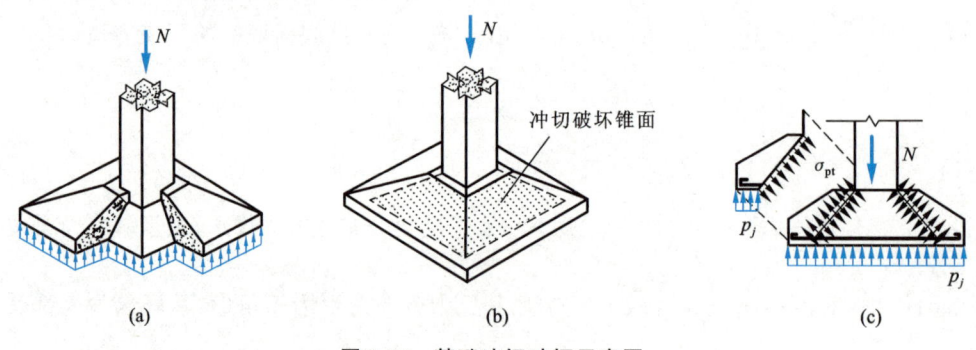

图 3.52 基础冲切破坏示意图

独立基础的高度除应满足构造要求外,还应满足柱与基础交接处以及基础变阶处的混凝土受冲切承载力,即:

$$F_l \leqslant 0.7\beta_{hp} f_t a_m h_0 \tag{3.45}$$

$$F_l = p_j A_l \tag{3.46}$$

$$a_m = \frac{a_t + a_b}{2} \tag{3.47}$$

式中 F_l——相应于荷载效应基本组合作用时在 A_l 上的地基土净反力设计值;

A_l——冲切验算时取用的部分基底面积,如图 3.53(a)、图 3.53(b)中的阴影面积 $ABCDEF$,或图 3.53(c)中阴影面积 $ABCD$;

p_j——扣除基础自重及其上土重后相应于作用的基本组合时的地基土单位面积净反力,偏心受压基础可取基础边缘处最大地基土单位面积净反力;

β_{hp}——受冲切承载力截面高度影响系数,$h \leqslant 800$ mm 时,$\beta_{hp} = 1.0$,$h \geqslant 2000$ mm 时,$\beta_{hp} = 0.9$,其间按线性内插法取用,当验算柱与基础交接处时,h 为基础高度,当验算基础变阶处时,h 为验算处的台阶高度;

f_t——混凝土轴心抗拉强度设计值;

h_0——基础冲切破坏锥体的有效高度;

a_m——冲切破坏锥体最不利一侧计算长度;

a_t——冲切破坏锥体最不利一侧斜截面的上边长,当计算柱与基础交接处的受冲切承载力时取柱宽,当计算基础变阶处的受冲切承载力时取上阶宽;

a_b——冲切破坏锥体最不利一侧斜截面在基础底面面积范围内的下边长,当冲切破坏锥体的底面落在基础底面以内,图 3.53(a)、图 3.53(b),计算柱与基础交接处的受冲切承载力时,取柱宽加两倍基础有效高度,当计算基础变阶处的受冲切承载力时,取上阶宽加两倍该处的基础有效高度,当冲切破坏锥体的底面在 l 方向落在基础底面外时,即 $a_t + 2h_0 \geqslant l$,如图 3.53(c)所示,取 $a_b = l$。

若基础高度不满足受冲切承载力验算要求,则应增大基础高度或调整台阶尺寸重新进行验算,直至满足要求为止。当基础底面落在 45°线(即冲切破坏角锥体)以内时,可不进行受冲切承载力验算。

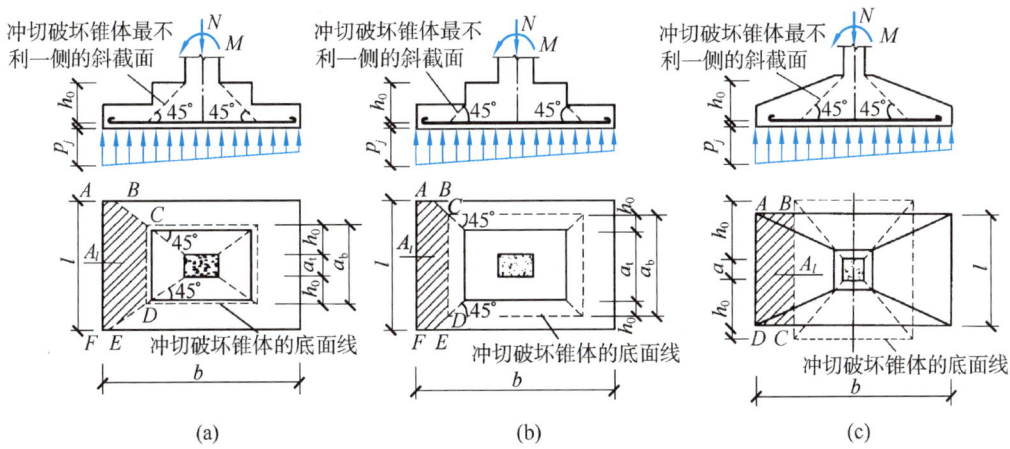

图 3.53 基础受冲切承载力截面位置

3.5.3 基础底板配筋计算

基础在上部结构传来的荷载及地基土反力作用下,将在两个方向产生弯曲,其受力状态可看作在地基土反力作用下支承于柱上倒置的变截面悬臂板,故基础底板两个方向都要配置受力钢筋。由于由基础自重及其上土重产生的地基土反力不会使基础各截面产生弯矩和剪力,故基础底板配筋计算采用地基土净反力 p_j。配筋计算的控制截面,一般取在柱与基础交接处及变阶处(对阶形基础)。

《建筑地基基础设计规范》(GB 50007—2011)规定,对于矩形基础,当台阶的宽高比小于或等于 2.5 且柱下矩形独立基础任意截面的底板弯矩可按下述简化方法计算。

3.5.3.1 轴心受压柱下独立基础

为简化计算,将基础底板划分为四个区块,每个区块都可以看作是固定于柱边的悬臂板,且假定各区格板之间无联系,如图 3.54 所示,柱边处截面Ⅰ—Ⅰ和截面Ⅱ—Ⅱ的弯矩设计值分别等于作用在梯形 ABCD 和 BEFC 上的总地基净反力乘以其面积形心至柱边截面的距离[图 3.54(a)],即:

$$M_{\text{I}} = \frac{p_j}{24}(b-b_t)^2(2l+a_t) \tag{3.48}$$

$$M_{\text{II}} = \frac{p_j}{24}(l-a_t)^2(2b+b_t) \tag{3.49}$$

式中各符号意义同前。

由于长边方向的钢筋一般置于沿短边方向布置的钢筋下面,若假定 b 方向为长边,故沿长边 b 方向的受力钢筋截面面积可近似按下式计算:

$$A_{s\text{I}} = \frac{M_{\text{I}}}{0.9h_0 f_y} \tag{3.50}$$

式中 $0.9h_0$——由经验确定的内力臂;

h_0——截面Ⅰ—Ⅰ处底板的有效高度,$h_0 = h - a_s$,当基础下有混凝土垫层时,取 $a_s = 40$ mm,无混凝土垫层时,$a_s = 70$ mm;

f_y——基础底板钢筋抗拉强度设计值。

如果基础底板两个方向受力钢筋直径均为 d,则截面Ⅱ—Ⅱ的有效高度为 $h_0 - d$,故沿短边 l 方向的受力钢筋截面面积为:

$$A_{sⅡ} = \frac{M_Ⅱ}{0.9(h_0 - d)f_y} \tag{3.51}$$

3.5.3.2 偏心受压柱下独立基础

当偏心距不大于 $b/6$ 时,沿弯矩作用方向在任意截面Ⅰ—Ⅰ处[图3.54(b)]及垂直于弯矩作用方向在任意截面Ⅱ—Ⅱ处相当于荷载基本组合的弯矩设计值 $M_Ⅰ$、$M_Ⅱ$,可按下式计算:

$$M_Ⅰ = \frac{1}{12}a_1^2[(2l+a')(p_{j,\max}+p_{j,Ⅰ})+(p_{j,\max}-p_{j,Ⅰ})l] \tag{3.52}$$

$$M_Ⅱ = \frac{1}{48}(l-a')^2(2b+b')(p_{j,\max}+p_{j,\min}) \tag{3.53}$$

式中 a_1——任意截面Ⅰ—Ⅰ至基底边缘最大反力处的距离;

a',b'——截面Ⅰ—Ⅰ、Ⅱ—Ⅱ与基础上表面交线长,当计算柱边最大弯矩时,a',b' 等于柱边长;

$p_{j,\max}$,$p_{j,\min}$——相应于荷载效应基本组合时,基础底面边缘最大地基净反力设计值和最小地基净反力设计值;

$p_{j,Ⅰ}$——相应于荷载效应基本组合时,任意截面Ⅰ—Ⅰ处基础底面地基净反力设计值。

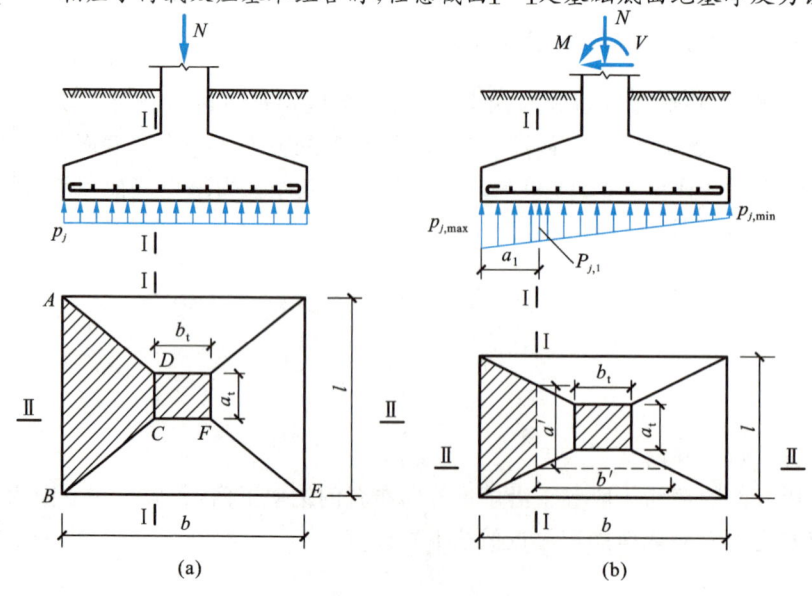

图 3.54 基础底板配筋计算

(a)轴心受压基础;(b)偏心受压基础

当偏心距大于 $b/6$ 时,沿弯矩作用方向,基础底面一部分出现零应力,其反力三角形分布如图 3.51(c) 所示,在沿弯矩作用方向上,任意截面 Ⅰ—Ⅰ 处相应于荷载基本组合的弯矩设计值 $M_Ⅰ$ 仍可按式(3.52)计算;在垂直于弯矩作用方向上,任意截面 Ⅱ—Ⅱ 处相应于荷载基本组合的弯矩设计值 $M_Ⅱ$ 应按实际应力分布计算,在设计时,为简化计算,可偏于安全地取 $p_{j,\min}=0$,然后按式(3.53)计算。

当按上式求得弯矩设计值 $M_Ⅰ$、$M_Ⅱ$ 后,其相应的基础底板受力钢筋截面面积可近似按式(3.50)和式(3.51)进行计算。

对于阶形基础,尚应进行变阶截面处的配筋计算,并比较由上述计算所得配筋及变阶截面处的配筋,取其较大者作为基础底板的最后配筋。

3.5.4 构造要求

(1) 基础形状:独立基础的底面一般为矩形,长宽比宜小于 2。基础的截面形状一般可采用对称的阶形或锥形,当荷载引起的偏心距较大时,可做成不对称形式,但基础中心对柱截面中心的偏移应为 50 mm 的倍数,且同一柱列宜取相同的偏移值。

(2) 底板配筋:扩展基础受力钢筋最小配筋率不应小于 0.15%,基础底板受力钢筋的最小直径不应小于 10 mm,间距不应大于 200 mm 且不应小于 100 mm。当柱下钢筋混凝土独立基础的边长大于或等于 2.5 m 时,底板受力钢筋的长度可取边长或宽度的 90%,并宜交错布置。当有垫层时钢筋保护层的厚度不应小于 40 mm;无垫层时不应小于 70 mm,如图 3.55(a) 所示。

(3) 混凝土强度等级:基础混凝土强度等级不应低于 C25。垫层的混凝土强度等级应为 C20,垫层厚度不宜小于 70 mm,周边伸出基础边缘宜为 100 mm,如图 3.55(a) 所示。

(4) 杯口深度:杯口的深度等于柱的插入深度 h_1+50 mm。为了保证预制柱能嵌固在基础中,柱伸入杯口应有足够的深度 h_1,一般可按表 3.11 取用;此外,h_1 应满足柱内受力钢筋锚固长度的要求,并应考虑吊装安装时柱的稳定性。杯口底部留有 50 mm,以便吊装柱时铺设细石混凝土找平层,如图 3.55(b)、图 3.55(c)。

表 3.11 柱的插入深度 h_1 单位:mm

矩形或 I 形柱				双肢柱
$h<500$	$500\leqslant h<800$	$800\leqslant h\leqslant 1000$	$h>1000$	
$(1\sim1.2)h$	h	$0.9h$,且 $\geqslant 800$	$0.8h$,且 $\geqslant 1000$	$(1/3\sim2/3)h_a$ $(1.5\sim1.8)h_b$

注:① h 为柱截面长边尺寸;h_a 为双肢柱全截面长边尺寸,h_b 为双肢柱全截面短边尺寸。
② 柱轴心受压或小偏心受压时,h_1 可适当减小,偏心距大于 $2h$ 时,h_1 应适当增大。

(5) 杯口尺寸:杯口边长应大于柱截面边长,其顶部每边留出 75 mm,底部每边留出 50 mm,以便预制柱安装时进行就位、校正,并二次浇筑细石混凝土,如图 3.55(b)、图 3.55(c) 所示。为了保证杯壁在安装和使用阶段的承载力,杯壁厚度 t 可按表 3.12 取值。当柱为轴心

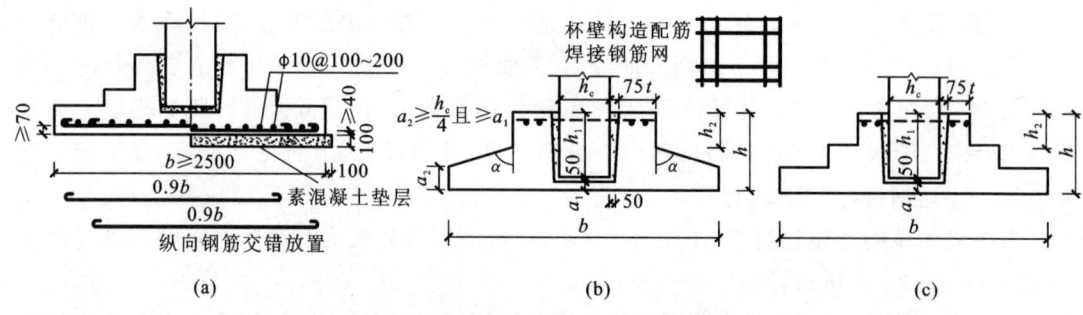

图 3.55 独立基础外形尺寸和配筋构造
(a)底板配筋构造;(b)锥形基础细部构造;(c)阶形基础细部构造

受压或小偏心受压且 $t/h_2 \geqslant 0.65$ 时,或大偏心受压且 $t/h_2 \geqslant 0.75$ 时,杯壁可不配筋;当柱为轴心受压或小偏心受压且 $0.5 \leqslant t/h_2 \leqslant 0.65$ 时,杯壁可按表 3.13 配置构造钢筋;其他情况下应按计算配筋。

表 3.12 基础的杯底厚度和杯壁厚度

柱截面长边尺寸 h/mm	杯底厚度 a_1/mm	杯壁厚度 t/mm
$h<500$	$\geqslant 150$	$150\sim 200$
$500 \leqslant h < 800$	$\geqslant 200$	$\geqslant 200$
$800 \leqslant h < 1000$	$\geqslant 200$	$\geqslant 300$
$1000 \leqslant h < 1500$	$\geqslant 250$	$\geqslant 350$
$1500 \leqslant h < 2000$	$\geqslant 300$	$\geqslant 400$

注:①双肢柱的杯底厚度值可适当增大。
②当有基础梁时,基础梁下的杯壁厚度应满足其支承宽度的要求。
③柱子插入杯口部分的表面应凿毛,柱子与杯口之间的空隙应用比基础混凝土强度等级高一级的细石混凝土充填密实,当达到材料设计强度的 70% 以上时,方能进行上部吊装。

表 3.13 杯壁构造配筋

柱截面长边尺寸/mm	$h<1000$	$1000 \leqslant h < 1500$	$1500 \leqslant h \leqslant 2000$
钢筋直径/mm	$8\sim 10$	$10\sim 12$	$12\sim 16$

注:表中钢筋置于杯口顶部,每边两根,如图 3.55(b)、图 3.55(c)所示。

(6) 杯底厚度:杯底应具有足够的厚度 a_1,以防预制柱在安装时发生杯底冲切破坏,杯底厚度 a_1 可按表 3.12 取值。

(7) 锥形基础的边缘高度一般取 $a_2 \geqslant 200$ mm,且 $a_2 \geqslant a_1$ 和 $a_2 \geqslant h/4$(h 为预制柱的截面高度);当锥形基础的斜坡处为非支模制作时,坡度角不宜大于 25°,最大不得大于 35°。阶形基础一般不超过三阶,每阶高度宜为 300~500 mm。当基础高度 $h \leqslant 500$ mm 时,可采用一阶;当 500 mm $< h \leqslant 900$ mm 时,宜采用二阶;当 $h > 900$ mm 时,宜采用三阶。

3.6 屋架、吊车梁、抗风柱设计要点

3.6.1 屋架设计

屋架主要承受单层厂房的屋盖荷载并将其传给柱,同时还要作为排架结构中的横梁,连接两侧排架使它们能在各种荷载作用下共同工作。因此,屋架是单层厂房的主要构件。

3.6.1.1 屋架高度和杆件截面尺寸

屋架的高跨比一般为 1/10～1/6。上弦杆为压弯杆件,其节间长度不宜过大,为铺放屋面板,一般取 3 m;下弦杆为受拉构件,其节间长度一般为 4～6 m。屋架杆件的截面形式一般为矩形,为便于施工时重叠生产,上、下弦杆及腹杆宽度宜相同,且应满足上弦顶面安放屋面板或天窗架所必需的支承长度,屋架扶直、吊装时的受弯承载力,及屋架平面外上弦的稳定等。对于 18～30 m 跨度屋架,截面宽度一般取 200～240 mm;杆件截面高度通常小于其宽度,以减少屋架的次应力,上弦截面高度不应小于 180 mm,下弦截面高度不应小于 140 mm。腹杆的最小截面尺寸不小于 100 mm×100 mm,其中心线与截面短边尺寸之比不应大于 40(拉杆)和 35(压杆)。

3.6.1.2 荷载及荷载组合

屋架的荷载主要有永久荷载和可变荷载两种,永久荷载包括屋面构造层和构件的自重;可变荷载包括屋面活荷载、雪荷载、积灰荷载等。

进行荷载组合时,应考虑下列问题:
(1) 屋面活荷载和雪荷载不同时考虑,取两者中的较大值。
(2) 风荷载一般情况下是吸力,起减小屋架内力的作用,设计时可不予考虑。
(3) 对于屋面活荷载或施工荷载既可以作用于全跨,也可作用于半跨。
(4) 在施工时,由于吊装次序的先后,也可能出现屋面板布满半跨的情况,屋架在半跨荷载作用下,可能使屋架腹杆内力最大,甚至内力方向相反。

因此,在设计屋架时应考虑三种荷载组合(图 3.56):

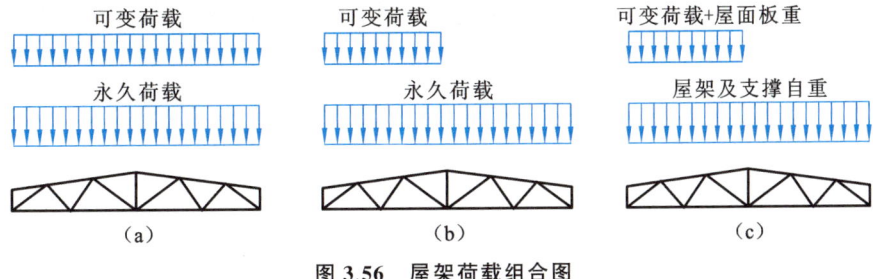

图 3.56 屋架荷载组合图

(1) 全跨恒荷载＋全跨活荷载；

(2) 全跨恒荷载＋半跨活荷载；

(3) 屋架（包括屋盖支撑）自重重力荷载＋半跨屋面板重力荷载＋半跨屋面安装活荷载。

3.6.1.3 内力分析

钢筋混凝土屋架为多次超静定桁架结构，如图 3.57(a)所示，其内力计算比较复杂。对屋架上弦杆，由于屋面板施加的集中力不一定都作用在节点上，故上弦内力主要是弯矩和轴向压力，处于偏心受压状态；对屋架腹杆及下弦杆通常忽略自重的影响，将其视为轴心受力构件。则在上弦屋面板传来的集中荷载及均布荷载作用下，屋架各节点为上弦杆的可动铰支座，如图 3.57(b)所示。其内力计算方法如下：

(1) 简化计算时，假定屋架各节点为上弦连续梁的不动铰支座，如图 3.57(c)所示，可用弯矩分配法计算内力。

(2) 在桁架节点荷载（即上弦的支座反力）作用下，按铰接桁架计算各杆件的轴力，如图 3.57(d)所示。设计时，可近似将上弦按简支梁求出支座反力。

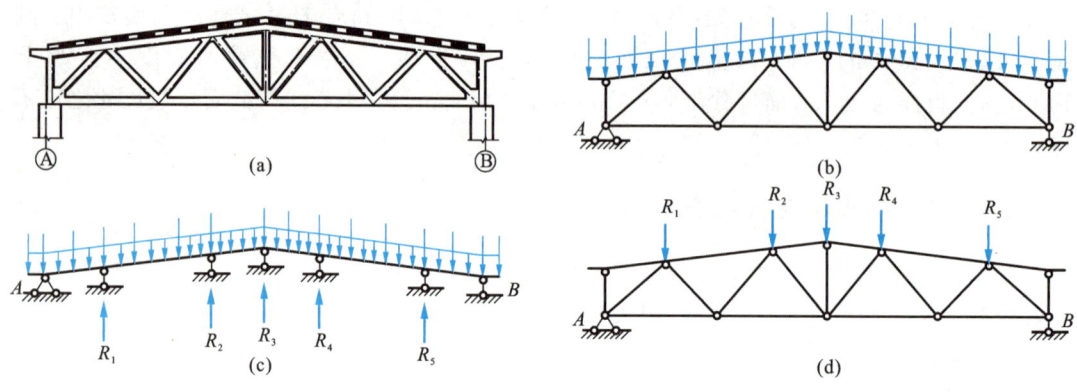

图 3.57 屋架计算简图

按上述方法求得的屋架内力反映了屋架受力的主要特点。实际上，钢筋混凝土屋架节点具有一定的刚性，并非理想铰接；在按连续梁计算上弦杆弯矩时，假定支座为不动铰支座，上弦节点随着腹杆的变形产生位移。屋架承载后，因节点刚性作用产生的内力及因节点位移产生的附加弯矩，称为次弯矩。次弯矩的大小主要取决于屋架整体刚度和杆件的线刚度。屋架的整体刚度越小，相邻节间变形就越大，次弯矩就越大；由于杆件线刚度与杆端弯矩成正比，故线刚度越大，次弯矩也越大。但由于混凝土是弹塑性材料，随着荷载的增加，屋架各杆件的相对刚度关系发生变化，次弯矩会重新分布；另外，混凝土徐变等因素对次弯矩也有一定影响。因此，钢筋混凝土屋架次弯矩计算是一个比较复杂的问题，设计时可参阅相关资料。

3.6.1.4 杆件截面设计及配筋构造要求

屋架上弦杆为小偏心受压构件，通常设计成对称配筋截面，上弦杆计算长度 l_0，在屋架平面内取节间距离;在屋架平面外,当屋盖为无檩体系时取 3 m,当屋盖为有檩体系时,取横向支撑与屋架上弦连接点间的间距。下弦杆一般按轴心受拉构件计算受拉承载力,并进行裂缝宽度验算。腹杆为轴心受力构件,若按压杆计算,计算长度在屋架平面外取其实际长度;在屋架平面内,当为端斜杆时取其实际长度,其他腹杆取实际长度的 80%,受拉腹杆需要进行裂缝宽度验算。

混凝土一般采用 C30～C50;预应力钢筋采用钢绞线、消除应力钢丝、螺旋肋钢丝等,普通钢筋用 HRB400 或 HRB500 级。

杆件纵向受力钢筋应满足下列构造要求:上弦杆纵向受力钢筋和预应力下弦杆的非预应力钢筋一般不少于 4⌽12;腹杆纵向钢筋不少于 4⌽10;各杆件箍筋采用封闭式,直径不小于 6 mm,间距在上、下弦中不大于 200 mm,在腹杆中不大于 250 mm。

3.6.1.5 屋架的扶直和吊装验算

屋架一般为平卧制作,施工时先扶直后吊装,其受力状态与使用阶段不同,故需进行施工阶段验算。

(1) 扶直验算

扶直是将屋架下弦转起,使下弦各节点不离地面,上弦以起吊点为支点,如图 3.58(a)所示,此时,上弦杆在屋架平面外受力最不利。故扶直验算实际上是验算上弦杆在屋架平面外的受弯承载力。对于直杆,由于其自身重力荷载引起的弯矩较小,一般不必验算。

(2) 吊装验算

屋架吊装时,其吊点设在上弦节点处,如图 3.58(b)所示,一般假定屋架重力荷载作用于下弦节点。屋架所受荷载虽然不大,但是受力状态可能在吊装时发生变化,下弦受压,上弦可能受拉,腹杆内力也随之变化,故需进行吊装阶段承载力和抗裂度验算。

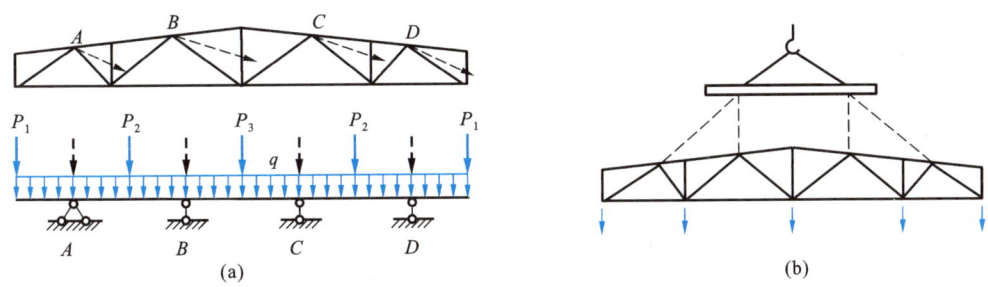

图 3.58 屋架扶直和吊装计算简图

(虚线表示屋架扶直和吊装时用的钢缆;虚箭头表示屋架起吊时钢缆的作用线)

3.6.2 吊车梁设计

吊车梁是厂房的主要承重构件,承受吊车在起重、运行时产生的各种移动荷载,同时对传递纵向水平荷载、加强厂房纵向刚度起着重要作用。吊车梁设计通常包括下列设计内容:截面尺寸的确定、内力计算和截面验算等。

3.6.2.1 截面尺寸的确定

吊车梁的截面一般为I形或T形,截面高度与吊车起重量有关,取 $h=(1/10\sim1/5)l$,l 为吊车梁的跨度,一般有 600 mm、900 mm、1200 mm、1500 mm 四种。吊车梁的上翼缘承受横向制动力产生的水平弯矩,翼缘宽度取 $b'_f=(1/15\sim1/10)l$,翼缘高度取 $h'_f=(1/10\sim1/7)h$ 。腹板厚度由抗剪和配筋构造要求确定,一般取腹板高度的 1/7～1/4。I形截面的下翼缘宜小于上翼缘,由布置预应力筋的构造决定。

3.6.2.2 吊车荷载的特点

(1) 吊车荷载是两组移动的集中荷载:吊车的竖向轮压和横向水平制动力。需要用影响线原理求出任意指定截面的最大内力,并分别进行这两组移动荷载作用下的正截面受弯和斜截面受剪承载力计算。

(2) 吊车荷载有冲击和振动作用。因此,计算吊车梁及其连接的强度时,要考虑吊车荷载的动力特征,设计吊车梁时相应的荷载乘以动力系数 μ ,对于 A1～A5 级软钩吊车,取 $\mu=1.05$;对于 A6～A8 级软钩吊车、硬钩吊车和其他特种吊车,取 $\mu=1.1$ 。

(3) 吊车荷载是重复荷载,为此,应对吊车梁的相应截面进行疲劳验算。

(4) 吊车荷载使吊车梁产生扭矩,为此,应计算扭矩并进行扭曲截面承载力验算。

3.6.2.3 截面验算

吊车梁是一种受力复杂的双向弯、剪、扭构件,且在使用阶段对其承载力、刚度和抗裂性要求较高,故需要按表 3.14 所示的内容进行验算。具体计算方法可参阅相关资料。

表 3.14 吊车梁截面验算项目

验算项目			恒荷载	吊车		附注
				台数	荷载	
受弯	承载力	竖向荷载下正截面受弯	g	2	μP_{max}	—
		横向水平荷载下正截面受弯	—	2	T	
	正截面抗裂	使用阶段	g	2	μP_{max}	
		施工阶段 制作	—	—	—	I
		施工阶段 运输	g	—	—	动力系数取 1.5
受弯剪扭	承载力	斜截面	g	2	μP_{max}	—
		扭曲截面	—	2	μP_{max} T	
		斜截面抗裂	g	2	μP_{max}	—

续表3.14

验算项目		恒荷载	吊车 台数	吊车 荷载	附注
疲劳强度	正截面	g	1	μP_{max}	—
	斜截面	g	1	μP_{max}	—
裂缝宽度		g	2	P_{max}	—
挠度		g	2	P_{max}	—

注：①g为恒荷载，包括吊车梁及轨道连接件的重力荷载；P_{max}为吊车最大轮压；T为吊车横向水平制动力；μ为动力系数。

②表格中Ⅰ代表当为预应力混凝土吊车梁时，要进行预应力混凝土构件制作时相应的验算。

3.6.3 抗风柱设计

抗风柱承受山墙传来的风荷载，为了避免抗风柱与端屋架相碰，应将抗风柱的上部截面高度适当减小，使其变成变截面柱，如图3.59(a)所示。

3.6.3.1 抗风柱的尺寸要求

柱顶标高低于屋架上弦中心线50 mm，这样，柱顶对屋架的作用力可通过弹簧板传至上弦中心线，不使上弦受扭；同时抗风柱边阶处的标高应低于屋架下弦底边200 mm，以防止屋架产生挠度时与抗风柱相碰，如图3.59(a)所示。

抗风柱的截面尺寸除满足表3.6截面尺寸的限制外，上柱截面尺寸不宜小于350 mm×300 mm，下柱截面高度不宜小于600 mm。

3.6.3.2 计算简图及内力计算

抗风柱内力分析时，将其简化为柱底固定于基础顶面，上柱顶面为不动铰支座支承于端屋架上弦节点处，如图3.59(b)所示。当屋架下弦设置横向水平支撑时，也可以将抗风柱与屋架下弦连接，作为抗风柱的另一个不动铰支座，如图3.59(c)、图3.59(d)所示。当在山墙的内侧设置水平抗风梁或抗风桁架时，则抗风梁(或桁架)也为抗风柱的一个支座。由于山墙的重力荷载一般由基础梁承受，故抗风柱主要承受风荷载，若忽略抗风柱自重，则可按变截面受弯构件进行设计。当山墙处设有连系梁时，除风荷载外，抗风柱要承受由连系梁传来的墙体重力荷载，则抗风柱可按偏心受压构件进行设计。

3.6.3.3 抗风柱构造

柱顶以下300 mm和牛腿面以上300 mm范围内的箍筋，直径不宜小于6 mm，间距不应大于100 mm，肢距不宜大于250 mm。在抗风柱的变截面牛腿处，宜设置纵向受拉钢筋。山墙抗风柱的柱顶应设置预埋板，使柱顶与端屋架的上弦(屋面梁上翼缘)可靠连接部位

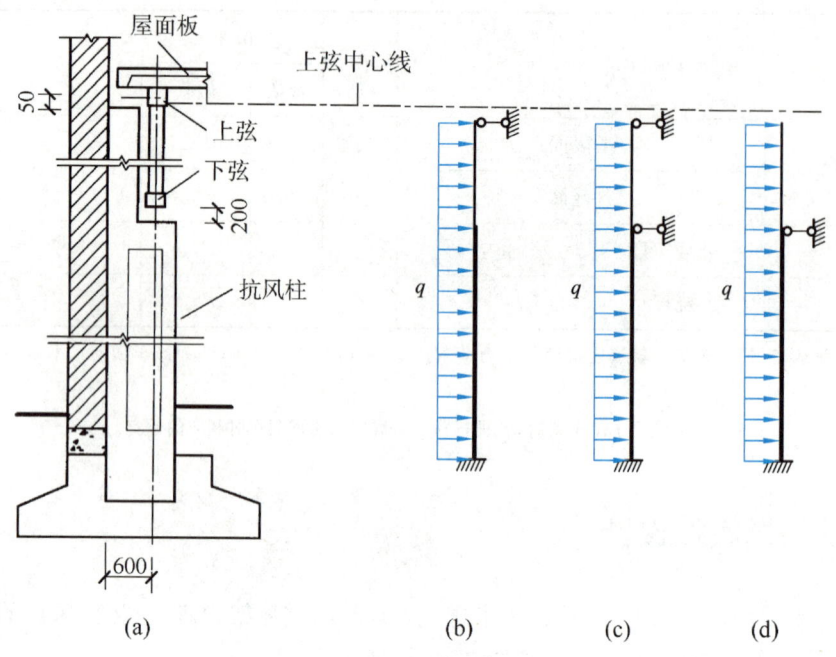

图 3.59 抗风柱计算简图
(a)抗风柱;(b)、(c)、(d)抗风柱计算简图

【在线测试】

位于上弦横向支撑与屋架的连接点处,无法满足要求时可在支撑处增设次腹杆或设置型钢横梁。

3.7 钢筋混凝土单层厂房排架结构设计实例

3.7.1 设计资料

(1)工程概况

某金工车间为两跨等高厂房,跨度均为 24 m,柱距均为 6 m,车间总长度为 66 m。每跨设有起重量为 20/5 t 吊车 2 台,吊车工作级别为 A5 级,轨顶标高不小于 9.60 m。厂房无天窗,采用卷材防水屋面,围护墙为 240 mm 厚双面清水砖墙,采用钢门窗,钢窗宽度为 3.6 m,室内外高差为 150 mm,素混凝土地面,厂房建筑剖面如图 3.60 所示。

(2)结构设计原始资料

厂房所在地点的基本风压为 0.35 kN/m²,地面粗糙度为 B 类;基本雪压为 0.25 kN/m²。风荷载的组合系数为 0.6,本例中其余可变荷载的组合值系数均为 0.7。土壤冻结深度为 0.3 m,建筑场地为Ⅰ级非自重湿陷性黄土,地基承载力特征值为 165 kN/m²,地下水位于地面以下 7 m,不考虑抗震设防。

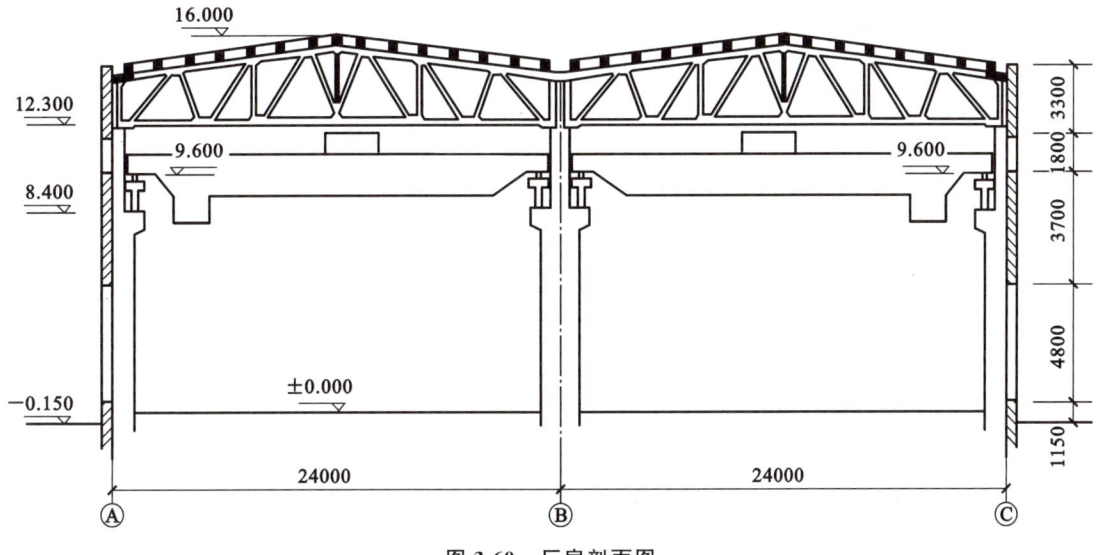

图 3.60 厂房剖面图

(3) 设计要求

① 分析厂房排架内力,并进行排架柱和基础的设计。

② 绘制排架柱和基础的施工图。

3.7.2 构件选型及柱截面尺寸确定

因该厂房跨度为 15~36 m,且柱顶标高大于 8 m,故采用钢筋混凝土排架结构。为保证屋盖的整体性和刚度,屋盖采用无檩体系。由于厂房屋面采用卷材防水做法,故选用屋面坡度较小而经济指标较好的预应力混凝土折线形屋架及预应力混凝土屋面板。普通钢筋混凝土吊车梁制作方便,当吊车起重量不大时,有较好的经济指标,故选用普通钢筋混凝土吊车梁。厂房各主要承重构件选型见表 3.15。

表 3.15 主要承重构件选型表

构件名称	标准图集	选用型号	重力荷载标准值
屋面板	G410(一) 1.5 m×6 m 预应力混凝土屋面板	YWB-2Ⅱ(中间跨) YWB-2Ⅱs(端跨)	1.4 kN/m² (包括灌缝重)
天沟板	G410(三) 1.5 m×6 m 预应力混凝土屋面板 (卷材防水天沟板)	TGB 68-1	1.91 kN/m²
屋架	G415(三) 预应力混凝土折线形屋架(跨度 24 m)	YWJA-24-1Aa	106 kN/榀 0.05 kN/m² (屋盖钢支撑)

续表3.15

构件名称	标准图集	选用型号	重力荷载标准值
吊车梁	G323(二) 钢筋混凝土吊车梁 (吊车工作级别为 A1～A5)	DL-9Z(中间跨) DL-9B(边跨)	39.5 kN/根 40.8 kN/根
轨道连接	G325(二) 吊车轨道连接详图	—	0.80 kN/m
基础梁	G320 钢筋混凝土基础梁	JL-3	16.7 kN/根

由设计资料可知,吊车轨顶标高为 9.60 m。对起重量为 20/5 t、工作级别为 A5 的吊车,当厂房跨度为 24 m 时,可求得吊车的跨度 $L_k=24-0.75\times 2=22.5$ m,由附表 4 可查得吊车轨顶以上高度为 2.3 m;根据选定吊车梁的高度 $h_b=1.20$ m,暂取轨道顶面至吊车梁顶面的距离 $h_a=0.20$ m,则牛腿顶面标高=轨顶标高$-h_b-h_a=9.60-1.20-0.20=8.20$ m。根据建筑模数的要求,牛腿顶面标高取为 8.40 m。考虑吊车行驶所需空隙尺寸 $h_7=220$ mm,柱顶标高可按下式计算:

$$柱顶标高 = 牛腿顶面标高 + h_b + h_a + 吊车高度 + h_7$$
$$= 8.40 + 1.20 + 0.20 + 2.30 + 0.22 = 12.32 \text{ m}$$

故柱顶(或屋架下弦底面)标高取为 12.30 m。设室内地面至基础顶面的距离为 0.5 m,则计算简图中柱的总高度 H、下柱高度 H_l 和上柱高度 H_u 分别为:

$$H=12.3+0.5=12.8 \text{ m}, H_l=8.4+0.5=8.9 \text{ m}, H_u=12.8-8.9=3.9 \text{ m}$$

根据柱的高度、吊车起重量及工作级别等条件,可由表 3.6 并参考表 3.8 确定柱截面尺寸为:

A、C 轴:
上柱:　　　　　　□ $b\times h=400$ mm$\times 400$ mm
下柱:　　　I $b_f\times h\times b\times h_f=400$ mm$\times 900$ mm$\times 100$ mm$\times 150$ mm
B 轴:
上柱:　　　　　　□ $b\times h=400$ mm$\times 600$ mm
下柱:　　　I $b_f\times h\times b\times h_f=400$ mm$\times 1000$ mm$\times 100$ mm$\times 150$ mm

3.7.3 定位轴线

横向定位轴线除端柱外,均通过柱截面几何中心。对起重量为 20/5 t、工作级别为 A5 的吊车,由附表 4 可查得轨道中心至吊车端部距离 $B_1=260$ mm;吊车桥架外边缘至上柱内边缘的净空宽度,一般取 $B_2\geqslant 80$ mm。对中柱,取纵向定位轴线为柱的几何中心,则 $B_3=300$ mm,故 $e=B_1+B_2+B_3=260+80+300=640$ mm<750 mm,符合要求。对边柱,取封闭式定位轴线,即纵向定位轴线与纵墙内皮重合,则 $B_3=400$ mm,故 $e=B_1+B_2+B_3=260+80+400=740$ mm<750 mm,亦符合要求。

3.7.4 计算简图及柱的计算参数

由于该金工车间厂房，工艺无特殊要求，且结构布置及荷载分布(除吊车荷载外)均匀，故可取一榀横向排架作为基本的计算单元，单元的宽度为两相邻柱间中心线之间的距离，即 $B=6.0$ m，如图 3.61(a)所示；计算简图如图 3.61(b)所示。

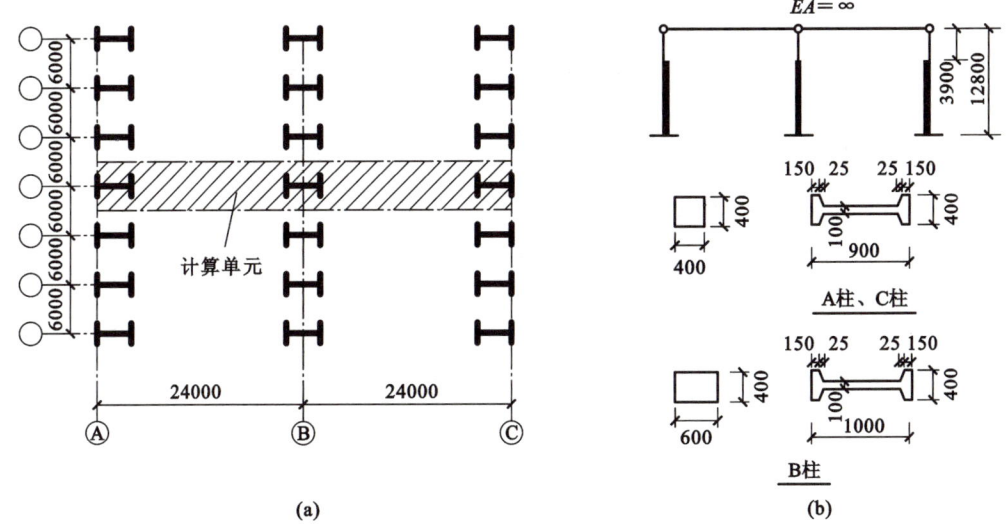

图 3.61 计算单元和计算简图

由柱的截面尺寸，可计算求得柱的计算参数，见表 3.16。

表 3.16 柱的计算参数

柱号		截面尺寸/mm	面积/mm²	惯性矩/mm⁴	自重/(kN/m)
A,C	上柱	□400×400	$1.6×10^5$	$21.3×10^8$	4.0
	下柱	I 400×900×100×150	$1.875×10^5$	$195.38×10^8$	4.69
B	上柱	□400×600	$2.4×10^5$	$72×10^8$	6.0
	下柱	I 400×1000×100×150	$1.975×10^5$	$256.34×10^8$	4.94

3.7.5 荷载计算

3.7.5.1 恒荷载

(1) 屋盖恒荷载

为了简化计算，天沟板及相应构造层的恒荷载，取与一般屋面恒荷载相同。

高聚物改性沥青防水层	0.35 kN/m²
20 mm 厚水泥砂浆找平层	20×0.02＝0.40 kN/m²
100 mm 厚水泥蛭石保温层	5×0.1＝0.50 kN/m²
合成高分子隔汽层	0.05 kN/m²
20 mm 厚水泥砂浆找平层	20×0.02＝0.40 kN/m²
预应力混凝土屋面板(包括灌缝)	1.40 kN/m²
屋盖钢支撑	0.05 kN/m²
	3.15 kN/m²

屋架重力荷载为 106 kN/榀,则作用于柱顶的屋盖结构自重标准值为:

$$G_1 = 3.15 \times 6 \times \frac{24}{2} + \frac{106}{2} = 279.80 \text{ kN}$$

(2) 吊车梁及轨道自重标准值

$$G_3 = 39.5 + 0.8 \times 6 = 44.30 \text{ kN}$$

(3) 柱自重标准值

A、C 轴　　上柱:$G_{4A} = G_{4C} = 4 \times 3.9 = 15.60$ kN

下柱:$G_{5A} = G_{5C} = 4.69 \times 8.9 = 41.74$ kN

B 轴　　上柱:$G_{4B} = 6 \times 3.9 = 23.40$ kN

下柱:$G_{5B} = 4.94 \times 8.9 = 43.97$ kN

各项恒荷载作用位置如图 3.62 所示。

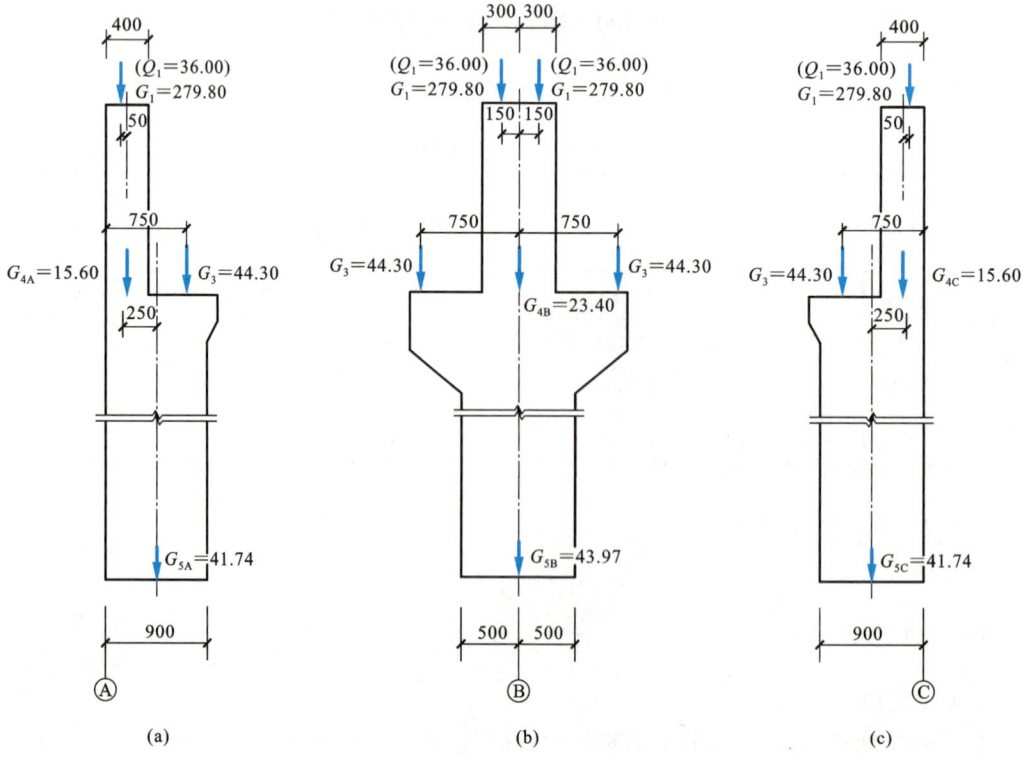

图 3.62　荷载作用位置图(荷载单位:kN)

3.7.5.2 屋面活荷载

由《建筑结构荷载规范》(GB 50009—2012)查得,屋面均布活荷载标准值为 $0.5\ \text{kN/m}^2$,屋面雪荷载标准值为 $0.25\ \text{kN/m}^2$,由于后者小于前者,故仅按屋面均布活荷载计算。作用于柱顶的屋面活荷载标准值为:

$$Q_1 = 0.5 \times 6 \times \frac{24}{2} = 36.00\ \text{kN}$$

Q_1 的作用位置与 G_1 作用位置相同,如图 3.62 所示。

3.7.5.3 吊车荷载

对起重量为 20/5 t 吊车,查附表 5 并将吊车的起重量、最大轮压和最小轮压进行单位换算,可得:

$Q = 200\ \text{kN}$, $P_{\max} = 215\ \text{kN}$, $P_{\min} = 45\ \text{kN}$, $B = 5.55\ \text{m}$, $K = 4.40\ \text{m}$, $Q_1 = 75\ \text{kN}$

根据 B 及 K,可算得吊车梁支座反力影响线中各轮压对应点的竖向坐标值,如图 3.63 所示,据此可求得吊车作用于柱上的吊车荷载。

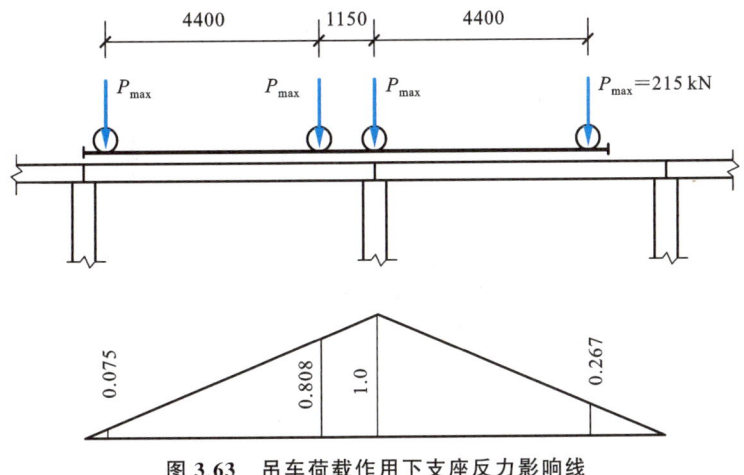

图 3.63 吊车荷载作用下支座反力影响线

(1) 吊车竖向荷载

吊车竖向荷载标准值为:

$$D_{\max} = P_{\max} \sum y_i = 215 \times (1 + 0.808 + 0.267 + 0.075) = 462.25\ \text{kN}$$

$$D_{\min} = P_{\min} \sum y_i = 45 \times (1 + 0.808 + 0.267 + 0.075) = 96.75\ \text{kN}$$

(2) 吊车横向水平荷载

作用于每一个轮子上的吊车横向水平制动力:

$$T = \frac{1}{4}\alpha(Q + Q_1) = \frac{1}{4} \times 0.1 \times (200 + 75) = 6.875\ \text{kN}$$

同时作用于吊车两端每个排架柱上的吊车横向水平荷载标准值为:

$$T_{\max} = T \sum y_i = 6.875 \times (1 + 0.808 + 0.267 + 0.075) = 14.78\ \text{kN}$$

3.7.5.4 风荷载

风荷载标准值按式(3.12)计算,其中基本风压 $w_0=0.35\ \text{kN/m}^2$, $\beta_z=1.0$,按 B 类地面粗糙度,根据厂房各部分标高(图 3.60)由附表 4.2 可查得风压高度变化系数 μ_z 为:

柱顶(标高 12.30 m): $\mu_z=1.064$;
檐口(标高 14.60 m): $\mu_z=1.129$;
屋顶(标高 16.00 m): $\mu_z=1.170$。

风荷载体形系数 μ_s 如图 3.64(a)所示,则由式(3.12)可得排架迎风面及背风面的风荷载标准值分别为:

$$w_{1k}=\beta_z\mu_{s1}\mu_z w_0=1.0\times0.8\times1.064\times0.35=0.298\ \text{kN/m}^2$$
$$w_{2k}=\beta_z\mu_{s2}\mu_z w_0=1.0\times0.4\times1.064\times0.35=0.149\ \text{kN/m}^2$$

则作用于排架计算简图[图 3.64(b)]上的风荷载标准值为:

$$q_1=0.298\times6.0=1.79\ \text{kN/m}$$
$$q_2=0.149\times6.0=0.89\ \text{kN/m}$$
$$F_w=[(\mu_{s1}+\mu_{s2})\mu_z h_1+(\mu_{s3}+\mu_{s4})\mu_z h_2]\beta_z w_0 B$$
$$=[(0.8+0.4)\times1.129\times2.3+(-0.6+0.5)\times1.17\times1.4]\times1.0\times0.35\times6.0=6.20\ \text{kN}$$

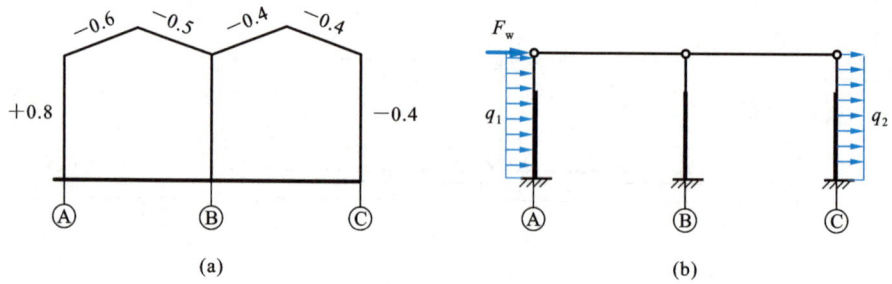

图 3.64 风荷载体形系数及排架计算简图
(a)风荷载体形系数;(b)排架计算简图

3.7.6 排架内力分析

该厂房为两跨等高排架,可用剪力分配法进行排架内力分析。其中柱顶位移系数 C_0 和柱的剪力分配系数 η_i 计算结果见表 3.17。

表 3.17 柱顶位移系数与柱剪力分配系数

柱 别	$n=I_u/I_l$ $\lambda=H_u/H$	$C_0=3/[1+\lambda^3(1/n-1)]$ $\delta=\dfrac{H}{C_0EI_l}$	$\eta_i=\dfrac{1/\delta_i}{\sum 1/\delta_i}$
A、C 柱	$n=0.109$ $\lambda=0.305$	$C_0=2.435$ $\delta_A=\delta_C=0.210\times10^{-10}\dfrac{H^3}{E}$	$\eta_A=\eta_C=0.285$
B 柱	$n=0.281$ $\lambda=0.305$	$C_0=2.797$ $\delta_B=0.139\times10^{-10}\dfrac{H^3}{E}$	$\eta_B=0.430$

3.7.6.1 恒荷载作用下排架内力分析

恒荷载作用下排架的计算简图如图 3.65(a)所示。图中的重力荷载 $\overline{G}$ 及力矩 M 是根据图 3.62 确定的,即:

$$\overline{G}_1 = G_1 = 279.80 \text{ kN}$$

$$\overline{G}_2 = G_3 + G_{4A} = 44.30 + 15.60 = 59.90 \text{ kN}$$

$$\overline{G}_3 = G_{5A} = 41.74 \text{ kN}$$

$$\overline{G}_4 = 2G_1 = 2 \times 279.80 = 559.60 \text{ kN}$$

$$\overline{G}_5 = G_{4B} + 2G_3 = 23.40 + 2 \times 44.30 = 112.00 \text{ kN}$$

$$\overline{G}_6 = G_{5B} = 43.97 \text{ kN}$$

$$M_1 = \overline{G}_1 e_1 = 279.80 \times 0.05 = 13.99 \text{ kN·m}$$

$$M_2 = (\overline{G}_1 + G_{4A})e_0 - G_3 e_3 = (279.80 + 15.60) \times 0.25 - 44.30 \times 0.3 = 60.56 \text{ kN·m}$$

由于图 3.65(a)所示排架为对称结构且作用对称荷载,排架结构无侧移,故各柱可按柱顶为不动铰支座计算内力。柱顶不动铰支座反力 R_i 可根据相应公式计算。

对于 A、C 柱,$n=0.109$,$\lambda=0.305$,则:

$$C_1 = \frac{3}{2} \times \frac{1-\lambda^2\left(1-\dfrac{1}{n}\right)}{1+\lambda^3\left(\dfrac{1}{n}-1\right)} = 2.143$$

$$C_3 = \frac{3}{2} \times \frac{1-\lambda^2}{1+\lambda^3\left(\dfrac{1}{n}-1\right)} = 1.104$$

$$R_A = \frac{M_1}{H}C_1 + \frac{M_2}{H}C_3 = \frac{13.99 \times 2.143 + 60.56 \times 1.104}{12.8} = 7.57 \text{ kN}$$

$$R_C = -7.57 \text{ kN}$$

对于 B 柱,有:

$$R_B = 0$$

求得柱顶反力 R_i 后,可根据平衡条件求得柱各截面的弯矩和剪力。柱各截面的轴力为该截面以上重力荷载之和。

恒荷载作用下排架结构的弯矩图、轴力图和柱底剪力分别见图 3.65(b)、图 3.65(c)。本例题中,排架柱的弯矩、剪力和轴力的正负号规定如图 3.65(d)所示,弯矩图和柱底剪力均未标出正负号,弯矩图画在受拉一侧,柱底剪力按实际方向标出。

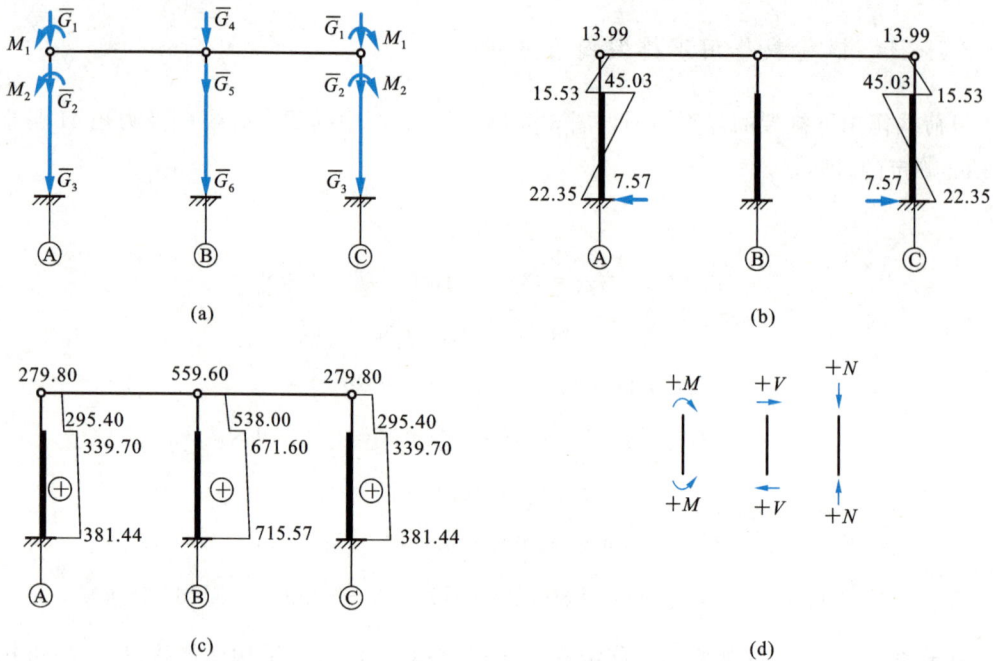

图 3.65 恒荷载作用下排架内力图

3.7.6.2 屋面活荷载作用下排架内力分析

(1) AB 跨作用屋面活荷载

排架计算简图如图 3.66(a)所示。屋架传至柱顶的集中荷载 $Q_1=36.00$ kN，它在柱顶及变阶处引起的力矩分别为：

$$M_{1A}=36.00\times 0.05=1.80 \text{ kN}\cdot\text{m}$$
$$M_{2A}=36.00\times 0.25=9.00 \text{ kN}\cdot\text{m}$$
$$M_{1B}=36.00\times 0.15=5.40 \text{ kN}\cdot\text{m}$$

对于 A 柱，$C_1=2.143,C_3=1.104$，则：

$$R_A=\frac{M_{1A}}{H}C_1+\frac{M_{2A}}{H}C_3=\frac{1.80\times 2.143+9.00\times 1.104}{12.8}=1.08 \text{ kN}(\rightarrow)$$

对于 B 柱，$n=0.281,\lambda=0.305$，则：

$$C_1=\frac{3}{2}\times\frac{1-\lambda^2\left(1-\frac{1}{n}\right)}{1+\lambda^3\left(\frac{1}{n}-1\right)}=1.731$$

$$R_B=\frac{M_{1B}}{H}C_1=\frac{5.40\times 1.731}{12.8}=0.73 \text{ kN}(\rightarrow)$$

则排架柱顶不动铰支座总反力为：

$$R=R_A+R_B=1.08+0.73=1.81 \text{ kN}(\rightarrow)$$

将 R 反向作用于排架柱顶,用式(3.23)计算相应的柱顶剪力,并与柱顶不动铰支座反力叠加,可得屋面活荷载作用于 AB 跨时的柱顶剪力,即:

$$V_A = R_A - \eta_A R = 1.08 - 0.285 \times 1.81 = 0.56 \text{ kN}(\rightarrow)$$
$$V_B = R_B - \eta_B R = 0.73 - 0.43 \times 1.81 = -0.05 \text{ kN}(\leftarrow)$$
$$V_C = -\eta_C R = -0.285 \times 1.81 = -0.52 \text{ kN}(\leftarrow)$$

排架各柱的弯矩图、轴力图及柱底剪力值如图 3.66(b)、图 3.66(c)所示。

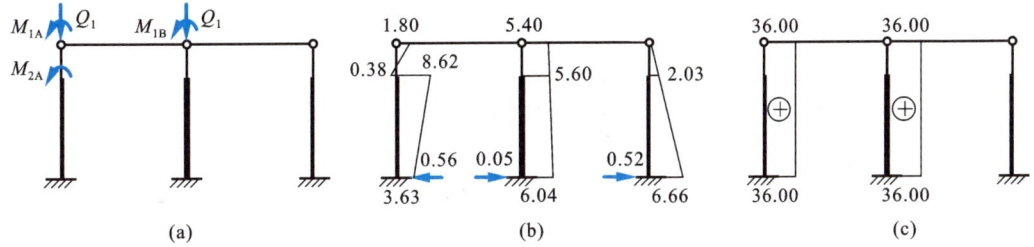

图 3.66 AB 跨作用屋面活荷载时排架内力图

(2) BC 跨作用屋面活荷载

由于结构对称,且 BC 跨与 AB 跨作用荷载相同,故只需将图 3.66 中各内力图的位置及方向调整一下即可,如图 3.67 所示。

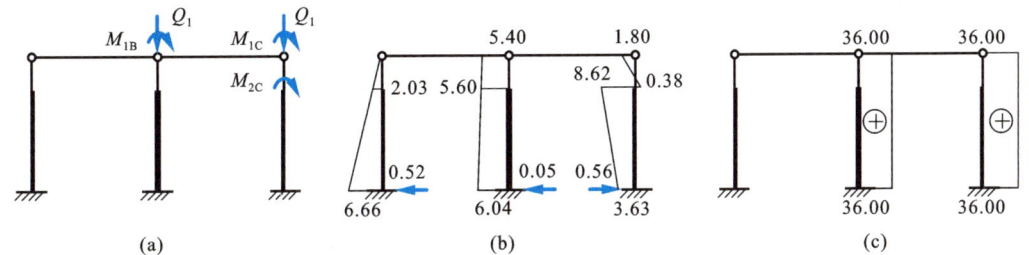

图 3.67 BC 跨作用屋面活荷载时排架内力图

3.7.6.3 吊车荷载作用下排架内力分析(不考虑厂房整体空间作用)

(1) D_{max} 作用于 A 柱

计算简图如图 3.68(a)所示。吊车竖向荷载 D_{max}、D_{min} 在牛腿顶面处引起的力矩分别为:

$$M_A = D_{max} e_3 = 462.25 \times 0.3 = 138.68 \text{ kN} \cdot \text{m}$$
$$M_B = D_{min} e_3 = 96.75 \times 0.75 = 72.56 \text{ kN} \cdot \text{m}$$

对于 A 柱,$C_3 = 1.104$,则:

$$R_A = -\frac{M_A}{H} C_3 = -\frac{138.68}{12.8} \times 1.104 = -11.96 \text{ kN}(\leftarrow)$$

对于 B 柱,$n = 0.281$,$\lambda = 0.305$,则:

$$C_3 = \frac{3}{2} \times \frac{1 - \lambda^2}{1 + \lambda^3 (\frac{1}{n} - 1)} = 1.268$$

$$R_B = \frac{M_B}{H}C_3 = \frac{72.56}{12.8} \times 1.268 = 7.19 \text{ kN}(\rightarrow)$$

$$R = R_A + R_B = -11.96 + 7.19 = -4.77 \text{ kN}(\leftarrow)$$

排架各柱顶剪力分别为：

$$V_A = R_A - \eta_A R = -11.96 + 0.285 \times 4.77 = -10.60 \text{ kN}(\leftarrow)$$

$$V_B = R_B - \eta_B R = 7.19 + 0.43 \times 4.77 = 9.24 \text{ kN}(\rightarrow)$$

$$V_C = -\eta_C R = 0.285 \times 4.77 = 1.36 \text{ kN}(\rightarrow)$$

排架各柱的弯矩图、轴力图及柱底剪力值如图 3.68(b)、图 3.68(c)所示。

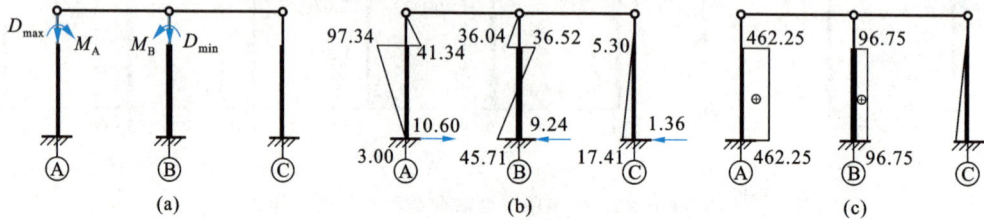

图 3.68 D_{max} 作用于 A 柱时排架内力图

(2) D_{max} 作用于 B 柱左

计算简图如图 3.69(a)所示。吊车竖向荷载 D_{min}、D_{max} 在牛腿顶面处引起的力矩分别为：

$$M_A = D_{min}e_3 = 96.75 \times 0.3 = 29.03 \text{ kN} \cdot \text{m}$$

$$M_B = D_{max}e_3 = 462.25 \times 0.75 = 346.69 \text{ kN} \cdot \text{m}$$

柱顶不动铰支座反力 R_A、R_B 及总反力 R 分别为：

$$R_A = -\frac{M_A}{H}C_3 = -\frac{29.03}{12.8} \times 1.104 = -2.50 \text{ kN}(\leftarrow)$$

$$R_B = \frac{M_B}{H}C_3 = \frac{346.69}{12.8} \times 1.268 = 34.34 \text{ kN}(\rightarrow)$$

$$R = R_A + R_B = -2.50 + 34.34 = 31.84 \text{ kN}(\rightarrow)$$

各柱顶剪力分别为：

$$V_A = R_A - \eta_A R = -2.50 - 0.285 \times 31.84 = -11.57 \text{ kN}(\leftarrow)$$

$$V_B = R_B - \eta_B R = 34.34 - 0.43 \times 31.84 = 20.65 \text{ kN}(\rightarrow)$$

$$V_C = -\eta_C R = -0.285 \times 31.84 = -9.07 \text{ kN}(\leftarrow)$$

排架各柱的弯矩图、轴力图及柱底剪力值如图 3.69(b)、图 3.69(c)所示。

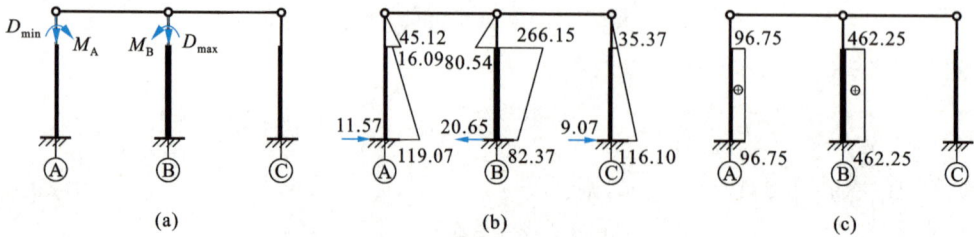

图 3.69 D_{max} 作用于 B 柱左时排架内力图

(3) D_{max} 作用于 B 柱右

根据结构对称性及吊车起重量相等的条件,其内力计算与"D_{max} 作用于 B 柱左"时的情况相同,只需将 A、C 柱内力对换并改变全部弯矩及剪力符号,如图 3.70 所示。

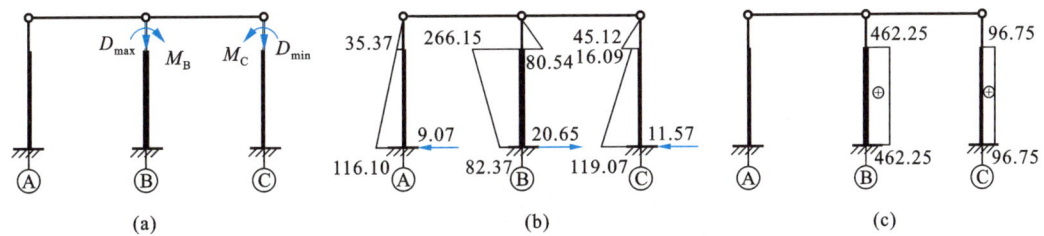

图 3.70 D_{max} 作用于 B 柱右时排架内力图

(4) D_{max} 作用于 C 柱

同理,将"D_{max} 作用于 A 柱"情况的 A、C 柱内力对换,并注意改变内力符号,可求得各柱的内力,如图 3.71 所示。

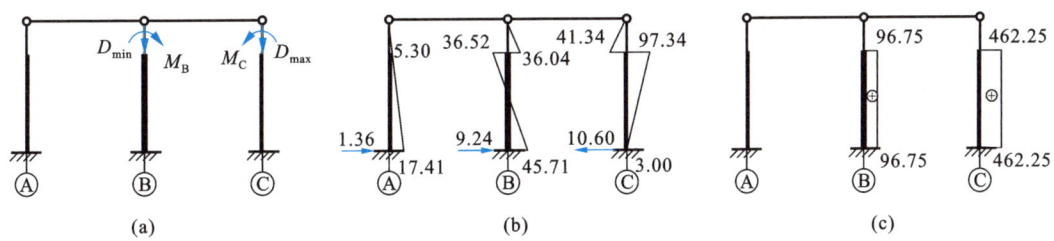

图 3.71 D_{max} 作用于 C 柱时排架内力图

(5) T_{max} 作用于 AB 跨

当 AB 跨作用吊车横向水平荷载时,排架计算简图如图 3.72(a)所示。

对于 A 柱,$n=0.109$,$\lambda=0.305$,$a=(3.9-1.2)/3.9=0.692$,则:

$$C_5 = \frac{2-3a\lambda+\lambda^3\left[\dfrac{(2+a)(1-a)^2}{n}-(2-3a)\right]}{2\left[1+\lambda^3\left(\dfrac{1}{n}-1\right)\right]} = 0.559$$

$$R_A = -T_{max}C_5 = -14.78 \times 0.559 = -8.26 \text{ kN}(\leftarrow)$$

对于 B 柱,$n=0.281$,$\lambda=0.305$,$a=0.692$,$C_5=0.650$,则:

$$R_B = -T_{max}C_5 = -14.78 \times 0.650 = -9.61 \text{ kN}(\leftarrow)$$

排架柱顶不动铰支座总反力 R 为:

$$R = R_A + R_B = -8.26 - 9.61 = -17.87 \text{ kN}(\leftarrow)$$

将 R 反作用于排架柱顶,用式(3.23)计算相应的柱顶剪力,并与柱顶不动铰支座反力叠加,可得屋面荷载作用于 AB 跨时的柱顶剪力,即:

$$V_A = R_A - \eta_A R = -8.26 + 0.285 \times 17.87 = -3.17 \text{ kN}(\leftarrow)$$
$$V_B = R_B - \eta_B R = -9.61 + 0.43 \times 17.87 = -1.93 \text{ kN}(\leftarrow)$$
$$V_C = -\eta_C R = 0.285 \times 17.87 = 5.09 \text{ kN}(\rightarrow)$$

排架各柱的弯矩图及柱底剪力值如图3.72(b)所示。当T_{max}方向相反时,弯矩图和剪力只改变符号,数值不变。

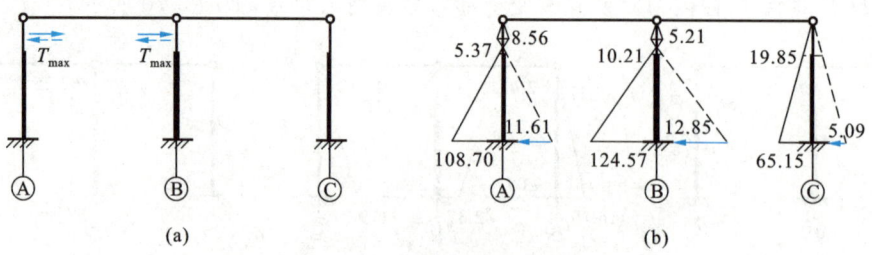

图3.72 T_{max}作用于AB跨时排架内力图

(6) T_{max}作用于BC跨柱

由于结构对称及吊车起重量相等,故排架内力计算与"T_{max}作用于AB跨"的情况相同,仅需将A柱与C柱的内力对换,如图3.73所示。当T_{max}方向相反时,弯矩图和剪力只改变符号,数值不变。

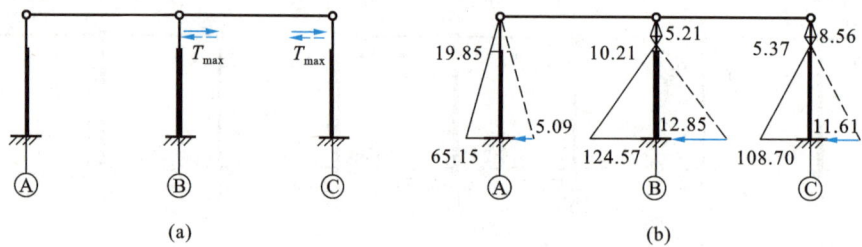

图3.73 T_{max}作用于BC跨时排架内力图

3.7.6.4 风荷载作用下排架内力分析

(1) 左吹风时

计算简图如图3.74(a)所示。

对于A、C柱,$n=0.109$,$\lambda=0.305$,则:

$$C_{11}=\frac{3[1+\lambda^4(\frac{1}{n}-1)]}{8[1+\lambda^3(\frac{1}{n}-1)]}=0.326$$

$$R_A=-q_1HC_{11}=-1.79\times12.8\times0.326=-7.47\text{ kN}(\leftarrow)$$
$$R_C=-q_2HC_{11}=-0.89\times12.8\times0.326=-3.71\text{ kN}(\leftarrow)$$
$$R=R_A+R_C+F_w=-7.47-3.71-6.20=-17.38\text{ kN}(\leftarrow)$$

各柱顶剪力分别为:

$$V_A=R_A-\eta_AR=-7.47+0.285\times17.38=-2.52\text{ kN}(\leftarrow)$$
$$V_B=-\eta_BR=0.43\times17.38=7.47\text{ kN}(\rightarrow)$$
$$V_C=R_C-\eta_CR=-3.71+0.285\times17.38=1.24\text{ kN}(\rightarrow)$$

排架内力图如图3.74(b)所示。

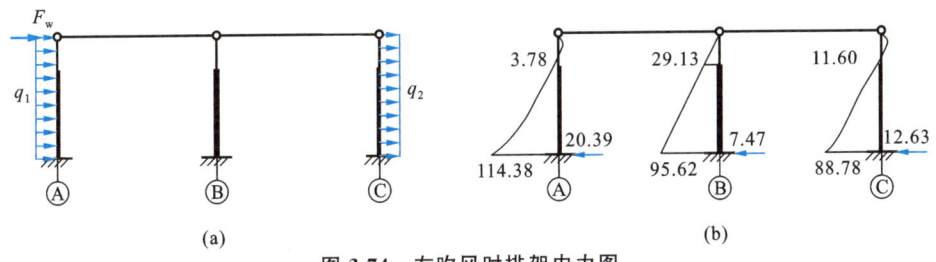

图 3.74　左吹风时排架内力图

(2) 右吹风时

计算简图如图 3.75(a) 所示。将图 3.74(b) 所示 A、C 柱内力图对换,并改变内力符号即可,如图 3.75(b) 所示。

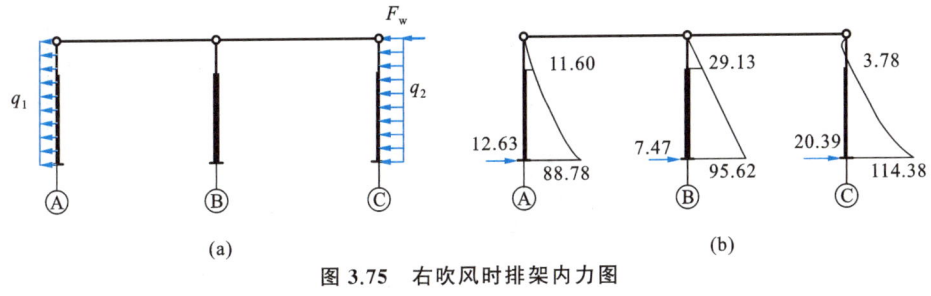

图 3.75　右吹风时排架内力图

3.7.7　内力组合

以 A 柱内力组合为例。控制截面分别取上柱底部截面 I—I、牛腿顶截面 II—II 和下柱底截面 III—III,如图 3.40 所示。表 3.18 为各种荷载作用下 A 柱各控制截面的内力标准值汇总表。表中控制截面及正号内力方向如表 3.18 中的例图所示。

荷载效应的基本组合按式(3.25)进行。在每种荷载效应组合中,对矩形和 I 形截面柱均应考虑以下四种组合,即:

(1) $+M_{max}$ 及相应的 N、V。

(2) $-M_{max}$ 及相应的 N、V。

(3) N_{max} 及相应的 M、V。

(4) N_{min} 及相应的 M、V。

由于本例不考虑抗震设防,故除下柱底截面 III—III 外,其他截面的不利内力组合未给出所对应的剪力值。

对柱进行裂缝宽度验算和基础下地基的承载力计算时,需采用荷载效应的标准组合。为简化计算,在荷载效应标准组合时,可参照按承载能力极限状态的基本组合,即按式(3.25)进行,但取荷载分项系数为1。表 3.19 为 A 柱荷载效应的基本组合和相应的标准组合。

表 3.18 各种荷载单独作用下 A 柱各控制截面内力标准值汇总表

控制截面及正向内力	荷载类别	恒荷载效应 S_{Gk}	屋面活荷载效应 S_{Qk}		吊车竖向荷载效应 S_{Qk}			吊车水平荷载效应 S_{Qk}		风荷载效应 S_{Qk}	
			作用在 AB 跨	作用在 BC 跨	D_{max} 作用在 A 柱	D_{max} 作用在 B 柱左	D_{max} 作用在 B 柱右	D_{max} 作用在 C 柱	T_{max} 作用在 AB 跨	T_{max} 作用在 BC 跨	左风	右风
	弯矩图及柱底截面内力											
	序号	①	②	③	④	⑤	⑥	⑦	⑧	⑨	⑩	⑪
Ⅰ—Ⅰ	M_k	15.53	0.38	2.03	−41.34	−45.12	35.37	−5.30	±5.37	±19.85	3.78	−11.60
	N_k	295.40	36.00	0	0	0	0	0	0	0	0	0
Ⅱ—Ⅱ	M_k	−45.03	−8.62	2.03	97.34	−16.09	35.37	−5.30	±5.37	±19.85	3.78	−11.60
	N_k	339.70	36.00	0	462.25	96.75	116.10	−17.41	±108.70	±65.15	114.38	−88.78
Ⅲ—Ⅲ	M_k	22.35	−3.63	6.66	3.00	−119.07	0	0	0	0	0	0
	N_k	381.44	36.00	0	462.25	96.75	116.10	−17.41	±108.70	±65.15	114.38	−88.78
	V_k	7.57	0.56	0.52	−10.60	−11.57	9.07	−1.36	±11.61	±5.09	20.39	−12.63

注：M 单位为 kN·m，N 单位为 kN，V 单位为 kN。

3 钢筋混凝土单层厂房

表 3.19　A 柱荷载效应组合表

基本组合：$S = \sum_{j=1}^{m}\gamma_{Gj}S_{Gjk} + \gamma_{Q1}\gamma_{L1}S_{Q1k} + \sum_{i=2}^{n}\gamma_{Qi}\gamma_{Li}\psi_{ci}S_{Qik}$

截面		$+M_{max}$ 及相应 N,V		$-M_{max}$ 及相应 N,V		N_{max} 及相应 M,V		N_{min} 及相应 M,V	
Ⅰ—Ⅰ	M	$1.3\times①+1.5\times0.7\times$ $(②+③)+1.5\times1.5\times0.9\times$ $⑥+1.5\times0.7\times$ $0.9\times⑨+1.5\times0.6$ $\times⑪$	92.63	$①+1.5\times0.8\times⑤+$ $1.5\times0.7\times0.8\times⑦+$ $1.5\times0.6\times⑪$	−72.26	$1.3\times①+1.5\times②+$ $1.5\times0.7\times③+1.5\times$ $0.7\times0.9\times(⑥+$ $⑨)+1.5\times0.6\times⑪$	78.48	$①+1.5\times0.7\times③+$ $1.5\times0.9\times⑥+1.5$ $\times0.7\times0.9$ $⑨)+1.5\times0.6\times⑪$	87.57
	N		421.82		295.40		438.02		295.40
Ⅱ—Ⅱ	M	$①+1.5\times0.7\times$ $③+1.5\times0.7\times0.8\times$ $(④+⑥)+1.5\times1.5\times$ $0.7\times0.9\times⑨+$ $1.5\times0.6\times⑪$	125.78	$①+1.5\times0.7\times$ $③+1.5\times0.8\times$ $(⑤+⑦)+1.5\times$ $0.7\times0.9\times⑨+$ $1.5\times0.6\times⑪$	−122.80	$1.3\times①+1.5\times0.7\times$ $(②+③)+1.5\times$ $④+1.5\times0.7\times0.9\times$ $⑧+1.5\times0.6\times⑪$	74.43	$①+1.5\times0.7\times0.9\times$ $⑦+1.5\times0.7\times0.9\times⑨+$ $1.5\times0.6\times⑪$	−87.28
	N		894.40		560.68		1103.45		339.70
Ⅲ—Ⅲ	M	$1.3\times①+1.5\times0.7\times$ $③+1.5\times0.7\times0.8\times$ $(④+⑥)+1.5\times1.5\times$ $0.9\times⑧+1.5\times$ $0.6\times⑪$	410.38	$①+0.7\times1.5\times②+$ $1.5\times0.7\times0.8\times$ $(⑤+⑦)+1.5\times$ $1.5\times⑧$	−332.00	$1.3\times①+1.5\times0.7\times$ $(②+③)+1.5\times$ $④+1.5\times0.7\times0.9\times$ $⑧+1.5\times0.6\times⑪$	241.95	$①+1.5\times0.7\times$ $③+1.5\times0.7\times0.7\times$ $0.9\times(⑥+⑨)+$ $1.5\times⑪$	372.19
	N		884.16		500.51		1157.71		381.44
	V		50.66		−32.62		25.99		52.08
	M_k	$①+0.7\times③+0.7$ $\times0.8\times(④+⑥)+$ $0.7\times0.9\times⑧+⑪$	276.57	$①+0.7\times(②+③)+$ $0.8\times(⑤+⑦)+0.7\times0.7\times$ $0.9\times④+0.7\times⑧+0.9\times⑪$	−213.88	$①+0.7\times(②+③)+$ $0.9\times④+0.7\times0.9\times$ $⑧+0.6\times⑪$	164.28	$①+0.7\times③+0.7\times$ $0.9\times(⑥+⑨)+⑪$	255.58
	N_k		640.30		460.82		822.67		381.44
	V_k		34.78		−19.22		18.33		37.25

注：M 单位为 kN·m，N 单位为 kN，V 单位为 kN。

3.7.8 柱截面设计

仍以 A 柱为例，混凝土强度等级为 C30，$f_c=14.3 \text{ N/mm}^2$，$f_{tk}=2.01 \text{ N/mm}^2$；纵向钢筋采用 HRB400 级，$f_y=f_y'=360 \text{ N/mm}^2$，$\xi_b=0.518$。上、下柱均采用对称配筋。

3.7.8.1 选取控制截面最不利内力

对上柱，截面的有效高度取 $h_0=400-40=360 \text{ mm}$，则大偏心受压和小偏心受压界限破坏时对应的轴向压力为：

$$N_b=\alpha_1 f_c b h_0 \xi_b=1.0\times14.3\times400\times360\times0.518=1066.67 \text{ kN}$$

当 $N\leqslant N_b=1066.67 \text{ kN}$ 时，为大偏心受压；由表 3.19 可见，上柱 Ⅰ—Ⅰ 截面共有 4 组不利内力。经判别，4 组内力为大偏心受压。对 4 组大偏心受压内力，按照"弯矩相差不多时，轴力越小越不利；轴力相差不多时，弯矩越大越不利"的原则，可确定上柱的最不利内力为：

$$\begin{cases} M=87.57 \text{ kN·m} \\ N=295.40 \text{ kN} \end{cases}$$

对下柱，截面的有效高度取 $h_0=900-40=860 \text{ mm}$，则大偏心受压和小偏心受压界限破坏时对应的轴向压力为：

$$\begin{aligned} N_b &= \alpha_1 f_c [b h_0 \xi_b + (b_f'-b) h_f'] \\ &= 1.0\times14.3\times[100\times860\times0.518+(400-100)\times150] \\ &= 1280.54 \text{ kN} \end{aligned}$$

当 $N\leqslant N_b=1280.54 \text{ kN}$ 时，为大偏心受压；由表 3.19 可见，下柱 Ⅱ—Ⅱ 和 Ⅲ—Ⅲ 截面共有 8 组不利内力。经判别，其中 3 组内力为大偏心受压；5 组内力为小偏心受压且均满足 $N<N_b=1280.54 \text{ kN}$，故小偏心受压均为构造配筋。对 3 组大偏心受压内力，采用与上柱 Ⅰ—Ⅰ 截面相同的分析方法，可确定下柱的最不利内力为：

$$\begin{cases} M=410.38 \text{ kN·m} \\ N=884.16 \text{ kN} \end{cases} ; \begin{cases} M=372.19 \text{ kN·m} \\ N=381.44 \text{ kN} \end{cases}$$

3.7.8.2 上柱配筋计算

由上述分析结果可知，上柱取下列最不利内力进行配筋计算：

$$M_1=0; M_2=87.57 \text{ kN·m}; N=295.40 \text{ kN}$$

由表 3.10 查得有吊车厂房排架方向上柱的计算长度为 $l_c=l_0=2\times3.9=7.8 \text{ m}$；由表 3.16 可计算得出上柱截面的回转半径 $i=115.4 \text{ mm}$。

经计算，$\dfrac{l_c}{i}=\dfrac{7800}{115.4}=67.59>34-12\dfrac{M_1}{M_2}=34$，因此应考虑附加弯矩的影响。$e_a$ 取 20 mm 和 $\dfrac{h}{30}=\dfrac{400}{30}=13.3 \text{ mm}$ 两者中的较大值，即 $e_a=20 \text{ mm}$。

$$e'_0 = \frac{M_2}{N} = \frac{87.57 \times 10^3}{295.40} = 296.4 \text{ mm}$$

$$e'_i = e'_0 + e_a = 296.4 + 20 = 316.4 \text{ mm}$$

$$\zeta_c = \frac{0.5 f_c A}{N} = \frac{0.5 \times 14.3 \times 400^2}{295400} = 3.873 > 1.0 \text{（取 } \zeta_c = 1.0\text{）}$$

$$\eta_s = 1 + \frac{1}{1500 \frac{e'_i}{h_0}} \left(\frac{l_0}{h}\right)^2 \zeta_c = 1 + \frac{1}{1500 \times \frac{316.4}{360}} \left(\frac{7800}{400}\right)^2 \times 1.0 = 1.288$$

则：

$$M = \eta_s \times M_2 = 1.288 \times 87.57 = 112.79 \text{ kN·m}$$

$$e_0 = \frac{M}{N} = \frac{112.79 \times 10^3}{295.40} = 381.82 \text{ mm}$$

$$e_i = e_0 + e_a = 381.82 + 20 = 401.82 \text{ mm}$$

$$\xi = \frac{N}{\alpha_1 f_c b h_0} = \frac{295400}{1.0 \times 14.3 \times 400 \times 360} = 0.143 < \frac{2a'_s}{h_0} = \frac{80}{360} = 0.222$$

故取 $x = 2a'_s$ 进行计算。

$$e = e_i - \frac{h}{2} + a'_s = 401.82 - \frac{400}{2} + 40 = 241.82 \text{ mm}$$

$$A_s = A'_s = \frac{Ne}{f_y(h_0 - a'_s)} = \frac{295400 \times 241.82}{360 \times (360 - 40)} = 620.08 \text{ mm}^2$$

选 3Φ18（$A_s = 763$ mm²），则：

$$A_s = 763 \text{ mm}^2 > A_{s,\min} = \rho_{\min} bh = 0.2\% \times 400 \times 400 = 320 \text{ mm}^2$$

即截面一侧钢筋截面面积满足要求。经验算，还满足最小总配筋率 0.55% 的要求。

由表 3.10 得垂直于排架方向上柱的计算长度 $l_0 = 1.25 \times 3.9 = 4.875$ m，则由 $\frac{l_0}{b} = \frac{4875}{400} = 12.19$，$\varphi = 0.95$，得：

$$N_u = 0.9\varphi(f_c A + f'_y A'_s) = 0.9 \times 0.95 \times (14.3 \times 400 \times 400 + 360 \times 763 \times 2)$$
$$= 2425.94 \text{ kN} > N_{\max} = 438.02 \text{ kN}$$

满足弯矩作用平面外的承载力要求。

3.7.8.3 下柱配筋计算

由分析结果可知，下柱取下列两组为最不利内力进行配筋计算：

第（1）组：

下端 $\begin{cases} M = 410.38 \text{ kN·m} \\ N = 884.16 \text{ kN} \end{cases}$ 上端 $\begin{cases} M = 125.78 \text{ kN·m} \\ N = 894.40 \text{ kN} \end{cases}$

第（2）组：

下端 $\begin{cases} M = 372.19 \text{ kN·m} \\ N = 381.44 \text{ kN} \end{cases}$ 上端 $\begin{cases} M = -87.28 \text{ kN·m} \\ N = 339.70 \text{ kN} \end{cases}$

(1)按 $M_1=125.78$ kN·m, $M_2=410.38$ kN·m, $N=884.16$ kN 计算

由表 3.10 可查得下柱计算长度取 $l_c=l_0=1.0H_l=8.9$ m；截面尺寸 $b=100$ mm, $b'_f=400$ mm, $h'_f=150$ mm。由表 3.16 可计算得出下柱截面的回转半径 $i=322.8$ mm。

经计算，$M_1/M_2=0.31<0.9$，轴压比为 0.39，小于 0.9，且 $l_c/i=8900/322.8=27.57<34-12M_1/M_2=30.28$，因此可不考虑附加弯矩的影响。

$$e_0=\frac{M}{N}=\frac{410.38\times10^3}{884.16}=464.1\text{ mm}$$

取附加偏心距 $e_a=900/30=30$ mm(大于 20mm)，则：

$$e_i=e_0+e_a=464.1+30=494.1\text{ mm}$$

$$e_i=494.1\text{ mm}>0.3h_0=0.3\times860=258\text{ mm}$$

故为大偏心受压。先假定中和轴位于翼缘内，则：

$$x=\frac{N}{\alpha_1 f_c b'_f}=\frac{884160}{1.0\times14.3\times400}=154.57\text{ mm}>h'_f=150\text{ mm}$$

说明中和轴位于腹板内，应重新按下式计算受压区高度 x：

$$x=\frac{N-\alpha_1 f_c(b'_f-b)h'_f}{\alpha_1 f_c b}=\frac{884160-1.0\times14.3\times(400-100)\times150}{1.0\times14.3\times100}=168.29\text{ mm}$$

$$e=e_i+\frac{h}{2}-a_s=494.1+\frac{900}{2}-40=904.1\text{ mm}$$

$$A_s=A'_s=\frac{Ne-\alpha_1 f_c(b'_f-b)h'_f\left(h_0-\frac{1}{2}h'_f\right)-\alpha_1 f_c bx\left(h_0-\frac{x}{2}\right)}{f_y(h_0-a'_s)}$$

$$=\frac{884160\times904.1-1.0\times14.3\times(400-100)\times150\times\left(860-\frac{150}{2}\right)}{360\times(860-40)}$$

$$-\frac{1.0\times14.3\times100\times168.29\times\left(860-\frac{168.29}{2}\right)}{360\times(860-40)}=364.19\text{ mm}^2$$

(2)按 $M_1=-87.28$ kN·m, $M_2=372.19$ kN·m, $N=381.44$ kN 计算

计算方法与上述相同，计算过程从略，计算结果为 $A_s=A'_s=760.73$ mm²。

综合上述计算结果，下柱截面选用 4⌀18($A_s=1018$ mm²)，且满足最小配筋率要求；同时，下柱截面配筋还满足最小总配筋率 0.55% 的要求。按此配筋，经验算柱弯矩作用平面外的承载力亦满足要求。

3.7.8.4 柱的裂缝宽度验算

《混凝土结构设计标准》(GB/T 50010—2010)(2024 年版)规定，对钢筋混凝土构件，应采用荷载效应的准永久组合进行裂缝宽度验算；对 $e_0/h_0>0.55$ 的柱应进行裂缝宽度验算。

查现行《建筑结构荷载规范》(GB 50009—2012)有：不上人屋面活荷载与风荷载的准永久系数均为 0；A5 级吊车荷载的准永久系数为 0.6。因此，在进行准永久组合时，只需组合恒荷载效应与吊车荷载效应(竖向与水平)即可。经计算、比较，对上柱和下柱，所选取的内力如下：

上柱 $\begin{cases} M_q = 48.622 \text{ kN·m} \\ N_q = 295.40 \text{ kN} \end{cases}$ 下柱 $\begin{cases} M_q = 157.23 \text{ kN·m} \\ N_q = 381.44 \text{ kN} \end{cases}$

则：

$$e_0 = \frac{M_q}{N_q} = \begin{cases} 164.73 \text{ mm} < 0.55h_0 = 0.55 \times 360 = 198 \text{ mm（上柱）} \\ 412.20 \text{ mm} < 0.55h_0 = 0.55 \times 860 = 473 \text{ mm（下柱）} \end{cases}$$

因此，对 A 柱可不必验算其裂缝宽度。

3.7.8.5 柱箍筋配置

非地震区的单层厂房柱，其箍筋数量一般由构造要求控制。根据构造要求，上、下柱均选用 $\phi 8@200$ 箍筋。

3.7.8.6 牛腿设计

根据吊车梁支承位置、截面尺寸及构造要求，初步拟定牛腿尺寸如图 3.76 所示。其中牛腿截面宽度 $b = 400$ mm，牛腿截面高度 $h = 600$ mm，$h_0 = 560$ mm。

(1) 牛腿截面高度验算

作用于牛腿顶面按荷载效应标准组合计算的竖向力为：

$$F_{vk} = D_{max} + G_3 = 462.25 + 44.30 = 506.55 \text{ kN}$$

牛腿顶面无水平荷载，即 $F_{hk} = 0$。

对于支承吊车梁的牛腿，裂缝控制系数 $\beta = 0.65$，$f_{tk} = 2.01$ N/mm²；$a = -150 + 20 = -130$ mm < 0，取 $a = 0$，则由式(3.32)得：

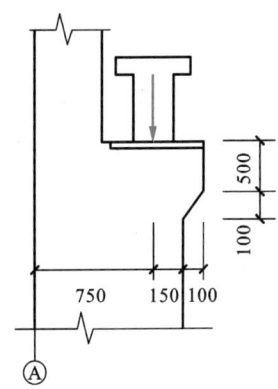

图 3.76 牛腿尺寸简图

$$\beta \left(1 - 0.5 \frac{F_{hk}}{F_{vk}}\right) \frac{f_{tk}bh_0}{0.5 + \dfrac{a}{h_0}} = 0.65 \times \frac{2.01 \times 400 \times 560}{0.5} = 585.31 \text{ kN} > F_{vk}$$

故牛腿截面高度满足要求。

(2) 牛腿配筋计算

由于 $a = -150 + 20 = -130$ mm < 0，因而该牛腿可按构造要求配筋。根据构造要求：

$$A_s \geq \rho_{min} bh = 0.002 \times 400 \times 600 = 480 \text{ mm}^2$$

实际选用 $4 \Phi 14 (A_s = 616 \text{ mm}^2)$。水平箍筋选用 $\phi 8@100$。

3.7.8.7 柱的吊装验算

采用翻身起吊，吊点设在牛腿下部，混凝土达到设计强度后起吊。由表 3.11 可得柱插入杯口深度为 $h_1 = 0.9 \times 900 = 810$ mm，取 $h_1 = 850$ mm，则柱吊装时总长度为 $3.9 + 8.9 + 0.85 = 13.65$ m，计算简图如图 3.77 所示。

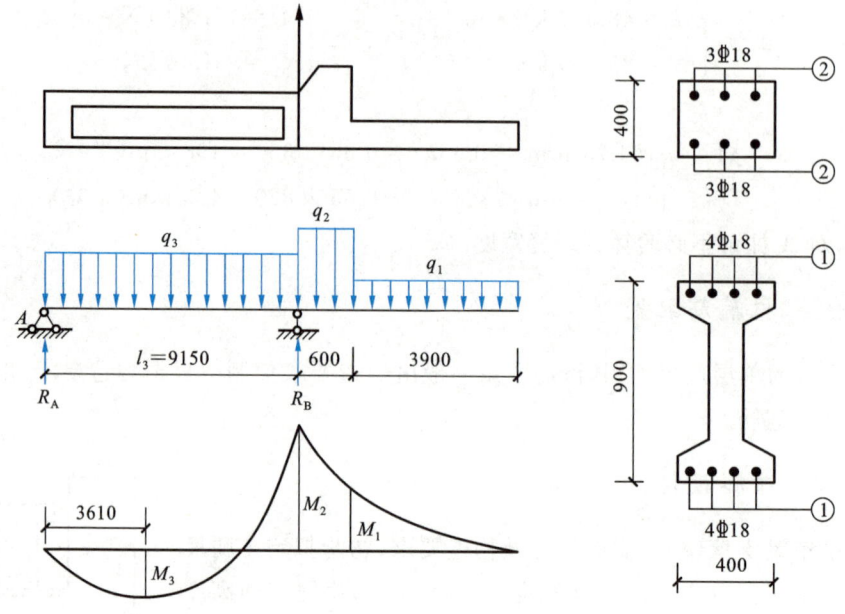

图 3.77 柱吊装计算简图

(1) 荷载计算

柱吊装阶段的荷载为柱自重重力荷载,且应考虑动力系数 $\mu=1.5$,即:
$$q_1 = \mu \gamma_G q_{1k} = 1.5 \times 1.3 \times 4.0 = 7.80 \text{ kN/m}$$
$$q_2 = \mu \gamma_G q_{2k} = 1.5 \times 1.3 \times (0.4 \times 1.0 \times 25) = 19.50 \text{ kN/m}$$
$$q_3 = \mu \gamma_G q_{3k} = 1.5 \times 1.3 \times 4.69 = 9.15 \text{ kN/m}$$

(2) 内力计算

在上述荷载作用下,柱各控制截面的弯矩为:
$$M_1 = \frac{1}{2} q_1 H_u^2 = \frac{1}{2} \times 7.80 \times 3.9^2 = 59.32 \text{ kN·m}$$
$$M_2 = \frac{1}{2} \times 7.80 \times (3.9+0.6)^2 + \frac{1}{2} \times (19.50-7.80) \times 0.6^2 = 81.08 \text{ kN·m}$$

由 $\sum M_B = R_A l_3 - \frac{1}{2} q_3 l_3^2 + M_2 = 0$,得:
$$R_A = \frac{1}{2} q_3 l_3 - \frac{M_2}{l_3} = \frac{1}{2} \times 9.15 \times 9.15 - \frac{81.08}{9.15} = 33.00 \text{ kN}$$
$$M_3 = R_A x - \frac{1}{2} q_3 x^2$$

令 $\frac{dM_3}{dx} = R_A - q_3 x = 0$,得:
$$x = \frac{R_A}{q_3} = \frac{33.00}{9.15} = 3.61 \text{ m}$$

则下柱段最大弯矩 M_3 为:
$$M_3 = 33.00 \times 3.61 - \frac{1}{2} \times 9.15 \times 3.61^2 = 59.51 \text{ kN·m}$$

(3) 承载力和裂缝宽度验算

上柱配筋为 $A_s = A_s' = 763 \text{ mm}^2 (3 \oplus 18)$，其受弯承载力按下式进行验算：

$$M_u = f_y' A_s' (h_0 - a_s') = 360 \times 763 \times (360 - 40) = 87.90 \times 10^6 \text{ N} \cdot \text{mm}$$
$$= 87.90 \text{ kN} \cdot \text{m} > \gamma_0 M_1 = 1.0 \times 59.32 = 59.32 \text{ kN} \cdot \text{m}$$

裂缝宽度验算如下：

$$M_q = \frac{59.32}{1.3} = 45.63 \text{ kN} \cdot \text{m}$$

$$\sigma_{sq} = \frac{M_q}{0.87 h_0 A_s} = \frac{45.63 \times 10^6}{0.87 \times 360 \times 763} = 190.94 \text{ N/mm}^2$$

$$\rho_{te} = \frac{A_s}{0.5bh + (b_f' - b)h_f'} = \frac{763}{0.5 \times 400 \times 400} \approx 0.0095 < 0.01$$

取 $\rho_{te} = 0.01$。

$$\psi = 1.1 - 0.65 \frac{f_{tk}}{\rho_{te} \sigma_{sq}} = 1.1 - 0.65 \times \frac{2.01}{0.01 \times 190.94} = 0.42$$

$$w_{max} = \alpha_{cr} \psi \frac{\sigma_{sq}}{E_s} \left(1.9c + 0.08 \frac{d_{eq}}{\rho_{te}} \right)$$
$$= 1.9 \times 0.42 \times \frac{190.94}{2 \times 10^5} \times \left(1.9 \times 30 + 0.08 \times \frac{18}{0.01} \right)$$
$$= 0.153 \text{ mm} < [w_{max}] = 0.2 \text{ mm}$$

满足要求。

下柱配筋 $A_s = A_s' = 1018 \text{ mm}^2 (4 \oplus 18)$，其受弯承载力按下式进行验算：

$$M_u = f_y' A_s' (h_0 - a_s') = 360 \times 1018 \times (860 - 40) = 300.5 \times 10^6 \text{ N} \cdot \text{mm}$$
$$= 300.5 \text{ kN} \cdot \text{m} > \gamma_0 M_1 = 1.0 \times 81.08 = 81.08 \text{ kN} \cdot \text{m}$$

裂缝宽度验算如下：

$$M_q = \frac{81.08}{1.3} = 62.37 \text{ kN} \cdot \text{m}$$

$$\sigma_{sq} = \frac{M_q}{0.87 h_0 A_s} = \frac{62.37 \times 10^6}{0.87 \times 860 \times 1018} = 81.89 \text{ N/mm}^2$$

$$\rho_{te} = \frac{A_s}{0.5bh + (b_f' - b)h_f'} = \frac{1018}{0.5 \times 100 \times 900 + (400 - 100) \times 150} \approx 0.0113$$

$$\psi = 1.1 - 0.65 \frac{f_{tk}}{\rho_{te} \sigma_{sq}} = 1.1 - 0.65 \times \frac{2.01}{0.0113 \times 81.9} = -0.31 < 0.2$$

取 $\psi = 0.2$。

$$w_{max} = \alpha_{cr} \psi \frac{\sigma_{sq}}{E_s} \left(1.9c + 0.08 \frac{d_{eq}}{\rho_{te}} \right)$$
$$= 1.9 \times 0.2 \times \frac{81.89}{2 \times 10^5} \times \left(1.9 \times 30 + 0.08 \times \frac{18}{0.0113} \right)$$
$$= 0.029 \text{ mm} < [w_{max}] = 0.2 \text{ mm}$$

满足要求。

3.7.8.8 A柱施工图

A柱模板及配筋图如图3.78所示。

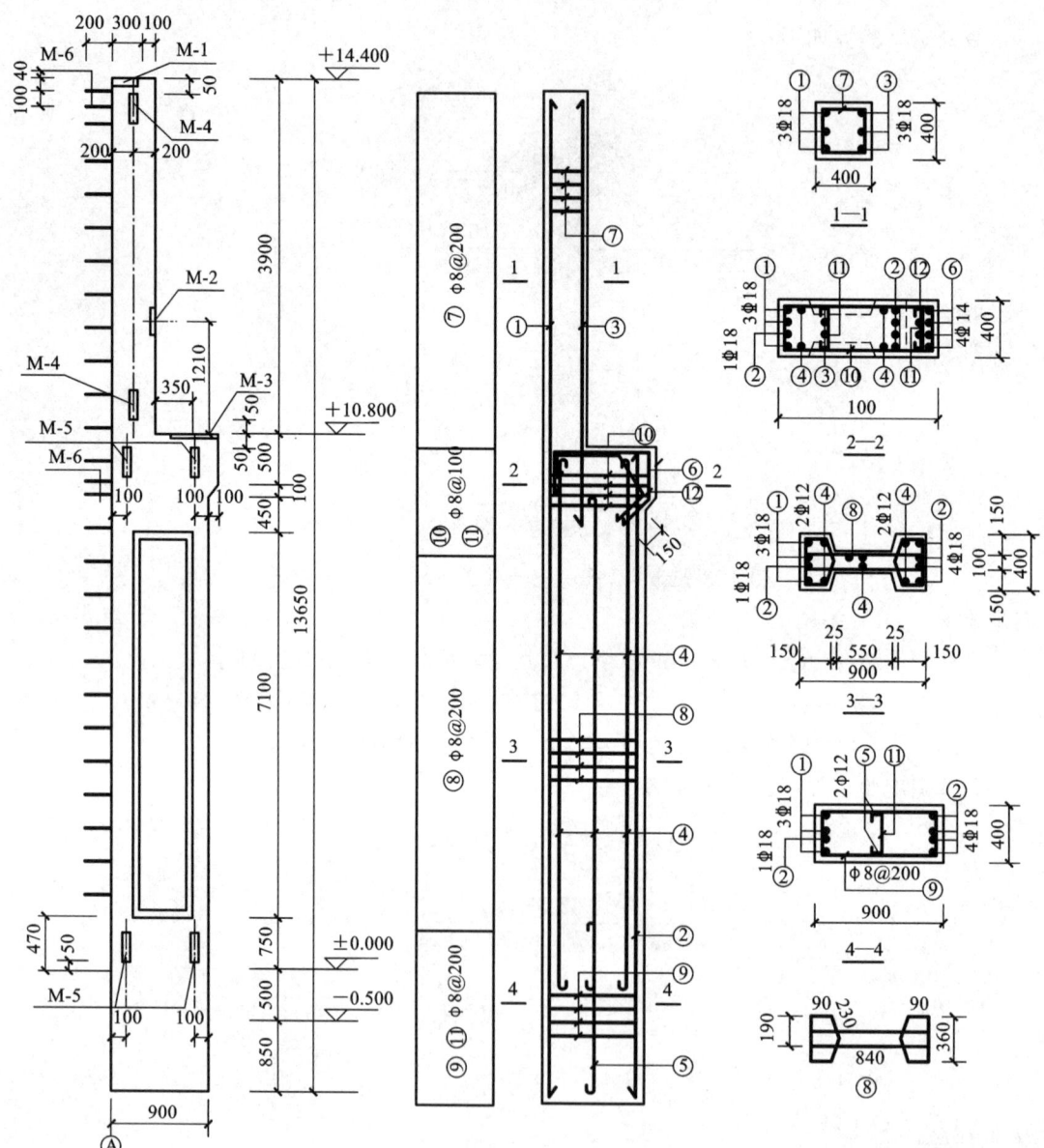

图 3.78 A柱模板及配筋图

3.7.9 基础设计

《建筑地基基础设计规范》(GB 50007—2011)规定,对 6 m 柱距单层排架结构多跨厂房,当地基承载力特征值为 160 N/mm² ≤ f_{ak} < 200 N/mm²,厂房跨度 l ≤ 30 m,吊车额定起重量不超过 30 t,以及设计等级为丙级时,设计时可不做地基变形验算。本例符合上述条件,故不需进行地基变形验算。下面以 A 柱为例进行基础设计。

基础材料:混凝土强度等级取 C25,f_c = 11.9 N/mm²,f_t = 1.27 N/mm²;钢筋采用 HRB400 级,f_y = 360 N/mm²;基础垫层采用 C20 素混凝土。

3.7.9.1 基础设计时不利内力的选取

作用于基础顶面上的荷载包括柱底(Ⅲ—Ⅲ截面)传给基础的 M、N、V 以及围护墙自重重力荷载两部分。按照《建筑地基基础设计规范》(GB 50007—2011)的规定,基础的地基承载力验算取用荷载效应标准组合,基础的受冲切承载力验算和底板配筋计算取用荷载效应基本组合。由于围护墙自重重力荷载大小、方向和作用位置均不变,故基础最不利内力主要取决于柱底(Ⅲ—Ⅲ截面)的不利内力,应选取轴力为最大的不利内力组合以及正负弯矩为最大的不利内力组合。经对表 3.19 中的柱底截面不利内力进行分析可知,基础设计时的不利内力如表 3.20 所示。

表 3.20 基础设计时的不利内力

组别	荷载效应标准组合			荷载效应基本组合		
	M_k/(kN·m)	N_k/kN	V_k/kN	M/(kN·m)	N/kN	V/kN
第 1 组	276.57	640.30	34.78	410.38	884.16	50.66
第 2 组	−213.88	460.82	−19.22	−332.00	500.51	−32.62
第 3 组	164.28	822.67	18.33	241.95	1157.71	25.99

3.7.9.2 围护墙自重重力荷载计算

如图 3.79 所示,每个基础承受的围护墙总宽度为 6.0 m,总高度为 14.65 m,墙体为 240 mm 厚实心黏土砖砌筑,自重为 19 kN/m³,墙上设置钢框玻璃窗,按 0.45 kN/m² 计算,每根基础梁自重为 16.7 kN,则每个基础承受的由墙体传来的重力荷载标准值为:

基础梁自重　　　　　　　　　　　　　　　　　　16.70 kN
墙体自重　　　19×0.24×[6×14.65−(4.8+1.8)×3.6]=292.48 kN
钢窗自重　　　　　　　　0.45×3.6×(4.8+1.8)=10.69 kN
　　　　　　　　　　　　　　　　　　　　N_{wk}=319.87 kN

围护墙对基础产生的偏心距为:
$$e_w = 120 + 450 = 570 \text{ mm}$$

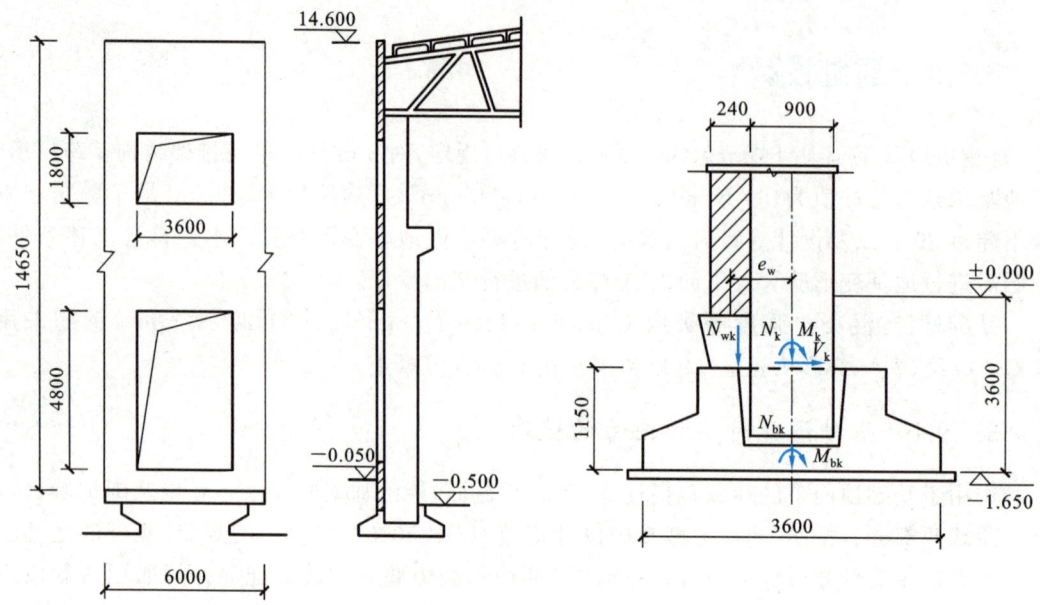

图 3.79 围护墙体自重计算

3.7.9.3 基础底面尺寸及地基承载力验算

(1) 基础高度和埋置深度确定

由构造要求可知,基础高度为 $h=h_1+a_1+50$ mm,其中 h_1 为柱插入杯口深度,由表 3.11 可知,$h_1=0.9h=0.9\times900=810$ mm>800 mm,取 $h_1=850$ mm;a_1 为杯底厚度,由表 3.12 可知,$a_1\geqslant200$ mm,取 $a_1=250$ mm,故基础高度为:

$$h=850+250+50=1150 \text{ mm}$$

因基础顶面标高为 -0.500 m,室内外高差为 150 mm,则基础埋置深度为:

$$d=1150+500-150=1500 \text{ mm}$$

(2) 基础底面尺寸拟定

基础底面面积按地基承载力计算确定,并取用荷载效应标准组合。由《建筑地基基础设计规范》(GB 50007—2011)可查得 $\eta_d=1.0$,$\eta_b=0$(黏性土),取基础底面以上土的平均自重为 $\gamma_m=20$ kN/m³,则深度修正后的地基承载力特征值 f_a 按下式计算:

$$f_a=f_{ak}+\eta_d\gamma_m(d-0.5)=165+1.0\times20\times(1.5-0.5)=185 \text{ kN/m}^2$$

由式(3.37)按轴心受压估算基础底面尺寸,取:

$$N_k=N_{k,\max}+N_{wk}=822.67+319.87=1142.54 \text{ kN}$$

则:

$$A=\frac{N_k}{f_a-\gamma_0 d}=\frac{1142.54}{185-20\times1.5}=7.37 \text{ m}^2$$

考虑到偏心的影响,将基础的底面尺寸再增加 30%,取:

$$A=lb=2.7\times3.6=9.72 \text{ m}^2$$

基础底面的弹性抵抗矩为:

$$W = \frac{1}{6}lb^2 = \frac{1}{6} \times 2.7 \times 3.6^2 = 5.83 \text{ m}^3$$

(3) 地基承载力验算

基础自重和土重为(基础及其上填土的平均自重取 $\gamma_0 = 20 \text{ kN/m}^3$)：
$$G_k = \gamma_0 dA = 20 \times 1.5 \times 9.72 = 291.60 \text{ kN}$$

由表 3.20 可知，选取以下三组不利内力进行基础底面积计算：

① $\begin{cases} M_k = 276.57 \text{ kN·m} \\ N_k = 640.30 \text{ kN} \\ V_k = 34.78 \text{ kN} \end{cases}$; ② $\begin{cases} M_k = -213.88 \text{ kN·m} \\ N_k = 460.82 \text{ kN} \\ V_k = -19.22 \text{ kN} \end{cases}$; ③ $\begin{cases} M_k = 164.28 \text{ kN·m} \\ N_k = 822.67 \text{ kN} \\ V_k = 18.33 \text{ kN} \end{cases}$

先按第一组不利内力计算，基础底面相应于荷载效应标准组合时的竖向压力值和力矩值分别为[图 3.80(a)]：
$$N_{bk} = N_k + G_k + N_{wk} = 640.30 + 291.60 + 319.87 = 1251.77 \text{ kN}$$
$$M_{bk} = M_k + V_k h \pm N_{wk} e_w = 276.57 + 34.78 \times 1.15 - 319.87 \times 0.57 = 134.24 \text{ kN·m}$$

由式(3.38)可得基础底面边缘的压力为：
$$\left.\begin{array}{l} p_{k,\max} \\ p_{k,\min} \end{array}\right\} = \frac{N_{bk}}{A} \pm \frac{M_{bk}}{W} = \frac{1251.77}{9.72} \pm \frac{134.24}{5.83} = 128.78 \pm 23.30 = \begin{cases} 151.81 \text{ kN/m}^2 \\ 105.75 \text{ kN/m}^2 \end{cases}$$

由式(3.43)、式(3.44)进行地基承载力验算：
$$p = \frac{p_{k,\max} + p_{k,\min}}{2} = \frac{151.61 + 105.75}{2} = 128.78 \text{ kN/m}^2 < f_a = 185 \text{ kN/m}^2$$
$$p_{k,\max} = 151.81 \text{ kN/m}^2 < 1.2 f_a = 1.2 \times 185 = 222 \text{ kN/m}^2$$

满足要求。

取第二组不利内力计算，基础底面相应于荷载效应标准组合时的竖向压力值和力矩值分别为[图 3.80(b)]：
$$N_{bk} = N_k + G_k + N_{wk} = 460.82 + 291.60 + 319.87 = 1072.29 \text{ kN}$$
$$M_{bk} = M_k + V_k h \pm N_{wk} e_w = -213.88 - 19.22 \times 1.15 - 319.87 \times 0.57 = -418.31 \text{ kN·m}$$

由式(3.38)可得基础底面边缘的压力为：
$$\left.\begin{array}{l} p_{k,\max} \\ p_{k,\min} \end{array}\right\} = \frac{N_{bk}}{A} \pm \frac{M_{bk}}{W} = \frac{1072.29}{9.72} \pm \frac{418.31}{5.83} = 110.32 \pm 71.15 = \begin{cases} 182.07 \text{ kN/m}^2 \\ 38.57 \text{ kN/m}^2 \end{cases}$$

由式(3.43)、式(3.44)进行地基承载力验算：
$$p = \frac{p_{k,\max} + p_{k,\min}}{2} = \frac{182.07 + 38.57}{2} = 110.32 \text{ kN/m}^2 < f_a = 185 \text{ kN/m}^2$$
$$p_{k,\max} = 182.07 \text{ kN/m}^2 < 1.2 f_a = 1.2 \times 185 = 222 \text{ kN/m}^2$$

满足要求。

取第三组不利内力计算，基础底面相应于荷载效应标准组合时的竖向压力值和力矩值分别为[图 3.80(c)]：
$$N_{bk} = N_k + G_k + N_{wk} = 822.67 + 291.60 + 319.87 = 1434.14 \text{ kN}$$
$$M_{bk} = M_k + V_k h \pm N_{wk} e_w = 164.28 + 18.33 \times 1.15 - 319.87 \times 0.57 = 3.03 \text{ kN·m}$$

由式(3.38)可得基础底面边缘的压力为：
$$\left.\begin{array}{l} p_{k,\max} \\ p_{k,\min} \end{array}\right\} = \frac{N_{bk}}{A} \pm \frac{M_{bk}}{W} = \frac{1434.14}{9.72} \pm \frac{3.03}{5.83} = 147.55 \pm 0.52 = \begin{cases} 148.07 \text{ kN/m}^2 \\ 147.03 \text{ kN/m}^2 \end{cases}$$

由式(3.43)、式(3.44)进行地基承载力验算：

$$p = \frac{p_{k,max} + p_{k,min}}{2} = \frac{148.07 + 147.03}{2} = 147.55 \text{ kN/m}^2 < f_a = 185 \text{ kN/m}^2$$

$$p_{k,max} = 148.07 \text{ kN/m}^2 < 1.2 f_a = 1.2 \times 185 = 222 \text{ kN/m}^2$$

满足要求。

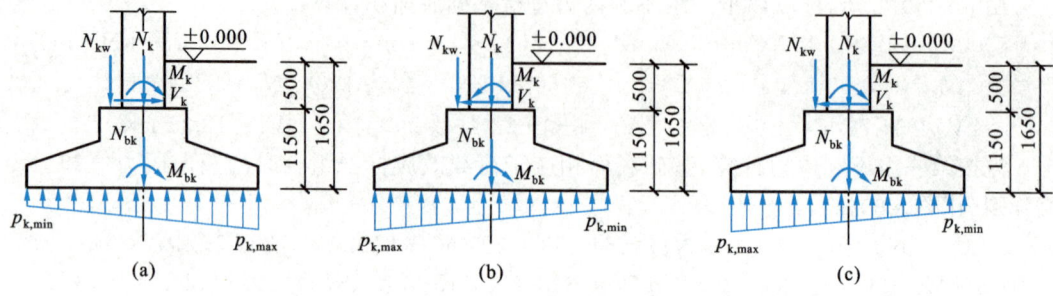

图 3.80　基础底面的压应力分布

3.7.9.4　基础受冲切承载力验算

基础受冲切承载力计算时采用荷载效应的基本组合，并采用基底净反力。由表 3.20 可知，选取下列三组不利内力：

① $\begin{cases} M = 410.38 \text{ kN·m} \\ N = 884.16 \text{ kN} \\ V = 50.66 \text{ kN} \end{cases}$ ；② $\begin{cases} M = -332.00 \text{ kN·m} \\ N = 500.51 \text{ kN} \\ V = -32.62 \text{ kN} \end{cases}$ ；③ $\begin{cases} M = 241.95 \text{ kN·m} \\ N = 1157.71 \text{ kN} \\ V = 25.99 \text{ kN} \end{cases}$

先按第一组不利内力计算，扣除基础自重及其上土重后相应于荷载效应基本组合时的地基土单位面积净反力为[图 3.81(b)]：

$$N_b = N + \gamma_G N_{wk} = 884.16 + 1.3 \times 319.87 = 1299.99 \text{ kN}$$

$$M_b = M + Vh \pm \gamma_G N_{wk} e_w = 410.38 + 50.66 \times 1.15 - 1.0 \times 319.87 \times 0.57 = 286.31 \text{ kN·m}$$

$$\begin{Bmatrix} p_{s,max} \\ p_{s,min} \end{Bmatrix} = \frac{N_b}{A} \pm \frac{M_b}{W} = \frac{1299.99}{9.72} \pm \frac{286.31}{5.83} = 133.74 \pm 49.11 = \begin{cases} 182.85 \text{ kN/m}^2 \\ 84.63 \text{ kN/m}^2 \end{cases}$$

按第二组不利内力计算，扣除基础自重及其上土重后相应于荷载效应基本组合时的地基土单位面积净反力为[图 3.81(c)]：

$$N_b = N + \gamma_G N_{wk} = 500.51 + 1.3 \times 319.87 = 916.34 \text{ kN}$$

$$M_b = M + Vh \pm \gamma_G N_{wk} e_w = -332.00 - 32.62 \times 1.15 - 1.3 \times 319.87 \times 0.57$$
$$= -606.54 \text{ kN·m}$$

$$\begin{Bmatrix} p_{s,max} \\ p_{s,min} \end{Bmatrix} = \frac{N_b}{A} \pm \frac{M_b}{W} = \frac{916.34}{9.72} \pm \frac{606.54}{5.83} = 94.27 \pm 104.04 = \begin{cases} 198.31 \text{ kN/m}^2 \\ -9.77 \text{ kN/m}^2 \end{cases}$$

因最小净反力为负值，故基础底面净反力应按式(3.42)计算[图 3.81(c)]：

$$e_0 = \frac{M_b}{N_b} = \frac{606.54}{916.34} = 0.662 \text{ m}$$

$$k = \frac{1}{2}b - e_0 = \frac{1}{2} \times 3.6 - 0.662 = 1.138 \text{ m}$$

$$p_{s,\max} = \frac{2N_b}{3kl} = \frac{2 \times 916.34}{3 \times 1.138 \times 2.7} = 198.82 \text{ kN/m}^2$$

按第三组不利内力计算,扣除基础自重及其上土重后相应于荷载效应基本组合时的地基土单位面积净反力为[图3.81(d)]:

$$N_b = N + \gamma_G N_{wk} = 1157.71 + 1.3 \times 319.87 = 1573.54 \text{ kN}$$

$$M_b = M + Vh \pm \gamma_G N_{wk} e_w = 241.95 + 25.99 \times 1.15 - 1.0 \times 319.87 \times 0.57 = 89.51 \text{ kN} \cdot \text{m}$$

$$\left.\begin{array}{c} p_{s,\max} \\ p_{s,\min} \end{array}\right\} = \frac{N_b}{A} \pm \frac{M_b}{W} = \frac{1573.54}{9.72} \pm \frac{89.51}{5.83} = 161.89 \pm 15.35 = \left\{\begin{array}{l} 177.24 \text{ kN/m}^2 \\ 146.54 \text{ kN/m}^2 \end{array}\right.$$

基础各细部尺寸如图3.81(a)、图3.81(e)所示。其中基础顶面突出柱边的宽度主要取决于杯壁厚度 t,由表3.12查得 $t \geq 300$ mm,取 $t = 325$ mm,则基础顶面突出柱边的宽度为 $t + 75$ mm $= 325 + 75 = 400$ mm。杯壁高度取为 $h_2 = 500$ mm。

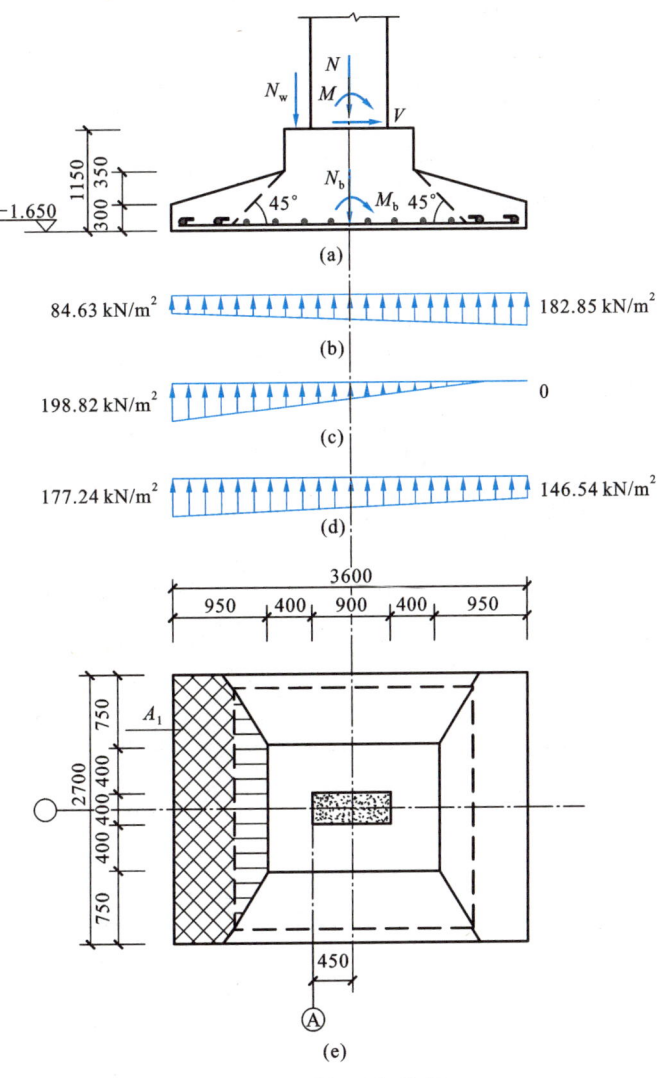

图3.81 冲切破坏锥面

根据所确定的尺寸可知，变阶处的冲切破坏锥面比较危险，故只需对变阶处进行受冲切承载力验算。冲切破坏锥面如图 3.81(e) 中的虚线所示。

$$b_t = b_c + 800 \text{ mm} = 400 + 800 = 1200 \text{ mm}$$

取保护层厚度为 40 mm，则基础变阶处截面的有效高度为：

$$h_0 = 650 - 45 = 605 \text{ mm}$$
$$b_b = b_t + 2h_0 = 1200 + 2 \times 605 = 2410 \text{ mm}$$

由式(3.37)可得：

$$b_m = \frac{b_t + b_b}{2} = \frac{1200 + 2410}{2} = 1805 \text{ mm}$$

$$A = \left(\frac{3.6}{2} - \frac{1.7}{2} - 0.605\right) \times 2.7 - \left(\frac{2.7}{2} - \frac{1.2}{2} - 0.605\right)^2 = 0.91 \text{ m}^2$$

因变阶处的截面高度 $h = 650 \text{ mm} < 800 \text{ mm}$，故 $\beta_h = 1.0$。由式(3.35)、式(3.36)可得：

$$F_l = p_s A = p_{s,\max} A = 198.82 \times 0.91 = 180.93 \text{ kN}$$
$$0.7\beta_h f_t b_m h_0 = 0.7 \times 1.0 \times 1.27 \times 1805 \times 605 = 970.81 \text{ kN} > F_l = 180.93 \text{ kN}$$

受冲切承载力满足要求。

3.7.9.5 基础底板配筋计算

(1) 柱边及变阶处基底净反力计算

由表 3.20 中三组不利内力设计值所产生的基底净反力见表 3.21，如图 3.81 所示，其中 $p_{s,\mathrm{I}}$ 为基础柱边或变阶处所对应的基底净反力。经分析可知，第一组基底净反力不起控制作用。基础底板配筋可按第二组和第三组基底净反力进行。

表 3.21 基底净反力值

基底净反力		第一组	第二组	第三组
$p_{j,\max}/(\text{kN/mm}^2)$		182.85	198.82	177.24
$p_{j,\mathrm{I}}/(\text{kN/mm}^2)$	柱边处	146.01	124.26	165.73
	变阶处	156.92	146.35	169.14
$p_{j,\min}/(\text{kN/mm}^2)$		84.63	0	146.54

(2) 柱边及变阶处弯矩计算

基础的宽高比为：

$$\frac{3.6 - 0.9 - 2 \times 0.4}{2 \times (1.15 - 0.5)} = \frac{0.95}{0.65} = 1.46 < 2.5$$

基础的偏心距为：

$$e_0 = \frac{M_b}{N_b} = \frac{606.54}{916.34} = 0.662 \text{ m} > \frac{1}{6} \times 3.6 = 0.6 \text{ m}$$

由于基础偏心距大于 1/6 基础宽度，则在沿弯矩作用方向上，任意截面 Ⅰ—Ⅰ 处相应于荷载效应基本组合时的弯矩设计值 M_I 可按式(3.52)计算，在垂直于弯矩作用方向上，柱边截面或截面变高度处相应于荷载效应基本组合时的弯矩设计值 M_{II} 仍可近似按式(3.53)计算。

柱边处截面的弯矩可先按第二组内力计算：

$$M_{\mathrm{I}} = \frac{1}{12}a_{\mathrm{I}}^2[(2l+a')(p_{j,\max}+p_{\mathrm{s,I}})+(p_{\mathrm{s,max}}-p_{\mathrm{s,I}})l]$$

$$= \frac{1}{12} \times 1.35^2 \times [(2 \times 2.7+0.4) \times (198.82+124.26)+(198.82-124.26) \times 2.7]$$

$$= 315.17 \text{ kN} \cdot \text{m}$$

$$M_{\mathrm{II}} = \frac{1}{48}(l-a')^2(2b+b')(p_{\mathrm{s,max}}+p_{\mathrm{s,min}})$$

$$= \frac{1}{48} \times (2.7-0.4)^2 \times (2 \times 3.6+0.9) \times (198.82+0) = 177.48 \text{ kN} \cdot \text{m}$$

再按第三组内力计算：

$$M_{\mathrm{I}} = \frac{1}{12}a_{\mathrm{I}}^2[(2l+a')(p_{\mathrm{s,max}}+p_{\mathrm{s,I}})+(p_{\mathrm{s,max}}-p_{\mathrm{s,I}})l]$$

$$= \frac{1}{12} \times 1.35^2 \times [(2 \times 2.7+0.4) \times (177.24+165.73)+(177.24-165.73) \times 2.7]$$

$$= 306.83 \text{ kN} \cdot \text{m}$$

$$M_{\mathrm{II}} = \frac{1}{48}(l-a')^2(2b+b')(p_{\mathrm{s,max}}+p_{\mathrm{s,min}})$$

$$= \frac{1}{48} \times (2.7-0.4)^2 \times (2 \times 3.6+0.9) \times (177.24+146.54) = 289.03 \text{ kN} \cdot \text{m}$$

变阶处截面的弯矩可先按第二组内力计算：

$$M_{\mathrm{I}} = \frac{1}{12}a_{\mathrm{I}}^2[(2l+a')(p_{\mathrm{s,max}}+p_{\mathrm{s,I}})+(p_{\mathrm{s,max}}-p_{\mathrm{s,I}})l]$$

$$= \frac{1}{12} \times 0.95^2 \times [(2 \times 2.7+1.2) \times (198.82+146.35)+(198.82-146.35) \times 2.7]$$

$$= 181.99 \text{ kN} \cdot \text{m}$$

$$M_{\mathrm{II}} = \frac{1}{48}(l-a')^2(2b+b')(p_{\mathrm{s,max}}+p_{\mathrm{s,min}})$$

$$= \frac{1}{48} \times (2.7-1.2)^2 \times (2 \times 3.6+1.7) \times (198.82+0) = 82.95 \text{ kN} \cdot \text{m}$$

再按第三组内力计算：

$$M_{\mathrm{I}} = \frac{1}{12}a_{\mathrm{I}}^2[(2l+a')(p_{\mathrm{s,max}}+p_{\mathrm{s,I}})+(p_{\mathrm{s,max}}-p_{\mathrm{s,I}})l]$$

$$= \frac{1}{12} \times 0.95^2 \times [(2 \times 2.7+1.2) \times (177.24+169.14)+(177.24-169.14) \times 2.7]$$

$$= 173.58 \text{ kN} \cdot \text{m}$$

$$M_{\mathrm{II}} = \frac{1}{48}(l-a')^2(2b+b')(p_{\mathrm{s,max}}+p_{\mathrm{s,min}})$$

$$= \frac{1}{48} \times (2.7-1.2)^2 \times (2 \times 3.6+1.7) \times (177.24+146.54) = 135.08 \text{ kN} \cdot \text{m}$$

(3) 配筋计算

基础底板受力钢筋采用 HRB400 级（$f_y=360 \text{ kN/mm}^2$），则基础底板沿长边 b 方向的受力钢筋截面面积可由式(3.50)计算：

$$A_{sI} = \frac{M_I}{0.9 h_0 f_y} = \frac{315.17 \times 10^6}{0.9 \times (1150-45) \times 360} = 880.31 \text{ mm}^2$$

或

$$A_{sI} = \frac{M_I}{0.9 h_0 f_y} = \frac{181.99 \times 10^6}{0.9 \times (650-45) \times 360} = 928.43 \text{ mm}^2$$

选用 15 Φ 10@180（$A_s = 1177.5 \text{ mm}^2$）。

基础底板沿短边 l 方向的受力钢筋截面面积可由式(3.51)计算：

$$A_{sII} = \frac{M_{II}}{0.9(h_0-d)f_y} = \frac{289.03 \times 10^6}{0.9 \times (1150-45-10) \times 360} = 814.67 \text{ mm}^2$$

或

$$A_{sII} = \frac{M_{II}}{0.9(h_0-d)f_y} = \frac{135.08 \times 10^6}{0.9 \times (650-45-10) \times 360} = 700.70 \text{ mm}^2$$

选用 17 Φ 8@220（$A_s = 897.60 \text{ mm}^2$）。基础配筋如图 3.82 所示。

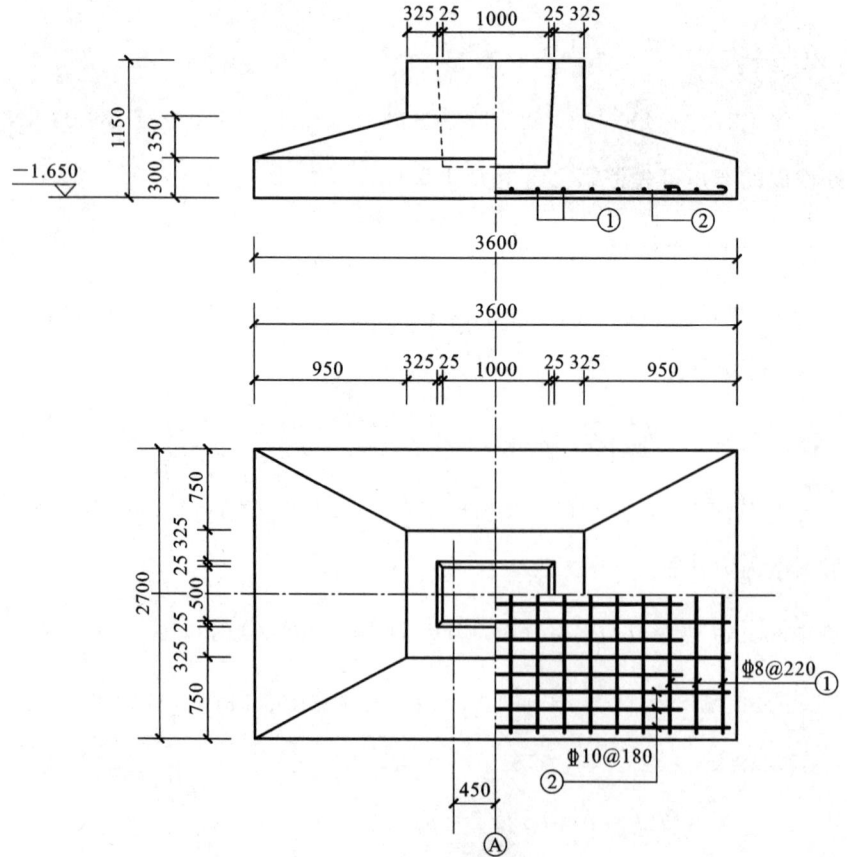

图 3.82　基础配筋图

本 章 小 结

(1) 排架结构是单层厂房中应用广泛的一种结构形式,其设计过程可分为方案设计、技术设计和施工图绘制三个阶段。其中,方案设计阶段主要进行结构选型和结构布置,技术阶段主要选择结构构件,进行结构分析和构件设计,最后根据计算和构造要求绘制结构施工图。

(2) 单层厂房结构布置包括柱网布置、剖面布置、支撑布置及围护结构布置等。柱网布置包括建筑模数、定位轴线、变形缝;支撑系统包括屋盖支撑和柱间支撑,不仅影响个别构件的承载力,而且与厂房的整体空间工作有关。

(3) 根据国家标准图集进行厂房构件的选型是单层厂房结构设计中一个重要内容。对于屋面板、檩条、屋面梁或屋架、天窗架、托架、吊车梁、连系梁、基础梁等构件,可按照标准图选用,一般不必另行设计。柱和基础需要进行具体设计。

(4) 排架结构进行结构分析时简化为纵、横向平面排架结构。在非地震区,纵向平面排架往往不必进行计算,而是根据厂房的具体情况和工程设计经验,通过设计柱间支撑从构造上予以加强。对于横向排架,进行内力分析主要包括:确定计算简图、荷载计算、内力计算和内力组合等,对于等高排架,采用剪力分配法进行内力计算。

(5) 排架柱的设计内容包括:选择柱的形式、确定截面尺寸、配筋计算、吊装验算、牛腿设计等。

(6) 柱下独立基础按照受力特点分为轴心受压基础和偏心受压基础。基础设计主要包括:确定底面尺寸、基础高度和基础底板配筋计算等。此外,还要遵守有关构造要求。

思 考 题

3.1 单层厂房有哪两种结构类型?单层厂房排架结构是由哪些构件组成的?其中哪些构件是主要承重构件?

3.2 单层厂房中的支撑分几类?支撑的主要作用是什么?

3.3 排架计算的主要目的和内容是什么?

3.4 如何确定单层厂房排架结构的计算简图?

3.5 作用于横向排架上的荷载有哪些?如何确定荷载的计算位置?试绘制在各项荷载作用下排架结构的计算简图。

3.6 如何计算作用于排架柱上的吊车竖向荷载 $D_{max}(D_{min})$ 和吊车水平荷载 T_{max}?

3.7 什么是等高排架?试述在任何荷载作用下等高排架的内力计算步骤。

3.8 用剪力分配法计算等高排架的基本原理是什么?单阶排架柱的抗剪刚度是怎么计算的?

3.9 排架柱控制截面不同类型的内力该怎么样组合?同一种内力又该怎么组合?

3.10 单层厂房为何要对柱进行吊装验算?柱吊装验算时有哪些注意事项?

3.11 牛腿的受力特点如何?何谓长牛腿和短牛腿?

3.12 牛腿的截面尺寸如何确定？牛腿顶面的配筋构造有哪些？

3.13 柱下独立基础的设计步骤和要点是什么？

3.14 柱下独立基础的基础底面尺寸和基础高度如何确定？基础底板配筋如何计算？

3.15 简述吊车梁的受力特点及设计要点。

习 题

3.1 某单层单跨厂房，跨度 18 m，柱距 6 m，内有两台 10 t 的 A4 级桥式吊车，吊车的宽度 $B=5.55$ m，轮距 $K=4.4$ m，吊车总质量 18 t，最大轮压标准值 $P_{max,k}=115$ kN，小车质量 $m_2=2.1$ t。试求该排架承受的吊车竖向荷载 D_{max}、D_{min} 和吊车水平荷载 T_{max}。

3.2 某两跨单层厂房，如图 3.83 所示，柱距 6 m，基本风压 $w_0=0.45$ kN/m², 15 m 高度处 $\mu_z=1.14$（10 m 高度处 $\mu_z=1.0$），体形系数见图 3.60；柱截面惯性矩：$I_1=2.13\times10^9$ mm⁴，$I_2=19.54\times10^9$ mm⁴，$I_3=7.2\times10^9$ mm⁴，$I_4=25.63\times10^9$ mm⁴。试求风荷载及风荷载作用下各柱的内力。

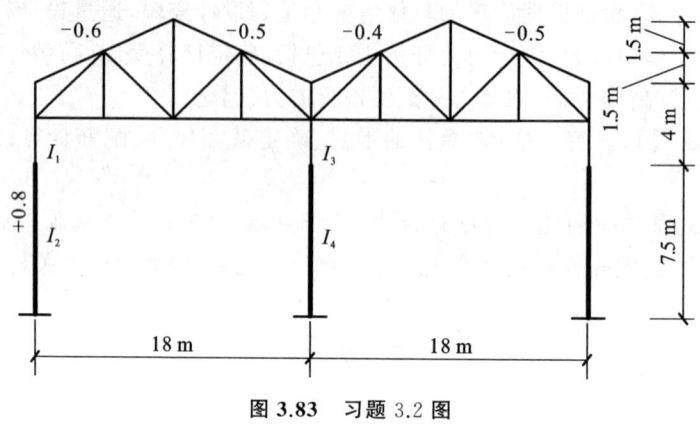

图 3.83 习题 3.2 图

3.3 如图 3.84 所示两跨单层排架结构，作用吊车水平荷载 $T_{max}=14.78$ kN，A 柱与 C 柱截面尺寸一致，柱截面惯性矩：$I_1=2.13\times10^9$ mm⁴，$I_2=19.54\times10^9$ mm⁴，$I_3=7.2\times10^9$ mm⁴，$I_4=25.63\times10^9$ mm⁴。不考虑空间系数，试求各柱剪力并绘制弯矩图。

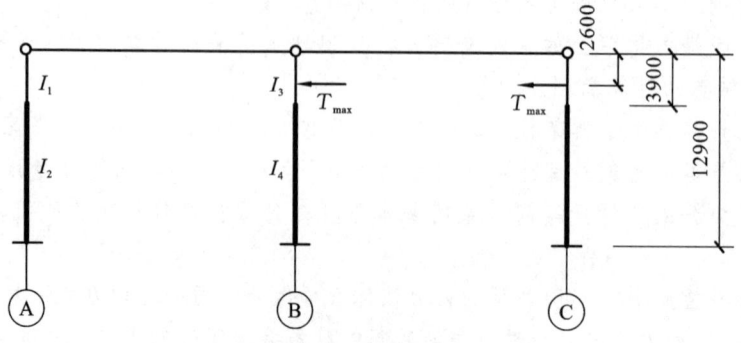

图 3.84 习题 3.3 图

3 钢筋混凝土单层厂房

3.4 如图 3.85 所示单跨单层排架结构,两柱截面尺寸相同,牛腿顶面处产生的力矩分别为 $M_1=378.94$ kN·m,$M_2=63.25$ kN·m,柱截面惯性矩:$I_1=2.5×10^9$ mm⁴,$I_2=17.48×10^9$ mm⁴。求排架柱顶剪力并绘制弯矩图。

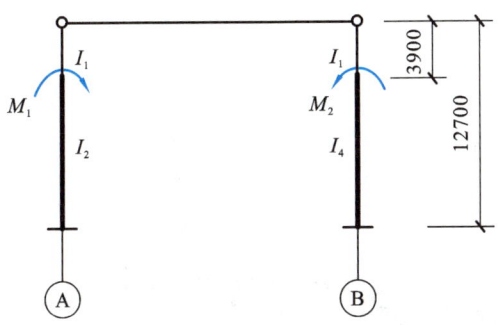

图 3.85 习题 3.4 图

3.5 某单跨厂房 A 柱Ⅲ—Ⅲ截面在各种荷载作用下的内力标准值见表 3.22,有两台吊车,工作级别为 A4 级,试对该截面进行内力组合。

表 3.22 A 柱Ⅲ—Ⅲ截面内力标准值

计算简图及正负号规定	荷载类型		序号	$M/(kN·m)$	N/kN	V/kN
	恒荷载		①	-30.67	395.5	-8.46
	屋面活荷载		②	-2.23	36	-1.02
	吊车竖向荷载	D_{max} 用在 A 柱	③	55.63	467.75	-14.73
		D_{max} 用在 B 柱	④	-110.43	87.64	-13.43
	吊车水平荷载		⑤⑥	±147.84	0	±16.35
	风荷载	右吹风	⑦	209.07	0	27.86
		左吹风	⑧	-194.64	0	-24.31

3.6 某柱牛腿如图 3.86 所示,柱截面宽度 400 mm。已知竖向设计值 $F_v=320$ kN,水平拉力设计值 $F_h=75$ kN,采用 C30 混凝土,HRB400 级钢筋,试计算该牛腿的纵向受力钢筋,并绘制施工图。

3.7 某单层厂房柱下设置钢筋混凝土独立杯形基础,下柱截面尺寸为 800 mm×400 mm。承受竖向荷载标准值 $N_k=900$ kN,弯矩标准值 $M_k=205$ kN·m,水平荷载标准值 $V_k=34.7$ kN,作用点位置在±0.000 处。基础埋置深度 1.8 m,修正后的地基承载力特征值 $f_a=200$ kN/m²。混凝土采用 C30,底板钢筋采用 HRB400 级,试设计该柱下独立基础。

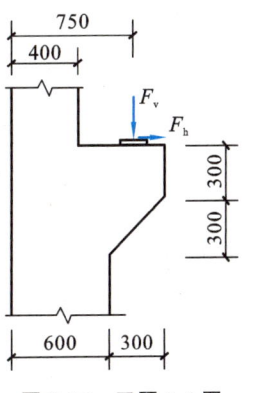

图 3.86 习题 3.6 图

能力训练项目

训练项目:单层工业厂房整体设计

(1) 工程概况

某金工车间为单跨单层厂房,跨度均为 24 m,柱距均为 6 m,车间总长 66 m,每跨设置起重量为 10 t 的 A4 级吊车,厂房无天窗,采用卷材防水屋面,围护墙为 240 mm 厚双面清水砖墙,采用塑钢门窗,窗户宽度为 3.6 m,室内外高差为 0.15 m,厂房建筑剖面图如图 3.87 所示。

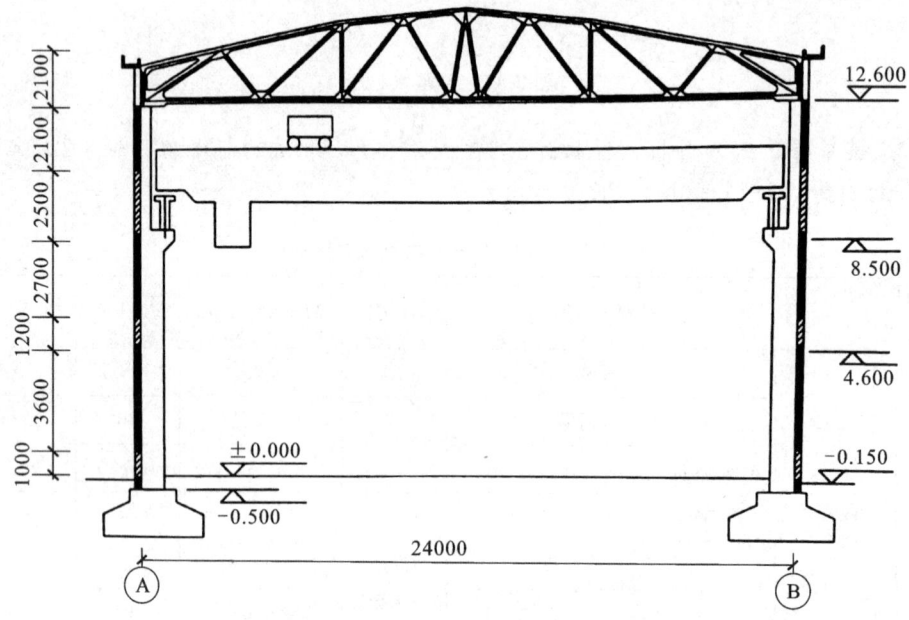

图 3.87 某厂房建筑剖面图

(2) 结构设计原始资料

厂房所在地区基本风压 $w_0 = 0.55$ kN/m²,地面粗糙度为 B 类;基本雪压 $s_0 = 0.5$ kN/m²;屋面活荷载标准值为 0.5 kN/m²;不考虑积灰荷载。

屋面卷材防水保护层做法:①防水层;②20 mm 厚的水泥砂浆找平层;③保温层;④隔汽层;⑤20 mm 厚的水泥砂浆找平层;⑥预应力混凝土大型屋面板。

土壤冻结深度为 0.5 m,建筑场地为Ⅰ级非自重湿陷性黄土,基础埋置深度 1.5 m,修正后的地基承载力特征值 $f_a = 200$ kN/m²,地下水位位于地面下 7 m,不考虑地震设防。

主要构件选型见表 3.23。

3 钢筋混凝土单层厂房

表 3.23 主要构件选型

构件名称	标准图集	选用型号	自重标准值
屋面板	G410(一) 1.5 m×6 m 预应力混凝土屋面板	中跨:YWB-2Ⅱ 边跨:YWB-2Ⅱs	1.4 kN/m²
天沟板	G410(三) 1.5 m×6 m 预应力混凝土屋面板 (卷材防水天沟板)	TGB68-1	1.91 kN/m²
屋架	G415(三) 预应力混凝土折线形屋架(跨度 24 m)	YWJ24-1Aa	106 kN/榀 0.05 kN/m² (屋盖钢支撑)
吊车梁	G323(二) 钢筋混凝土吊车梁	中跨:DL-9Z 边跨:DL-9B	39.5 kN/根 40.8 kN/根
轨道连接	17G325 吊车轨道连接及车挡(适用于混凝土结构)	轨道连接:DGL-10 车挡选用:CD-3	0.8 kN/m
基础梁	16G320 钢筋混凝土基础梁	中跨有窗:JL-3 边跨有窗:JL-17 山墙:JL-23	16.7 kN/根 13.1 kN/根 12.0 kN/根
柱间支撑	G336 柱间支撑	上柱支撑:ZCs-39-1a 下柱支撑:ZCx-71-12	

(3)训练要求

① 分析厂房排架内力,进行排架柱和基础的设计。

② 查阅单层厂房相关图集,绘制排架柱和基础的施工图,并学会识读。

4 钢筋混凝土框架结构

【本章概要】

本章主要介绍钢筋混凝土框架结构的设计步骤、计算方法及构造要求,主要包括概述、框架结构的布置、计算简图及荷载、竖向荷载作用下内力近似计算、水平荷载作用下内力和侧移的近似计算、荷载效应组合及构件设计及一般构造要求等。

【学习目标】

通过本章学习,了解多层框架结构的结构类型、结构布置和计算简图;熟悉掌握现浇多层框架结构的近似计算方法——分层法、弯矩二次分配法、反弯点法和 D 值法;掌握多层框架结构的受力特点,能够进行多层框架结构的设计,进行钢筋混凝土框架结构柱、梁施工图绘制与识读,能根据施工图纸和施工实际条件,明确多层框架结构施工图中各结构构件的做法和构造要求。

4.1 概 述

框架结构是由梁、柱构件通过节点连接而组成的空间杆系结构,具有建筑平面布置灵活,能够获得较大的使用空间等特点,广泛用于办公楼、商场、教学楼等建筑中。由于框架结构的侧向刚度较小,随着建筑物高度的增加或当房屋的高宽比(H/B)较大时,在水平荷载作用下的位移迅速增加,将影响建筑物正常使用或使房屋产生较大的倾覆力矩。因此,设计时应控制房屋的高度和高宽比。《高层建筑混凝土结构技术规程》(JGJ 3—2010)规定:非抗震设计时,现浇钢筋混凝土框架结构房屋的最大适用高度为 70 m;抗震设防烈度为 6 度、7 度、8 度(0.2g)和 8 度(0.3g)时,最大适用高度为 60 m、50 m、40 m、35 m。其适用的最大高宽比:非抗震设计时为 5;抗震设防烈度为 6 度、7 度、8 度时,分别为 4、4 和 3;9 度时不宜采用框架结构。

框架结构一般由基础、框架柱、框架梁、次梁、楼板组成。主体结构除个别部位外,不应采用铰接。柱底应为固定支座,框架梁宜拉通、对直,框架柱宜纵横对齐,上下对中,梁柱宜在同一竖向平面内。有时由于使用功能或建筑造型上的要求,框架结构也可以做成缺梁、内收或有斜向布置的梁等形式,如图 4.1 所示。

混凝土框架结构按施工方法的不同分为现浇式、装配式和装配整体式等。

现浇框架是指梁、柱、楼盖均为钢筋混凝土现浇的,其优点是整体性强、抗震性能好,其

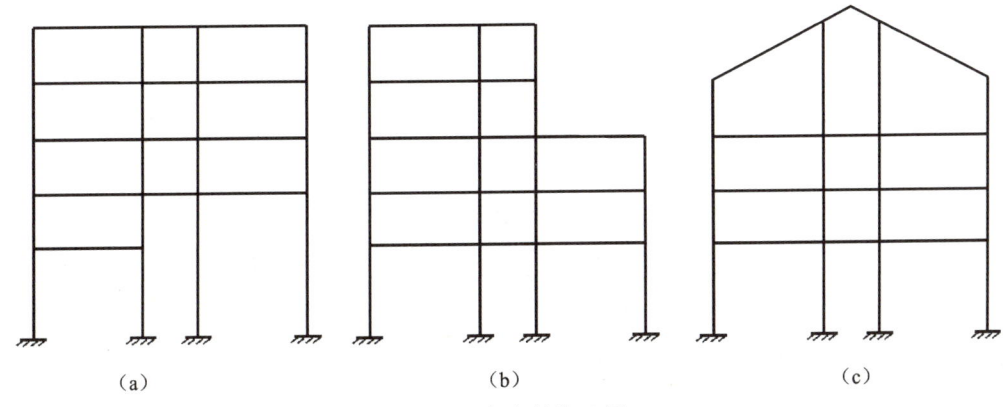

图 4.1 框架结构示例
(a)缺梁的框架；(b)内收的框架；(c)有斜梁的框架

缺点是现场施工的工作量大、需要大量的模板等。

装配式框架是指梁、柱、楼板、楼梯等均为预制，通过焊接拼装成整体的框架结构。由于所有构件均为预制，可实现标准化、工厂化、机械化生产，施工速度快、效率高，但由于在焊接接头时必须预埋连接件，增加了用钢量，整体性较差，抗震（振）能力弱，不宜在地震地区应用。

装配整体式框架是指梁、柱、楼板、楼梯均为预制，在构件吊装就位后，焊接或绑扎节点区钢筋，浇筑节点区混凝土，从而将梁、柱、楼板连成整体的框架结构。装配整体式框架既具有较好的整体性和抗震（振）能力，又可采用预制构件，减少现场浇筑混凝土的工作量，兼有现浇式框架和装配式框架的优点，但缺点是节点区现场浇筑混凝土施工复杂。

目前国内外大多采用现浇混凝土框架，故本章主要讲述现浇混凝土框架。

4.2 框架结构的布置

框架房屋的结构布置主要包括结构平面和竖向布置。对于质量和侧向刚度沿高度分布比较均匀的结构，只需要进行结构平面布置，否则还应进行结构竖向布置。框架结构平面布置主要是确定柱网和选择结构承重方案。框架结构的布置既要满足生产工艺和建筑功能的要求，又要使结构受力合理，施工方便。

4.2.1 柱网布置

柱网是由于在平面上柱轴线常形成矩形网格而得名。柱网的布置原则如下：
(1) 工业建筑的柱网布置应满足生产工艺的要求

在多层工业厂房设计中，生产工艺的要求是厂房平面设计的主要依据。常用的柱网有内廊式、等跨式、对称不等跨式等，如图 4.2 所示。内廊式的边跨跨度一般为 6～8 m，中间跨度为 2～4 m;等跨式的跨度一般为 6～12 m,柱距通常为 6 m,层高为 3.6～5.4 m;对称不等跨式柱网一般用于建筑平面宽度较大的厂房,常用柱网尺寸有(5.8 m+6.2 m+6.2 m+5.8 m)×6.0 m、(8.0 m+12.0 m+8.0 m)×6.0 m、(7.5 m+7.5 m+12.0 m+7.5 m+7.5 m)×6.0 m 等。

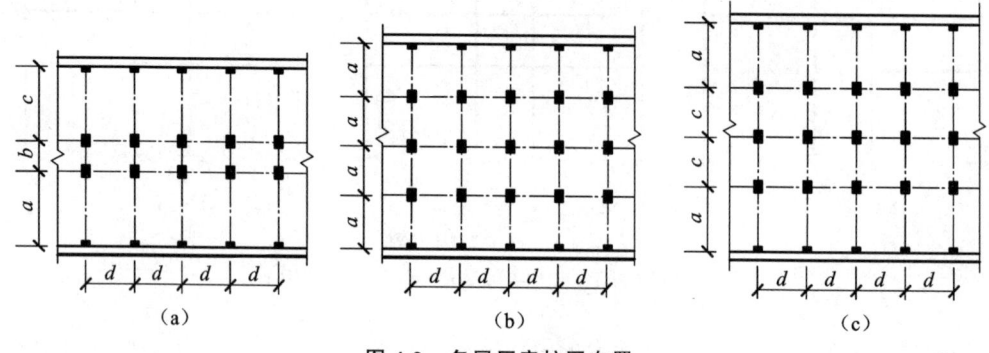

图 4.2 多层厂房柱网布置
(a)内廊式;(b)等跨式;(c)对称不等跨式

(2) 柱网布置应满足建筑平面功能的要求

民用建筑中,柱网布置应与建筑分隔墙布置相协调,一般将柱子设在纵横建筑隔墙交叉点上,以尽量减少柱子对建筑使用功能的影响。柱网的尺寸还受梁跨度的限制,梁跨度一般在 6～9 m 为宜。

目前,住宅、宾馆和办公楼柱网可划分为小柱网和大柱网两类。小柱网指一个开间为一个柱距[图 4.3(a)、图 4.3(b)],柱距一般为 3.3 m、3.6 m、4.0 m 等;大柱网是指两个开间为一个柱距[图 4.3(c)],柱距通常为 6.0 m、6.6 m、7.2 m、7.5 m 等。常用的跨度为 4.8 m、5.4 m、6.0 m、6.6 m、7.2 m、7.5 m 等。

在宾馆建筑中,建筑平面一般布置成两边为客房、中间为走道的形式,柱网布置可有两种方案:一种是边跨跨度大、中间跨度小,可将客房和卫生间一并设在边跨,中间跨仅作为走道用;另一种边跨跨度小、中间跨度大,将两边客房的卫生间与走道并为中跨内,边跨仅布置客房。

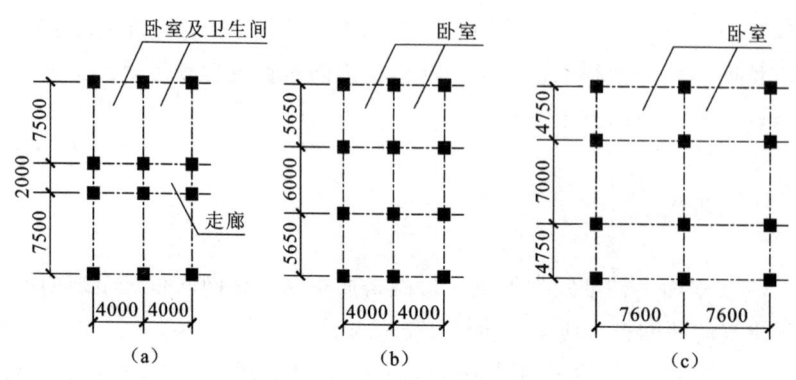

图 4.3 民用建筑柱网布置
(a)北京民族饭店;(b)北京长城饭店;(c)广州东方宾馆

(3) 柱网布置应使结构受力合理

多层框架主要承受竖向荷载,柱网布置时,应考虑在竖向荷载作用下内力分布均匀合理,各构件材料强度均能充分利用。纵向柱列的布置对结构受力也有影响,框架柱距一般可取建筑开间。当开间小,层数又少时,柱截面设计常按构造配筋,材料强度不能充分利用。同时小柱距也使建筑平面难以灵活布置,因此可考虑柱距为两个开间。

(4) 柱网布置应方便施工,以加快施工进度,降低工程造价

现浇框架结构可不受建筑模数和构件标准的限制,但在结构布置时应尽量使梁板布置简单规则,方便施工。

4.2.2 框架结构的承重方案

4.2.2.1 横向框架承重方案

横向框架承重方案是在横向布置承重框架梁,楼面荷载主要由横向框架梁承担并传至柱,而在纵向布置连系梁,如图 4.4(a)所示。采用这种布置方案有利于增加房屋的横向刚度,提高抵抗水平作用的能力,而纵向框架按照构造要求布置较小的连系梁,有利于房屋室内的采光与通风,因此在实际工程中应用较多;缺点是由于主梁截面尺寸较大,当房屋需要较大空间时,其净空较小。

4.2.2.2 纵向框架承重方案

纵向框架承重方案是在纵向布置框架承重梁,楼面荷载主要由纵向框架梁承担,横向布置连系梁,如图 4.4(b)所示。采用这种布置方案房间布置灵活,布置横向连系梁梁高较小,有利于提高楼层净高;缺点是横向刚度较差,在民用建筑中一般采用较少。

4.2.2.3 纵横向框架混合承重方案

纵横向框架混合承重方案是在两个方向均布置框架承重梁以承受楼面荷载,如图 4.4(c) 所示,楼盖常采用现浇双向板或井字梁楼盖。当楼面上作用较大的荷载,或楼面有较大开洞,或当柱网布置为正方形或接近正方形时,常采用这种承重方案。纵横向框架混合承重方案具有较大的整体工作性能,对抗震有利。

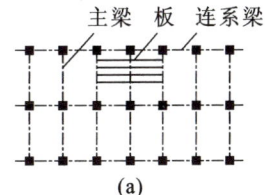
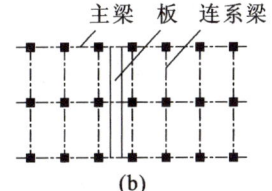
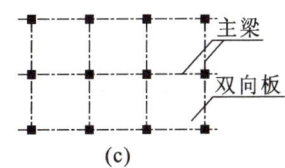

图 4.4 承重框架布置方案

(a)横向框架承重方案;(b)纵向框架承重方案;(c)纵横向框架混合承重方案

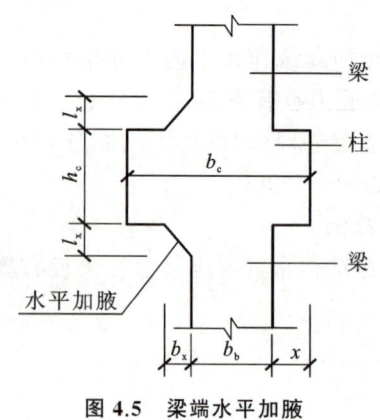

图 4.5 梁端水平加腋

4.2.3 梁柱相交位置

在框架结构布置中,梁、柱轴线宜重合,如梁须偏心放置时,梁、柱中心线之间的偏心距不宜大于柱截面在该方向宽度的 1/4。当偏心距大于该方向柱宽的 1/4 时,可增设梁的水平加腋(图 4.5)。试验表明,此法能明显改善梁柱节点承受反复荷载的性能。

梁水平加腋厚度可取梁截面高度,其水平尺寸宜满足下列要求:

$$\frac{b_x}{l_x} \leqslant \frac{1}{2}, \frac{b_x}{b_b} \leqslant \frac{2}{3}, b_b + b_x + x \geqslant \frac{b_c}{2}$$

4.2.4 变形缝设置

变形缝是伸缩缝、沉降缝、防震缝的统称。结构设计时,通过设置变形缝将结构分割为若干相对独立的单元,以消除各种不利因素的影响。框架结构房屋设缝后,给建筑、结构和设备的设计和施工带来一定的困难,基础防水也不容易处理,因此,应尽量避免设缝,并从总体布置或构造上采取相应的措施来减少沉降、温度变化等的不利影响。

4.2.4.1 伸缩缝

由于温度变化对建筑物造成的危害在其底部数层和顶部数层较为明显,基础部分基本不受温度变化的影响,因此,当房屋长度超过规范规定的限值时,宜用伸缩缝将上部结构从顶部到基础顶面断开,分成独立的温度区段。钢筋混凝土结构伸缩缝的最大间距宜符合《混凝土结构设计标准》(GB/T 50010—2010)(2024 年版)或附表 6 的规定。伸缩缝宽度一般不宜小于 50 mm。

4.2.4.2 沉降缝

当上部结构不同部位的竖向荷载差异较大,或同一建筑物不同部位的地基承载力差异较大时,应设沉降缝将其分为若干独立的结构单元,使各部分自由沉降。沉降缝应将建筑物从顶部到基础底面完全分开。

4.2.4.3 防震缝

当位于地震区的框架结构房屋体形复杂时,宜设置防震缝。防震缝应有足够的宽度,以免地震作用下相邻建筑发生碰撞。防震缝宽度不得小于 100 mm,同时对于框架结构房屋,当高度超过 15 m 时,设防烈度为 6 度、7 度、8 度和 9 度时相应增加 5 m、4 m、3 m 和 2 m,防震缝宽度宜加宽 20 mm。

房屋既需设伸缩缝又需设沉降缝时,沉降缝可兼做伸缩缝,两缝合并设置。对有抗震设防要求的房屋,其伸缩缝和沉降缝均应符合防震缝要求,尽可能做到三缝合一。

避免设缝的措施:在建筑设计时,采用调整平面形状、尺寸、体形等措施;在结构设计时,可通过选择节点连接方式,配置构造钢筋、设置刚性层等措施;在施工方面,可采取分阶段施工、设置后浇带、做好保温隔热层等措施,来防止由于温度变化、不均匀沉降、地震作用等因素所引起的结构或非结构的损坏。

4.3 框架结构的计算简图及荷载

在框架结构设计中,应首先确定构件截面尺寸及结构计算简图,然后进行荷载计算及结构内力和侧移分析。本节主要讲述构件截面尺寸和结构计算简图及荷载计算。

4.3.1 梁、柱截面尺寸

框架梁、柱截面尺寸应该根据构件承载力、刚度及延性等要求确定。设计时参考以往经验初步选定截面尺寸,再进行承载力计算和变形验算检查所选尺寸是否合适。

4.3.1.1 梁截面尺寸

框架结构中框架梁的截面高度 h_b 可根据梁的计算跨度 l_b、活荷载大小等,按 $h_b = (1/18 \sim 1/12) l_b$ 确定。为了防止梁发生剪切破坏,h_b 不宜大于 1/4 梁净跨。主要截面宽度可取 $b_b = (1/3 \sim 1/2) h_b$,且不宜小于 200 mm。为了保证梁的侧向稳定性,梁截面的高宽比 (h_b/b_b) 不宜大于 4。

为了降低楼层高度,可将梁设计成宽度较大而高度较小的扁梁,扁梁的截面高度 h 可按 $(1/18 \sim 1/15) l_b$ 估算。扁梁的截面宽度 b(肋宽)与其高度 h 的比值 b/h 不宜超过 3。

当采用叠合梁时,后浇部分截面高度不宜小于 120 mm。

当梁跨度较大时,为了节省材料和有利于扩大建筑空间,可将梁设置成加腋形式(图 4.6)。

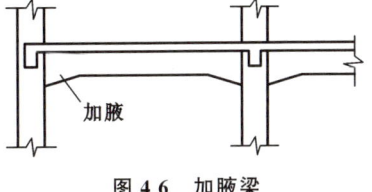

图 4.6 加腋梁

4.3.1.2 柱截面尺寸

柱截面尺寸既可直接凭经验确定,也可先根据其所受轴力按轴心受压构件估算,再乘以适当的放大系数以考虑弯矩的影响,即:

$$A_c \geq (1.1 \sim 1.2) \frac{N}{f_c} \tag{4.1}$$

$$N = 1.35 N_v \tag{4.2}$$

式中 A_c——柱截面面积,m^2;
N——柱所承受的轴向压力设计值,kN;

N_v——根据柱支承的楼面面积计算由重力荷载产生的轴向力标准值,可根据实际荷载取值,也可近似按$(12\sim14)\,\mathrm{kN/m^2}$计算;

1.35——重力荷载的荷载分项系数加权平均值;

f_c——混凝土轴心抗压强度设计值。

框架柱的截面宽度和高度均不宜小于 250 mm,圆柱截面直径不宜小于 350 mm,柱截面高宽比不宜大于 3。为避免柱产生剪切破坏,柱净高度与截面长边比宜大于 4,或柱的剪跨比宜大于 2。

4.3.1.3 梁截面惯性

在结构内力与位移计算中,与梁一起现浇的楼板可作为框架梁的翼缘,每一侧翼缘的有效宽度可取至板厚的 6 倍;装配整体式楼面视其整体性可取等于或小于 6 倍;无现浇面层的装配式楼面,楼板的作用不予考虑。

设计中,为简化计算,也可按下式近似确定梁截面惯性矩 I:

$$I = \beta I_0 \tag{4.3}$$

式中 I_0——矩形截面计算的梁截面惯性矩(图 4.7 中阴影部分);

β——楼面梁截面刚度增大系数,按表 4.1 取值。

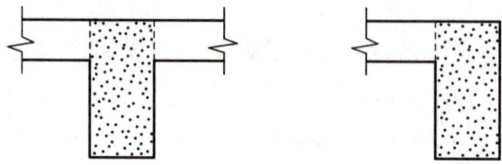

图 4.7 梁截面惯性矩 I_0

表 4.1 楼面梁截面刚度增大系数

类别	中框架梁	边框架梁
现浇楼面	2.0	1.5
装配整体式楼面	1.5	1.2

4.3.2 框架结构的计算简图

4.3.2.1 计算单元

框架结构房屋是由横向框架和纵向框架组成的空间结构,一般应按三维空间结构进行分析。对于平面布置和竖向布置较规则的框架结构(图 4.8),为了简化,通常将实际的空间结构简化为若干个横向或纵向平面框架进行分析,每榀平面框架为一计算单元,计算单元宽度取相邻跨中之间的距离,如图 4.8(a)所示。

4 钢筋混凝土框架结构

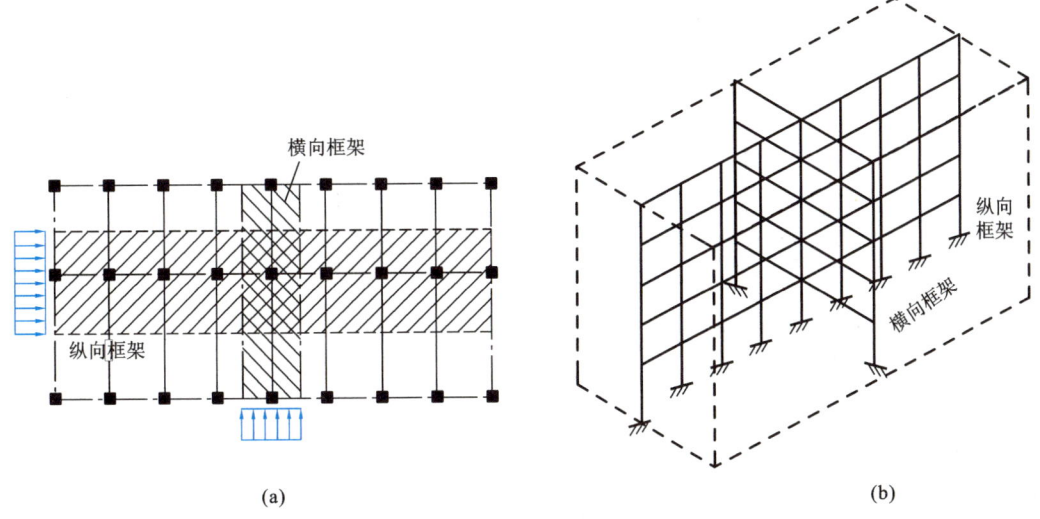

图 4.8 框架的计算单元及计算模型
(a)计算单元;(b)计算模型

就承受竖向荷载而言,当横向(纵向)框架承重,且在截取横向(纵向)框架计算时,全部竖向荷载由横向(纵向)框架承担,不考虑纵向(横向)框架的作用。

当纵、横向框架混合承重时,应根据结构的不同特点进行分析,竖向荷载按楼盖的实际支承情况进行传递,这时竖向荷载通常由纵、横向框架共同承担。实际上除楼面荷载外尚有墙体重量等重力荷载,故通常纵、横向框架都承受竖向荷载,各自取平面框架及其所承受的竖向荷载而分别计算。

在水平荷载作用下,这个框架结构体系可视为若干个平面框架,共同抵抗与平面框架平行的水平荷载,与该方向正交的结构不参与受力。一般用刚性楼盖假定,则每榀平面框架所抵抗的水平荷载按各平面框架的侧向刚度比例所分配到的水平力计算。当为风荷载时,为简化计算可近似取计算单元范围内的风荷载[图 4.8(a)]。

4.3.2.2 计算简图

框架结构的计算简图是将复杂的空间框架结构简化为平面框架后,进一步简化为力学模型[图 4.8(b)],并在该力学模型上作用荷载。

在框架结构的计算简图中,梁、柱用其形心线表示,梁与柱之间的连接用节点表示,梁或柱的长度用节点间的距离表示,如图 4.9 所示。由图 4.9 可见,框架柱轴线之间的距离即为框架梁的计算跨度;框架柱的计算高度应为各横梁形心轴线间的距离,当各层梁截面尺寸相同时,除底层外,柱的计算高度即为各层层高。对于梁、柱、板均为现浇的情况,梁截面的形心线可近似取至板底。对于底层柱的下端,一般取至基础顶面;当设有整体刚度很大的地下室且地下室结构的楼层侧向刚度不小于相邻上部结构楼层侧向刚度的 2 倍时,可取至地下室结构的顶板处。

在实际工程中,框架柱的截面尺寸通常沿房屋高度变化。当上层柱截面尺寸减小但其形心轴仍与下层柱的形心轴重合时,其计算简图与各层柱截面不变时的相同(图 4.9)。当

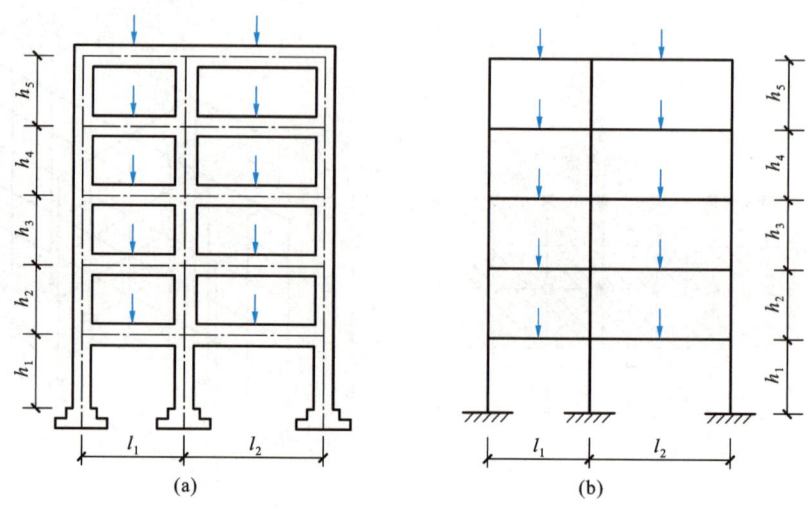

图 4.9 框架结构的计算简图
(a)框架示意图；(b)计算简图

上、下层柱截面尺寸不同且形心轴也不重合时，一般采取近似方法，即将顶层柱的形心线作为整个柱子的轴线，如图 4.10 所示。但是必须注意，在框架结构的内力和变形分析中，各层梁的计算跨度及线刚度仍应按实际情况取；另外，尚应考虑上、下层柱轴线不重合时，由上层柱传来的轴力在变截面处所产生的力矩[图 4.10(b)]。此力矩应视为外荷载，与其他竖向荷载一起进行框架内力分析。

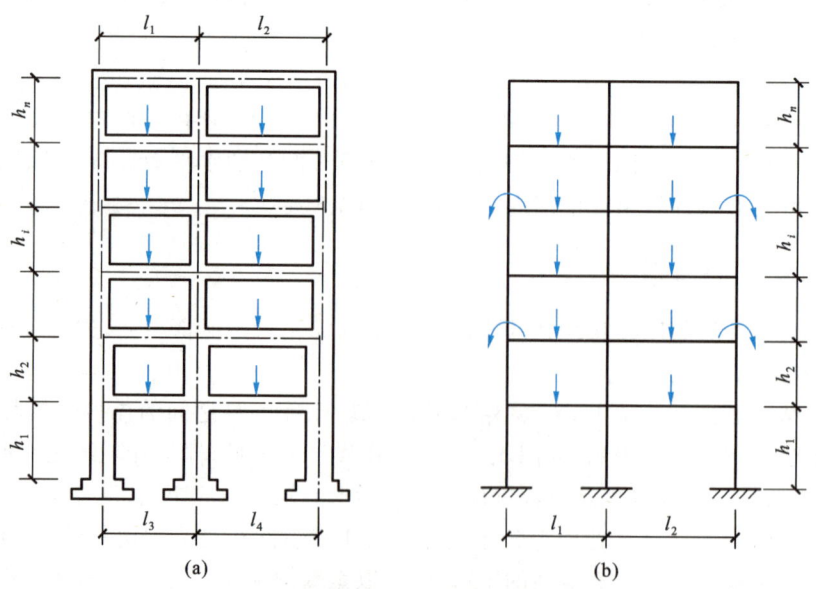

图 4.10 变截面柱框架结构的计算简图
(a)框架示意图；(b)计算简图

4.3.2.3 节点连接的简化

对于现浇钢筋混凝土结构,因梁和柱的纵向受力钢筋穿过节点,整体性强,且有较大抗转动刚度,故可简化为刚接节点。装配整体式框架,梁(柱)中的钢筋在节点处或为焊接或为搭接,并现场浇筑节点部分混凝土,故这种节点也可认为是刚接节点。装配式框架结构一般是在构件的适当部位预埋钢板,安装就位后再予以焊接,由于钢板在其自身外的刚度很小,故这种节点可有效地传递竖向力和水平力,传递弯矩的能力有限,通常视具体构造情况,将这种节点简化为铰接节点或半铰接节点,如图 4.11 所示。

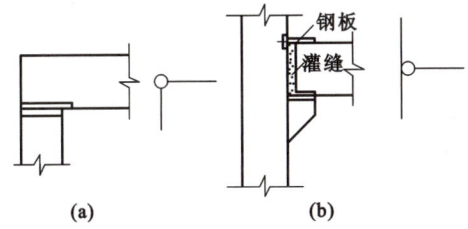

图 4.11 装配式框架的铰节点
(a)铰接节点;(b)半铰接节点

框架柱与基础连接有刚接和铰接两种,框架柱与基础为现浇的一般认为是刚接[图 4.12(a)],支座为固定支座,柱为预制柱,则应视其与基础之间构造措施决定是刚接还是铰接,对于装配式框架柱,如果柱插入基础杯口一定的深度,并用细石混凝土将其与基础浇捣成整体,则柱与基础连接可视为刚接[图 4.12(b)];如用沥青麻丝填实,则预制柱与基础的连接可视为铰接[图 4.12(c)]。

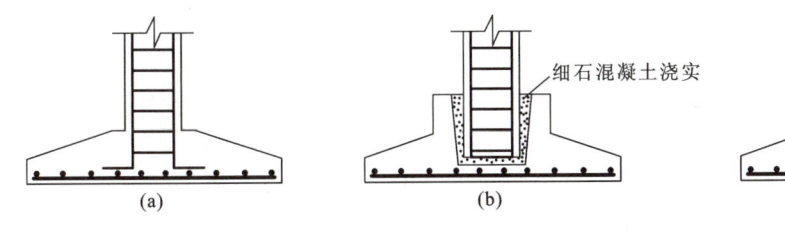

图 4.12 框架柱与基础的连接
(a)、(b)刚接连接;(c)铰接连接

4.3.3 荷载计算

作用于框架结构上的荷载有竖向荷载和水平荷载两种。竖向荷载包括建筑结构自重及楼(屋)面活荷载,一般为均布荷载,有时也以集中荷载的形式出现;水平荷载包括风荷载和水平地震作用,一般均简化成作用于框架梁、柱节点处的水平集中力。下面介绍几种主要荷载的计算方法。

4.3.3.1 恒荷载

恒荷载的标准值可按设计尺寸与材料自重标准计算。对于某些重量变异较大的材料或结构构件(如现场制作的保温材料、混凝土薄壁构件等),自重的标准值应根据对结构的不利状态,通过结构可靠度分析,取其概率分布的某一分位数确定。

4.3.3.2 楼面和屋面活荷载

(1) 民用建筑楼面均布活荷载

民用建筑楼面均布活荷载的标准值应按《建筑结构荷载规范》(GB 50009—2012)查取。

(2) 工业建筑楼面活荷载

工业建筑楼面在生产使用或安装检修时,由设备、管道、运输工具及可能拆移的隔墙产生的局部荷载,均应按实际情况考虑,可采用等效均布活荷载代替。工业建筑楼面(包括工作平台)上无设备区域的操作荷载,包括操作人员、一般工具、零星原料和成品的自重,可按均布活荷载考虑,采用 2.0 kN/m²。生产车间的楼梯活荷载,可按实际情况采用,但不宜小于 3.5 kN/m²。在任何情况下,工业建筑楼面活荷载的组合值和频遇值系数不应小于 0.7,准永久值系数不应小于 0.6。

(3) 屋面均布活荷载

工业与民用房屋的屋面,其水平投影面上的屋面均布活荷载应按《建筑结构荷载规范》(GB 50009—2012)查取。屋面均布活荷载不应与雪荷载同时考虑。

4.3.3.3 雪荷载

屋面水平投影面上的雪荷载标准值按第 3 章式(3.3)计算。

4.3.3.4 风荷载

垂直于建筑物表面上的风荷载标准值按第 3 章式(3.12)计算。对于高度不大于 30 m 或高宽比小于 1.5 的框架结构房屋,取 $\beta_z = 1.0$;对于高度大于 30 m 且高宽比大于 1.5 的框架结构房屋,β_z 按照《建筑结构荷载规范》(GB 50009—2012)中的规定计算。

4.4 竖向荷载作用下框架结构内力近似计算

在竖向荷载作用下,多层框架结构的内力采用手算时,一般采用分层法和弯矩二次分配法。由于两种方法采用的假定不同,其计算结果存在差别,但均能满足工程设计要求。

4.4.1 分层法

4.4.1.1 基本假定

力法或位移法的计算结果表明,在竖向荷载作用下,当多层框架梁的线刚度大于柱的线刚度,且结构基本对称、荷载较为均匀时,框架侧移很小,侧移对其内力的影响也较小;框架各层横梁上的荷载对本层横梁及与之相连的上、下柱的弯矩影响较大,对其他层横梁及柱的弯矩影响较小。为了简化计算,在竖向荷载作用下框架结构的内力分析,可采用以下假定:

(1) 不考虑框架结构的侧移对其内力的影响。

(2) 每层梁上的荷载仅对本层梁及与该层梁相连的上、下柱的内力产生影响,对其他各层梁、柱内力的影响忽略不计。

以上假定中内力不包括柱轴力,因为某层梁上的荷载对下部各层柱的轴力均有较大影响,不能忽略。

4.4.1.2 计算要点及步骤

根据上述假定,可将每层框架连同与之相连的上下层柱作为独立的计算单元分别进行计算。根据叠加原理,多层框架在竖向荷载作用下的内力,可看成是各层竖向荷载单独作用下内力的叠加[图4.13(a)],各层梁上单独作用竖向荷载时,仅在图4.13(b)所示结构的实线部分产生内力,虚线部分中所产生的内力可忽略不计,框架结构可分解为图4.13(c)所示的独立刚架单元,柱的远端简化为固定支承,梁上作用的荷载、各层柱高及梁跨度均与原结构相同。用弯矩分配法进行计算,节点的不平衡弯矩只在本单元内进行分配传递。

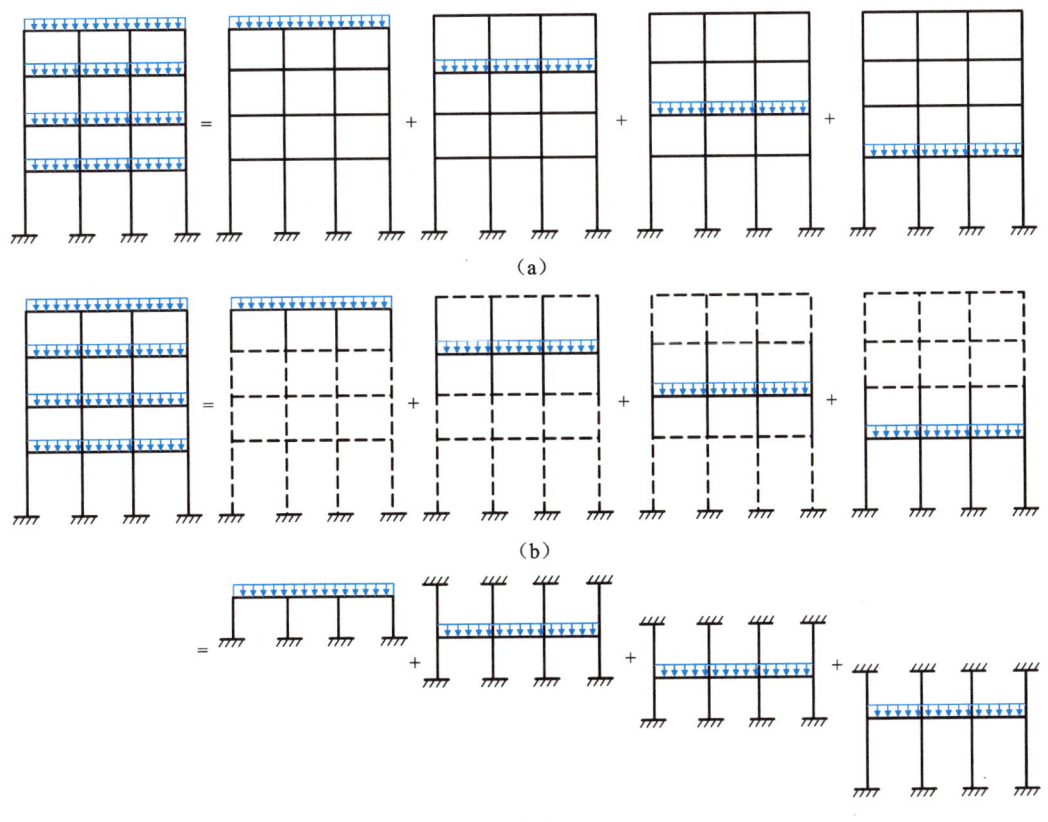

图 4.13 竖向荷载作用下分层计算示意图

在进行内力计算时,应注意以下两个问题:

(1) 在计算单元中,取柱远端为固定,这与实际结构有差异,为消除此影响,规定除底层外,其他各层柱的线刚度均乘 0.9,并取相应的传递系数为 1/3(底层柱仍为 1/2)。

(2) 由于每根柱都在上、下两个单元中用了一次,因此,各柱端弯矩应为上下两层单元柱端弯矩之和。在上下层柱端弯矩相加后,将引起新的节点不平衡弯矩,如欲进一步修正,可对这些不平衡弯矩再进行一次弯矩分配。

分层法适宜于结构刚度与荷载沿高度分布比较均匀的多层框架的内力计算。

采用分层法计算竖向荷载作用下框架内力的步骤是:

(1) 画出结构计算简图,并标明轴线尺寸、荷载的大小和分布状态。

(2) 按规定计算梁柱的线刚度和相对线刚度,并注意除底层柱外,其他各层柱的线刚度乘以 0.9 的折减系数。

(3) 用弯矩分配法自上而下分层计算各单元的杆端弯矩,除底层以外其他各层柱的弯矩传递系数为 1/3,底层柱的弯矩传递系数为 1/2。

(4) 叠加柱端弯矩,得出所有杆件的最后杆端弯矩。如节点不平衡弯矩偏大,可在该节点重新分配一次但不再传递。

(5) 在杆端弯矩求出后,可用静力平衡条件计算梁端剪力及梁跨中弯矩。逐层叠加柱上的竖向荷载(包括节点集中力、柱自重等)和与之相连的梁端剪力,即得柱的轴力。

(6) 绘出框架的弯矩图、剪力图、轴力图。

【例 4.1】 如图 4.14 所示为两跨二层框架,试用分层法绘制弯矩图,括号内的数字表示梁柱线刚度。

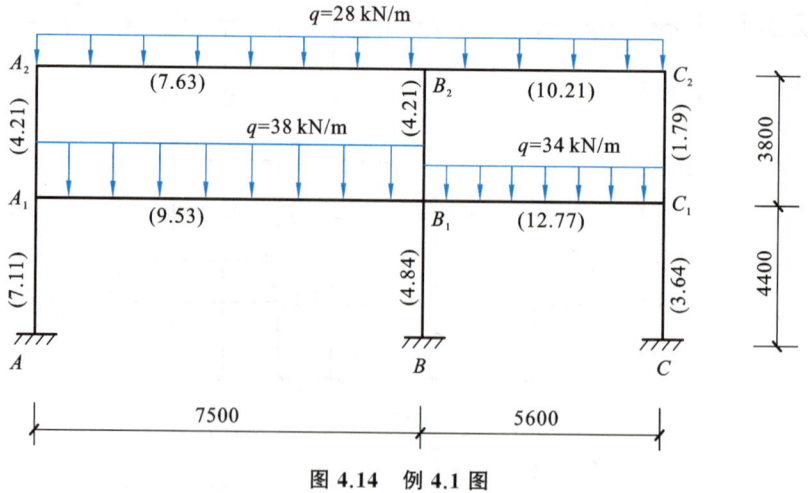

图 4.14 例 4.1 图

【解】(1) 计算梁柱线刚度。除一层柱外,二层柱的线刚度乘以 0.9 的修正系数。

(2) 计算各节点处弯矩分配系数。

节点 A_2: $\mu_{右梁} = \dfrac{7.63}{7.63+0.9\times 4.21} = 0.668$ $\mu_{下柱} = \dfrac{0.9\times 4.21}{7.63+0.9\times 4.21} = 0.332$

节点 B_2: $\mu_{左梁} = \dfrac{7.63}{7.63+10.21+0.9\times 4.21} = 0.353$ $\mu_{右梁} = \dfrac{10.21}{7.63+10.21+0.9\times 4.21} = 0.472$

$$\mu_{下柱} = \frac{0.9 \times 4.21}{7.63 + 10.21 + 0.9 \times 4.21} = 0.176$$

节点 C_2: $\mu_{左梁} = \dfrac{10.21}{10.21 + 0.9 \times 1.79} = 0.864$ $\mu_{下柱} = \dfrac{0.9 \times 1.79}{10.21 + 0.9 \times 1.79} = 0.136$

节点 A_1: $\mu_{上柱} = \dfrac{0.9 \times 4.21}{0.9 \times 4.21 + 7.11 + 9.53} = 0.186$

$$\mu_{下柱} = \frac{7.11}{0.9 \times 4.21 + 7.11 + 9.53} = 0.348$$

$$\mu_{右梁} = \frac{9.53}{0.9 \times 4.21 + 7.11 + 9.53} = 0.466$$

节点 B_1: $\mu_{左梁} = \dfrac{9.53}{9.53 + 0.9 \times 4.21 + 12.77 + 4.84} = 0.308$

$$\mu_{右梁} = \frac{12.77}{9.53 + 0.9 \times 4.21 + 12.77 + 4.84} = 0.413$$

$$\mu_{上柱} = \frac{0.9 \times 4.21}{9.53 + 0.9 \times 4.21 + 12.77 + 4.84} = 0.123$$

$$\mu_{下柱} = \frac{4.84}{9.53 + 0.9 \times 4.21 + 12.77 + 4.84} = 0.156$$

节点 C_1: $\mu_{左梁} = \dfrac{12.77}{12.77 + 0.9 \times 1.79 + 3.64} = 0.709$

$$\mu_{上柱} = \frac{0.9 \times 1.79}{12.77 + 0.9 \times 1.79 + 3.64} = 0.089$$

$$\mu_{下柱} = \frac{3.64}{12.77 + 0.9 \times 1.79 + 3.64} = 0.202$$

(3) 计算每跨梁在竖向荷载作用下的固端弯矩,见图 4.15 和图 4.16。
(4) 弯矩分配与传递,见图 4.15 和图 4.16。

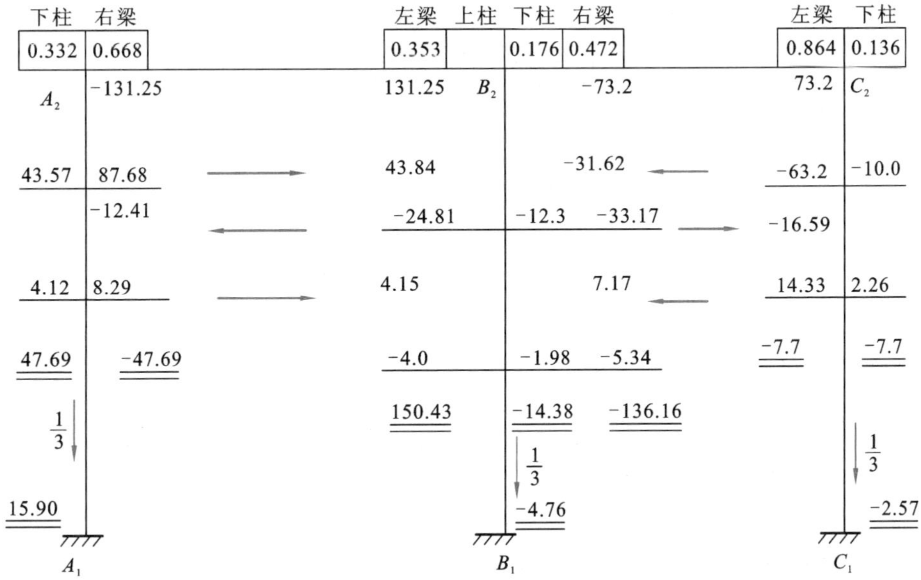

图 4.15 顶层计算

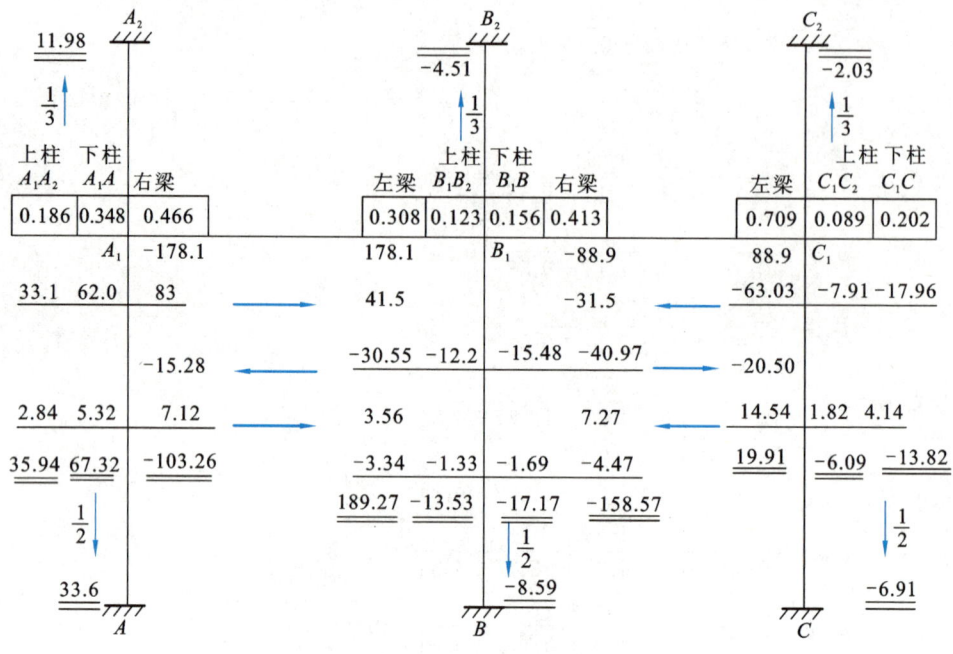

图 4.16 底层计算

(5)叠加杆端弯矩,得到弯矩图,如图 4.17 所示。

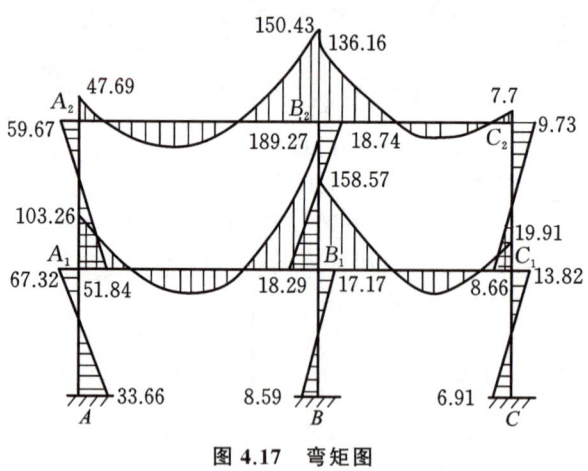

图 4.17 弯矩图

4.4.2 弯矩二次分配法

计算竖向荷载作用下多层多跨框架结构的杆端弯矩时,如用无侧移框架的弯矩分配法,由于该法需要考虑任一节点的不平衡弯矩对框架结构所有杆件的影响,因而计算相当繁复。根据在分层法中所做的分析可知,多层框架中某节点的不平衡弯矩对其相邻的节点影响较大,对其他节点的影响较小,因而可假定某一节点的不平衡弯矩只对该节点相交的各杆件的远端有影响,这样可将弯矩分配法的循环次数简化到弯矩二次分配和其间的一次传递,此方法为弯矩二次分配法。

具体计算步骤如下:

(1) 根据各杆件的线刚度计算各节点的杆端弯矩分配系数,并计算竖向荷载作用下各跨梁的固端弯矩。

(2) 计算框架各节点的不平衡弯矩,并对所有节点的不平衡弯矩同时进行第一次分配(其间不进行弯矩传递)。

(3) 将所有杆端的分配弯矩同时向其远端传递(对于刚接框架,传递系数均取 1/2)。

(4) 将各节点因传递弯矩而产生的新的不平衡弯矩进行第二次分配,使各节点处于平衡状态。至此,整个弯矩分配和传递过程即告结束。

(5) 将各杆端的固端弯矩、分配弯矩和传递弯矩叠加,即得各杆端弯矩。

4.5 水平荷载作用下框架结构内力和侧移的近似计算

水平荷载作用下框架结构的内力和侧移可用结构力学方法计算,常用的近似算法有反弯点法、D 值法和迭代法等。本节主要介绍反弯点法和 D 值法。

4.5.1 反弯点法

同一楼层内的各节点具有相同的侧向位移,即同一层内的柱均具有相同的层间相对位移。框架中所有梁、柱的弯矩图都是直线,且通常都有一个反弯点,如图 4.18 所示。反弯点处的弯矩为零,剪力不为零。反弯点法适用于结构比较均匀的多层框架,当梁、柱线刚度比大于 3 时,采用反弯点法计算内力可以获得良好的工程精度。

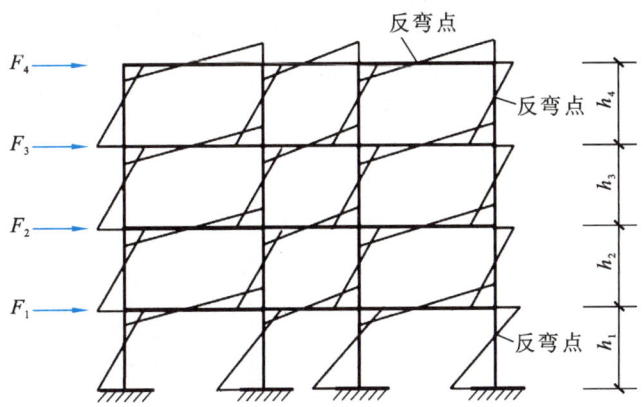

图 4.18 框架结构在节点水平力作用下的弯矩图

4.5.1.1 基本假定

(1) 求各个柱的剪力时,假定各柱上、下端都不发生角位移,即认为梁的线刚度与柱线刚度之比无限大。

(2) 在确定反弯点位置时,假定除底层柱以外,其余各层柱的上、下端节点转角均相同,即除底层柱外,其余各层框架柱的反弯点处于层高的中点;对于底层,则假定其反弯点位于距支座 2/3 层高处。

(3) 不考虑框架梁的轴向变形,同一层各节点水平位移相同。

4.5.1.2　同层各柱间剪力分配

设某框架共有 n 层,每层有 m 个柱子,如图 4.19(a)所示,将框架沿第 j 层各柱的反弯点处切开代以剪力和轴力,如图 4.19(b)所示,则由水平力的平衡条件有:

$$V_j = \sum_{i=j}^{n} F_i \tag{4.4}$$

$$V_j = V_{j1} + V_{j2} + \cdots + V_{jk} + \cdots + V_{jm} = \sum_{k=1}^{m} V_{jk} \tag{4.5}$$

式中　F_i——作用在楼层 i 的水平力;
　　　V_j——水平力 F 在第 j 层所产生的层间剪力;
　　　V_{jk}——第 j 层 k 柱所承受的剪力;
　　　m——第 j 层内的柱子数;
　　　n——楼层数。

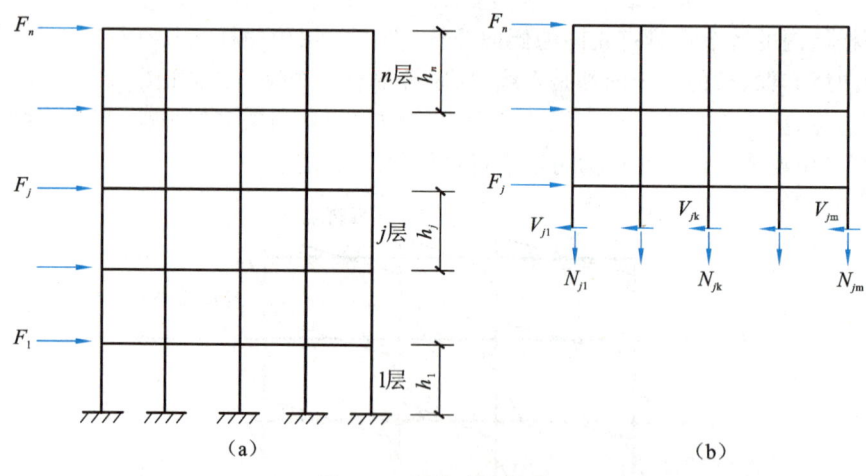

图 4.19　反弯点法推导

由假定(1)可确定柱的侧向刚度,根据结构力学知识,第 j 层 k 柱的变形如图 4.20 所示,各柱的两端只有水平位移而无转角,则其侧向刚度为:

$$d_{jk} = \frac{12i_{jk}}{h_j^2} \tag{4.6}$$

式中　i_{jk}——第 j 层 k 柱的线刚度;
　　　h_j——第 j 层柱子的高度;

d_{jk}——第 j 层 k 柱的侧向刚度,它表示要使柱的上、下端产生单位相对侧向位移时,需要在柱顶施加的水平力。

由假定(3)可知,同层各柱水平位移相等,即 $\Delta u_1 = \Delta u_2 = \cdots = \Delta u_j$,设第 j 层各柱端相对位移均为 Δu_j,按照侧向刚度的定义有:

$$V_{jk} = d_{jk} \Delta u_j \tag{4.7}$$

将式(4.6)代入式(4.7),可得第 j 层各柱柱端相对位移:

$$\Delta u_j = \frac{V_j}{\sum\limits_{k=1}^{m} d_{jk}} = \frac{V_j}{\sum\limits_{k=1}^{m} \frac{12 i_{jk}}{h_j^2}} \tag{4.8}$$

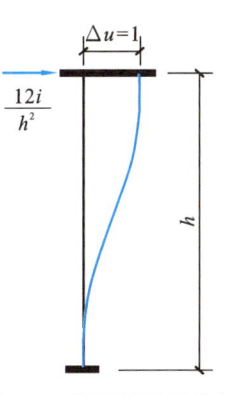

图 4.20 两端固定等截面柱的侧向刚度

将式(4.8)代入式(4.7),得 j 楼层中任一柱 k 在层间剪力 V_j 中分配到的剪力:

$$V_{jk} = \frac{d_{jk}}{\sum\limits_{k=1}^{m} d_{jk}} V_j = \eta_k V_j \tag{4.9}$$

其中,η_k 为 k 柱的剪力分配系数,等于 k 柱自身的侧向刚度占第 j 层柱总侧向刚度的比值。侧向刚度大的层间剪力就大,反之,侧向刚度小的层间剪力就小。

各层的层间剪力按照各柱在该层侧向刚度所占比例分配到各柱,称为剪力分配法。

4.5.1.3 反弯点位置

按假定(2)确定柱的反弯点高度。柱的反弯点高度 yh 为反弯点至柱下端的高度,y 为反弯点高度与柱高度的比值,h 为柱高。当上、下端的刚度相等时,反弯点在柱高的中点;当上、下端刚度不相等时,反弯点偏向刚度小的那一端。故除底层柱外,其余各层框架柱的反弯点位于层高的中点,取 $y = 1/2$;对于底层柱,上端弯矩比下端弯矩小,反弯点偏离中点向上,取 $y = 2/3$。

4.5.1.4 框架梁柱内力

(1) 柱端弯矩

求得各柱所承受的剪力 V_{jk} 及柱的反弯点高度 yh 以后,可求得各柱的杆端弯矩。

对于底层柱:

$$M_{c1k}^{t} = V_{1k} \cdot \frac{h_1}{3} \tag{4.10}$$

$$M_{c1k}^{b} = V_{1k} \cdot \frac{2h_1}{3} \tag{4.11}$$

对于上部各层柱:

$$M_{cjk}^{t} = M_{cjk}^{b} = V_{jk} \cdot \frac{h_j}{2} \tag{4.12}$$

式中 M_{cjk}^t, M_{cjk}^b——第 j 层第 k 柱上端弯矩和下端弯矩。

(2) 梁端弯矩

根据框架节点平衡,梁端弯矩之和等于柱端弯矩之和,节点左右梁端弯矩大小按其线刚度比进行分配,按下式计算(图 4.21):

$$M_b^l = \frac{i_b^l}{i_b^l + i_b^r}(M_c^t + M_c^b) \tag{4.13}$$

$$M_b^r = \frac{i_b^r}{i_b^l + i_b^r}(M_c^t + M_c^b) \tag{4.14}$$

式中 M_c^t, M_c^b——节点上、下两端柱的弯矩;

M_b^l, M_b^r——节点左、右两端梁的弯矩;

i_b^l, i_b^r——节点左、右梁的线刚度。

(3) 梁端剪力

根据框架梁的平衡条件,求出水平作用下梁端剪力(图 4.22):

$$V_b^l = V_b^r = \frac{M_b^l + M_b^r}{l} \tag{4.15}$$

式中 V_b^l, V_b^r——节点左、右两端梁的剪力;

l——框架梁的跨度。

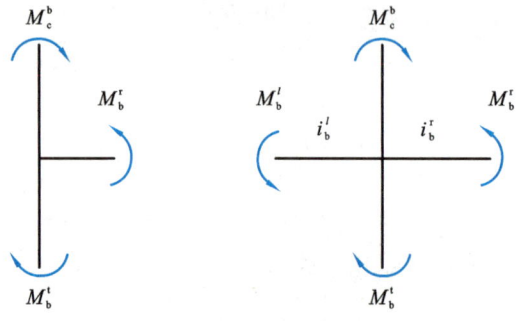

图 4.21 梁端弯矩计算

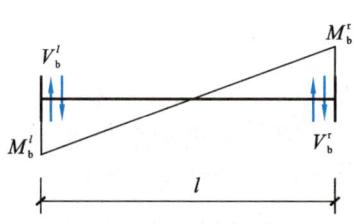

图 4.22 梁端剪力计算

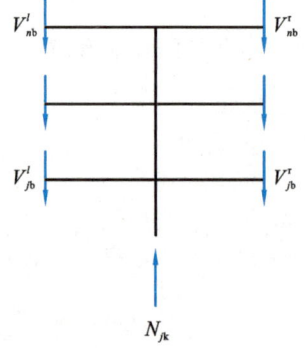

图 4.23 柱轴力计算

(4) 柱的轴力

节点左、右梁端剪力之和即为柱的层间轴力,第 j 层第 k 柱的轴力 N_{jk} 等于其上各层节点左、右梁端剪力的代数和(图 4.23):

$$N_{jk} = \sum_{j}^{n}(V_{jb}^l - V_{jb}^r) \tag{4.16}$$

式中 V_{jb}^l, V_{jb}^r——第 j 层第 k 柱的两侧梁端传来的剪力。

4.5.2 D 值法

反弯点法假定梁与柱的线刚度比为无穷大,框架柱的抗侧刚度只与各柱的线刚度及柱高 h 有关,这种假定与实际结构有差异。当梁柱线刚度比较为接近时,柱的抗侧刚度不仅与柱的线刚度及层高有关,还与节点梁柱线刚度比有关。在反弯点法中,柱反弯点的高度取为定值,而实际上,柱反弯点的位置是随梁柱线刚度比、该柱所在楼层的位置、与柱相邻的上下层梁的线刚度以及上下层层高等因素的不同而变化的。

D 值法是在反弯点法的基础上,考虑上述影响因素,对反弯点法的柱侧移刚度和反弯点高度进行修正,故又称为改进反弯点法,该方法中,柱的侧移刚度以 D 表示,因而得名 D 值法。

D 值法的关键是确定修正后框架柱的侧向刚度及调整后框架柱的反弯点高度。

4.5.2.1 柱侧向刚度的修正

反弯点法假定框架上下两端都无转角,取柱的侧向刚度 $d = \dfrac{12i_c}{h^2}$。D 值法认为框架节点均有转角,柱的侧向刚度应有所降低,降低后的侧向刚度表示为:

$$D = \alpha_c \frac{12i_c}{h^2} \tag{4.17}$$

式中　α_c——柱侧向刚度修正系数,它反映出节点转动降低了柱的抗侧能力(即 $\alpha_c \leqslant 1$),其值与节点类型、梁柱线刚度比有关,具体取值见表 4.2。

表 4.2　柱侧向刚度的修正系数

位置		边柱		中柱		α_c
		简图	K	简图	K	
一般层		$i_2 / i_c / i_4$ 与 i_2	$K = \dfrac{i_2 + i_4}{2i_c}$	$i_1\ i_2 / i_c / i_3\ i_4$	$K = \dfrac{i_1 + i_2 + i_3 + i_4}{2i_c}$	$\alpha_c = \dfrac{K}{2+K}$
底层	柱底固定	i_2 / i_c	$K = \dfrac{i_2}{i_c}$	$i_1\ i_2 / i_c$	$K = \dfrac{i_1 + i_2}{i_c}$	$\alpha_c = \dfrac{0.5+K}{2+K}$
	柱底铰接	i_2 / i_c	$K = \dfrac{i_2}{i_c}$	$i_1\ i_2 / i_c$	$K = \dfrac{i_1 + i_2}{i_c}$	$\alpha_c = \dfrac{0.5K}{1+2K}$

注:$i_1 \sim i_4$ 为梁的线刚度;i_c 为柱的线刚度;K 为楼层梁、柱的平均线刚度比。

求得框架柱侧向刚度值后,与反弯点法相似,根据同一层内各柱的层间位移相等条件,可把层间剪力按下式分配给该层的各柱:

$$V_{jk} = \frac{D_{jk}}{\sum_{j=1}^{m} D_{jk}} V_j \tag{4.18}$$

式中　V_{jk}——第 j 层 k 柱所承受的剪力;

D_{jk}——第 j 层 k 柱的侧向刚度;

m——第 j 层内的柱子数;

V_j——水平力在第 j 层所产生的层间剪力。

4.5.2.2　修正后的反弯点高度

影响柱反弯点高度的主要因素是该柱上下端的约束条件。如果柱子两端转角相等,反弯点必然在柱子中间;如果柱子两端转角不一样,反弯点必然向转角较大的一端移动。影响柱子反弯点高度的因素主要有:结构总层数及该层所在的位置;梁、柱线刚度比;荷载形式;上、下层梁刚度比;上、下层层高变化。

D 值法中,通过力学分析求得标准反弯点高度比 y_n(即反弯点到柱下端距离与柱全高的比值),再根据上、下横梁线刚度比值及上、下层层高变化,对 y_n 进行调整。

框架各柱的反弯点高度比 y 可用下式计算:

$$y = y_n + y_1 + y_2 + y_3 \tag{4.19}$$

式中　y_n——标准反弯点高度比;

y_1——上、下横梁线刚度比变化时反弯点高度比的修正值;

y_2, y_3——上、下层层高变化时反弯点高度比的修正值。

(1) 标准反弯点高度比 y_n

标准反弯点高度比是在各层等高、跨度相等、各层梁和柱线刚度都不改变时,框架在水平荷载作用下的反弯点高度比,其值主要与梁柱线刚度比 K、结构总层数 n 以及该柱所在层 j 有关。对于均布及倒三角形分布水平力作用下的 y_n 值,可查附表 8.1、附表 8.2 得到。

(2) 上、下横梁线刚度比变化时反弯点高度比的修正值 y_1

若与某层柱相连的上、下横梁线刚度不同,则反弯点位置不同于标准反弯点位置 $y_n h$,其修正值为 $y_1 h$,如图 4.24 所示。y_1 的分析方法与 y_n 相仿,计算时可由附表 8.3 得到。

由附表 8.3 查 y_1 时,梁柱线刚度比 K 仍按表 4.2 所列公式求得。当 $i_1 + i_2 < i_3 + i_4$ 时,取 $\alpha_1 = (i_1 + i_2)/(i_3 + i_4)$,则由 α_1 和 K 从附表查出 y_1,这时反弯点应向上移动,y_1 取正值[图 4.24(a)];当 $i_1 + i_2 > i_3 + i_4$ 时,取 $\alpha_1 = (i_3 + i_4)/(i_1 + i_2)$,则由 α_1 和 K 从附表查出 y_1,这时反弯点应向下移动,y_1 取负值[图 4.24(b)]。

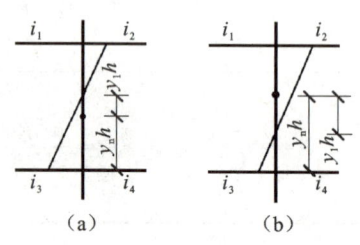

图 4.24　梁刚度变化时对反弯点的修正
(a) $i_1 + i_2 < i_3 + i_4$;(b) $i_1 + i_2 > i_3 + i_4$

(3) 上、下层层高变化时反弯点高度比的修正值 y_2 和 y_3

当某柱相邻的上层或下层层高变化时,柱上端或下端的约束刚度发生变化,引起反弯点移动,其修正值为 y_2h 或 y_3h,如图 4.25 所示。y_2、y_3 的分析方法与 y_n 相仿,计算时可由附表 8.4 得到。

如与某柱相邻的上层层高较大[图 4.25(a)],其上端的约束刚度相对较小,故反弯点向上移动,移动值为 y_2h。令 $\alpha_2 = h_u/h > 1.0$,则由 α_2 和 K 从附表查出 y_2,y_2 为正值。如上层层高 h_u 小于所计算层的层高 h,则 $\alpha_2 = h_u/h < 1.0$,y_2 为负值,反弯点向下移动。

如与某柱相邻的下层层高变化[图 4.25(b)],令 $\alpha_3 = h_l/h$,若 $\alpha_3 > 1.0$ 时,则 y_3 为负值,反弯点向下移动;若 $\alpha_3 < 1.0$,则 y_3 为正值,反弯点向上移动。对顶层柱不考虑修正值 y_2,对底层柱不考虑修正值 y_3。

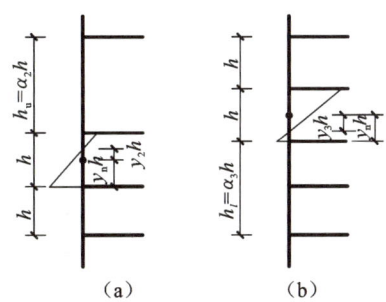

图 4.25 层高变化时对反弯点的修正
(a)上层层高变化;(b)下层层高变化

当各层框架柱的侧向刚度 D 和各层柱反弯点的位置 yh 确定后,就可确定各柱在反弯点处的剪力值和柱端弯矩,再由节点平衡条件求出梁柱其他内力。D 值法求框架结构在水平荷载作用下的内力的主要步骤如下:

(1) 求出每层柱的 D 值。
(2) 求各层柱的剪力 V_{jk}。
(3) 求各柱的反弯点高度 yh。
(4) 根据反弯点处剪力及反弯点高度求出各柱杆端弯矩,由节点平衡条件并根据梁线刚度求出梁端弯矩。
(5) 取各梁段为脱离体,求各梁剪力。
(6) 自上而下逐层叠加节点左右梁端剪力,便可求出各柱轴力。

4.5.3 框架结构侧移的近似计算

框架结构在水平荷载作用下会产生侧移,侧移过大将导致填充墙开裂,外墙饰面脱落,影响房屋使用。因此,需要对结构的侧移加以控制。控制侧移包括两个部分内容,一是控制顶层最大侧移,二是控制层间相对位移。

框架结构在水平荷载作用下的侧移包括梁、柱弯曲变形引起的侧移(图 4.26)和柱轴向变形引起的侧移(图 4.27)。前者是水平荷载产生的层间剪力引起的,其侧移曲线与等截面剪切悬臂柱的剪切变形曲线相似,曲线凹向结构的竖轴,层间相对侧移是下大上小,这种变形为框架结构的总体剪切变形;后者是由水平荷载产生的倾覆力矩引起的,侧移曲线凸向结构竖轴,其层间相对侧移下小上大,故称为框架结构的总体弯曲变形。

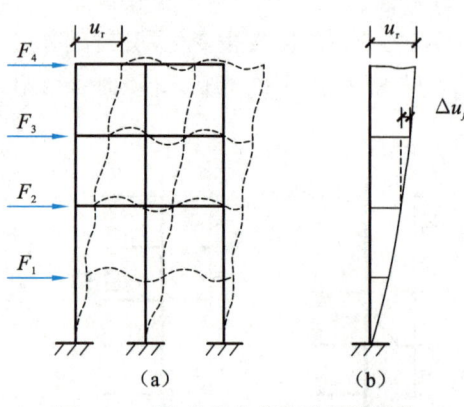 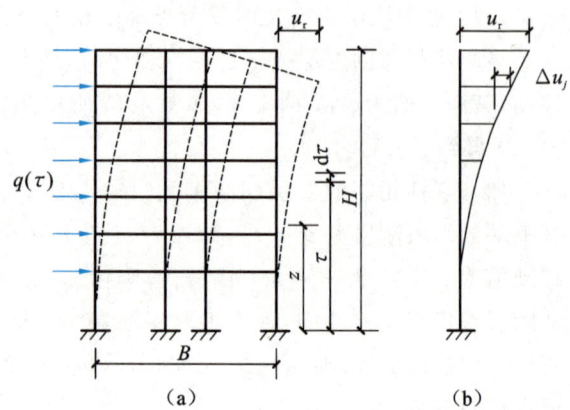

图 4.26　梁、柱弯曲变形引起的侧移　　　　图 4.27　柱轴向变形引起的侧移
(a)框架总体剪切变形;(b)悬臂柱剪切变形　　(a)框架总体弯曲变形;(b)悬臂柱弯曲变形

4.5.3.1　梁、柱弯曲变形引起的侧移

侧向刚度 D 的物理意义是层间产生单位侧向位移时所需施加的层间剪力。由于剪切变形主要表现为层间构件的错动,若已知框架结构第 j 层所有柱的侧向刚度之和为 $\sum_{k=1}^{m} D_{jk}$,层间剪力为 V_j,则可由下式近似计算框架层间侧向位移:

$$\Delta u_j = \frac{V_j}{\sum_{k=1}^{m} D_{jk}} \tag{4.20}$$

式中　Δu_j——第 j 层层间侧向位移;
　　　D_{jk}——第 j 层第 k 柱的侧向刚度;
　　　m——第 j 层内的柱子数;
　　　V_j——水平力在第 j 层所产生的层间剪力。

由式(4.20)可知,当框架柱的侧向刚度沿着高度变化不大时,因层间剪力自顶层向下逐层增大,所以层间侧向位移 Δu_j 一般具有自顶层向下逐层递增的特点。

第 j 层楼面标高处的侧移:

$$u_j = \sum_{k=1}^{j} (\Delta u)_k \tag{4.21}$$

框架顶点的总水平位移 u_r:

$$u_r = \sum_{k=1}^{n} (\Delta u)_k \tag{4.22}$$

式中　n——框架结构总层数。

4.5.3.2　柱轴向变形引起的侧移

倾覆力矩使框架结构一侧的柱产生轴向拉力并伸长,另一侧的柱产生轴向压力并缩短,从而引起侧移[图 4.27(a)]。柱轴向变形引起的框架侧移,既可借助计算机用矩阵位移法求得精确值,也可用近似方法得到近似值。一般近似算法应用较多,下面仅介绍连续积分法。

用连续积分法计算柱轴向变形引起的侧移时,假定水平荷载只在边柱中产生轴力及轴向变形,在任意分布的水平荷载作用下,边柱的轴力可近似按下式计算:

$$N = \pm \frac{M(z)}{B} = \pm \frac{1}{B}\int_z^H q(\tau)(\tau - z)\,\mathrm{d}\tau \tag{4.23}$$

式中 $M(z)$——水平荷载在 z 高度处产生的倾覆力矩;

B——外柱轴线间的距离;

H——结构总高度。

假定轴向刚度由结构底部的 $(EA)_b$ 线性变化到顶部的 $(EA)_t$,则由几何关系可得 z 高度处的轴向刚度 EA 为:

$$EA = (EA)_b\left(1 - \frac{b}{H}z\right) \tag{4.24}$$

$$b = 1 - \frac{(EA)_t}{(EA)_b} \tag{4.25}$$

用单位荷载法可求得结构顶点侧移 u_r 为:

$$u_r = 2\int_0^H \frac{\overline{N}N}{EA}\mathrm{d}z \tag{4.26}$$

式中 2——系数,表示两个边柱,其轴力大小相等、方向相反;

$\overline{N}$——在框架结构顶点作用单位水平力时在 z 高度处产生的轴力,按下式计算:

$$\overline{N} = \pm \frac{\overline{M}(z)}{B} = \pm \frac{H - z}{B} \tag{4.27}$$

将式(4.23)、式(4.24)及式(4.27)代入式(4.26),则得:

$$u_r = \frac{2}{B^2(EA)_b}\int_0^H \frac{H - z}{\left(1 - \frac{b}{H}z\right)}\int_z^H q(z)(\tau - z)\,\mathrm{d}\tau\,\mathrm{d}z \tag{4.28}$$

对于不同形式的水平荷载,对上式进行积分运算后,可将顶点位移 u_r 写成统一公式:

$$u_r = \frac{V_0 H^3}{B^2(EA)_b}F(b) \tag{4.29}$$

式中 V_0——结构底部总剪力;

$F(b)$——与 b 有关的函数,按下列公式计算:

(1) 均布水平荷载作用,此时 $q(\tau) = q$,$V_0 = qH$,$F(b)$ 按下式确定:

$$F(b) = \frac{6b - 15b^2 + 11b^3 + 6(1-b)^3 \cdot \ln(1-b)}{4b^4} \tag{4.30}$$

(2) 倒三角形水平分布荷载作用,此时 $q(\tau) = q \cdot \tau/H$,$V_0 = qH/2$,$F(b)$ 按下式确定:

$$F(b) = \frac{2}{3b^5}\left[(1-b-3b^2+5b^3-2b^4)\cdot\ln(1-b)+b-\frac{b^2}{2}-\frac{19}{6}b^3+\frac{41}{12}b^4\right] \quad (4.31)$$

（3）顶点水平集中荷载作用，此时 $V_0 = F$，$F(b)$ 按下式确定：

$$F(b) = \frac{-2b+3b^2-2(1-b)^2\cdot\ln(1-b)}{b^3} \quad (4.32)$$

由式(4.29)可知，H 越大（房屋高度越高），B 越小（房屋宽度越小），则柱轴向变形引起的侧移越大。因此，当房屋高度较高或高宽比（H/B）较大时，宜考虑柱轴向变形对框架结构侧移的影响。

4.5.4 框架结构的水平位移控制

框架结构的侧向刚度过小，水平位移过大，将影响正常使用；侧向刚度过大，水平位移过小，虽满足使用要求，但不满足经济性要求。因此，框架结构的侧向刚度宜合适，一般以使结构满足层间位移角限值以满足其他构造要求等为宜。

我国《高层建筑混凝土结构技术规程》（JGJ 3—2010）规定，按弹性方法计算的楼层层间最大位移与层高之比不能超过其限值，即：

$$\frac{\Delta u}{h} \leqslant \left[\frac{\Delta u}{h}\right] \quad (4.33)$$

式中　Δu——按弹性方法计算所得的楼层层间水平位移；

h——层高；

$\left[\dfrac{\Delta u}{h}\right]$——弹性层间位移角限值，钢筋混凝土框架结构为 $\dfrac{1}{550}$。

由于变形验算属于正常使用极限状态的验算，所以计算 Δu 时，各作用分项系数均应采用 1.0，混凝土结构构件的截面刚度可采用弹性刚度。另外，楼层层间最大位移 Δu 以楼层最大的水平位移差计算，不扣除整体弯曲变形。

层间位移角限值 $\left[\dfrac{\Delta u}{h}\right]$ 是根据以下两条原则并综合考虑其他因素确定的：

（1）保证主体结构处于弹性受力状态。即避免混凝土墙、柱构件出现裂缝；同时，将混凝土梁等楼面构件的裂缝数量、宽度和高度限制在允许范围之内。

（2）保证填充墙、隔墙和幕墙等非结构构件的完好，避免产生明显损伤。

如果式(4.33)不满足，则可增大构件截面尺寸或提高混凝土强度等级。

【**例 4.2**】 如图 4.28 所示为三跨三层框架，试用反弯点法求出水平荷载作用下该框架结构内力并绘制弯矩图。

【**解**】（1）求出各柱在反弯点处的剪力值。

顶层柱：

$$V_3 = F_3 = 12.4 \text{ kN}$$

$$V_{31} = V_{32} = V_{33} = V_{34} = \frac{1}{4}V_3 = \frac{1}{4}\times 12.4 = 3.1 \text{ kN}$$

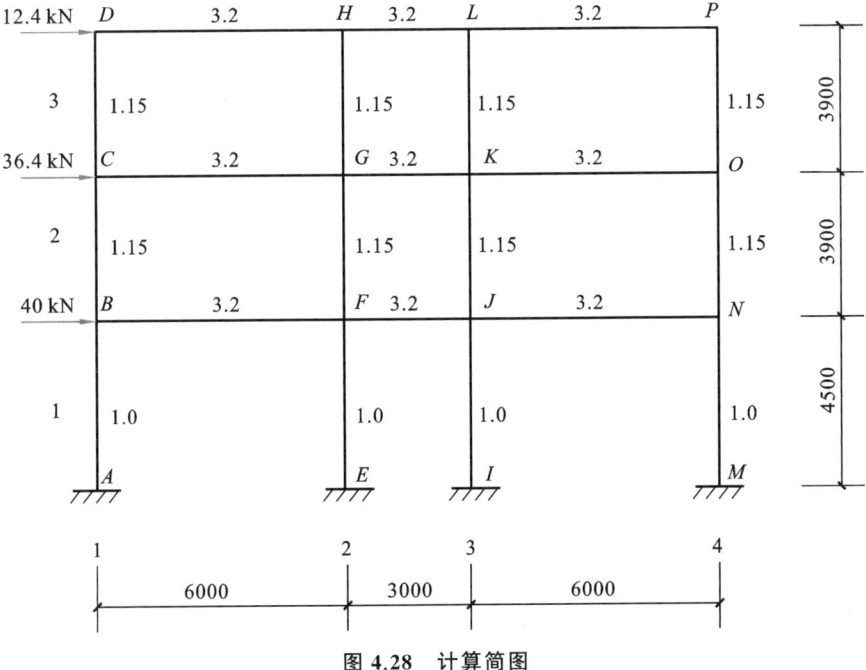

图 4.28 计算简图

二层柱：
$$V_2 = F_3 + F_2 = 12.4 + 36.4 = 48.8 \text{ kN}$$
$$V_{21} = V_{22} = V_{23} = V_{24} = \frac{1}{4}V_2 = \frac{1}{4} \times 48.8 = 12.2 \text{ kN}$$

底层柱：
$$V_2 = F_3 + F_2 + F_1 = 12.4 + 36.4 + 40 = 88.8 \text{ kN}$$
$$V_{11} = V_{12} = V_{13} = V_{14} = \frac{1}{4}V_1 = \frac{1}{4} \times 88.8 = 22.2 \text{ kN}$$

(2) 求各柱反弯点高度。底层柱反弯点位于距柱底 2/3 层高处，其他各层柱反弯点位于层高中点。

(3) 求各柱柱端弯矩，结果见表 4.3。

底层柱：
$$M_{上} = \frac{1}{3} \times 4.5 \times 22.2 = 33.3 \text{ kN·m}; \quad M_{下} = \frac{2}{3} \times 4.5 \times 22.2 = 66.6 \text{ kN·m}$$

二层柱：
$$M_{上} = M_{下} = \frac{1}{2} \times 3.9 \times 12.2 = 23.79 \text{ kN·m}$$

三层柱：
$$M_{上} = M_{下} = \frac{1}{2} \times 3.9 \times 3.1 = 6.05 \text{ kN·m}$$

表 4.3　框架柱端弯矩计算

位置		1柱				2柱			
		反弯点高度比	层高/m	剪力/kN	柱端弯矩/(kN·m)	反弯点高度比	层高/m	剪力/kN	柱端弯矩/(kN·m)
三层柱	上端	1/2	3.9	3.1	6.05	1/2	3.9	3.1	6.05
	下端	1/2			6.05	1/2			6.05
二层柱	上端	1/2	3.9	12.2	23.79	1/2	3.9	12.2	23.79
	下端	1/2			23.79	1/2			23.79
一层柱	上端	1/3	4.5	22.2	33.3	1/3	4.5	22.2	33.3
	下端	2/3			66.6	2/3			66.6

（4）求梁端弯矩。根据节点平衡条件有：

边节点 $M=M_上+M_下$，可知：

$$M_{DH}=6.05\ \text{kN}\cdot\text{m}$$

中间节点 $M_左=\dfrac{i_左}{i_左+i_右}(M_上+M_下)$，可知：

$$M_{HD}=\dfrac{i_{HD}}{i_{HD}+i_{HL}}M_{HG}=\dfrac{1}{2}\times 6.05=3.03\ \text{kN}\cdot\text{m}$$

其他梁端弯矩同理，梁端弯矩、梁端剪力、柱轴力计算结果见表 4.4。框架弯矩图如图 4.29 所示。

表 4.4　梁端弯矩、梁端剪力、柱轴力计算

位置	1支座	2支座		12跨		23跨		1轴轴力/kN	2轴轴力/kN
	1支座梁弯矩/(kN·m)	2支座左端弯矩/(kN·m)	2支座右端弯矩/(kN·m)	跨度/m	剪力/kN	跨度/m	剪力/kN		
三层梁	6.05	3.03	3.03	6	−1.51	3	−2.02	−1.51	−0.51
二层梁	29.84	14.92	14.92	6	−7.46	3	−9.95	−8.97	−3
一层梁	57.12	28.56	28.56	6	−14.28	3	−19.04	−23.25	−7.76

注：表中梁端弯矩、剪力均以绕梁端截面顺时针方向旋转为正；柱轴力以受压为正。

【例 4.3】试用 D 值法计算如图 4.28 所示框架的弯矩，并绘出弯矩图。

【解】（1）计算各层柱侧向刚度 D_{jk} 及 $\sum D_{jk}$，计算结果见表 4.5。

4 钢筋混凝土框架结构

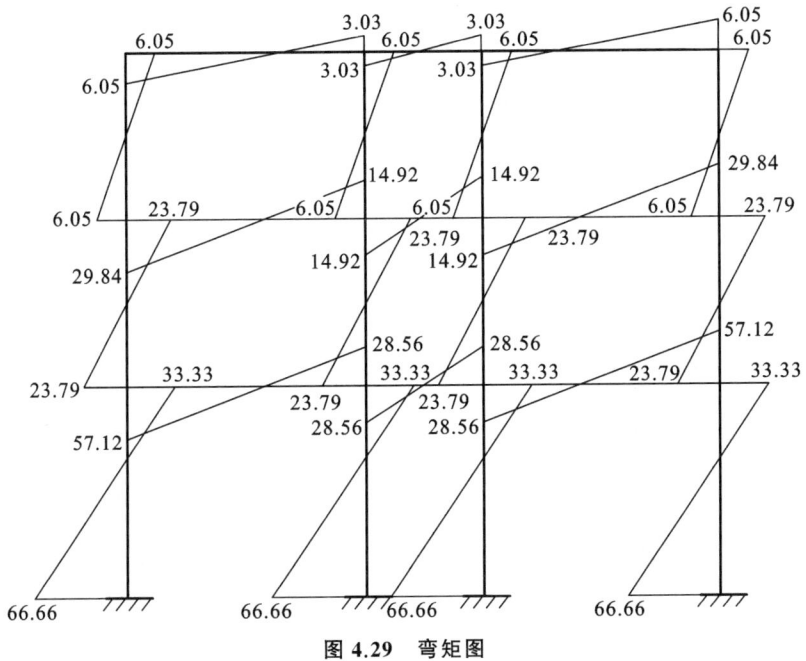

图 4.29 弯矩图

表 4.5 框架柱侧向刚度计算

层号	柱编号	K	α_c	D	$\sum D$
2~3	1	2.78	0.58	$0.46 i_c$	
	2	5.56	0.74	$0.58 i_c$	$2.08 i_c$
	3	5.56	0.74	$0.58 i_c$	
	4	2.78	0.58	$0.46 i_c$	
1	1	3.2	0.71	$0.42 i_c$	
	2	6.4	0.82	$0.49 i_c$	$1.82 i_c$
	3	6.4	0.82	$0.49 i_c$	
	4	3.2	0.71	$0.42 i_c$	

(2) 计算各层柱剪力,见表 4.6。

表 4.6 框架柱剪力计算

层号	水平荷载 /kN	层间剪力 V /kN	$\dfrac{D_1}{\sum D}$	$\dfrac{D_2}{\sum D}$	$\dfrac{D_3}{\sum D}$	$\dfrac{D_4}{\sum D}$	$V_1 = V_4$ /kN	$V_2 = V_3$ /kN
3	12.4	12.4	0.22	0.28	0.28	0.22	2.73	3.47
2	36.4	48.8	0.22	0.28	0.28	0.22	10.74	13.66
1	40	88.8	0.23	0.27	0.27	0.23	20.42	23.98

(3) 计算各柱反弯点高度,见表 4.7。

表 4.7 框架柱反弯点高度

层号	$Z_1=Z_4$						$Z_2=Z_3$					
	K	y_n	y_1	y_2	y_3	y	K	y_n	y_1	y_2	y_3	y
3	2.78	0.44	0	0	0	0.44	5.56	0.45	0	0	0	0.45
2	2.78	0.49	0	0	0	0.49	5.56	0.5	0	0	0	0.5
1	3.2	0.55	0	0	0	0.55	6.4	0.55	0	0	0	0.55

(4) 计算柱端弯矩及梁端弯矩,方法同【例 4.2】,此处从略。

【**例 4.4**】试用 D 值法计算如图 4.28 所示框架的侧移,令 $i_{1c}=1.19\times 10^4$ kN·m,并进行验算。

【**解**】框架各层的剪力及侧向刚度计算见【例 4.3】,根据式(4.20)及式(4.22)可算出梁、柱弯曲变形引起的框架侧移,见表 4.8。

表 4.8 框架侧向位移计算

层号	层剪力 V_j/kN	$\sum D$/(kN/m)	层间侧移 Δu_j/mm	楼层位移 u_r/mm
3	12.4	28496	0.44	6.25
2	48.8	28496	1.71	5.81
1	88.8	21658	4.1	4.1

验算层间相对位移:

$$\frac{\Delta u_1}{h_1}=\frac{4.1}{4500}=\frac{1}{1098}<\frac{1}{550}$$

$$\frac{\Delta u_2}{h_2}=\frac{1.71}{3900}=\frac{1}{2281}<\frac{1}{550}$$

$$\frac{\Delta u_3}{h_3}=\frac{0.44}{3900}=\frac{1}{8864}<\frac{1}{550}$$

验算结构顶点位移:

$$u_r=6.25 \text{ mm}<\frac{H}{550}=22.36 \text{ mm}$$

满足要求。

4.6 框架结构荷载效应组合及构件设计

4.6.1 荷载效应组合

框架结构在各种荷载作用下的荷载效应(内力、位移等)确定之后,必须进行荷载效应组合,才能求得框架梁、柱各控制截面的最不利内力。

一般来说,对于构件某个截面的某种内力,并不一定是所有荷载同时作用时其内力最为不利(即最大),而是在一些荷载作用下才能得到最不利内力,因此,必须对构件的控制截面进行最不利内力组合。

4.6.1.1 控制截面及最不利内力

构件内力一般沿其长度变化。为了施工方便,构件配筋通常不完全与内力一样变化,而是分段配筋。设计时可根据内力图的变化特点,选取内力较大或截面尺寸改变处的截面作为控制截面,并按控制截面内力进行配筋计算。

框架梁的控制截面通常取梁支座截面和跨中截面;框架柱的控制截面取各层的上、下截面。在竖向荷载作用下,梁支座截面产生最大负弯矩和最大剪力;在水平荷载作用下,还可能出现正弯矩。跨中截面一般产生最大正弯矩,有时可能出现最大负弯矩。框架梁的控制截面最不利内力为:

(1) 梁支座截面: $-M_{max}$、$+M_{max}$ 和 V_{max};
(2) 梁跨中截面: $-M_{max}$、$+M_{max}$。

柱的弯矩在柱的两端最大,剪力和轴力在同一层柱内通常无变化或变化较小,同一柱端截面在不同内力组合时可能出现正弯矩或负弯矩,但框架柱一般采用对称配筋,所以只需选择绝对值最大的弯矩即可。因此,框架柱控制截面最不利内力组合一般有以下几种:

(1) $|M|_{max}$ 及相应的 N 和 V。
(2) N_{max} 及相应的 M 和 V。
(3) N_{min} 及相应的 M 和 V。
(4) V_{max} 及相应的 M。

这四种组合前三组用来计算柱正截面偏压或偏拉承载力,以确定纵向受力钢筋数量;第四组用以计算斜截面受剪承载力,以确定箍筋数量。

由于结构分析所得内力是构件轴线处的内力,而梁支座截面的最不利位置是指柱边缘处梁端截面,见图 4.30。因此,内力组合前应将各种荷载作用下梁柱轴线处的弯矩值和剪力值换算到梁柱边缘处,然后再进行内力组合。

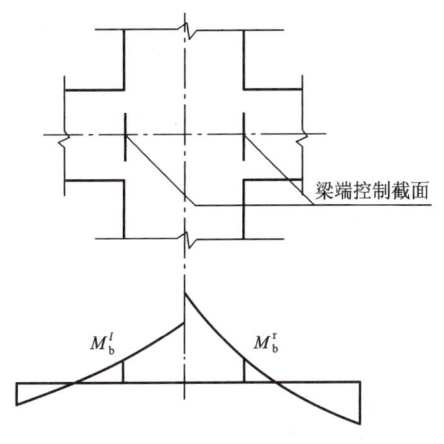

图 4.30 梁端控制截面

4.6.1.2 活荷载不利布置

作用于框架上的竖向荷载包括永久荷载和可变荷载,设计时按永久荷载实际分布和全部作用的情况计算荷载效应。可变荷载可以单独作用在某跨或某几跨,也可以作用在整个框架上,设计时应考虑活荷载最不利布置组合荷载效应。活荷载的最不利位置需要根据截面的位置及最不利内力种类分别确定,通常采用以下几种方法:

(1) 逐层逐跨布置法

恒荷载一次布置。楼屋面活荷载逐层逐跨单独作用在各跨上,分别计算出内力,再对各控制截面组合其可能出现的最大内力。对于一个多层多跨框架,共有"跨数×层数"种不同的活荷载布置方式,计算工作量很大。但求得这些内力后,可求得任意截面上的最大内力,适合于电算。

(2) 最不利布置法

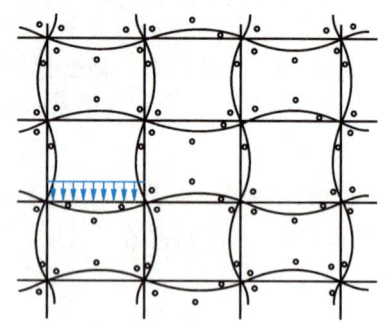

图 4.31 框架杆件的变形曲线

恒荷载一次布置。楼屋面活荷载根据影响线,直接确定某一指定截面最不利内力的活荷载布置,然后进行内力计算。图 4.31 所示为多层多跨框架在某跨作用有活荷载时各杆件的变形曲线,其中圆点表示受拉纤维的一边。

由图 4.31 可见,如果某跨有活荷载作用,则该跨跨中产生正弯矩,并使沿横向隔跨、竖向隔层然后隔跨隔层的各跨跨中引起正弯矩,还使横向邻跨、竖向邻层然后隔跨隔层的各跨跨中产生负弯矩。由此可知,如果要求某跨跨中产生最大正弯矩,则应在该跨布置活荷载,然后沿横向隔跨、沿竖向隔层的各跨也布置活荷载;如果要求某跨跨中产生最大负弯矩(绝对值),则活荷载布置恰与上述相反。图 4.32(a) 所示为 B_1C_1、D_1E_1、A_2B_2、C_2D_2、B_3C_3、D_3E_3、A_4B_4 和 C_4D_4 跨的各跨跨中产生最大正弯矩时活荷载的不利布置方式。

另由图 4.31 可见,如果某跨有活荷载作用,则使该跨梁端产生负弯矩,并使上、下邻层梁端产生负弯矩然后逐层相反,横向邻跨近端梁端产生负弯矩和远端梁端产生正弯矩,然后逐层逐跨相反。按此规律,如果要求图 4.32(b) 中 BC 跨梁 B_2C_2 的左端 B_2 产生最大负弯矩(绝对值),则可按此图布置活荷载。按此图所示活荷载布置方式计算得到 B_2 截面的负弯矩,即为该截面的最大负弯矩(绝对值)。

对于梁和柱的其他截面,也可根据图 4.31 的规律得到最不利荷载布置。一般来说,对应于一个截面的一种内力,就有一种最不利荷载布置,相应地须进行一次结构内力计算,这样计算工作量就很大。

(3) 满布荷载法

目前,国内混凝土框架结构由恒荷载和楼面活荷载引起的单位面积重力荷载为 12~14 kN/m²,其中活荷载部分为 2~3 kN/m²,只占全部重力荷载的 15%~20%,活荷载不利

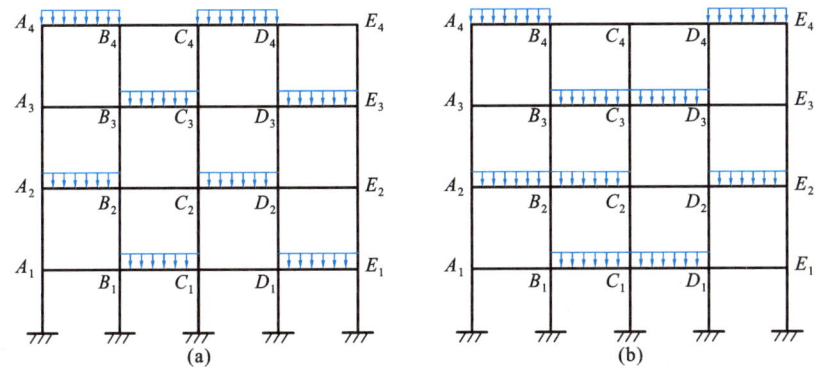

图 4.32 框架结构活荷载不利布置示意图
(a)某跨跨中截面正弯矩活荷载布置；(b)某支座截面负弯矩活荷载布置

分布的影响较小。因此，一般情况下，可以不考虑楼面活荷载不利布置的影响，而按活荷载满布各层各跨梁的一种情况计算内力。为了安全起见，实用上可将这样求得的梁跨中截面弯矩及支座截面弯矩乘以 1.1～1.3 的放大系数，活荷载大时可选用较大的数值。但是，当楼面活荷载大于 4 kN/m² 时，应考虑楼面活荷载不利布置引起的梁弯矩的增大。

风荷载和水平地震作用应考虑正、反两个方向的作用。如果结构对称，这两种作用均为反对称，只需要进行一次内力计算，内力改变符号即可。

4.6.1.3 荷载效应组合

荷载效应组合实际上是指将各种荷载单独作用时所产生的内力，按照不利与可能的原则进行挑选与叠加，得到控制截面的最不利内力。内力组合时，既要分别考虑各种荷载单独作用时的不利分布情况，又要综合考虑它们同时作用的可能性。

持久设计状况和短暂设计状况下，当荷载效应与荷载按线性关系考虑时，荷载基本组合的效应设计值按下式确定：

$$S = \gamma_G S_{Gk} + \gamma_L \psi_Q \gamma_Q S_{Qk} + \psi_w \gamma_w S_{wk} \tag{4.34}$$

式中 S——荷载组合的效应设计值；

γ_G——永久荷载分项系数，当其效应对结构不利时，取 1.3，当其效应对结构有利时，取 1.0；

γ_Q, γ_w——楼面活荷载分项系数、风荷载分项系数，当其效应对结构不利时，取 1.5，对结构有利时，取 0；

γ_L——考虑结构设计工作年限的荷载调整系数，设计工作年限为 50 年取 1.0，设计工作年限为 100 年取 1.1；

S_{Gk}——永久荷载效应标准值；

S_{Qk}——楼面活荷载效应标准值；

S_{wk}——风荷载效应标准值；

ψ_Q, ψ_w——楼面活荷载组合值系数和风荷载组合值系数,分别取 1.0 和 0.6,或 0.7 和 1.0。

考虑到永久荷载和可变荷载对结构不利和有利两种情况,由式(4.34)一般可做成以下两种组合:

(1) 风荷载作为主要可变荷载,楼面活荷载作为次要可变荷载时,$\psi_Q=0.7, \psi_w=1.0$,即:

$$S=\gamma_G S_{Gk}+\gamma_L\times 0.7\times\gamma_Q S_{Qk}\pm 1.0\times\gamma_w S_{wk} \tag{4.35}$$

此处,γ_w 取 1.5;S_{Gk} 对结构不利时 γ_G 取 1.3,有利时 γ_G 取 1.0;S_{Qk} 对结构不利时 γ_Q 取 1.5,有利时 γ_Q 取 0。对于书库、档案库、储藏室、通风机房和电梯机房等楼面活荷载较大且相对固定的情况,$\psi_Q=0.9$。

(2) 楼面活荷载作为主要可变荷载,风荷载作为次要可变荷载时,$\psi_Q=1.0, \psi_w=0.6$,即:

$$S=\gamma_G S_{Gk}+\gamma_L\times 1.0\times\gamma_Q S_{Qk}\pm 0.6\times\gamma_w S_{wk} \tag{4.36}$$

此处,γ_Q 取 1.5;S_{Gk} 对结构不利时 γ_G 取 1.3,有利时 γ_G 取 1.0;S_{Qk} 对结构不利时 γ_Q 取 1.5,有利时 γ_Q 取 0。

4.6.1.4 弯矩塑性调整

由于框架节点的连接并非完全刚性,支座截面的实际弯矩要小于计算弯矩,为了便于施工,减少支座处配筋,通常是降低支座处恒荷载下的负弯矩,即对梁端负弯矩乘以调幅系数 β,β 的大小规定如下:

(1) 现浇整体式框架:$\beta=0.8\sim 0.9$。

(2) 装配整体式框架:$\beta=0.7\sim 0.8$。

梁端弯矩调幅后,在相应荷载作用下的跨中弯矩应按平衡条件相应增大,截面设计时,框架梁跨中截面正弯矩设计值不应小于竖向荷载作用下按简支梁计算的跨中弯矩设计值的 50%。

应对竖向荷载作用下的框架梁弯矩进行调整,再与水平荷载作用下的框架梁弯矩进行组合。

4.6.2 构件设计

4.6.2.1 框架梁

框架梁属于受弯构件,其纵筋和箍筋配置,按照受弯构件正截面承载力和斜截面承载力的计算和构造确定。此外,纵筋还要满足裂缝宽度的要求。纵筋的弯起和截断位置,一般根据弯矩包络图确定。当均布活荷载与恒荷载的比例不很大($q/g\leqslant 3$,q 为活荷载设计值,g 为恒荷载设计值),或考虑塑性内力重分布对支座弯矩进行调幅时,可按梁板结构中次梁的做法,对框架梁中的纵筋进行弯起和截断。

4.6.2.2 框架柱

框架柱属于偏心受压构件,正截面承载力计算时,框架中柱和边柱一般按单向偏心受压构件考虑,位于边线的角柱则应按双向偏心受压构件考虑。

实际工程中,框架柱常采用对称配筋,确定柱中纵筋配置时,应从内力组合中找出最不利的内力进行配筋计算。由于柱的正截面承载力受到 M 和 N 的相互影响,很难从 M 或 N 的数值上确定哪一组为最不利内力。可首先根据偏心距 $e_0 = M/N$,将组合出的内力分为大、小偏心两种情况,然后在大偏心受压中选取 e_0 最大的一组;在小偏心受压中选取 N 最大和 M 较大的一组,或者 N 不是最大,但 M 较大的一组进行截面配筋计算,并从中选取配筋数量最大者作为截面配筋的依据。

框架柱除正截面受压承载力计算外,还应根据内力组合得到的剪力值进行斜截面受剪承载力计算,确定其箍筋配置。对框架边柱,当偏心距超过 $0.55h_0$ 时,还应进行裂缝宽度验算。

框架柱的计算长度根据框架不同的侧向约束条件确定。

4.7 框架结构一般构造要求

4.7.1 框架梁

4.7.1.1 梁纵向钢筋构造要求

框架梁纵向受拉钢筋的数量除按计算确定外,还必须考虑温度、收缩应力所需的钢筋数量,以防止梁发生脆性破坏和控制裂缝宽度。纵向受拉钢筋的最小配筋率 $\rho_{\min}$ 不应小于 0.2% 和 $45f_t/f_y$ 两者较大值。同时为了防止出现超筋梁,当不考虑抗压钢筋时,纵向受拉钢筋的最大配筋率不应超过 $\rho_{\max} = \xi_b \alpha_1 f_c / f_y$。

梁的纵向受力钢筋应采用 HRB400 级、HRBF400 级、HRB500 级、HRBF500 级钢筋,直径不应小于 12 mm。伸入梁支座范围内的钢筋不少于 2 根。梁上部钢筋水平方向的净间距不应小于 30 mm 和 1.5 倍的钢筋最大直径;梁下部钢筋水平方向的净间距不应小于 25 mm 和钢筋的最大直径。当下部钢筋多于两层时,两层以上钢筋水平方向的中距应比下面两侧的中距增大一倍;各层钢筋之间的净距不应小于 25 mm 和钢筋的最大直径。在梁的配筋密集区域可采用并筋的配筋方式。

4.7.1.2 梁箍筋构造要求

应沿框架梁全长设置箍筋。箍筋的直径、间距及配箍率等要求与一般梁相同。

4.7.2 框架柱

4.7.2.1 柱纵向钢筋构造要求

框架结构受到的水平荷载可能来自正反两个方向,故柱的纵向钢筋宜采用对称配筋。

为了改善框架柱的延性,使柱的屈服弯矩大于其开裂弯矩,保证柱屈服时具有较大的变形能力,要求柱全部纵向钢筋的配筋率符合下列规定:对 HRB500 级钢筋不应小于 0.5%,对 HRB400 级钢筋不应小于 0.55%,对 HPB300 级钢筋不应小于 0.6%;当采用 C60 以上强度等级的混凝土时,上述数值应分别增加 0.1%,且柱截面每一侧纵向钢筋配筋率不应小于 0.2%,同时,柱全部纵向钢筋配筋率不宜大于 5%。

柱中纵向钢筋的净距不应小于 50 mm,且不宜大于 300 mm。柱的纵向钢筋不应与箍筋、拉筋及预埋件等焊接。

4.7.2.2 柱箍筋构造要求

柱内箍筋形式常用的有普通箍筋和复合箍筋两种,见图 4.33(a)和图 4.33(b),当柱截面短边尺寸大于 400 mm 且各边纵向钢筋多于 3 根时,或当柱截面短边尺寸不大于 400 mm 但各边纵向钢筋多于 4 根时,应设复合箍筋。复合箍筋的周边箍筋应为封闭式,内部箍筋可为矩形封闭箍筋或拉筋。当柱为圆形截面或柱承受的轴向压力较大而其截面尺寸受到限制时,可采用螺旋箍筋、复合螺旋箍筋或连续复合箍筋,如图 4.33(c)、图 4.33(d)、图 4.33(e)所示。

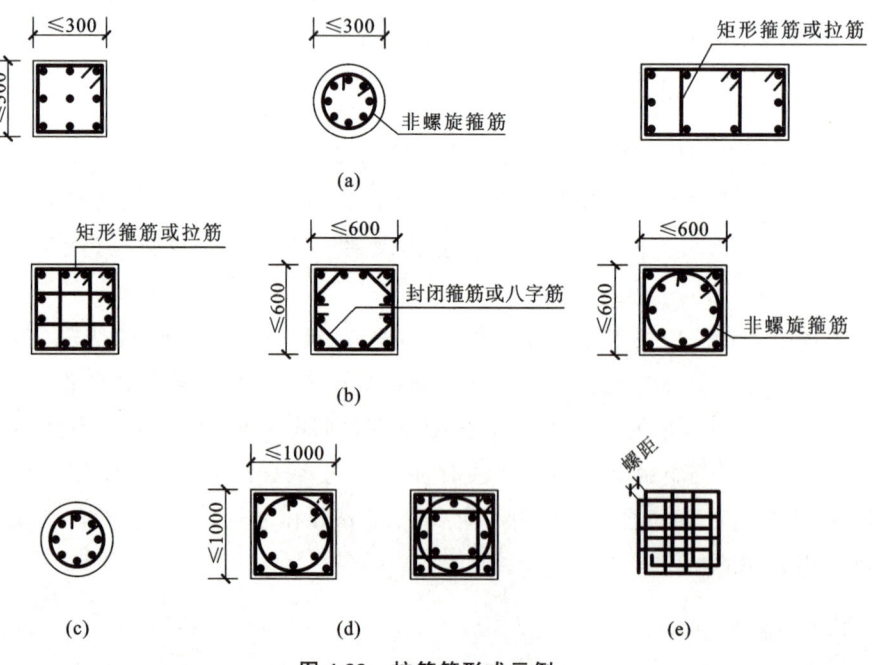

图 4.33 柱箍筋形式示例
(a)普通箍筋;(b)复合箍筋;(c)螺旋箍筋;(d)复合螺旋箍筋;(e)连续复合箍筋

柱箍筋间距不应大于 400 mm，且不应大于构件截面的短边尺寸和最小纵向受力钢筋直径的 15 倍；箍筋直径不应小于最大纵向钢筋直径的 1/4，且不应小于 6 mm。当柱中全部纵向受力钢筋的配筋率超过 3% 时，箍筋直径不应小于 8 mm，间距不应大于最小纵向钢筋直径的 10 倍，且不应大于 200 mm。箍筋末端应做成 135°弯钩，且弯钩末端平直段长度不应小于 10 倍箍筋直径。

柱内纵向钢筋采用搭接连接时，搭接长度范围内箍筋直径不应小于搭接钢筋较大直径的 1/4；在纵向受拉钢筋搭接长度范围内的箍筋间距不应大于搭接钢筋较小直径的 5 倍，且不应大于 100 mm；在纵向受压钢筋搭接长度范围内的箍筋间距不应大于搭接钢筋直径的 10 倍，且不应大于 200 mm。当受压钢筋直径大于 25 mm 时，尚应在搭接接头端面外 100 mm 的范围内各设两道箍筋。

4.7.3 梁柱节点

4.7.3.1 现浇梁柱节点

梁柱节点处于剪压复合受力状态，为保证节点具有足够的受剪承载力，防止节点产生剪切脆性破坏，必须在节点内配置足够数量的水平箍筋。节点内的箍筋除应符合上述框架柱箍筋的构造要求外，其箍筋间距不宜大于 250 mm；对四边有梁与之相连的节点，可仅沿节点周边设置矩形箍筋。

4.7.3.2 装配整体式梁柱节点

装配整体式框架的节点设计是结构设计的关键环节。设计时应保证节点的整体性；应进行施工阶段和使用阶段的承载力计算；在保证结构整体受力性能的前提下，连接形式力求简单，传力直接，受力明确；应安装方便，误差易调整，且安装后能较早承受荷载，以便上部结构继续施工。

4.7.4 钢筋的连接和锚固

框架梁、柱的纵向钢筋在框架节点区的锚固和搭接，应符合下列要求：

(1) 梁上部纵向钢筋伸入端节点的锚固长度，直线锚固时不应小于 l_a，且伸过柱中心线的长度不宜小于 5 倍的梁纵向钢筋直径。当柱截面尺寸不足时，梁上部纵向钢筋应伸至节点对边并向下弯折，其包含弧在内的水平投影长度不应小于 $0.4l_{ab}$，弯折钢筋在弯折平面内包含弧段的投影长度不应小于 15 倍的梁纵向钢筋直径。也可采用钢筋端部加机械锚头的锚固方式，此时梁上部纵向钢筋宜伸至柱外侧纵向钢筋内边，包括机械锚头在内的水平投影锚固长度不应小于 $0.4l_{ab}$。此处 l_{ab} 为受拉钢筋基本锚固长度。

(2) 顶层中节点柱纵向钢筋和边节点柱内侧纵向钢筋应伸至柱顶，且自梁底算起的锚

固长度不应小于 l_a；当截面尺寸不足时，可采用 90°弯折锚固措施。此时，包括弯弧在内的钢筋垂直投影长度不应小于 $0.5l_{ab}$，弯折后的水平投影长度不应小于 12 倍的柱纵向钢筋直径。当截面尺寸不足时，也可采用带锚头的机械锚固措施。此时，包含锚头在内的竖向锚固长度不应小于 $0.5l_{ab}$。

(3) 顶层端节点处，在梁宽范围以内的柱外侧纵向钢筋可与梁上部纵向钢筋搭接，搭接长度不应小于 $1.5l_{ab}$；在梁宽范围以外的柱外侧纵向钢筋可伸入现浇板内，其伸入长度与伸入梁内的相同。当柱外侧纵向钢筋的配筋率大于 1.2% 时，伸入梁内的柱纵向钢筋宜分批截断，其截断点之间的距离不宜小于柱纵向钢筋直径的 20 倍。

(4) 当计算中不利用梁下部纵向钢筋的强度时，其伸入节点内的锚固长度应取不小于 12 倍的梁纵向钢筋直径。当计算中充分利用梁下部钢筋的抗拉强度时，梁下部纵向钢筋可采用直线方式或向上 90°弯折方式锚固于节点内，直线锚固时的锚固长度不应小于 l_a；弯折锚固时，锚固段的水平投影长度不应小于 $0.4l_{ab}$，垂直投影长度应取梁纵向钢筋直径的 15 倍。

另外，梁支座截面上部纵向受拉钢筋应向跨中延伸至 $(1/4\sim1/3)l_n$（l_n 为梁的净跨）处，并与跨中的架立筋搭接，搭接长度可取 150 mm，如图 4.34 所示。

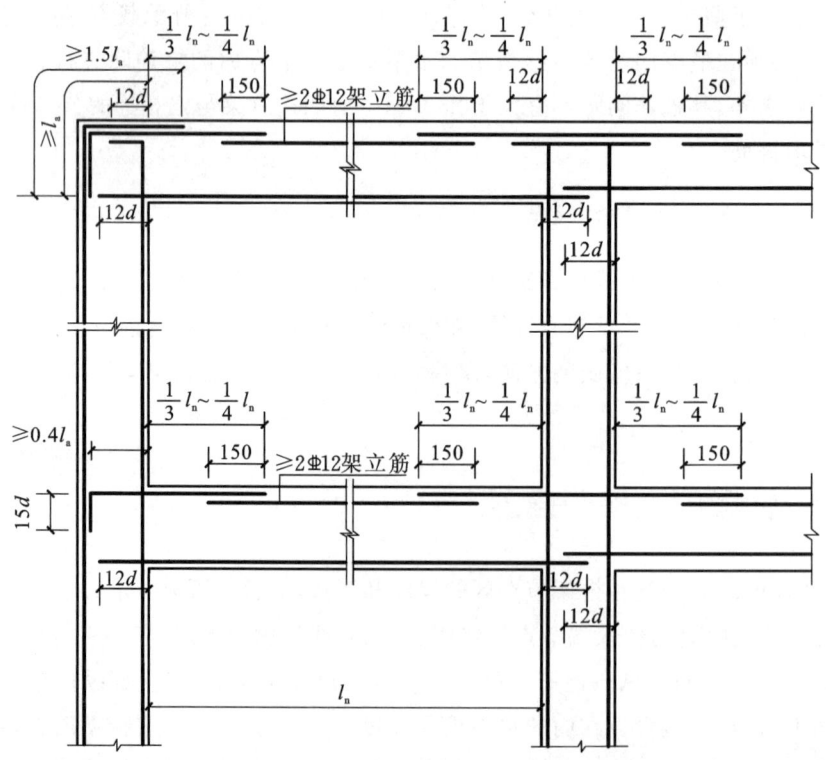

图 4.34 框架梁、柱纵向钢筋在节点区的锚固要求

框架结构非抗震设计流程图如图 4.35 所示。

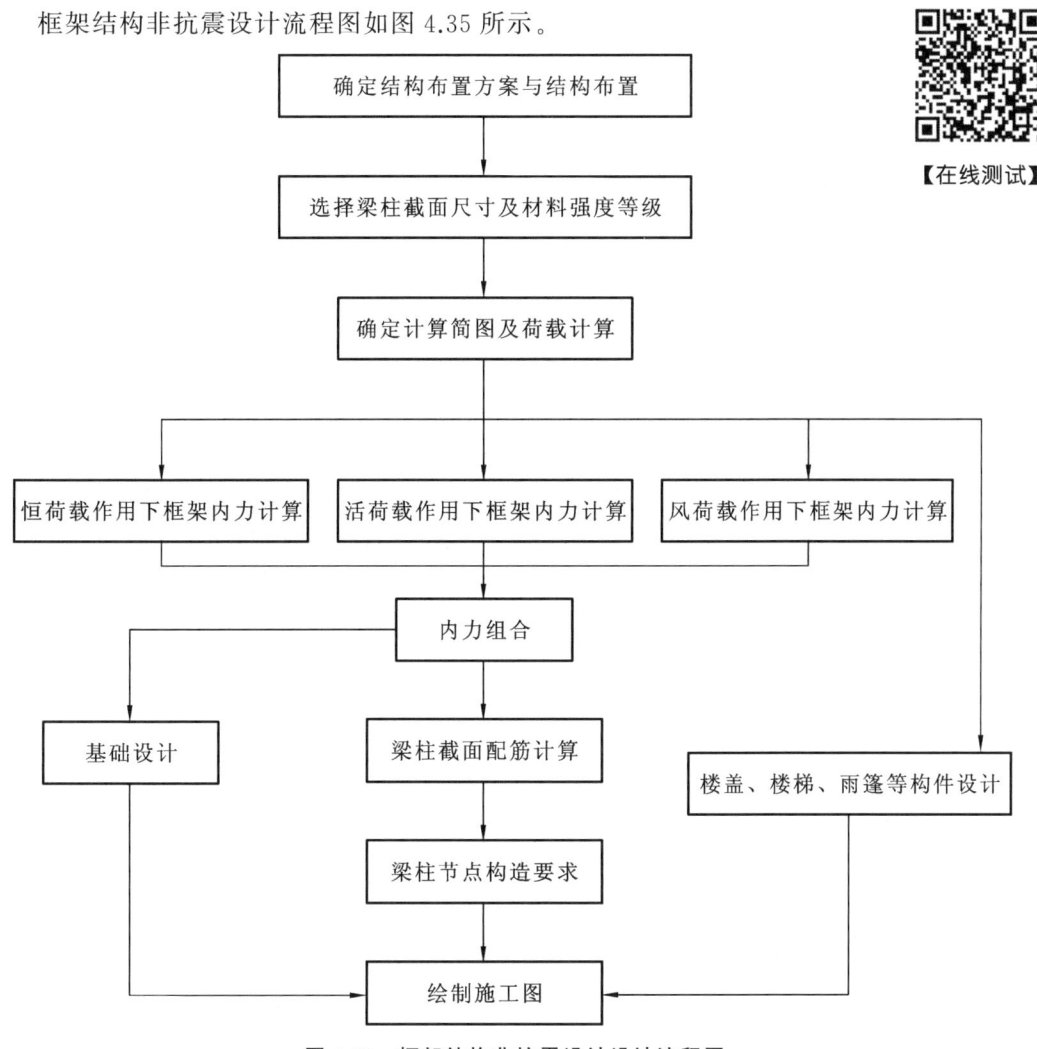

图 4.35 框架结构非抗震设计设计流程图

本 章 小 结

(1)框架结构是多层建筑的一个主要结构形式。结构设计时,需要首先进行结构布置和拟定梁、柱截面尺寸,确定结构计算简图,然后进行荷载计算、结构分析、内力组合和截面设计,并绘制结构施工图。

(2)竖向荷载作用下框架结构的内力可用分层法、弯矩二次分配法等近似方法计算。采用分层法进行分层计算时,将上、下柱远端的弹性支撑改为固定端,同时将除底层外的其他各层柱的线刚度均乘以折减系数 0.9,柱的弯矩传递系数由 1/2 改为 1/3。弯矩二次分配法将各节点不平衡弯矩同时分配,并向远端传递,传递系数均为 1/2;第一次弯矩分配传递后,再进行第二次弯矩分配即结束。

(3)水平荷载作用下框架的内力可用反弯点法、D 值法等近似方法计算。当梁、柱线刚

度比 $i_b/i_c>3$ 时,可采用反弯点法。D 值法又称为改进反弯点法,对反弯点法的柱侧移刚度和反弯点高度进行修正。两者计算步骤相似。

(4) 框架结构在水平荷载作用下的变形由总体剪切变形和总体弯曲变形两部分组成。总体剪切变形是由梁、柱弯曲变形引起的框架变形,可由 D 值法确定,其侧移曲线具有整体剪切变形特点。总体弯曲变形是由两侧框架柱的轴向变形导致的框架变形,侧移曲线与悬臂梁的弯曲变形类似。当框架结构房屋较高或其高宽比较大时,宜考虑柱轴向变形对框架结构侧移的影响。

(5) 内力组合的目的就是找出框架梁、柱控制截面的最不利内力,并以此作为梁、柱截面配筋的依据。框架梁的控制截面通常是梁端支座截面和跨中截面,框架柱的控制截面通常是上、下两端截面。框架结构设计时应考虑活荷载最不利布置组合荷载效应;在活荷载不大的情况下,也可采用满布荷载法计算内力,水平荷载应考虑正反两个方向作用加以组合。

(6) 框架梁截面设计时,可考虑竖向荷载作用下塑性内力重分布进行梁端弯矩调幅。框架柱截面设计一般采用对称配筋,并选取最大一组内力计算截面配筋。框架梁柱的纵向钢筋和箍筋,除了满足计算要求外,还要满足钢筋直径、间距、根数、接头长度、弯起和截断以及节点配筋等构造要求。

思 考 题

4.1 什么是框架结构?简述这种结构的特点。
4.2 钢筋混凝土框架结构按施工方法的不同有哪些形式?各有哪些优缺点?
4.3 框架结构的柱网布置有什么基本要求?
4.4 框架结构的计算简图如何确定?其跨度与层高如何确定?
4.5 简述竖向荷载作用下框架内力分析的分层法的基本假定。
4.6 简述分层法的计算步骤及要点。
4.7 反弯点法与 D 值法的区别是什么?
4.8 简述采用 D 值法进行框架内力分析的原因及 D 值的物理意义。
4.9 简述用 D 值法计算框架内力的要点和步骤。
4.10 水平荷载作用下框架的侧移是怎样产生的?有何特点?
4.11 在竖向荷载作用下框架梁端弯矩如何调幅?
4.12 结构设计时怎样确定梁柱构件的控制截面?
4.13 框架柱控制截面的最不利内力组合需要考虑哪几种情况?为什么?
4.14 框架柱构件中设置箍筋的形式有哪些?

习 题

4.1 某四层三跨钢筋混凝土框架结构,承受均布荷载,各杆件相对线刚度如图 4.36 所示,试分别用分层法及弯矩二次分配法计算各杆件的弯矩,并画出弯矩图。

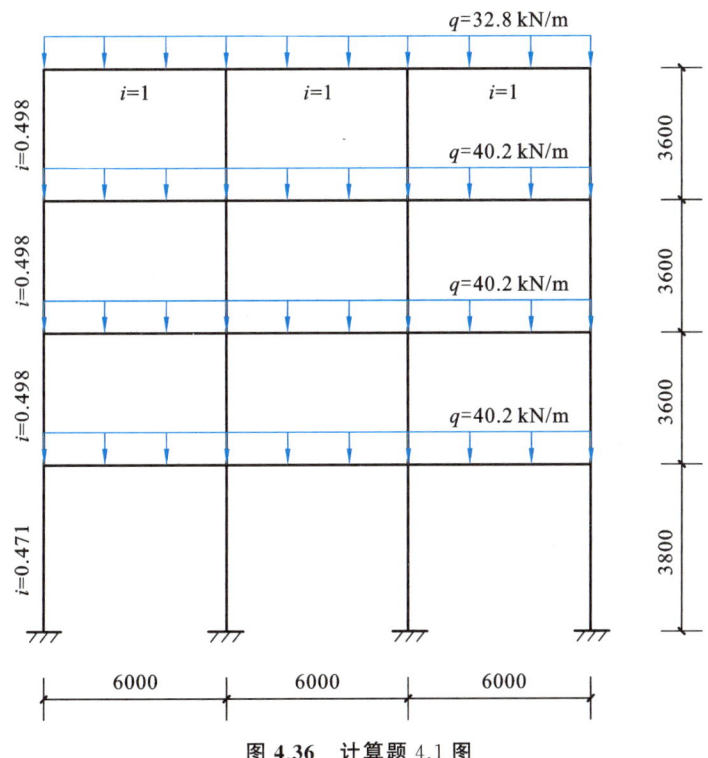

图 4.36 计算题 4.1 图

4.2 某三层两跨钢筋混凝土框架结构,已知楼层高处的总水平力及各杆线刚度相对值,如图 4.37 所示,试用反弯点法和 D 值法计算框架的内力,并画出弯矩图。

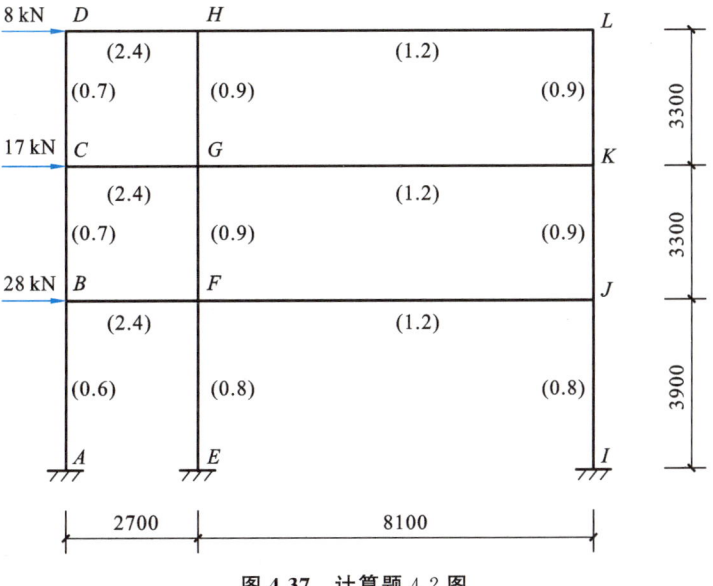

图 4.37 计算题 4.2 图

能力训练项目

框架结构房屋设计计算能力训练：某办公楼为六层钢筋混凝土现浇框架结构，其首层布置如图 4.38 所示。

设计资料：首层层高 4.2 m，其余各层 3.9 m，该办公楼所在地基本风压为 $w_0=0.45\ \text{kN/m}^2$，地面粗糙程度为 B；基本雪压 $s_0=0.25\ \text{kN/m}^2$；不考虑抗震设防，设计工作年限为 50 年。所在场地地势平坦，自然地表下 0.5 m 内为杂填土，以下为黏土，地基承载力特征值 $f_a=180\ \text{kN/m}^2$。

主要建筑做法：

楼面：20 mm 厚抹灰，100 mm 厚钢筋混凝土板，30 mm 厚水磨石面层；屋面：20 mm 厚抹灰，100 mm 厚钢筋混凝土板，120 mm 厚水泥膨胀珍珠岩找坡层，80 mm 厚聚苯板保温层，20 mm 厚水泥砂浆找平层，4 mm 厚 APP 卷材防水层；外填充墙：200 mm 厚陶粒空心砌块，双面抹 20 mm 砂浆；女儿墙：900 mm 高，240 mm 厚砖墙；窗：塑钢玻璃窗。其他条件可自行查资料选择。

训练要求：(1)确定结构布置及梁柱截面尺寸；(2)确定计算简图及荷载计算；(3)进行竖向荷载及风荷载内力计算及水平荷载侧移计算；(4)进行内力组合；(5)进行梁、柱截面设计；(6)查阅图集，绘制结构布置图及梁、柱结构施工图。

4 钢筋混凝土框架结构

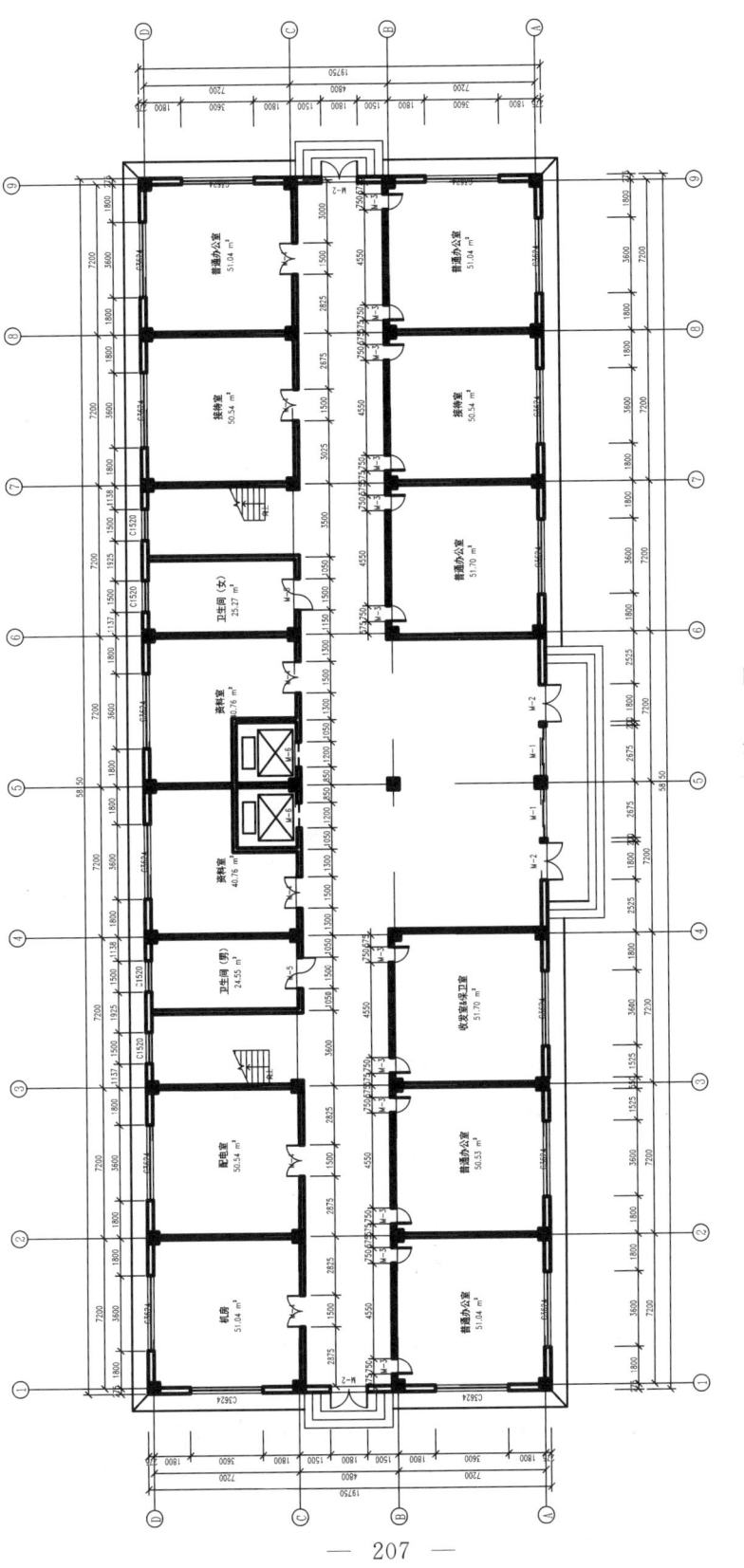

图 4.38 训练项目图

5 砌体结构

【本章概要】

本章主要介绍砌体结构所用的材料及砌体主要的力学性能,砌体结构和构件的计算方法及构造要求,主要内容包括概述、砌体材料及物理力学性能、砌体结构设计方法与砌体强度设计值、无筋砌体构件承载力计算、混合结构房屋墙体设计、配筋砌体结构设计、混合结构房屋其他结构构件设计、砌体构造要求等。

【学习目标】

通过本章学习,了解砌体材料的种类、强度等级;理解砌体结构的设计方法与砌体的强度设计值;了解砌体的抗拉、抗弯和抗剪性能及承载能力计算方法;熟练掌握砌体受压性能及影响因素、无筋砌体构件承载力计算方法;理解砌体结构房屋的组成及结构布置方案、房屋静力计算方案、墙柱高厚比验算和刚性方案房屋墙体计算方法;知道配筋砌体构件的受力特征及承载力计算方法;知道圈梁、过梁、挑梁设计方法和构造;知道砌体一般构造措施;学会砌体材料的选用;具备初步设计砌体结构房屋的能力;能够正确评价砌体结构构件及各种构造措施设置的合理性。

5.1 概 述

砌体结构指的是以块体和砂浆砌筑构建而成的墙、柱等作为主要受力构件的结构,是砖砌体、砌块砌体、石砌体和配筋砌体的总称。

砌体结构是应用范围最广的一种结构形式,一般民用建筑和工业建筑的墙、柱和基础都可采用砌体结构。对于一些特种结构,如烟囱、隧道、涵洞、挡土墙、坝、桥和渡槽等,也常采用砖、石或砌块砌体建造。在钢筋混凝土框架和其他结构的建筑中,常用砖墙做围护结构,如框架结构的填充墙等。砌体的基本力学特征是抗压强度很高,抗拉强度却很低,因此,砌体结构构件主要承受轴心压力或小偏心压力,而很少受拉或受弯。当需要承担一定的弯矩、剪力或拉力时,可采用配筋砌体结构,以提高砌体结构的承载能力。

砌体结构具有悠久的历史,人类自古以来最早发现的建筑材料就是块体,如石块、土块等。人类利用这些原始材料垒筑洞穴和房屋,并在此基础上逐步从乱石发展为加工块石,从土坯发展为烧结砖瓦,自此出现了最早的砌体结构。古代的砌体结构主要用于陵墓、城墙、拱桥、寺院和佛塔等。例如在秦代用石材和土将秦、燕、赵北面的城墙连成一体,并增筑新的长城,在隋代由李春所建造的河北赵县安济桥,以及北魏时期建造的河南登封嵩岳寺塔等。随着新材料、新技术和新结构的不断研制和使用,以及砌体结构计算理论和计算方法的逐步完善,我国的砌体结构得到了很大的发展。

砌体结构的主要优点包括:就地取材,造价低廉;施工简便,运输方便;具有优越的耐久性和耐火性;保温、隔热、隔声性能好。

砌体结构的主要缺点包括:结构强度相对较低,特别是抗拉、抗剪和抗弯性能差;自重大,构件截面尺寸大,材料用量多;结构整体性不强,抗震性能有待提高;需要大量手工操作,不利于大规模机械化生产;传统砌体材料生产可能占用大量农田。

与其他结构形式相比,砌体结构具有以下显著特点:造价低廉且施工简便,适用于各种预算有限的项目,主要用于受压构件,如墙、柱等。由于多采用人工砌筑,其质量存在一定离散性,整体性相对较弱,通常需要通过增设圈梁、构造柱等来提高整体性和抗震能力。

当前,砌体结构正朝着轻质高强、约束砌体、利用工业废料以及工业化生产等方向发展,旨在提高结构效率,减少环境污染,实现建筑可持续性。

在砌体结构的设计过程中,应严格遵守《砌体结构设计规范》(GB 50003—2011)、《砌体结构通用规范》(GB 55007—2021)的相关规定。

5.2 砌体材料及物理力学性能

5.2.1 砌体材料及强度等级

砌体是由块体和砂浆组砌而成,砌体材料包括块体和砂浆两部分。

5.2.1.1 块体

(1) 砖

砖是我国砌体结构中应用最为广泛的一种块体,主要有以下种类:

① 烧结普通砖:是由煤矸石、页岩、粉煤灰或黏土为主要原料,经过焙烧而成的孔洞率不大于15%的实心砖,分为烧结煤矸石砖、烧结页岩砖、烧结粉煤灰砖、烧结黏土砖等。目前,应用最为广泛的块体是烧结黏土砖,其他非黏土原料制成的砖的生产和推广应用,既能利用工业废料,又保护土地资源,是砖瓦工业发展的方向。烧结普通砖的外形尺寸是 240 mm×115 mm×53 mm,具有这种尺寸的砖也称"标准砖"。

② 烧结多孔砖:简称多孔砖,是指以黏土、页岩、煤矸石或粉煤灰为主要原料,经焙烧而成的具有竖向孔洞,且孔洞率不小于25%,主要用于承重部位的砖,目前多孔砖分为P型砖和M型砖。用上述材料,烧制成孔洞较大、孔洞率大于35%的砖,称为烧结空心砖,简称空心砖,主要用于框架填充墙或非承重隔墙等围护结构。砌筑时,与主规格砖配合使用的砖称为配砖,如半砖、七分头、M型砖的系列配砖等。

承重多孔砖的孔洞方向多为竖向,而非承重空心砖孔洞方向多为水平方向。图 5.1、

图 5.2 所示分别为部分地区生产的几种多孔砖和空心砖的规格。

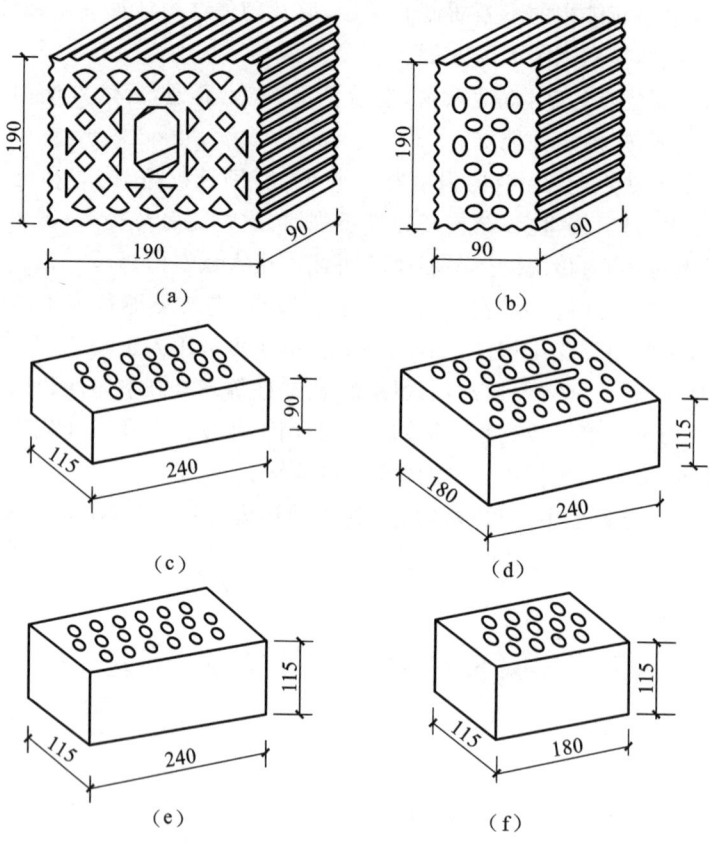

图 5.1　几种多孔砖的规格和孔洞形式
(a)KM1 型;(b)KM1 型配砖;(c)KP1 型;(d)KP2 型;(e)、(f)KP2 型配砖

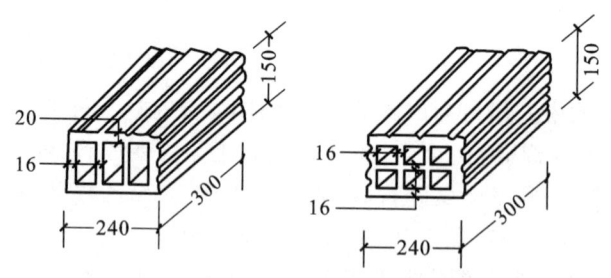

图 5.2　大孔空心砖的规格和孔洞形式

③ 蒸压灰砂普通砖：以石灰等钙质材料和砂等硅质材料为主要原料，经坯料制备、压制排气成型、高压蒸汽养护而形成的实心砖。

④ 蒸压粉煤灰普通砖：以石灰、消石灰或水泥等钙质材料与粉煤灰等硅质材料及集料等为主要原料，掺入适量石膏，经坯料制备、压制排气成型、高压蒸汽养护而形成的实心砖。

⑤ 混凝土砖：以水泥为胶凝材料，以砂、石等为主要集料，加水搅拌、成型、养护制成的一种多孔混凝土半盲孔砖或实心砖。

(2) 砌块

砌块是比标准砖尺寸大的块体。砌块的出现,有助于减轻砌筑工作量,并加快施工进度,是墙体材料改革的一个重要方向。砌块按照材料分为混凝土空心砌块、加气混凝土砌块、粉煤灰硅酸盐砌块等。砌块按尺寸大小可分为小型、中型和大型三种,高度不足 390 mm 的块体,一般称为小型砌块;高度在 390~900 mm 的块体,一般称为中型砌块;高度大于 900 mm 的块体,称为大型砌块。

目前应用较多的是单排孔混凝土空心小型砌块,主规格尺寸为 390 mm×190 mm×190 mm,空心率为 25%~50%,简称混凝土砌块或砌块,如图 5.3 所示。

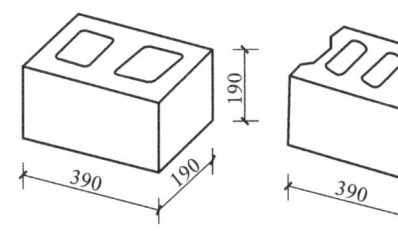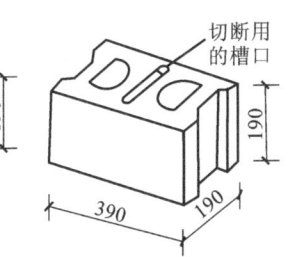

图 5.3 混凝土小型空心砌块

(3) 石材

重力密度大于或等于 18 kN/m³ 的石材为重石,主要有花岗岩、砂岩和石灰岩等;重力密度小于 18 kN/m³ 的石材为轻石,主要有凝灰岩、贝壳灰岩等。按加工后石材外形的规则程度,天然石材可分为细料石、半细料石、粗料石、毛料石以及形状不规则且中部厚度不小于 200 mm 的毛石等 5 种。

5.2.1.2 块体的强度等级

块体的强度等级用符号 MU 表示,强度等级由标准试验方法得到的块体极限抗压强度平均值确定,单位为"MPa"。

《砌体结构设计规范》(GB 50003—2011)规定,承重结构的块体强度等级如下:
(1) 烧结普通砖、烧结多孔砖:MU30、MU25、MU20、MU15 和 MU10。
(2) 蒸压灰砂普通砖、蒸压粉煤灰普通砖:MU25、MU20 和 MU15。
(3) 混凝土砌块、轻集料混凝土砌块:MU20、MU15、MU10、MU7.5 和 MU5。
(4) 石材:MU100、MU80、MU60、MU50、MU40、MU30 和 MU20。

《砌体结构设计规范》(GB 50003—2011)规定,自承重墙的空心砖、轻集料混凝土砌块的强度等级如下:
(1) 空心砖的强度等级:MU10、MU7.5、MU5 和 MU3.5。
(2) 轻集料混凝土砌块的强度等级:MU10、MU7.5、MU5 和 MU3.5。

除石材外,建筑工程中用得最普遍的块材强度等级是 MU15 和 MU10。

5.2.1.3 砂浆

砂浆是由胶凝材料(水泥、石灰)、细骨料(砂)、水以及根据需要掺入的掺合料和外加剂等,按照一定的比例混合后搅拌而成。砂浆的主要作用是把块体黏结成共同受力的整体。此外,砂浆把块体表面抹平,使块体在砌体中受力比较均匀,同时砂浆填满块体间的缝隙,也提高了砌体的隔声、隔热、保温、防潮和抗冻等性能。

砂浆按其组成材料的不同可分为水泥砂浆、水泥混合砂浆、非水泥砂浆和砌块专用砂浆四种。

(1) 水泥砂浆

水泥砂浆是由水泥和砂加水拌和而成的。由于其能在潮湿环境中硬化,一般多用于含水量较大的地基土中的地下砌体,或地面以上接触潮湿环境的砌体。水泥砂浆的水泥用量较大,因此其强度较高、耐久性好,但和易性较差。

(2) 水泥混合砂浆

水泥混合砂浆简称混合砂浆,是指在水泥砂浆中掺入一定塑化剂的砂浆,如水泥石灰砂浆。这种砂浆的和易性和保水性都好,水泥用量较少,适用于砌筑地面以上的墙、柱砌体。

(3) 非水泥砂浆

非水泥砂浆指不含水泥的砂浆,主要有石灰砂浆、黏土砂浆和石膏砂浆等。石灰砂浆属气硬性材料,强度不高,通常用于地上砌体;黏土砂浆强度低,用于简易建筑;石膏砂浆硬化快,一般用于不受潮湿的地上砌体。

(4) 砌块专用砂浆

专门用于砌筑混凝土砌块的砂浆,称为混凝土砌块砌筑砂浆,简称砌块专用砂浆。砌块专用砂浆是由水泥、砂、水,以及根据需要掺入的掺合料和外加剂等组分,按一定比例,采用机械拌和制成的砂浆。

砌筑用的砂浆除满足强度要求外,还应具有良好的流动性和保水性。砂浆的流动性是指砂浆有合适的稠度,使其在砌筑砌体的过程中能比较容易均匀地铺开,使得块体与块体之间有较好的密实度。砂浆在存放、运输和砌筑过程中保持水分的能力叫作保水性。在砌筑时,块体将吸收砂浆中的一部分水分。如果砂浆的保水性很差,新铺在块体上的砂浆中的水分很快被吸去,不仅难以将砂浆铺平,而且砂浆会因过多失水而影响其硬化,使砌体质量和强度下降。所以砌体的质量很大程度上取决于砂浆的保水性。

5.2.1.4 砂浆的强度等级

砂浆的强度等级可用边长为 70.7 mm 的立方体试块的 28 d 龄期抗压强度指标为依据,普通砂浆强度等级用符号 M 表示,专用砌筑砂浆强度等级用 Ms、Mb 表示,单位均为"MPa"(N/mm^2)。确定砂浆强度等级时,应采用同类块体为砂浆强度试块底模。

(1) 烧结普通砖、烧结多孔砖、蒸压灰砂普通砖和蒸压粉煤灰普通砖砌体采用的普通砂浆强度等级:M15、M10、M7.5、M5 和 M2.5。

(2) 蒸压灰砂普通砖和蒸压粉煤灰普通砖砌体采用的专用砌筑砂浆强度等级:Ms15、Ms10、Ms7.5、Ms5.0。

(3) 混凝土普通砖、混凝土多孔砖、单排孔混凝土砌块和煤矸石混凝土砌块砌体采用的砂浆强度等级:Mb20、Mb15、Mb10、Mb7.5 和 Mb5。

(4) 双排孔或多排孔轻集料混凝土砌块砌体采用的砂浆强度等级:Mb10、Mb7.5

和 Mb5。

（5）毛料石、毛石砌体采用的砂浆强度等级：M7.5、M5 和 M2.5。

验算施工阶段新砌筑的砌体承载力及稳定性时，因为砂浆尚未硬化，可取砂浆强度等级为零，即 M0。

5.2.1.5 块体和砂浆的选择

块体和砂浆的选择主要应满足承载力和耐久性的要求，同时也要考虑因地制宜和就地取材，还要考虑对建筑物的要求以及工作环境等因素。对于抗震设防地区的砌体结构，其块体和砂浆的强度等级不应低于《砌体结构设计规范》（GB 50003—2011）中等 10.1.12 条的要求。

砌体结构的耐久性应根据其环境类别和设计使用年限进行设计。砌体结构的环境类别分为 5 类，见表 5.1。

表 5.1　砌体结构的环境类别

环境类别	条件
1	正常居住及办公建筑的内部干燥环境
2	潮湿的室内或室外环境，包括与无侵蚀性土和水接触的环境
3	严寒和使用化冰盐的潮湿环境（室内或室外）
4	与海水直接接触的环境，或处于滨海地区的盐饱和的气体环境
5	有化学侵蚀的气体、液体或固态形式的环境，包括有侵蚀性土壤的环境

设计使用年限为 50 年时，砌体材料的耐久性应符合下列规定：

（1）地面以下或防潮层以下的砌体、潮湿房间的墙或环境类别为 2 的砌体，所用材料的最低强度等级应符合表 5.2 的规定。

表 5.2　地面以下或防潮层以下的砌体、潮湿房间的墙所用材料的最低强度等级

潮湿程度	烧结普通砖	混凝土普通砖、蒸压普通砖	混凝土砌块	石材	水泥砂浆
稍潮湿的	MU15	MU20	MU7.5	MU30	M5
很潮湿的	MU20	MU20	MU10	MU30	M7.5
含水饱和的	MU20	MU25	MU15	MU40	M10

注：①在冻胀地区，地面以下或防潮层以下的砌体，不宜采用多孔砖，如采用时，其孔洞应用不低于 M10 的水泥砂浆预先灌实。当采用混凝土空心砌块时，其孔洞应采用强度等级不低于 Cb20 的混凝土预先灌实。
②对安全等级为一级或设计使用年限大于 50 年的房屋，表中材料强度等级应至少提高一级。地面以下或防潮层以下的砌体应采用水泥砂浆。

（2）处于环境类别 3～5 类有侵蚀性介质的砌体材料应符合下列规定：

① 不应采用蒸压灰砂普通砖、蒸压粉煤灰普通砖。

② 应采用实心砖，砖的强度等级不应低于 MU20，水泥砂浆的强度等级不应低于 M10。

③ 混凝土砌块的强度等级不应低于MU15,灌孔混凝土的强度等级不应低于Cb30,砂浆的强度等级不应低于Mb10。

④ 应根据环境条件对砌体材料的抗冻指标、耐酸、碱性能提出要求,或符合有关规范的规定。

5.2.2 砌体类型

砌体分为无筋砌体和配筋砌体两大类。无筋砌体是仅由块体和砂浆组成的砌体,根据块体的不同,无筋砌体又细分为砖砌体、砌块砌体和石砌体。配筋砌体是在砌体中设置了钢筋或钢筋混凝土材料的砌体。

无筋砌体应用范围广泛,但抗震性能较差。配筋砌体的抗压、抗剪和抗弯承载力远大于无筋砌体,并有良好的抗震性能。

5.2.2.1 无筋砌体

(1) 砖砌体

砖砌体是由砖和砂浆砌筑而成。按照采用砖的类型不同,砖砌体可分为普通砖砌体、多孔砖砌体等。按照砌筑形式不同,砖砌体又可分为实心砌体和空心砌体。

实心砌体通常采用一顺一丁、梅花丁和三顺一丁等砌筑方式(图5.4)。

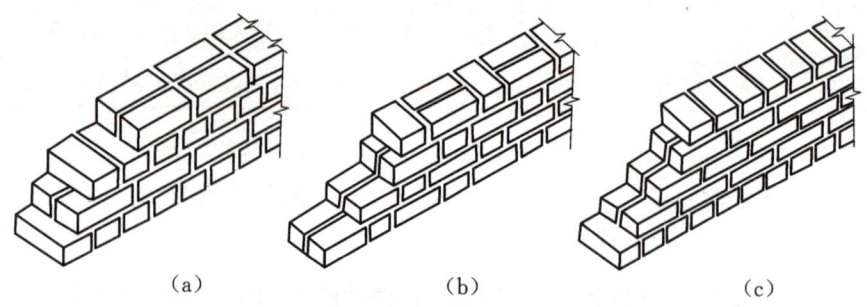

图 5.4 砖的砌筑方式
(a) 一顺一丁;(b) 梅花丁;(c) 三顺一丁

实砌标准墙的厚度为240 mm(一砖)、370 mm(一砖半)、490 mm(二砖)、620 mm(二砖半)、740 mm(三砖)等。有时为了节省材料,墙厚可不按1/4砖进位,因此有些砖需要侧砌从而构成180 mm、300 mm、420 mm厚的墙。试验表明,这种墙的强度是完全符合要求的。

根据多孔砖规格,可砌成90 mm、180 mm、190 mm、240 mm、290 mm及390 mm厚的多孔砖墙体。

(2) 砌块砌体

砌块砌体是由砌块和砂浆砌筑而成。用砌块砌筑墙体时,由于砌块的尺寸比标准砖大很多,相同的墙体所有的灰缝数将减少。因此,砌块墙体的抗压承载力将增大。采用砌块建筑,是墙体改革中的一项重要措施。排列砌块是设计工作中的一个环节,砌块排列要求有规律性,并使砌块类型最少;同时排列应整齐,尽量减少通缝,使砌筑牢固。排列时应选择一套砌块的规格和型号,其中大规格的砌块占70%以上时比较经济。

(3) 石砌体

石砌体是由石材和砂浆(或混凝土)砌筑而成。石砌体分为料石砌体、毛石砌体和毛石混凝土砌体(图 5.5)。在石材资源丰富的地区,用石砌体比较经济。

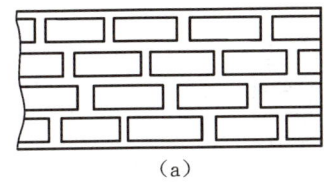 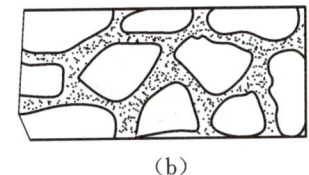 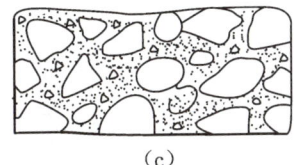

(a) (b) (c)

图 5.5 石砌体的几种类型
(a)料石砌体;(b)毛石砌体;(c)毛石混凝土砌体

料石砌体和毛石砌体均用砂浆砌筑。料石砌体可以用作民用房屋的承重墙、柱和基础,还可以用于建造石拱桥、石坝和涵洞等。毛石砌体可用于建造一般民用建筑房屋及规模不大的构筑物基础,也常用于挡土墙和护坡。毛石混凝土砌体是在模板内交替铺设混凝土及形状不规则的毛石层而形成的石砌体。毛石混凝土砌体多用于一般民用房屋和构筑物的基础及挡土墙等。

5.2.2.2 配筋砌体

为了提高砌体的强度,或当构件截面尺寸受到限制时,在砌体中配置适量的钢筋或钢筋混凝土,以满足设计要求的砌体即为配筋砌体。我国目前常用的配筋砌体包括网状配筋砖砌体、组合砖砌体及配筋混凝土空心砌块砌体等。

5.2.3 砌体受压性能

5.2.3.1 砌体受压全过程

试验表明,轴心受压的砌体短柱从开始加载到破坏,也和钢筋混凝土构件一样经历了未裂阶段、裂缝阶段和破坏阶段三个阶段。

(1) 未裂阶段:当荷载小于 50%～70%破坏荷载时,压应力与压应变近似为线性关系,砌体中没有裂缝。

(2) 裂缝阶段:当荷载达到 50%～70%破坏荷载时,在单个块体内出现竖向裂缝,试件就进入裂缝阶段,如图 5.6(a)所示。这时如果停止加载,裂缝就停止发展。继续加载,单个块体的裂缝增多,并且开始贯通,这时如果停止加载,裂缝仍将继续发展。

(3) 破坏阶段:当荷载增大至 80%～90%破坏荷载时,砌体上已形成几条上下连续贯通的裂缝,试件就进入破坏阶段,如图 5.6(b)所示。这时的裂缝已把砌体分成几个小立柱,砌体外鼓,最后由于个别块体被压碎或小立柱失稳而破坏,如图 5.6(c)所示。

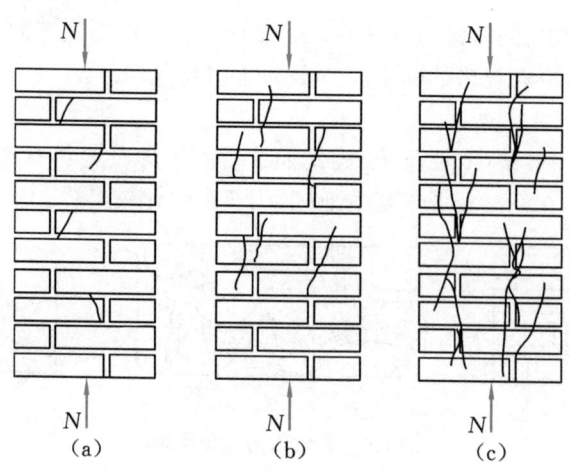

图 5.6 砖砌体受压破坏特征

(a)$N=(0.5\sim0.7)N_u$;(b)$N=(0.8\sim0.9)N_u$;(c)$N=N_u$

5.2.3.2 砌体受压时块体的受力机理

试验表明,砌体的抗压强度远低于块体的抗压强度,这主要是砌体的受压机理造成的。

(1) 块体在砌体中处于压、弯、剪的复杂受力状态

由于块体表面不平整,加上砂浆铺得厚度不均匀,密实性也不均匀,致使单个块体在砌体中不是均匀受压,且还无序地受到弯曲和剪切作用,如图 5.7 所示。由于块体的抗弯、抗剪强度远低于抗压强度,因而就较早地使单个块体出现裂缝,导致块体的抗压能力不能充分发挥。这是砌体抗压强度远低于块体抗压强度的主要原因。

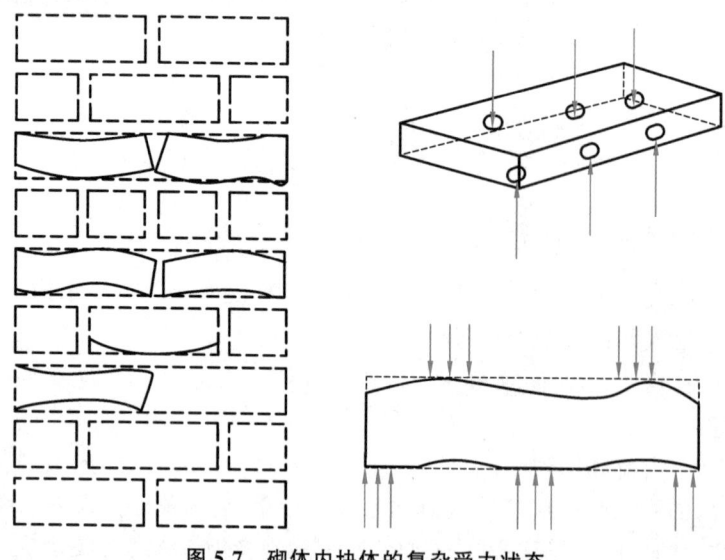

图 5.7 砌体内块体的复杂受力状态

(2) 砂浆使块体在横向受拉

通常低强度等级的砂浆,它的弹性模量比块体的低,当砌体受压时,砂浆的横向变形比

块体的横向变形大,因此砂浆使得块体在横向受拉,从而降低了块体的抗压强度。

(3) 竖向灰缝中存在应力集中

竖向灰缝不可能饱满,造成块体间的竖向灰缝处存在剪应力和横向拉应力集中,使得块体受力更为不利。

5.2.3.3 影响砌体抗压强度的主要因素

由上文可知,凡是影响块体在砌体中充分发挥作用的各种主要因素,也是影响砌体抗压强度的主要因素。

(1) 块体的种类、强度等级和形状

当砂浆强度等级相同,对同一种块体,如果块体的抗压强度高,则砌体的强度也高,因而砌体的抗压强度主要取决于块体的抗压强度。

当块体较高(厚)时,块体抵抗弯矩、剪力的能力就大,故砌体的抗压强度会提高。当采用普通砖时,因厚度较小,块体内产生弯矩、剪应力的影响较大,所以在检验块体时,应使抗压强度和抗折强度都符合规定的标准。

块体外形是否平整也影响砌体的抗压强度,表面歪曲的块体,将引起较大的弯矩、剪应力,而表面平整的块体有利于灰缝厚度的一致,减少弯矩、剪力作用的影响,从而提高砌体的抗压强度。

(2) 砂浆性能

砂浆强度等级高,砌体的抗压强度也高。如上所述,低强度等级的砂浆将使块体横向受拉,反过来,块体就使砂浆在横向受压,使砂浆处于三向受压状态,所以砌体的抗压强度可能高于砂浆强度;当砂浆强度等级较高时,块体与砂浆间的交互作用减弱,砌体的抗压强度就不再高于砂浆的强度。

砂浆的变形率小,流动性、保水性好,对提高砌体的抗压强度是有利的。纯水泥砂浆容易失水而降低流动性,将降低铺砌质量和砌体抗压强度。掺入一定比例的石灰和塑化剂形成混合砂浆,其流动性可以明显改善,但当掺入过多的塑化剂使流动性过大,则砂浆硬化后的变形率就高,反而会降低砌体的抗压强度。

(3) 灰缝厚度

灰缝厚度应适当。灰缝砂浆可减轻铺砌面不平的不利影响,因此灰缝不能太薄;但如果过厚,将使砂浆横向变形率增大,对块体的横向拉力就大,产生不利影响,因此灰缝也不宜过厚。灰缝的适宜厚度与块体的种类和形状有关。对于砖砌体,灰缝厚度以 10~12 mm 为宜。

(4) 砌筑质量

砌筑质量的主要标志之一是灰缝质量,包括灰缝的均匀性、密实度和饱满程度等。灰缝均匀、密实、饱满可显著改善块体在砌体中的复杂受力状态,使砌体抗压强度明显提高。《砌体结构工程施工质量验收规范》(GB 50203—2011)中提出了符合我国工程实际的砌体工程施工质量控制等级和划分方法,我国砌体工程施工质量控制等级分为 A、B、C 三级,详见附表 9.16。

5.2.3.4 砌体抗压强度平均值 f_m

《砌体结构设计规范》(GB 50003—2011)规定,砌体抗压强度平均值 f_m 按下式计算:

$$f_m = k_1 f_1^\alpha (1 + 0.07 f_2) k_2 \tag{5.1}$$

式中　f_1——块体的抗压强度平均值，N/mm²；

　　　f_2——砂浆抗压强度平均值，N/mm²；

　　　k_1, α, k_2——系数，按表 5.3 取用。

在表 5.3 中，表列条件以外时取 $k_2 = 1$。对表 5.3 所列混凝土砌块，当 $f_2 > 10$ N/mm² 时，应乘以 $(1.1 - 0.01 f_2)$ 以降低砂浆的影响，上式适用于 $f_2 \geqslant f_1, f_1 \leqslant 20$ N/mm² 的情况；当为 MU20 的砌块时还应乘系数 0.95。

表 5.3　轴心抗压强度平均值 f_m 计算式的系数取值

砌体种类	$f_m = k_1 f_1^\alpha (1 + 0.07 f_2) k_2$		
	k_1	α	k_2
烧结普通砖、烧结多孔砖、蒸压灰砂普通砖、蒸压粉煤灰普通砖、混凝土普通砖、混凝土多孔砖	0.78	0.5	当 $f_2 < 1$ 时，$k_2 = 0.6 + 0.4 f_2$
混凝土砌块、轻集料混凝土砌块	0.46	0.9	当 $f_2 = 0$ 时，$k_2 = 0.8$
毛料石	0.79	0.5	当 $f_2 < 1$ 时，$k_2 = 0.6 + 0.4 f_2$
毛石	0.22	0.5	当 $f_2 < 2.5$ 时，$k_2 = 0.4 + 0.24 f_2$

5.2.4　砌体受拉、受弯、受剪性能

5.2.4.1　砌体的轴心受拉性能

按轴心拉力方向的不同，砌体轴心受拉有沿齿缝截面破坏[图 5.8(a)]、沿块体与竖向灰缝截面破坏[图 5.8(b)]和沿通缝截面破坏[图 5.8(c)]三种破坏形态。

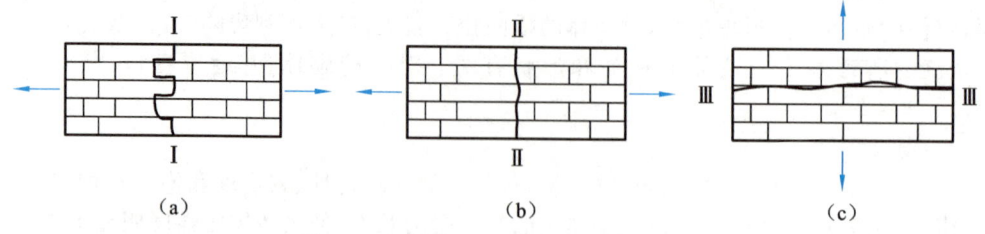

图 5.8　砌体轴心受拉的三种破坏形态
(a)沿齿缝截面破坏；(b)沿块体与竖向灰缝截面破坏；(c)沿通缝截面破坏

当轴向拉力与砌体的水平灰缝平行时，当块体的强度等级较高而砂浆的强度等级较低时，由于砂浆与块体间黏结强度低于块体的抗拉强度，砌体将沿灰缝截面Ⅰ—Ⅰ破坏，破坏面呈齿状，称为砌体沿齿缝受拉破坏，如图 5.8(a)所示；当块体强度低，而砂浆强度较高时，

砂浆与块体间的黏结强度极低,砌体沿块体和竖向灰缝截面Ⅱ—Ⅱ破坏,破坏面较整齐,称为砌体沿块体与竖向灰缝受拉破坏,如图5.8(b)所示,在工程设计时,往往选用较高强度等级的块体,通常不会产生沿块体截面受拉破坏;当轴向拉力与砌体的水平灰缝垂直时,由于砂浆与块体的法向黏结强度极低,砌体很容易沿水平通缝截面Ⅲ—Ⅲ破坏,称为砌体沿着水平通缝截面受拉破坏,如图5.8(c)所示,由于灰缝的法向黏结强度是不可靠的,在设计中不允许采用沿通缝截面的轴心受拉构件。

根据上述受拉性能可知,拉力由水平灰缝和竖向灰缝砂浆共同承担,但由于竖向灰缝砂浆不饱满,还可能出现干缩,因此计算上不考虑竖向灰缝砂浆的作用,全部拉力由水平灰缝砂浆承受,即工程设计中,砌体轴心受拉只考虑沿齿缝截面的轴心受拉。

5.2.4.2 砌体的弯曲受拉性能

砌体弯曲受拉时,也有沿齿缝截面破坏[图5.9(a)]、沿块体与竖向灰缝截面破坏[图5.9(b)]以及沿通缝截面破坏[图5.9(c)]三种破坏形态。

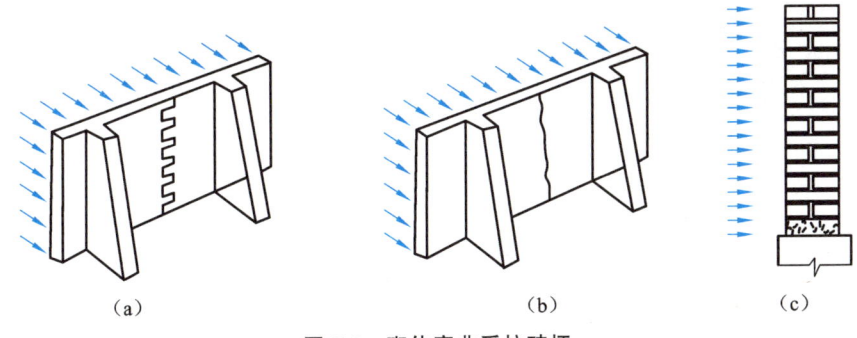

图 5.9 砌体弯曲受拉破坏
(a)沿齿缝破坏;(b)沿块体及竖缝破坏;(c)沿水平通缝破坏

砌体挡土墙在土压力作用下,墙壁犹如以扶壁柱为支座的水平受弯构件,墙壁的跨中截面内侧弯曲受压,外侧弯曲受拉。当砌体中块体强度较高时,在受拉一侧发生沿齿缝截面的破坏,见图5.9(a);当块体强度过低时,在受弯构件的受拉一侧将发生沿块体和竖向灰缝破坏,见图5.9(b);当弯矩作用使砌体水平通缝受拉时,砌体将在弯矩最大截面的水平灰缝处发生弯曲受拉破坏,见图5.9(c)。《砌体结构设计规范》(GB 50003—2011)对砌体的弯曲抗拉强度只考虑沿齿缝截面破坏和沿水平通缝破坏两种情况。

5.2.4.3 砌体的受剪性能

受纯剪作用的砌体有沿通缝截面破坏[图5.10(a)]和沿阶梯形截面破坏[图5.10(b)]两种破坏形态。实际上砌体很难遇到受纯剪作用的情况,通常遇到的是压剪作用的情况,其破坏形态与纯剪的有很大不同。

5.2.4.4 砌体的轴心抗拉、弯曲抗拉、抗剪强度

砌体的轴心抗拉、弯曲抗拉、抗剪强度都与砂浆强度有关,不同砌体类型对轴心抗拉、弯曲抗拉、抗剪强度的影响采用参数控制,具体强度平均值见表5.4。

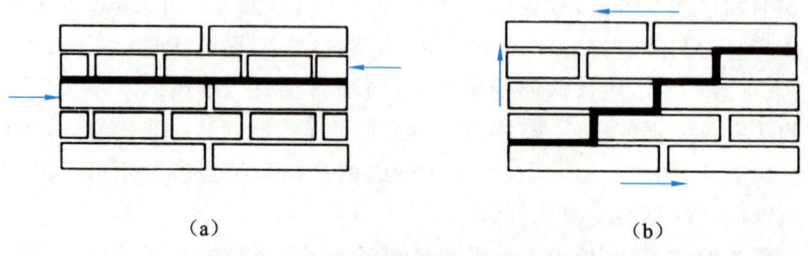

图 5.10 受剪作用的砌体截面破坏形态
(a)沿通缝截面破坏;(b)沿阶梯形截面破坏

表 5.4 砌体轴心抗拉强度平均值 $f_{t,m}$、弯曲抗拉强度平均值 $f_{tm,m}$、抗剪强度平均值 $f_{v,m}$

砌体类型	$f_{t,m}=k_3\sqrt{f_2}$	$f_{tm,m}=k_4\sqrt{f_2}$		$f_{v,m}=k_5\sqrt{f_2}$
	k_3	k_4		k_5
		沿齿缝	沿通缝	
烧结普通砖、烧结多孔砖、混凝土普通砖、混凝土多孔砖	0.141	0.250	0.125	0.125
蒸压灰砂普通砖、蒸压粉煤灰普通砖	0.090	0.180	0.090	0.090
混凝土砌块	0.069	0.081	0.056	0.069
毛料石	0.075	0.113	—	0.188

5.2.5 砌体弹性模量、线膨胀系数、收缩率和摩擦系数

砌体的弹性模量是在砌体的压应力-应变曲线(图 5.11)上,取应力 $\sigma_A=0.43f_u$ 点的割线模量作为弹性模量,f_u 为砌体抗压强度极限值,《砌体结构设计规范》(GB 50003—2011)规定的砌体弹性模量见附表 9.1。砌体的线膨胀系数和收缩率见附表 9.2。一般烧结普通砖的这两项指标都较小,而混凝土和轻骨料混凝土砌体则相对大些,应采取相应措施防止出现因膨胀和收缩引起的裂缝。

在确定砌体的摩擦系数时,应考虑摩擦面处于干燥或是潮湿的状态。《砌体结构设计规范》(GB 50003—2011)规定的砌体摩擦系数见附表 9.3。

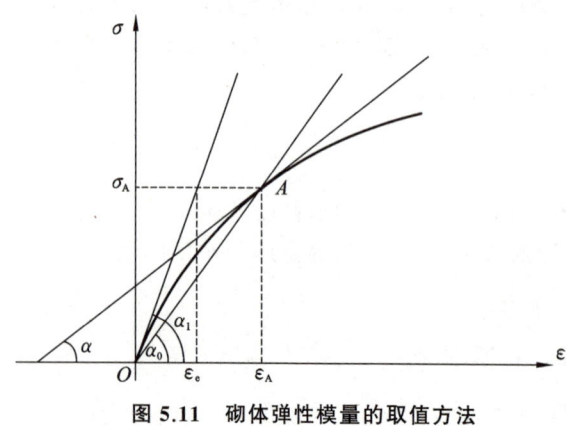

图 5.11 砌体弹性模量的取值方法

5.3 砌体结构设计方法与砌体强度设计值

5.3.1 概率极限状态设计方法

与混凝土结构一样，砌体结构设计时也采用以近似概率理论为基础的极限状态设计方法，用可靠度指标来度量结构构件的可靠性，并以分项系数的设计表达式进行计算；其设计使用年限同样按国家标准《建筑结构可靠性设计统一标准》（GB 50068—2018）确定。

5.3.1.1 结构功能的极限状态

砌体结构应按承载能力极限状态设计，并满足正常使用极限状态的要求。根据砌体结构的特点，一般情况下砌体结构正常使用极限状态可由相应的构造措施保证，因而不必像混凝土结构那样按正常使用极限状态进行验算。

5.3.1.2 承载能力极限状态设计表达式

与混凝土结构相同，按《建筑结构可靠性设计统一标准》（GB 50068—2018）规定。
砌体结构按承载能力极限状态设计时，应按下式进行计算：

$$\gamma_0 \Big(\sum_{i \geqslant 1} 1.3 S_{G_{ik}} + 1.5 \gamma_{L1} S_{Q_{1k}} + 1.5 \sum_{j>1} \psi_{cj} \gamma_{Lj} S_{Q_{jk}} \Big) \leqslant R(f, a_k \cdots) \tag{5.2}$$

式中 γ_0——结构重要性系数，对安全等级为一级或设计使用年限为50年以上的结构构件，不应小于1.1；对安全等级为二级或设计使用年限为50年的结构构件，不应小于1.0；对安全等级为三级或设计使用年限为1～5年的结构构件，不应小于0.9。

γ_{L1}, γ_{Lj}——第1个和第j个考虑结构设计使用年限调整系数，其中γ_{L1}为主导可变荷载Q_1考虑设计使用年限调整系数；结构设计使用年限为5年时，取为0.9；结构设计使用年限为50年时，取γ_{Lj}为1.0；结构设计使用年限为100年时，取γ_{Lj}为1.1。

$S_{G_{ik}}$——第i个按永久荷载标准值G_{ik}计算的荷载效应值。

$S_{Q_{jk}}$——按可变荷载标准值Q_{jk}计算的荷载效应值，其中$S_{Q_{1k}}$为诸可变荷载效应中起控制作用的。

ψ_{cj}——对可变荷载Q_j的组合值系数，一般情况下取$\psi_{cj}=0.7$；对书库、档案库、密集书柜库、通风机房、电梯机房等取$\psi_{cj}=0.9$；对工业建筑活荷载的组合值系数应按《建筑结构荷载规范》（GB 50009—2012）取用。

$R(\cdot)$——结构构件的承载力函数。

a_k——结构构件几何参数的标准值，当几何参数的变异性对结构性能有明显的不利影响时，还应增减一个附加值。

f——砌体的强度设计值。

5.3.2 砌体强度设计值

砌体强度的设计值和标准值可分别按式(5.3)和式(5.4)确定：

$$f = f_k / \gamma_f \tag{5.3}$$

$$f_k = f_m - 1.645\sigma_f \tag{5.4}$$

式中　f——砌体的强度设计值；

　　　f_k——砌体的强度标准值；

　　　γ_f——砌体结构的材料性能分项系数，一般情况下宜按施工质量控制等级为 B 级考虑，取 $\gamma_f=1.6$，当为 C 级时，取 $\gamma_f=1.8$；

　　　f_m——砌体的强度平均值；

　　　σ_f——砌体强度的标准差。

砌体结构的强度与砌筑的质量密切相关，因此《砌体结构设计规范》(GB 50003—2011)采用《砌体工程施工质量验收规范》(GB 50203—2011)中规定的砌体施工质量控制等级 A、B、C 三个等级中的 B 级作为确定砌体强度设计值的依据。

5.3.2.1　砌体的抗压强度设计值

《砌体结构设计规范》(GB 50003—2011)分别给出了龄期为 28 d 的以毛截面计算的不同块体种类的砌体抗压强度设计值，分别见附表 9.4～附表 9.10。当确定块体种类后，便可根据块体和砂浆的强度等级在相应的附表中查到砌体的抗压设计强度，使用附表时，要重视附表下的附注。

5.3.2.2　砌体的轴心抗拉强度、弯曲抗拉强度和抗剪强度设计值

需要注意的是，各类砌体的轴心抗拉强度、弯曲抗拉强度和抗剪强度都与块体的强度等级无关，只取决于灰缝的强度。因此，《砌体结构设计规范》(GB 50003—2011)只给出了沿砌体灰缝截面破坏时砌体的轴心抗拉强度设计值，见附表 9.11。根据沿齿缝或沿通缝的破坏特征、砌体种类以及砂浆强度等级，在附表中查得强度设计值后，还需按附注的要求作出适当调整后，方可正式确定其强度设计值。

单排孔混凝土砌块对孔砌筑时，灌孔砌体的抗剪强度设计值 f_{vg}，应按下式计算：

$$f_{vg} = 0.2 f_g^{0.55} \tag{5.5}$$

式中　f_{vg}——灌孔砌体的抗压强度设计值，混凝土砌块砌体的灌孔混凝土强度等级不应低于 Cb20，且不应低于 1.5 倍的块体强度等级。灌孔混凝土的强度等级取同强度等级的混凝土强度指标。

灌孔混凝土砌块砌体的抗压强度设计值 f_g，应按下式计算：

$$f_g = f + 0.6\alpha f_c \tag{5.6}$$

$$\alpha = \delta\rho \tag{5.7}$$

式中　f_g——灌孔混凝土砌块砌体的抗压强度设计值,该值不应大于未灌孔砌体抗压强度设计值的2倍;

　　　f——未灌孔混凝土砌块砌体的抗压强度设计值,应按附表9.7采用;

　　　f_c——灌孔混凝土的轴心抗压强度设计值;

　　　α——混凝土砌块砌体中灌孔混凝土面积与砌体毛面积的比值;

　　　δ——混凝土砌块的孔洞率;

　　　ρ——混凝土砌块砌体的灌孔率,系截面灌孔混凝土面积与截面孔洞面积的比值,灌孔率应根据受力和施工条件确定,且不应小于33%。

5.3.2.3　砌体强度设计值的调整系数 γ_a

(1) 对无筋砌体构件,其截面面积小于0.3 m² 时,γ_a 为其截面面积加0.7;对配筋砌体构件,当其中砌体截面面积小于0.2 m² 时,γ_a 为其截面面积加0.8(注:构件截面面积以"m²"计)。

(2) 当砌体用强度等级小于M5的水泥砂浆砌筑时,对于附表9.4至附表9.10各表中的数值,γ_a 为0.9;对于附表9.11中数值,γ_a 为0.8。

(3) 当验算施工中房屋的构件时,γ_a 为1.1。

施工阶段砂浆尚未硬化的新砌砌体的强度和稳定性,可按砂浆强度为零进行验算。对于冬期施工采用掺盐砂浆法施工的砌体,砂浆强度等级按常温施工的强度等级提高一级时,砌体强度和稳定性可不验算。配筋砌体不得用掺盐砂浆施工。

5.4　无筋砌体构件承载力计算

5.4.1　受压构件承载力计算

无筋砌体受压构件的承载力主要取决于砌体的种类与强度等级、砂浆强度等级、构件的截面面积、构件的高厚比及偏心距。

5.4.1.1　受压构件的高厚比

(1) 高厚比计算公式

结构中的细长构件在轴心受压时,常常由于侧向变形过大而引发稳定破坏。因此砌体受压构件可按其高厚比 β 的大小来判定其是长柱还是短柱。砌体受压构件的高厚比 β 是指墙、柱的计算高度与墙厚或柱截面边长的比值。当 $\beta \leqslant 3$ 时称为短柱,当 $\beta > 3$ 时称为长柱。受压构件的高厚比 β 按下式确定:

对矩形截面:

$$\beta = \gamma_\beta \frac{H_0}{h} \tag{5.8}$$

对 T 形截面：

$$\beta = \gamma_\beta \frac{H_0}{h_T} \tag{5.9}$$

式中 γ_β——不同材料砌体构件的高厚比修正系数，按表 5.5 采用；
H_0——受压构件的计算高度，按表 5.6 采用；
h——矩形截面轴向力偏心方向的边长，当轴心受压时为截面较小边长；
h_T——T 形截面的折算厚度，可取 $h_T = 3.5i$，i 为截面回转半径。

表 5.5 高厚比修正系数

砌体材料类别	γ_β
烧结普通砖、烧结多孔砖	1.0
混凝土普通砖、混凝土多孔砖、混凝土及轻集料混凝土砌块	1.1
蒸压灰砂普通砖、蒸压粉煤灰普通砖、细料石	1.2
粗料石、毛石	1.5

注：对灌孔混凝土砌块砌体，$\gamma_\beta = 1.0$。

(2) 受压构件计算高度

受压构件的计算高度按表 5.6 采用。

表 5.6 受压构件的计算高度 H_0

房屋类别			柱		带壁柱墙或周边拉接的墙		
			排架方向	垂直排架方向	$s>2H$	$2H \geqslant s > H$	$s \leqslant H$
有吊车的单层房屋	变截面柱上段	弹性方案	$2.5H_u$	$1.25H_u$	$2.5H_u$		
		刚性、刚弹性方案	$2.0H_u$	$1.25H_u$	$2.0H_u$		
	变截面柱下段		$1.0H_l$	$0.8H_l$	$1.0H_l$		
无吊车的单层和多层房屋	单跨	弹性方案	$1.5H$	$1.0H$	$1.5H$		
		刚弹性方案	$1.2H$	$1.0H$	$1.2H$		
	多跨	弹性方案	$1.25H$	$1.0H$	$1.25H$		
		刚弹性方案	$1.10H$	$1.0H$	$1.1H$		
	刚性方案		$1.0H$	$1.0H$	$1.0H$	$0.4s+0.2H$	$0.6s$

注：①表中构件高度 H，在房屋底层，为楼板顶面到构件下端支点的距离。下端支点的位置，可取在基础顶面；当埋置较深且有刚性地坪时，可取室外地面下 500 mm 处；在房屋其他层，H 为楼板或其他水平支点间的距离；对于无壁柱的山墙，可取层高加山墙尖高度的 1/2；对于带壁柱的山墙，可取壁柱处的山墙高度。
②H_u 为变截面柱的上段高度，H_l 为变截面柱的下段高度。
③对于上端为自由端的构件，$H_0 = 2H$。
④独立砖柱，当无柱间支撑时，柱在垂直排架方向的 H_0 应按表中数值乘以 1.25 后采用。

⑤ s 为房屋横墙间距。

⑥ 自承重墙的计算高度应根据周边支撑或拉接条件确定。

⑦ 对有吊车的房屋,当荷载组合不考虑吊车作用时,变截面柱上段的计算高度可按表5.6采用;变截面柱下段的计算高度,可按下列规定采用:当 $H_u/H \leqslant 1/3$ 时,取无吊车房屋的 H_0;当 $1/3 < H_u/H < 1/2$ 时,取无吊车房屋的 H_0 乘以修正系数,修正系数 $\mu = 1.3 - 0.3 I_u/I_l$(I_u、I_l 分别为变截面柱上、下段的惯性矩);当 $H_u/H \geqslant 1/2$ 时,取无吊车房屋的 H_0。但在确定 β 值时,应采用上柱截面。

5.4.1.2 受压构件承载力影响系数 φ

试验分析表明,受压构件承载力主要受偏心距及高厚比的影响,随偏心距和高厚比的增大,受压构件承载力降低。

(1) 短柱

对于高厚比 $\beta \leqslant 3$ 的偏心受压短柱,其受压构件承载力影响系数 φ,按下式计算:

对矩形截面:
$$\varphi = \frac{1}{1+12\left(\dfrac{e}{h}\right)^2} \tag{5.10}$$

对T形截面:
$$\varphi = \frac{1}{1+12\left(\dfrac{e}{h_T}\right)^2} \tag{5.11}$$

式中 e——轴向力偏心距,$e=M/N$,M、N 分别为计算截面的弯矩设计值和轴向压力设计值,轴心受压时,$e=0$,$\varphi=1$;

h——矩形截面轴向力偏心方向的边长;

h_T——T形截面折算厚度,可近似取 $h_T = 3.5i$;

i——T形截面回转半径,$i=\sqrt{I/A}$,I 为偏心方向的截面惯性矩,A 为截面面积。

φ 也可不按公式计算,而直接由附表9.12中按 $\beta \leqslant 3$ 的项来查取。

(2) 长柱

对于高厚比 $\beta > 3$ 的长柱,其受压构件承载力影响系数 φ,按下式计算:

对矩形截面:
$$\varphi = \frac{1}{1+12\left[\dfrac{e}{h}+\sqrt{\dfrac{1}{12}\left(\dfrac{1}{\varphi_0}-1\right)}\right]^2} \tag{5.12}$$

对T形截面:
$$\varphi = \frac{1}{1+12\left[\dfrac{e}{h_T}+\sqrt{\dfrac{1}{12}\left(\dfrac{1}{\varphi_0}-1\right)}\right]^2} \tag{5.13}$$

其中:
$$\varphi_0 = \frac{1}{1+\alpha\beta^2} \tag{5.14}$$

式中 φ_0——轴心受压构件的稳定系数。

α——与砂浆强度等级有关的系数,当砂浆强度等级大于或等于M5时,$\alpha=0.0015$;当砂浆强度等级等于M2.5时,$\alpha=0.002$;当砂浆强度等级等于0时,$\alpha=0.009$。

长柱的 φ 值除按公式计算外,也可按附表9.12中 $\beta > 3$ 的项来查取。

5.4.1.3 受压承载力计算公式及计算时应注意的问题

(1) 计算公式

不论短柱、长柱,轴心受压还是偏心受压,无筋砌体受压构件的受压承载力统一按下式计算:

$$N \leqslant N_u = \varphi f A \tag{5.15}$$

式中　N——轴向力设计值;
　　　N_u——无筋砌体受压构件受压承载力设计值;
　　　f——砌体抗压强度设计值,查附表 9.4 至附表 9.10;
　　　A——砌体截面面积;
　　　φ——高厚比 β 和轴向力偏心距 e 对受压构件承载力的影响系数,可按式(5.10)、式(5.11)、式(5.12)、式(5.13)计算或查附表 9.12。

(2) 计算时应注意的问题

① 对矩形截面受压构件,当轴向力偏心方向的截面边长大于另一方向的边长时,除按偏心受压计算外,还应对较小边长方向按轴心受压进行验算,取两者中的较小值作为承载力。

② 偏心受压构件的偏心距较大时,受压面积相应减小,构件的刚度和稳定性也随之削弱,最终导致构件承载力进一步降低。因此《砌体结构设计规范》(GB 50003—2011)规定,偏心距 e 的计算值不应超过 $0.6y$,y 为截面重心到轴向力所在偏心方向截面边缘的距离,当偏心距 e 超过 $0.6y$ 时,则应采取减小轴向力偏心距的措施。

【例 5.1】已知某一轴心受压砖柱,截面尺寸为 370 mm×490 mm,采用 MU10 烧结普通砖及 M2.5 混合砂浆砌筑,荷载引起的柱顶轴向压力设计值为 $N = 105$ kN,柱的计算高度 $H_0 = 4.2$ m,试验算该柱的承载力是否满足要求。

【解】经查,用砂浆砌筑的机制砖砌体的重力密度为 19 kN/m³,故砖柱自重的轴向力设计值为:

$$19 \times 0.37 \times 0.49 \times 4.2 \times 1.2 = 17.4 \text{ kN}$$

柱底截面轴向力设计值:

$$N = 105 + 17.4 = 122.4 \text{ kN}$$

由表 5.5 可知,$\gamma_\beta = 1.0$,则:

$$\beta = \gamma_\beta \frac{H_0}{h} = 1.0 \times \frac{4.2}{0.37} = 11.35 > 3$$

查附表 9.12.2 中 $\frac{e}{h} = 0$ 的项,求得 $\varphi = 0.796$。

因为砖柱截面面积 $A = 0.37 \times 0.49 = 0.1813$ m² < 0.3 m²,故砌体强度设计值应乘以调整系数:

$$\gamma_a = 0.7 + A = 0.7 + 0.1813 = 0.8813$$

由附表 9.4 知,MU10 与 M2.5 的烧结普通砖砌体抗压强度设计值 $f = 1.30$ N/mm²,故此砖柱的截面轴向受压承载力为:

$$\gamma_a \varphi f A = 0.8813 \times 0.796 \times 1.30 \times 0.1813 \times 10^6 = 165.3 \text{ kN} > N = 122.4 \text{ kN}$$

满足要求。

5 砌体结构

【例 5.2】已知一矩形截面偏心受压柱,截面尺寸为 490 mm×740 mm,采用 MU10 烧结普通砖及 M5 混合砂浆砌筑,柱的计算高度 $H_0=5.9$ m,该柱所受轴向力设计值 $N=320$ kN(已计入柱自重),沿长边方向作用的弯矩设计值 $M=33.3$ kN·m,试验算该柱的承载力是否满足要求。

【解】(1)验算柱长边方向的承载力

偏心距:
$$e=\frac{M}{N}=\frac{33.3\times10^6}{320\times10^3}=104 \text{ mm}<0.6y=0.6\times\frac{740}{2}=222 \text{ mm}$$

相对偏心距:
$$\frac{e}{h}=\frac{104}{740}=0.1405$$

由表 5.5 可知,$\gamma_\beta=1.0$,则高厚比:
$$\beta=\gamma_\beta\frac{H_0}{h}=1.0\times\frac{5900}{740}=7.97$$

查附表 9.12.1 求得 $\varphi=0.61$,由附表 9.4 知,MU10 与 M5 的烧结普通砖砌体抗压强度设计值 $f=1.50$ N/mm²,则:
$$\varphi fA=0.61\times1.5\times0.363\times10^6=332.1 \text{ kN}>N=320 \text{ kN}$$

满足要求。

(2)验算柱短边方向的承载力

由于弯矩作用方向的截面边长 740 mm 大于另一方向的边长 490 mm,故还应对短边进行轴心受压承载力验算。

由表 5.5 可知,$\gamma_\beta=1.0$,则:
$$\beta=\gamma_\beta\frac{H_0}{h}=1.0\times\frac{5900}{490}=12.04,\frac{e}{h}=0$$

查附表 9.12.1 求得 $\varphi=0.819$,则:
$$\varphi fA=0.819\times1.5\times0.363\times10^6=445.9 \text{ kN}>N=320 \text{ kN}$$

满足要求。

【例 5.3】某一单层单跨厂房窗间墙截面尺寸如图 5.12 所示,计算高度 $H_0=6.6$ m,采用 MU10 烧结普通砖和 M5 混合砂浆砌筑。所受弯矩设计值 $M=36$ kN·m,轴向力设计值 $N=320$ kN。以上内力均已计入墙体自重,轴向力作用点偏向翼缘一侧。试验算其承载力是否满足要求。

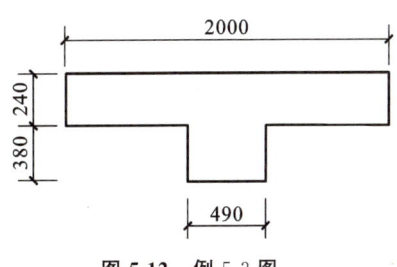

图 5.12 例 5.3 图

【解】(1)计算折算厚度 h_T

截面面积:
$$A=2000\times240+490\times380=666200 \text{ mm}^2$$

截面形心位置:
$$y_1=\frac{2000\times240\times120+490\times380\times(240+190)}{666200}=207 \text{ mm}$$
$$y_2=620-207=413 \text{ mm}$$

截面惯性矩：

$$I = \frac{2000 \times 240^3}{12} + 2000 \times 240 \times (207-120)^2 + \frac{490 \times 380^3}{12} + 490 \times 380 \times \left(413 - \frac{380}{2}\right)^2$$
$$= 1.744 \times 10^{10} \text{ mm}^2$$

截面回转半径：

$$i = \sqrt{\frac{I}{A}} = \sqrt{\frac{1.744 \times 10^{10}}{666200}} = 162 \text{ mm}$$

截面折算厚度：

$$h_T = 3.5i = 3.5 \times 162 = 567 \text{ mm}$$

(2) 验算偏心距

$$e = \frac{M}{N} = \frac{36 \times 10^6}{320 \times 10^3} = 112.5 \text{ mm} < 0.6 y_1 = 0.6 \times 207 = 124.2 \text{ mm}$$

(3) 验算承载力

相对偏心距：

$$\frac{e}{h_T} = \frac{112.5}{567} = 0.20$$

由表 5.5 可知，烧结普通砖 $\gamma_\beta = 1.0$，则高厚比：

$$\beta = \gamma_\beta \frac{H_0}{h_T} = 1.0 \times \frac{6600}{567} = 11.6$$

查附表 9.12.1 得 $\varphi = 0.434$，由附表 9.4 知，MU10 与 M5 的烧结普通砖砌体抗压强度设计值 $f = 1.50$ MPa，则：

$$\varphi f A = 0.434 \times 1.5 \times 666200 = 433.7 \text{ kN} > N = 320 \text{ kN}$$

满足要求。

5.4.2　局部受压构件承载力计算

5.4.2.1　砌体局部受压的特点

当轴向力仅作用于砌体的部分截面上时，称为局部受压。若砌体的局部受压面作用的压应力是均匀分布的，称为局部均匀受压，如基础顶面承受上部柱或墙传来的压力；若砌体的均布受压面作用的压应力是非均匀分布，称为局部非均匀受压，如梁端支承处的砌体一般为局部非均匀受压。

砌体的局部受压破坏比较突然，工程中曾出现因砌体局部抗压承载力不足引起的房屋倒塌的事故，故设计时应予以重视。试验表明，砌体局部受压大致发生以下三种破坏形态：

(1) 因纵向裂缝发展引起的破坏

图 5.13(a) 所示为一在中部承受局部压力作用的墙体，当砌体的截面面积与局部受压面积的比值较小时，在局部压力作用下，垫板下 1 或 2 皮砖以下的砌体内首先产生第一批纵向裂缝；随着压力的增大，纵向裂缝逐渐向上或向下发展，并出现其他纵向裂缝和斜裂缝，裂缝

数量不断增加。当其中的部分纵向裂缝延伸形成一条主要裂缝时,试件即将破坏。开裂荷载一般小于破坏荷载。在砌体的局部受压中,这是一种较为常见的破坏形态。

(2) 劈裂破坏

当砌体的截面面积与局部受压面积的比值相当大时,在局部压力作用下,砌体产生数量少且较集中的纵向裂缝,如图 5.13(b)所示;纵向裂缝一旦出现,砌体很快就发生犹如刀劈一样的破坏,开裂荷载一般接近破坏荷载。

(3) 局部受压面的压碎破坏

当砌筑砌体的块体强度较低而局部压力很大时(例如梁端支座下面砌体的局部受压),就可能在砌体未开裂时就出现局部被压碎的现象,如图 5.13(c)所示。

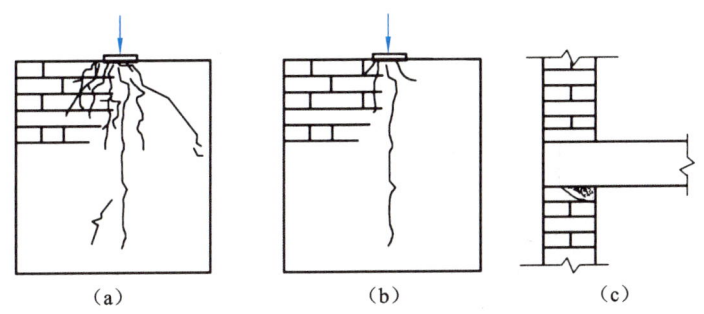

图 5.13 砌体局部受压破坏形态
(a)因纵向裂缝的发展而引起的破坏;(b)劈裂破坏;(c)局部压坏

5.4.2.2 局部受压时的砌体强度

通过试验分析表明,局部受压时,直接受压的局部范围内的砌体抗压强度有较大程度的提高。一方面,在局部压力作用下,砌体中的局部压应力是向未受压砌体部分扩散的("应力扩散"作用),实际压应力分布范围比局部受压接触面积大,因此砌体局部抗压强度有所提高;另一方面,非直接受压部分的砌体对直接受压部分的砌体有约束作用(也称"套箍强化"作用),从而使直接受压部分的砌体处于双向或三向受压状态,抗压能力大大提高,其抗压强度高于砌体的轴心抗压强度设计值 f。

若砌体全截面的抗压强度为 f,则局部受压时的砌体抗压强度记为 γf,γ 为砌体局部抗压强度提高系数。试验表明,局部抗压强度提高系数 γ 的大小与局部受压砌体所处的位置、受周边砌体约束的程度有关,按下式计算:

$$\gamma = 1 + 0.35\sqrt{\frac{A_0}{A_l} - 1} \tag{5.16}$$

式中　A_l——局部受压面积;

　　　γ——砌体局部抗压强度提高系数;

　　　A_0——影响砌体局部抗压强度的计算面积,按表 5.7 确定。

表 5.7 计算面积 A_0 与 γ 最大值

情况	示意图	A_0	γ 最大值 普通砌体	γ 最大值 灌孔的混凝土砌块砌体
情况一	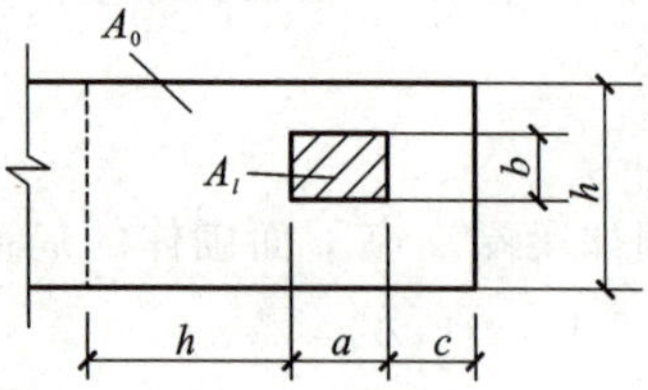	$h(a+c+h)$	≤2.5	≤1.5
情况二	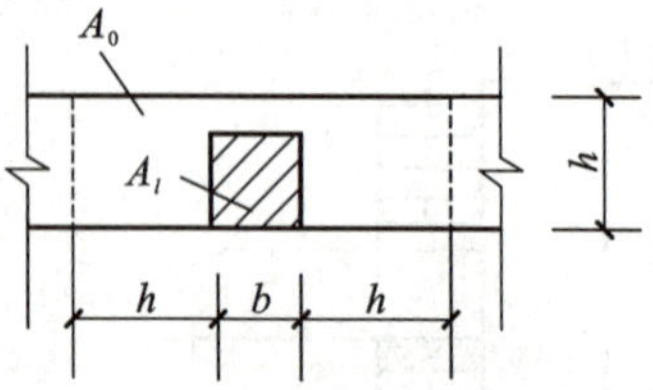	$h(b+2h)$	≤2.0	≤1.5
情况三	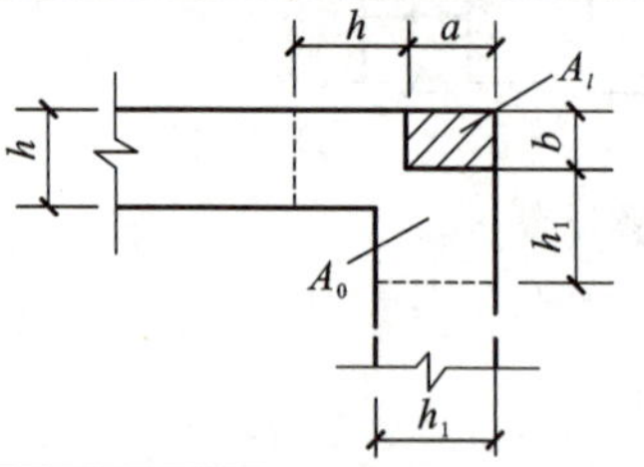	$(a+h)h+(b+h_1-h)h_1$	≤1.5	≤1.5
情况四	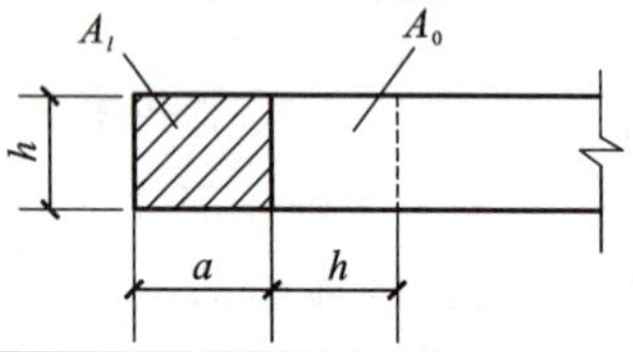	$h(a+h)$	≤1.25	≤1.25

注：① a、b 为矩形局部受压面积 A_l 的边长；

② h 为墙厚或柱的较小边长，h_1 为墙厚；

③ c 为矩形局部受压面积的外边缘至构件边缘的较小距离，当 c 大于 h 时，应取为 h；

④ 未灌孔混凝土砌块砌体，$\gamma=1.0$，多孔砖砌体孔洞难以灌实时，应取 $\gamma=1.0$。

5.4.2.3 砌体局部均匀受压

砌体截面承受局部均匀压力时的承载力，应该满足下式要求：

$$N_l \leqslant \gamma f A_l \tag{5.17}$$

式中 N_l——局部受压面积上的轴向力设计值；

f——砌体抗压强度设计值，局部受压面积小于 0.3 m^2 时，可不考虑强度调整系数 γ_a 的影响；

A_l——局部受压面积。

5.4.2.4 梁端支承处砌体局部受压

(1) 梁端有效支承长度

在梁端支承处,梁的弯曲变形及梁端下砌体的压缩变形使梁端产生转角,致使砌体承受的局部压应力为曲线分布,局部受压面积上的应力是不均匀的;同时梁端下面传递压力的长度 a_0 可能小于梁伸入墙或柱内的实际支承长度 a,一般将 a_0 称为梁的有效支承长度。砌体的局部受压面积为 $A_l = a_0 b$ (b 为梁的宽度),而且梁端下面砌体的局部压应力也非均匀分布,如图 5.14 所示。

《砌体结构设计规范》(GB 50003—2011)建议,a_0 可近似地按下式计算:

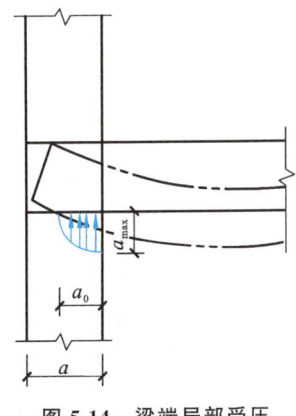

图 5.14 梁端局部受压

$$a_0 = 10\sqrt{\frac{h_c}{f}} \leqslant a \tag{5.18}$$

式中 a——梁端实际支承长度;
h_c——梁的截面高度;
f——砌体抗压强度设计值。

(2) 梁端支承处砌体局部受压承载力

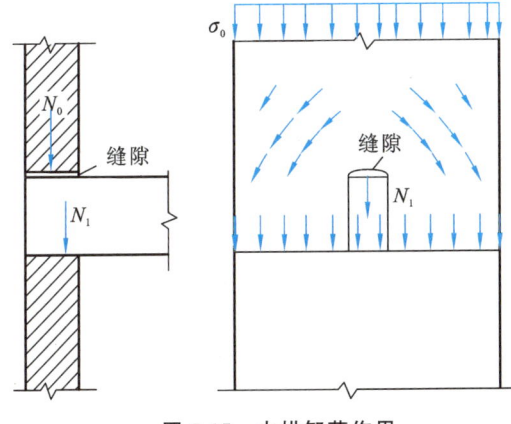

图 5.15 内拱卸荷作用

如图 5.15 所示,梁端支承处除了承受梁端的支承压力 N_l 之外,一般还可能承受上部荷载 N_u,试验表明,由上部荷载 N_u 传给梁端支承面的压力 N_0 将会部分或全部传给梁端周围的砌体,形成所谓"内拱卸荷作用"。这种"内拱卸荷作用"与 $\frac{A_0}{A_l}$ 值有关,当 $\frac{A_0}{A_l} \geqslant 3$ 时,可不计入 N_0;当 $\frac{A_0}{A_l} = 1$ 时,即上部砌体传来的压力 N_0 将全部作用在梁端局部受压面积上。

根据应力叠加原理,考虑到"内拱卸荷作用",引入上部荷载折减系数 ψ,梁端支承处砌体局部受压的承载力可按下式复核:

$$\psi N_0 + N_l \leqslant \eta \gamma f A_l \tag{5.19}$$

式中 ψ——上部荷载的折减系数,$\psi = 1.5 - 0.5 \frac{A_0}{A_l}$,当 $\frac{A_0}{A_l} \geqslant 3$ 时,取 $\psi = 0$;
N_0——局部受压面积内上部轴向力设计值,$N_0 = \sigma_0 A_l$;
σ_0——上部平均压应力设计值;
η——梁端底面压应力图形完整系数,一般取 0.7,对于过梁和墙梁取 1.0;
A_l——局部受压面积,$A_l = a_0 b$。

其余符号意义同前。

5.4.2.5 梁端下设有刚性垫块的砌体局部受压承载力

当梁端支承处砌体局部受压承载力不足时,可通过在梁端下设置混凝土或钢筋混凝土刚性垫块,以增大梁对墙体的局部受压面积,防止局部受压破坏,如图 5.16 所示。刚性垫块的高度不宜小于 180 mm,自梁边算起的垫块挑出长度不宜大于垫块高度 t_b。

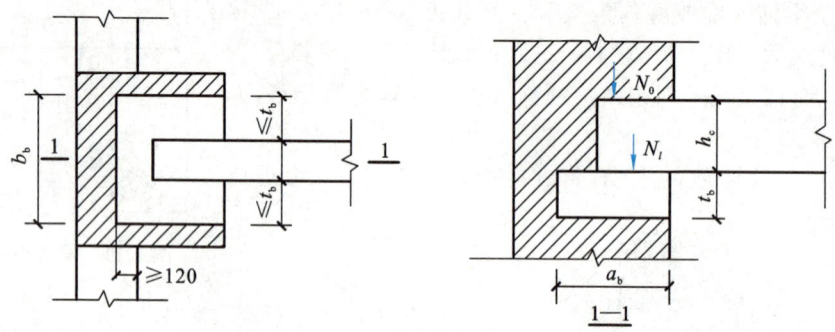

图 5.16 刚性垫块下局部受压计算简图

试验表明,刚性垫块下砌体的局部受压承载力应按垫块下砌体局部受压计算,这时可借用砌体偏心受压强度公式进行复核,其计算公式为:

$$N_0 + N_l \leqslant \varphi \gamma_1 f A_l \tag{5.20}$$

式中　N_0——垫块面积 A_b 内上部轴向力设计值,$N_0 = \sigma_0 A_b$;

　　　A_b——垫块面积,$A_b = a_b \cdot b_b$;a_b 为垫块伸入墙内的长度,b_b 为垫块的宽度;

　　　φ——垫块上 N_0 与 N_l 合力的影响系数,可查附表 9.12,取 $\beta \leqslant 3$ 时的相应值;

　　　γ_1——垫块外砌体面积的有利影响系数,$\gamma_1 = 0.8\gamma \geqslant 1.0$,$\gamma$ 为砌体局部抗压强度提高系数,按式(5.16)计算,但以 A_b 代替 A_l,即:

$$\gamma_1 = 0.8 + 0.28\sqrt{\frac{A_0}{A_b} - 1} \tag{5.21}$$

其中,A_0 为按垫块面积 A_b 为 A_l 计算的影响砌体局部抗压强度的计算面积(按表 5.7 取值)。

当求垫块上 N_0 与 N_l 合力的影响系数 φ 时,需要知道 N_0 与 N_l 的作用位置,N_0 作用于垫块重心,N_l 作用在距离墙边缘 $0.4a_0$ 处,这里 a_0 为刚性垫块上梁的有效支承长度,按下式计算:

$$a_0 = \delta_1 \sqrt{\frac{h_c}{f}} \tag{5.22}$$

式中　δ_1——刚性垫块影响系数,依据上部平均压应力设计值 σ_0 与砌体抗压强度设计值 f 的比值按表 5.8 取用。

表 5.8 系数 δ_1 值表

σ_0/f	0	0.2	0.4	0.6	0.8
δ_1	5.4	5.7	6.0	6.9	7.8

注:表中其间的数值可采用插入法求得。

此外,考虑到垫块面积较大,"内拱卸荷作用"较小,因而上部荷载不予折减。

当在带壁柱墙的壁柱内设置刚性垫块时,其计算面积 A_0 应取壁柱面积,不计算翼缘部分;同时,壁柱上垫块伸入翼墙内的长度不应小于 120 mm,见图 5.16。

当现浇垫块与梁端浇筑成整体时,垫块可在梁高范围内设置,梁端支承处砌体的局部受压承载力仍按式(5.20)进行验算。

5.4.2.6 梁下设有长度大于 πh_0 的垫梁时砌体局部受压承载力

当梁支承在钢筋混凝土垫梁上(如圈梁),则可利用垫梁把大梁传来的集中荷载分散到一定宽度的墙上去。这时,可以把垫梁看作一根承受集中荷载的弹性地基梁。试验结果表明,梁端传来的力在砌体上的分布范围较大,当垫梁下砌体发生局压破坏时,梁下竖向压应力峰值与砌体强度之比均在 1.5 以上。因此,《砌体结构设计规范》(GB 50003—2011)参照弹性地基梁理论,规定垫梁下砌体可提供压应力的范围为 πh_0,其应力分布按三角形考虑。根据图 5.17,垫梁下砌体局部受压强度验算条件为:

$$\sigma_{y\max} \leqslant 1.5f \tag{5.23}$$

则:

$$N_0 + N_l \leqslant \sigma_{y\max} \pi h_0 b_b / 2 = 1.5 f \pi h_0 b_b \approx 2.4 f b_b h_0 \tag{5.24}$$

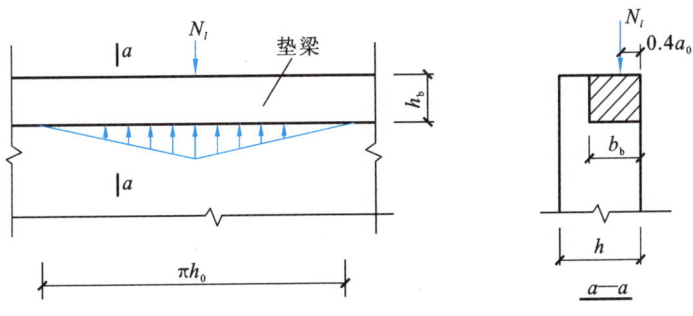

图 5.17 垫梁局部受压

考虑到荷载沿墙厚方向分布的不均匀性,上式右边应乘以系数 δ_2,则局部受压承载力应按下列公式复核:

$$N_0 + N_l \leqslant 2.4 \delta_2 f b_b h_0 \tag{5.25}$$

$$N_0 = \pi h_0 b_b \sigma_0 / 2 \tag{5.26}$$

$$h_0 = 2 \sqrt[3]{\frac{E_c I_c}{Eh}} \tag{5.27}$$

式中　N_0——垫梁 $\pi h_0 b_b/2$ 范围内上部轴向力设计值；
　　　b_b——垫梁在墙厚方向的宽度；
　　　δ_2——当荷载沿墙厚方向均匀分布时，δ_2 取 1.0，不均匀分布时，δ_2 可取 0.8；
　　　h_0——垫梁折算高度；
　　　E_c,I_c——垫梁的弹性模量和截面惯性矩；
　　　E——砌体的弹性模量；
　　　h——墙厚。

【例 5.4】已知某房屋外纵墙的窗间墙截面尺寸为 1500 mm×240 mm，如图 5.18 所示，采用 MU10 烧结普通砖、M5 水泥砂浆砌筑。墙上支承的钢筋混凝土大梁截面尺寸为 250 mm×600 mm，支承长度 $a=240$ mm。梁端荷载产生的支承反力设计值为 $N_l=60$ kN，上部荷载产生的轴向压力设计值 $N_u=80$ kN。试验算梁端支承处砌体的局部受压承载力。

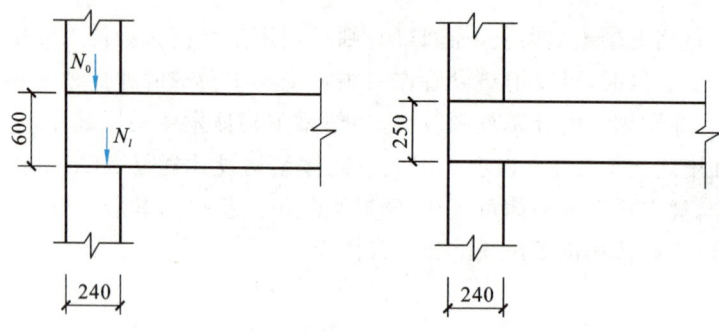

图 5.18　例 5.4 图

【解】由 MU10 砖、M5 砂浆，查附表 9.4 得砌体抗压强度设计值 $f=1.5$ MPa。
(1) 梁端有效支承长度
$$a_0=10\sqrt{\frac{600}{1.5}}=200 \text{ mm}<a=240 \text{ mm}$$
(2) 局部受压面积
$$A_l=a_0 b=200\times250=50000 \text{ mm}^2$$
(3) 局部受压的计算面积
$$A_0=h(2h+b)=240\times(2\times240+250)=175200 \text{ mm}^2$$
$$\frac{A_0}{A_l}=\frac{175200}{50000}=3.5>3$$
不需考虑上部荷载 N_0 的影响。
(4) 砌体局部抗压强度提高系数
$$\gamma=1+0.35\sqrt{\frac{A_0}{A_l}-1}=1+0.35\times\sqrt{\frac{175200}{50000}-1}=1.55<2.0$$
(5) 梁端支承处砌体局部受压承载力计算
$$\eta\gamma f A_l=0.7\times1.55\times1.5\times50000=81.4 \text{ kN}>\psi N_0+N_l=60 \text{ kN}$$
满足要求。

【例 5.5】 已知除 $N_l = 100$ kN 外,其他条件与例 5.4 相同。试验算局部受压承载力。

【解】 $\eta \gamma f A_l = 0.7 \times 1.55 \times 1.5 \times 50000 = 81.4$ kN $< \psi N_0 + N_l = 100$ kN

梁下砌体的局部受压承载力是不能满足的,故设置预制刚性垫块。取其尺寸为 $a_b \times b_b \times t_b = 240$ mm $\times 650$ mm $\times 240$ mm。

局部受压面积　　$A_b = a_b b_b = 240 \times 650 = 156000$ mm^2

局部受压计算面积　$A_0 = h(2h + b_b) = 240 \times (2 \times 240 + 650) = 271200$ mm^2

(1) 求 γ_1 值

$$\gamma = 1 + 0.35 \sqrt{\frac{A_0}{A_b} - 1} = 1 + 0.35 \times \sqrt{\frac{271200}{156000} - 1} = 1.30 < 2.0$$

$$\gamma_1 = 0.8\gamma = 0.8 \times 1.30 = 1.04 > 1$$

(2) 求影响系数 φ

$$\sigma_0 = \frac{N_u}{A} = \frac{80 \times 10^3}{1500 \times 240} = 0.22 \text{ N/mm}^2$$

$$\frac{\sigma_0}{f} = \frac{0.22}{1.5} = 0.147$$

查表 5.8 得,$\delta_1 = 5.62$。

梁端有效支承长度:

$$a_0 = \delta_1 \sqrt{\frac{h_c}{f}} = 5.62 \times \sqrt{\frac{600}{1.5}} = 112.4 \text{ mm} < a = 240 \text{ mm}$$

N_l 作用至墙边缘距离:

$$0.4 a_0 = 0.4 \times 112.4 = 44.96 \text{ mm}$$

N_l 对垫块重心的偏心距:

$$e_l = 120 - 44.96 = 75.04 \text{ mm}$$

垫块上的上部荷载产生的轴向力:

$$N_0 = \sigma_0 A_b = 0.22 \times 156000 = 34.32 \text{ kN}$$

作用在垫块的总轴向力:

$$N_0 + N_l = 34.32 + 100 = 134.32 \text{ kN}$$

$(N_0 + N_l)$ 对垫块形心的偏心距 e:

$$e = \frac{N_l e_l}{N_0 + N_l} = \frac{100 \times 75.04}{134.32} = 55.87 \text{ mm}$$

$$\frac{e}{a_b} = \frac{55.87}{240} = 0.233$$

查附表 9.12.1 求得 $\varphi = 0.604$。

(3) 承载力复核

$$\varphi \gamma_1 f A_b = 0.604 \times 1.04 \times 1.5 \times 156000 = 146.99 \text{ kN} > N_0 + N_l = 134.32 \text{ kN}$$

满足条件。

【例 5.6】 其他条件与例 5.5 相同,如梁下设置钢筋混凝土圈梁,试验算局部受压承载力。圈梁截面尺寸为 $b \times h = 240$ mm $\times 240$ mm,混凝土强度等级 C20($E_c = 2.55 \times 10^4$ N/mm^2),砌体 $E = 1600 f = 1600 \times 1.5 = 2.4 \times 10^3$ N/mm^2。

【解】(1)垫梁高度

$$h_0 = 2\sqrt[3]{\frac{E_c I_c}{Eh}} = 2 \times \sqrt[3]{\frac{2.55 \times 10^4 \times \frac{1}{12} \times 240^3}{2.4 \times 10^3 \times 240}} = 461 \text{ mm}$$

(2)垫梁 $\pi h_0 b_b/2$ 范围内上部轴向压力设计值

$$N_0 = \pi h_0 b_b \sigma_0/2 = 3.14 \times 461 \times 240 \times 0.22/2 = 38.22 \text{ kN}$$

(3)验算

$2.4\delta_2 f b_b h_0 = 2.4 \times 1.0 \times 1.5 \times 240 \times 461 = 398.3 \text{ kN} > N_0 + N_l = 38.22 + 100 = 138.22 \text{ kN}$

满足要求。

5.4.3 轴心受拉、受弯、受剪构件承载力计算

5.4.3.1 轴心受拉构件

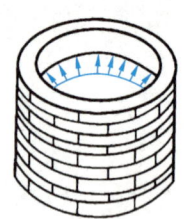

图 5.19 环形水池

砌体轴心受拉承载力是很低的,因此工程上采用砌体轴心受拉的构件很少。在容积不大的圆形水池或筒仓中,可将池壁或筒壁设计成轴心受拉构件。如图 5.19 所示环形水池,由于液体或松散物料对墙壁的压力,在壁内产生环向拉力,使砌体轴心受拉。

砌体轴心受拉构件的承载力,按下式计算:

$$N_t \leqslant f_t A \tag{5.28}$$

式中 N_t——轴心拉力设计值;
f_t——砌体轴心抗拉强度设计值,见附表 9.11;
A——截面面积。

5.4.3.2 受弯构件

在实际工程中,常见的砌体受弯构件有砖砌平拱过梁及挡土墙(图 5.20)等。对受弯构件,除进行受弯承载力计算外,还应考虑剪力的存在进行受剪承载力计算。

(1)受弯构件的受弯承载力

$$M \leqslant f_{tm} W \tag{5.29}$$

式中 M——弯矩设计值;
f_{tm}——砌体的弯曲抗拉强度设计值,按附表 9.11 取用;
W——截面抵抗矩。

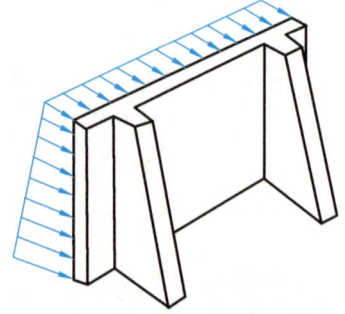

图 5.20 挡土墙

(2)受弯构件的受剪承载力

$$V \leqslant f_v b z \tag{5.30}$$

$$z = \frac{I}{S} \tag{5.31}$$

式中　V——剪力设计值；
　　　f_v——砌体的抗剪强度设计值，按附表 9.11 取用；
　　　b——截面宽度；
　　　z——内力臂，对于矩形截面 $z=2h/3$，h 为截面高度；
　　　I——截面惯性矩；
　　　S——截面面积矩。

5.4.3.3　受剪构件

砌体拱形结构在拱的支座截面处，除承受剪力外，还作用有垂直压力。试验表明，砌体的受剪承载力不仅与砌体的抗剪强度 f_v 有关，而且与作用在截面上的垂直压应力 σ_0 的大小有关，如图 5.21 所示。随着垂直压应力 σ_0 的增加，截面上的内摩擦力增大，砌体的受剪承载力提高。但当垂直压应力 σ_0 增加到一定程度后，截面上的内摩擦力逐渐减小，砌体的受剪承载力下降。

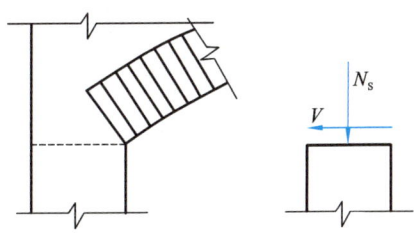

图 5.21　砌体拱形结构

《砌体结构设计规范》(GB 50003—2011)给出砌体结构沿通缝或沿阶梯形截面破坏时，受剪构件承载力计算公式为：

$$V=(f_v+\alpha\mu\sigma_0)A \tag{5.32}$$

当 $\gamma_G=1.3$ 时，有：

$$\mu=0.26-0.082\frac{\sigma_0}{f} \tag{5.33}$$

式中　V——截面剪力设计值；
　　　A——水平截面面积，当有孔洞时，取净截面面积；
　　　f_v——砌体的抗剪强度设计值，对灌孔的混凝土砌块砌体取 f_{vg}；
　　　α——修正系数，当 $\gamma_G=1.3$ 时，砖(含多孔砖)砌体取 0.60，混凝土砌块砌体取 0.64；
　　　μ——剪压复合受力影响系数，α 与 μ 的乘积可查表 5.9；
　　　σ_0——永久荷载设计值产生的水平截面平均压应力，其值不应大于 $0.8f$；
　　　f——砌体的抗压强度设计值。

表 5.9　$\alpha\mu$ 值

γ_G	σ_0/f	0.1	0.2	0.3	0.4	0.5	0.6	0.7	0.8
1.3	砖砌体	0.15	0.15	0.14	0.14	0.13	0.13	0.12	0.12
	砌块砌体	0.16	0.16	0.15	0.15	0.14	0.13	0.13	0.12

设计计算时，应控制轴压比 σ_0/f 不大于 0.8，以防止墙体产生斜压破坏。此外，上述 f_v 取值不能用于确定砌体的抗震抗剪强度设计值。

5.5 混合结构房屋墙体设计

混合结构房屋是指墙、柱、基础等竖向承重构件采用砌体材料,楼盖、屋盖等水平构件采用钢筋混凝土材料(或钢材、木材)建造的房屋,如常见到的住宅、宿舍、办公楼、食堂、仓库等一般都是混合结构房屋。混合结构是我国多层民用建筑中普遍采用的结构形式之一。

砌体结构房屋设计包括结构布置,房屋的静力计算方案,墙、柱的内力计算,墙、柱高厚比验算,构造措施等。砌体结构房屋设计是一个需要反复调整、修改、循序渐进的过程。

5.5.1 结构布置

结构布置方案主要是确定竖向承重构件的平面位置。混合结构房屋的结构布置方案,根据承重墙体和柱的位置不同可分为纵墙承重、横墙承重、纵横墙混合承重及内框架承重四种方案。通常将平行于房屋长边方向布置的墙体称为纵墙,将平行于房屋短边方向布置的墙体称为横墙。房屋四周与外界隔离的墙体称为外墙,其余的墙体称为内墙。

5.5.1.1 纵墙承重方案

纵墙承重方案是指由纵墙直接承受楼(屋)盖荷载的结构布置方案。纵墙承重也有两种布置形式:楼板搁置在横向布置的梁上,而梁搁置在纵墙上,如图 5.22(a)所示,荷载的主要传递路径为楼(屋)盖荷载→梁→纵墙→基础→地基;楼板直接搁置在纵墙上,如图 5.22(b)所示,荷载的主要传递路径为楼(屋)盖荷载→纵墙→基础→地基。工程上常采用第一种结构布置形式。

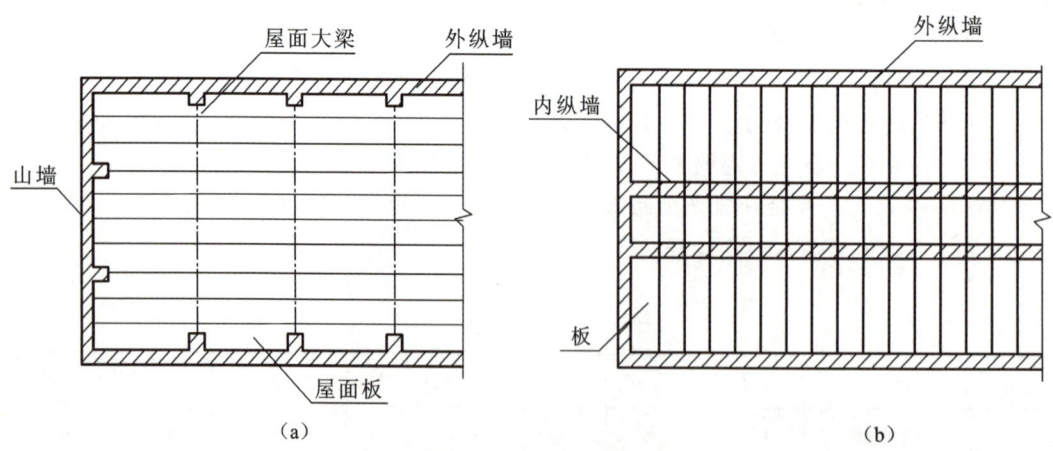

图 5.22 纵墙承重方案
(a)有大梁或屋架时;(b)直接铺板时

纵墙承重方案的特点是:建筑平面布置比较灵活,横墙间距可根据需要确定,不受限制;

墙体材料用量较少,但楼(屋)盖构件用料较多;横墙数量少,所以房屋的横向刚度小,整体性差;由于纵墙是主要承重墙,因此设置在纵墙上的门窗洞口大小和位置受到一定限制。

纵墙承重方案主要用于开间较大的单层厂房、仓库、食堂等建筑中。

5.5.1.2 横墙承重方案

横墙承重方案是指由横墙直接承受楼(屋)盖荷载的结构布置方案。竖向荷载的传递路线是:楼(屋)盖荷载→横墙→基础→地基。图 5.23 所示为某多层宿舍采用钢筋混凝土预制铺板式楼盖的楼面结构布置图,预制板直接支承在横墙上。

横墙承重方案的特点是:横墙是主要承重墙,纵墙主要起围护、隔断作用,因此在纵墙上开设门窗洞口所受限制较少;横墙数量多、间距小,又有纵墙拉结,因此房屋的横向刚度大,整体性好,有良好的抗风、抗震性能及调整地基不均匀沉降的能力;横墙承重方案结构形式较简单、施工方便,但墙体材料用量较多。

横墙承重方案主要适用于房间大小固定、横墙间距较小的多层住宅、宿舍和旅馆等。

5.5.1.3 纵横墙混合承重方案

纵横墙混合承重方案是指由一部分纵墙和一部分横墙直接承受楼(屋)盖荷载的结构布置方案,如图 5.24 所示。纵横墙混合承重结构的荷载主要传递路线为:楼(屋)面板→纵墙或横墙→基础→地基。

纵横墙混合承重方案既可保证房间布置的灵活性,又具有较大的空间刚度和整体性,兼有纵墙承重体系和横墙承重体系的特点,适用于建筑使用功能较为多样的房屋,如综合楼等。

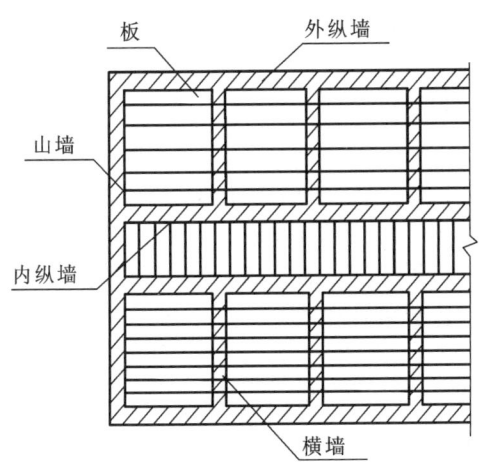

图 5.23 采用铺板式楼盖的横墙承重方案

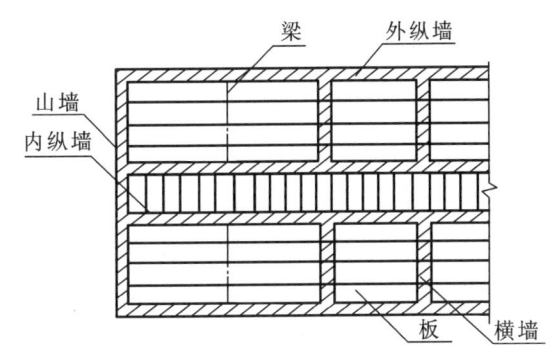

图 5.24 纵横墙混合承重方案

5.5.1.4 内框架承重方案

内框架承重方案是指由设置在房屋内部的钢筋混凝土框架和外部的砌体墙、柱共同承受楼(屋)盖荷载的结构布置方案,如图 5.25 所示。荷载的主要传递路径为楼(屋)盖荷载→

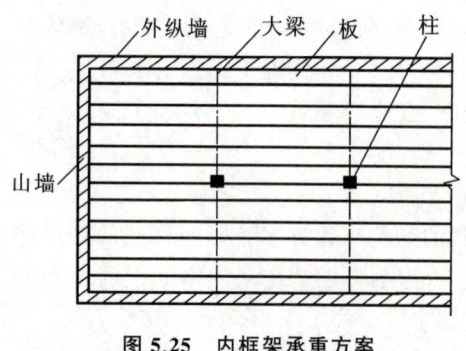

图 5.25 内框架承重方案

内框架(外承重墙、柱)→基础→地基。

内框架承重房屋的特点是:内墙由框架取代,可以获得较大内部使用空间;与全钢筋混凝土框架相比,砌体外承重墙、柱在满足承载力要求下更经济;缺点是横墙较少,房屋空间刚度较差,抗震能力较弱;抵抗地基不均匀沉降能力较差。在抗震设防地区,不宜采用内框架承重结构体系。常用于要求有较大内部空间的多层工业厂房、仓库和商店等建筑。

在混合结构房屋中,承重墙的布置宜遵循以下原则:

(1) 尽可能采用横墙承重方案;

(2) 承重墙的布置力求简单、规则,纵墙宜拉通,避免断开和转折,每隔一定距离设置一道横墙,将内外纵墙拉结起来,以增加房屋的空间刚度,并增强房屋抵抗地基不均匀沉降的能力;

(3) 墙上的门窗等洞口应上下对齐;

(4) 墙体布置时,应注意与楼(屋)盖结构布置相配合,尽量避免墙体承受偏心距过大的竖向偏心荷载。

5.5.2 房屋静力计算方案

确定房屋的静力计算方案,实际上就是通过对房屋空间的工作情况进行分析,根据房屋空间刚度的大小确定墙、柱设计时的结构计算简图。确定房屋的静力计算方案非常重要,是关系墙、柱的构造要求和承载力计算方法的主要根据。

5.5.2.1 房屋的空间工作性能

混合结构房屋中的屋盖、楼盖、墙、柱和基础共同组成一个空间结构体系,承受作用在房屋上的竖向荷载和水平荷载。房屋的竖向荷载由楼盖和屋盖承受,并通过墙或柱传到基础和地基上去。作用在外墙上的水平荷载(如风荷载、地震作用)一部分通过屋盖和楼盖传给横墙,再由横墙传至基础和地基;另一部分直接由纵墙传给基础和地基。

在水平荷载作用下,屋盖和楼盖相当于一根在水平方向受弯的梁,要产生水平位移,而房屋的墙柱和楼盖、屋盖连接在一起,因此墙、柱顶端也将产生水平位移。由此可知,混合结构房屋在荷载作用下,各种构件相互联系、相互影响,处于空间工作状态下,因此在静力计算分析中必须要考虑房屋的空间工作性能。

现以各类单层房屋为例分析房屋的空间工作性能。图 5.26 所示两端无山墙,只有外纵墙的单层单跨混合结构房屋。在水平荷载作用下,它按平面结构工作,其计算简图就如图 5.26(d)所示铰接排架,其顶点水平位移为 u_p。这类房屋中,荷载作用下的墙顶位移 u_p 主要取决于纵墙的刚度,而屋盖结构的刚度只是保证传递水平荷载时两边纵墙位移相同。如果把计算单元的纵墙比拟为排架柱,屋盖结构比拟为横梁,把基础看作柱的固定端支座,屋盖结构和墙的连接点看作铰接点,则计算单元的受力状态就相当于一个单跨平面排架,属于平面受力体系,可以按照结构力学解平面排架方法求解内力。

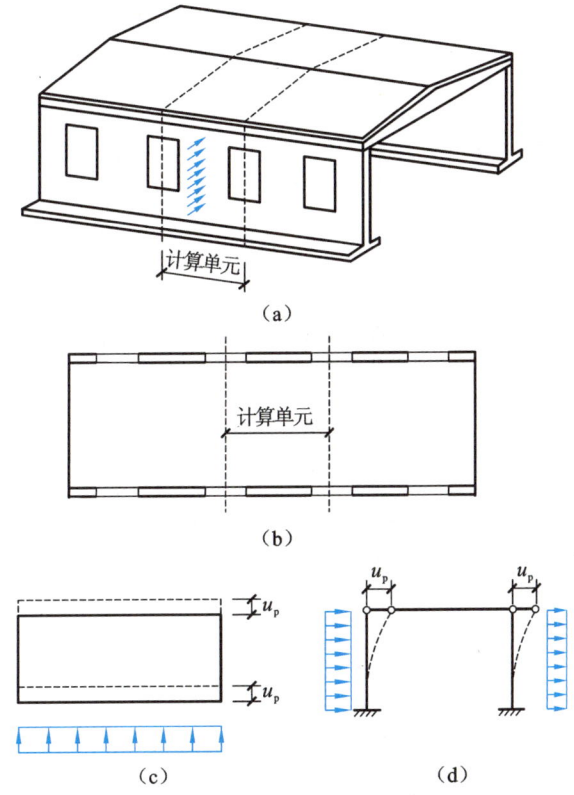

图 5.26 水平荷载下无横墙的单层单跨混合结构房屋

图 5.27 所示两端有山墙的单层单跨混合结构房屋。

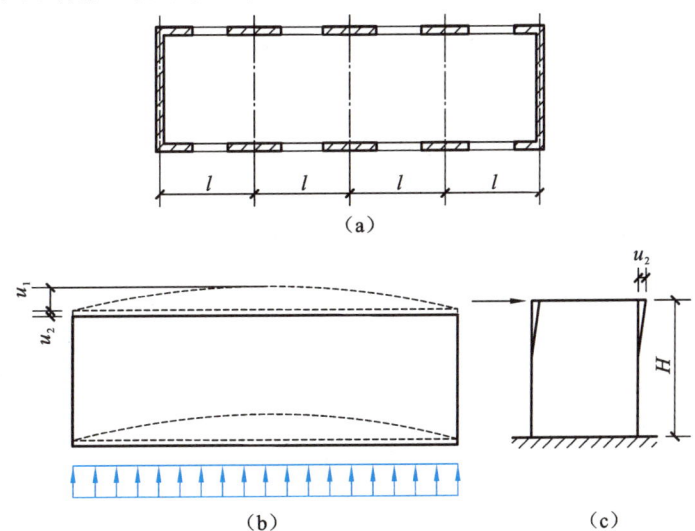

图 5.27 水平荷载下有横墙的单层单跨混合结构房屋

在水平荷载作用下,由于山墙的约束,屋盖将在自身平面内(水平面内)弯曲,整个屋盖墙顶的水平位移不再相同。距山墙越远的墙顶,水平位移越大;距山墙越近的墙顶,水平位移越小。其原因是水平荷载在纵墙和山墙平面进行传递,属于空间受力体系。

设水平荷载作用下,横墙顶的水平位移为 u_2,屋盖跨中最大水平位移(挠度)为 u_1,则外纵墙顶处总的水平位移 $u_s=u_1+u_2$。由于空间工作状态,故 u_s 必然比没有横墙时的平面排架柱顶位移 u_p 小很多。通常用"空间性能影响系数 $\eta=u_s/u_p$"来反映空间作用的大小,η 值越小,房屋的水平位移越小,房屋的空间作用越大。其大小取决于横墙的间距、楼盖或屋盖的类别,见表 5.10。由表 5.10 可知,横墙间距越小,房屋的刚度越大,空间工作性能越好,η 越小。

表 5.10 房屋各层的空间性能影响系数 η_i

屋盖或楼盖类别	横墙间距/m													
	16	20	24	28	32	36	40	44	48	52	56	60	64	68	72
1	—	—	—	—	0.33	0.39	0.45	0.50	0.55	0.60	0.64	0.68	0.71	0.74	0.77
2	—	0.35	0.45	0.54	0.61	0.68	0.73	0.78	0.82	—	—	—	—	—	—
3	0.37	0.49	0.60	0.68	0.75	0.81	—	—	—	—	—	—	—	—	—

注:i 取 $1\sim n$,为房屋的层数;屋盖或楼盖类别见表 5.11。

5.5.2.2 房屋的静力计算方案

房屋静力计算方案实际上是通过对房屋空间性能的分析,根据影响房屋空间刚度的屋盖或楼盖类别和横墙间距两个因素,将混合结构房屋的静力计算方案划分为三种,即刚性方案、弹性方案和刚弹性方案,详见表 5.11。

表 5.11 房屋的静力计算方案

屋盖或楼盖类别	刚性方案	刚弹性方案	弹性方案
整体式、装配整体式和装配式无檩体系钢筋混凝土屋盖或钢筋混凝土楼盖	$s<32$	$32\leqslant s\leqslant 72$	$s>72$
装配式有檩体系钢筋混凝土屋盖、轻钢屋盖和有密铺望板的木屋盖或木楼盖	$s<20$	$20\leqslant s\leqslant 48$	$s>48$
瓦材屋面的木屋盖和轻钢屋盖	$s<16$	$16\leqslant s\leqslant 36$	$s>36$

注:①表中 s 为房屋横墙间距,其长度单位为 m;
②对无山墙或伸缩缝处无横墙的房屋,应按弹性方案考虑;
③对于屋盖、楼盖类别不同或横墙间距不同的上柔下刚多层房屋,顶层可按单层房屋计算,其空间性能影响系数可根据屋盖类别按表 5.10 采用。

(1)刚性方案

刚性方案房屋是指在荷载作用下,房屋屋面的水平位移很小,可以忽略不计。刚性方案单层房屋的静力计算简图如图 5.28(a)所示,即墙体内力按墙顶有固定支承的平面排架计算。在多层房屋中,竖向荷载作用下,墙、柱在每层高度范围内可近似地视作两端铰支的竖向构件;在水平荷载作用下,墙、柱可视作竖向连续梁。当 $\eta<0.33$ 时,可按刚性方案计算。刚性方案房屋因空间刚度较大的特点,砌体结构房屋多为采用。

(2) 弹性方案

弹性方案房屋是指在荷载作用下,房屋屋面的水平位移很大,不能忽略不计。弹性方案单层房屋的静力计算简图如图 5.28(b)所示,即墙体内力按墙顶无支承的平面排架计算。当 $\eta>0.77$ 时,按弹性方案计算。设计多层混合结构房屋时,不宜采用弹性方案。因为弹性方案房屋屋面水平位移较大,当房屋高度增加时,会因位移过大而导致房屋损坏严重,或需要过度增加纵墙截面刚度而不经济。

(3) 刚弹性方案

房屋的空间刚度介于上述两种方案之间,在荷载作用下,纵墙顶端水平位移比弹性方案要小,但又不可忽略不计,这类房屋称为刚弹性方案房屋。刚弹性方案单层房屋的静力计算简图如图 5.28(c)所示,即墙体内力按墙顶有弹性支承的平面排架计算。当 $0.33\leqslant\eta\leqslant0.77$ 时,按刚弹性方案计算。房屋各层的空间性能影响系数,可按表 5.10 采用。

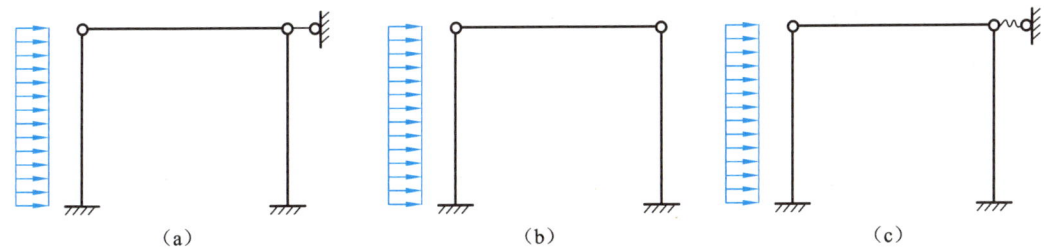

图 5.28 单层砌体房屋静力计算方案的计算简图
(a)刚性方案;(b)弹性方案;(c)刚弹性方案

5.5.2.3 刚性和刚弹性方案房屋的横墙

刚性和刚弹性方案房屋的横墙应符合下列规定:
(1) 横墙中开有洞口时,洞口的水平截面面积不应超过横墙截面面积的 50%;
(2) 横墙的厚度不宜小于 180 mm;
(3) 单层房屋的横墙长度不宜小于其高度,多层房屋的横墙长度不宜小于 $H/2$(H 为横墙总高度)。

当横墙不能同时符合上述要求时,应对横墙的刚度进行验算。如其最大水平位移值 $u_{\max}\leqslant H/4000$ 时,仍可视作刚性或刚弹性方案房屋的横墙。

5.5.3 墙、柱高厚比验算

砌体结构中的墙、柱是受压构件,除要满足截面承载力外,还必须保证其稳定性。墙、柱高厚比验算是保证砌体结构在施工阶段和使用阶段稳定性和房屋空间刚度的重要构造措施。

墙、柱高厚比系指墙、柱的计算高度 H_0 与墙厚或柱截面边长 h 的比值。墙、柱的高厚比越大,则构件越细长,其稳定性就越差。进行高厚比验算时,要求墙、柱实际高厚比小于允许高厚比。

墙、柱的允许高厚比是在考虑了以往的实践经验和现阶段材料质量及施工水平的基础上确定的。影响允许高厚比的因素很多,如砂浆的强度等级、横墙的间距、砌体的类型及截面形式、支撑条件和承重情况等,这些因素在计算中通过修正允许高厚比或对计算高度进行修正来体现。

5.5.3.1 一般墙、柱的高厚比验算

墙、柱的高厚比应按下式验算:

$$\beta = \frac{H_0}{h} \leqslant \mu_1 \mu_2 [\beta] \tag{5.34}$$

式中 H_0——墙、柱的计算高度,应按表 5.6 采用;

h——墙厚或矩形柱与 H_0 相对应的边长;

μ_1——自承重墙允许高厚比的修正系数;

μ_2——有门窗洞口墙允许高厚比的修正系数,应按下式计算:

$$\mu_2 = 1 - 0.4 \frac{b_s}{s} \tag{5.35}$$

b_s——在宽度 s 范围内的门窗洞口总宽度,如图 5.29 所示;

s——相邻窗间墙或壁柱之间的距离;

$[\beta]$——墙、柱的允许高厚比,应按表 5.12 采用。

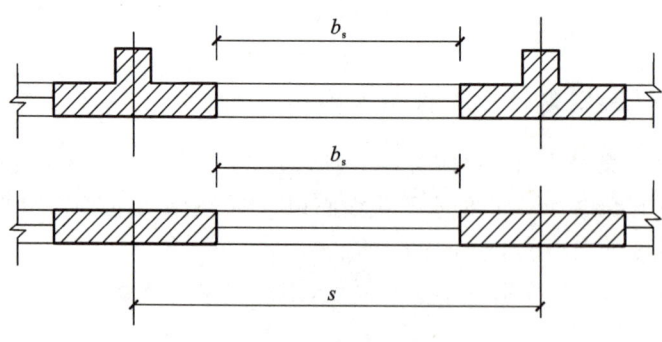

图 5.29 门窗洞口宽度

注意,验算墙、柱高厚比时,是不考虑高厚比修正系数 γ_β 的。

对厚度 $h \leqslant 240$ mm 的自承重墙,允许高厚比修正系数 μ_1 按下列规定采用:$h=240$ mm 时,$\mu_1=1.2$;$h=90$ mm 时,$\mu_1=1.5$;90 mm$<h<$240 mm 时,μ_1 按插入法取值。对上端为自由端的墙的允许高厚比,除按上述规定提高外,还可提高 30%。对厚度小于 90 mm 的墙,当双面用不低于 M10 的水泥砂浆抹面,包括抹面层的墙厚不小于 90 mm 时,可按墙厚等于 90 mm 验算高厚比。

当按式(5.35)计算的 μ_2 值小于 0.7 时,应采用 0.7。当洞口高度等于或小于墙高的 1/5 时,可取 μ_2 等于 1.0。

当洞口高度大于或等于墙高的 4/5 时,可按独立墙段验算高厚比。

确定墙、柱计算高度及允许高厚比时,应注意以下几点:

(1) 当与墙连接的相邻两横墙间的距离 $s \leqslant \mu_1 \mu_2 [\beta] h$ 时,墙的高度可不受式(5.34)的限制。

(2) 变截面柱的高厚比可按上、下截面分别验算,其计算高度可按表 5.6 的规定采用;验算上柱的高厚比时,墙、柱的允许高厚比可按表 5.12 的数值乘以 1.3 后采用。

表 5.12 墙、柱的允许高厚比 $[\beta]$ 值

砌体类型	砂浆强度等级	墙	柱
无筋砌体	M2.5	22	15
	M5.0 或 Mb5.0、Ms5.0	24	16
	≥M7.5 或 Mb7.5、Ms7.5	26	17
配筋砌块砌体	—	30	21

注:①毛石墙、柱的允许高厚比应按表中数值降低 20%;
②带有混凝土或砂浆面层的组合砖砌体构件的允许高厚比,可按表中数值提高 20%,但不得大于 28;
③验算施工阶段砂浆尚未硬化的新砌体构件高厚比时,允许高厚比对墙取 14,对柱取 11。

5.5.3.2 带壁柱墙的高厚比验算

(1) 整片墙高厚比验算

$$\beta = \frac{H_0}{h_\mathrm{T}} \leqslant \mu_1 \mu_2 [\beta] \tag{5.36}$$

式中 h_T——带壁柱墙截面的折算厚度,可取 $h_\mathrm{T} = 3.5i$;

i——带壁柱墙截面回转半径,$i = \sqrt{\dfrac{I}{A}}$;

I, A——带壁柱墙截面的惯性矩和截面面积。

如果验算纵墙的高厚比,计算 H_0 时,s 取相邻横墙间距,如图 5.30 所示;如果验算横墙的高厚比,计算 H_0 时,s 取相邻纵墙间距。

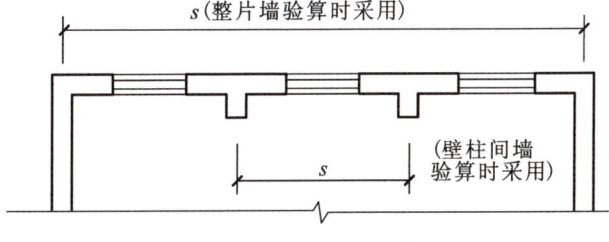

图 5.30 带壁柱墙验算图

(2) 壁柱间墙高厚比验算

壁柱间墙的高厚比验算可按式(5.34)进行。计算 H_0 时，s 取图 5.30 所示的壁柱间距离，且按刚性方案考虑。

5.5.3.3 带构造墙的高厚比验算

(1) 整片墙高厚比验算

$$\beta = \frac{H_0}{h} \leq \mu_1 \mu_2 \mu_c [\beta] \tag{5.37}$$

$$\mu_c = 1 + \gamma \frac{b_c}{l} \tag{5.38}$$

式中 μ_c——带构造柱墙允许高厚比修正系数；

       γ——系数，对细料石砌体，$\gamma=0$，对混凝土砌块、混凝土多孔砖、粗料石、毛料石及毛石砌体，$\gamma=1.0$，其他砌体，$\gamma=1.5$；

       b_c——构造柱沿墙长方向的宽度；

       l——构造柱的间距。

当 $b_c/l > 0.25$ 时取 $b_c/l = 0.25$，当 $b_c/l < 0.05$ 时取 $b_c/l = 0$。

(2) 构造柱间墙高厚比验算

构造柱间墙的高厚比验算可按式(5.34)进行。确定 H_0 时，s 取构造柱间距离，且按刚性方案考虑。

验算墙、柱高厚比计算步骤可归纳如下：

① 确定房屋的静力计算方案，根据房屋的静力计算方案查表 5.6 确定计算高度 H_0。

② 确定是承重墙还是非承重墙，计算 μ_1 值。

③ 根据有无门窗洞口，计算 μ_2 值。

④ 验算墙、柱的高厚比。对无壁柱、有壁柱及有构造柱墙体，应分别采用式(5.34)、式(5.36)及式(5.37)进行验算。

【例 5.7】某综合楼平面图如图 5.31 所示，采用预制钢筋混凝土空心楼板，外墙厚 370 mm，内墙厚 240 mm，层高 3.6 m；隔墙厚 120 mm，采用 M5 混合砂浆，MU10 烧结普通砖；纵墙上窗宽 1800 mm，门宽 1000 mm。室内地坪到基础顶面的距离为 800 mm。试验算各墙的高厚比。

【解】(1) 确定房屋的静力计算方案

横墙的最大间距 $s = 3.6 \times 3 = 10.8$ m，查表 5.11 可知，$s < 32$ 时为刚性方案。

(2) 纵墙高厚比验算

① 外纵墙验算

取横墙间距最大的房间的纵墙验算。外纵墙高 $H = 3.6 + 0.8 = 4.4$ m，$s > 2H$，查表 5.6 可知，$H_0 = 1.0H = 4.4$ m。由于外纵墙为承重墙，所以 $\mu_1 = 1.0$。

$$\mu_2 = 1 - \frac{b_s}{s} = 1 - \frac{1.8}{3.6} = 0.8 > 0.7$$

查表 5.12 可知，允许高厚比 $[\beta] = 24$。

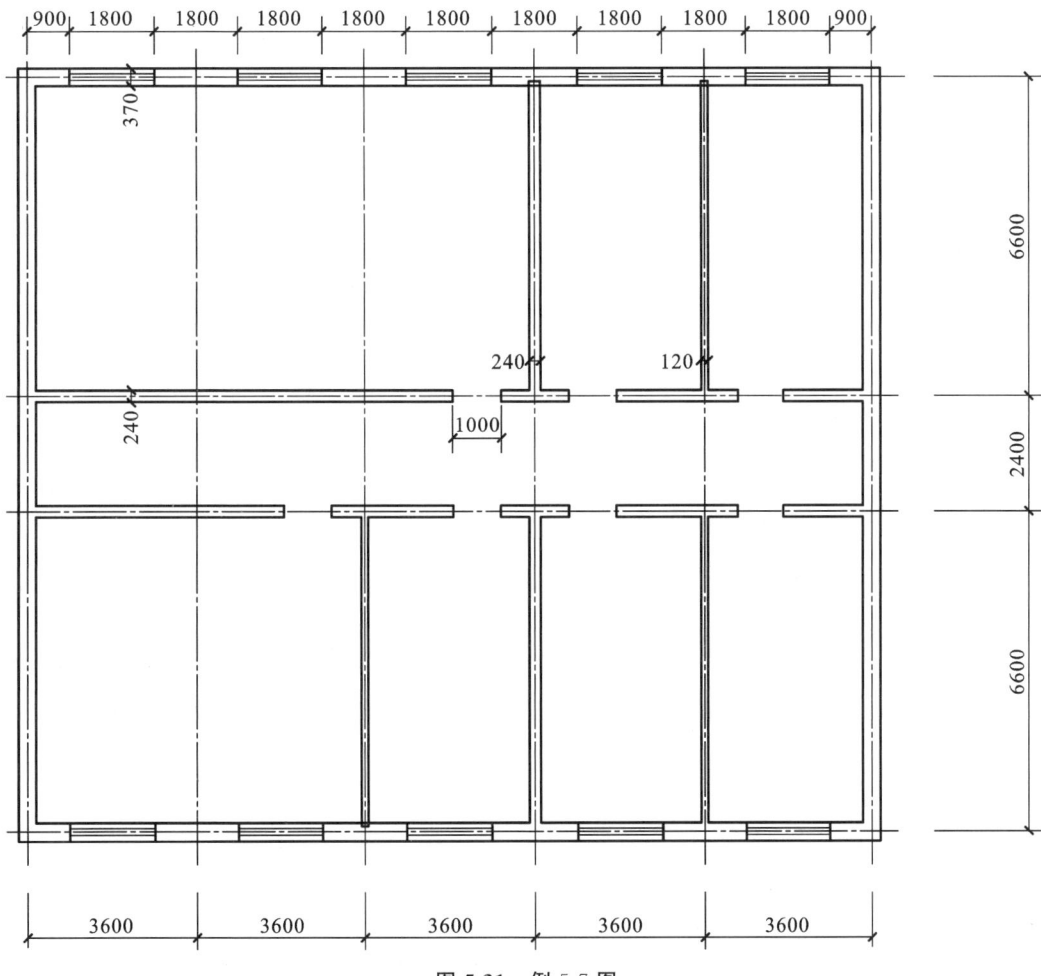

图 5.31 例 5.7 图

外纵墙的高厚比:
$$\beta = \frac{H_0}{h} = \frac{4.4}{0.37} = 11.89 < \mu_1 \mu_2 [\beta] = 1.0 \times 0.8 \times 24 = 19.2 (满足条件)$$

② 内纵墙验算

内纵墙上洞口宽度 $b_s = 1.0$ m, $s = 3.6$ m, 则:
$$\mu_2 = 1 - \frac{b_s}{s} = 1 - \frac{1.0}{3.6} = 0.89 > 0.7$$

内纵墙的高厚比:
$$\beta = \frac{H_0}{h} = \frac{4.4}{0.24} = 18.33 < \mu_1 \mu_2 [\beta] = 1.0 \times 0.89 \times 24 = 21.4 (满足条件)$$

(3) 横墙高厚比验算

纵墙最大间距 $s = 6.6$ m, 故 $2H > s > H$, 查表 5.6 可知:
$$H_0 = 0.4s + 0.2H = 0.4 \times 6.6 + 0.2 \times 4.4 = 3.52 \text{ m}$$

横墙为承重墙且未开洞口, $\mu_1 = 1.0, \mu_2 = 1.0$。

横墙的高厚比：
$$\beta = \frac{H_0}{h} = \frac{4.4}{0.24} = 14.67 < \mu_1\mu_2[\beta] = 1.0 \times 1.0 \times 24 = 24 (满足条件)$$

(4) 隔墙高厚比验算

隔墙为非承重墙，而且一般直接砌在地面上，所以隔墙高度可取 $H = 3.6$ m，则计算高度 $H_0 = 1.0H = 3.6$ m，墙厚 120 mm，$\mu_1 = 1.44$。

隔墙的高厚比：
$$\beta = \frac{H_0}{h} = \frac{3.6}{0.12} = 30 < \mu_1\mu_2[\beta] = 1.44 \times 1.0 \times 24 = 34.56 (满足条件)$$

5.5.4 刚性方案房屋墙体设计

5.5.4.1 承重纵墙的设计计算

(1) 单层房屋

① 计算假定与计算简图

由于是刚性方案，在静力分析时可认为房屋上端的水平位移为零，纵墙的上端为水平不动铰支承与屋盖，下端在基础顶面处固接。简化后，刚性方案房屋纵墙的计算简图如图 5.32 所示。

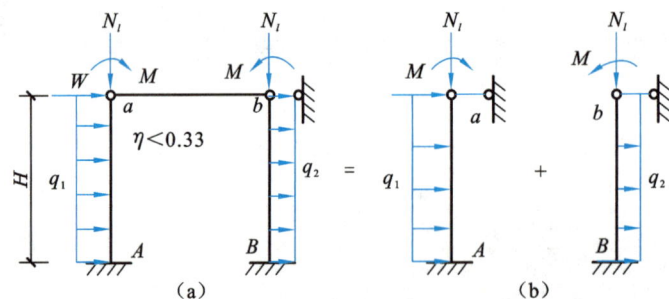

图 5.32 单层刚性方案房屋承重纵墙的计算简图

② 荷载计算

屋面荷载：主要包括屋盖构件的自重、雪荷载或屋面活荷载。这些荷载由屋架或屋面梁传递至纵墙顶部。由于屋架的支承反力与墙顶部截面的中心不重合，因此作用于墙顶的屋面荷载一般由轴心压力和弯矩组成，如图 5.32(a) 所示。

风荷载：主要包括作用在屋面和墙面上的风荷载，屋面上的风荷载可简化为作用于墙顶的集中力 W，它直接通过屋盖传至横墙，再传给基础和地基，在纵墙上不产生内力。墙面上的风荷载为均布荷载，应考虑迎风面和背风面，在迎风面为压力，在背风面为吸力，如图 5.32(b) 所示。

墙体自重：墙体自重作用于截面的形心时，对截面墙，不引起截面内力的附加弯矩；对阶梯形墙，上阶墙自重对下阶墙各截面还将产生偏心力矩。

③ 内力计算

墙体的内力按屋面荷载和均布风荷载分别进行计算。

在屋面荷载作用下,对于等截面的墙、柱,内力可直接用结构力学的方法按一次超静定结构求解[图 5.33(a)],其结果为：

$$R_A = -R_B = -\frac{3M}{2H} \tag{5.39a}$$

$$M_A = M \tag{5.39b}$$

$$M_B = -\frac{M}{2} \tag{5.39c}$$

离上端 x 处的弯矩：

$$M_x = \frac{M}{2}\left(2 - \frac{3x}{H}\right) \tag{5.39d}$$

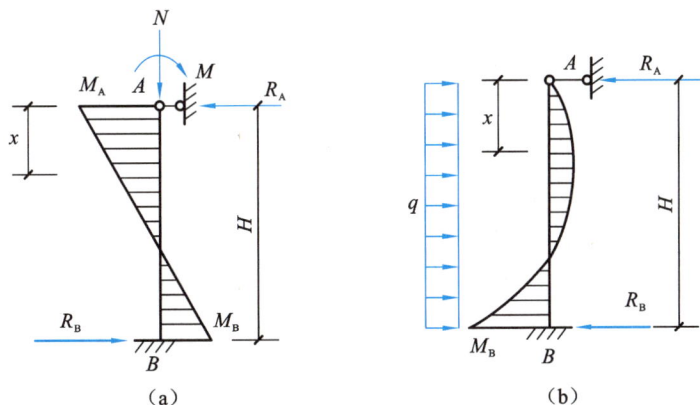

图 5.33 屋面及风荷载作用下墙的内力图

(a)屋面荷载作用下;(b)风荷载作用下

在均布风荷载作用下[图 5.33(b)],墙体内力为：

$$R_A = \frac{3}{8}qH, R_B = \frac{5}{8}qH \tag{5.40a}$$

$$M_B = \frac{1}{8}qH^2 \tag{5.40b}$$

离上端 x 处的弯矩：

$$M_x = \frac{qH}{8}\left(3x - \frac{4x^2}{H}\right) \tag{5.40c}$$

当 $x = \frac{3}{8}H$ 时 $M_{\max} = -\frac{9}{128}qH^2$。

④ 控制截面

在进行承重墙、柱设计时,应先求出多种荷载作用下的内力,然后根据荷载规范考虑多种荷载组合,再找出墙柱的控制截面,求出控制截面的内力组合,最后选出各控制截面的最不利

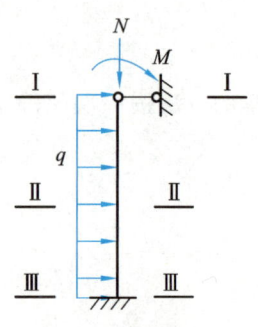

图 5.34 控制截面

内力进行墙柱承载力验算。墙、柱主要控制截面包括(图 5.34)：

Ⅰ—Ⅰ截面(墙、柱顶截面)：既有轴力 N 又有弯矩 M，为偏心受压构件，同时需验算梁下砌体的局部受压承载力；

Ⅱ—Ⅱ截面(风荷载作用下最大弯矩对应截面)：偏心受压构件；

Ⅲ—Ⅲ截面(墙、柱底截面)：偏心受压构件。

(2) 多层房屋

① 计算单元及计算简图

混合结构的纵墙通常比较长，设计时可仅取其中有代表性的一段进行计算。一般取一个开间的窗洞中线间距内的竖向墙带作为计算单元，如图 5.35 所示，这个墙带的纵向剖面如图 5.36(a)所示。

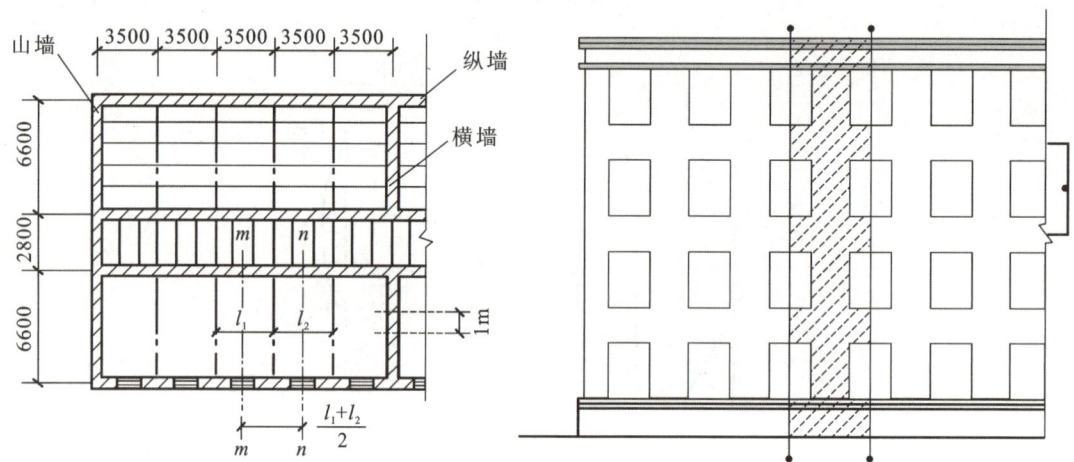

图 5.35 多层刚性方案房屋的计算单元

在竖向荷载作用下，多层刚性方案房屋的承重纵墙如同一个竖向连续梁，楼屋盖及基础顶面作为连续梁的支承点，如图 5.36(a)所示。由于楼屋盖中梁或板伸入墙内搁置，致使墙体的连续性受到削弱，因此在支承点处所能传递的弯矩很小，为简化计算，假定连续梁在楼屋盖处为铰接。基础顶面处的轴向力远比弯矩大，因此，基础顶面也可假定为铰接。这样，墙体在每层高度范围可视为梁端铰接的竖向构件，如图 5.36(b)所示。

在风荷载作用下，计算简图仍为一个竖向连续梁，如图 5.36(c)所示。由风荷载设计值产生的弯矩近似按下式计算：

$$M = \frac{1}{12}qH_i^2 \tag{5.41}$$

式中　q——沿楼层高均布风荷载设计值；

　　　H_i——楼层高度。

对于刚性方案的外纵墙，在符合下列条件时，可不考虑风荷载的影响，而仅按竖向荷载验算墙体的承载力：当洞口水平截面面积不超过全截面面积的 2/3，其层高和总高不超过表 5.13 的规定，且屋面自重不小于 0.8 kN/m² 时，可不考虑风荷载的影响。

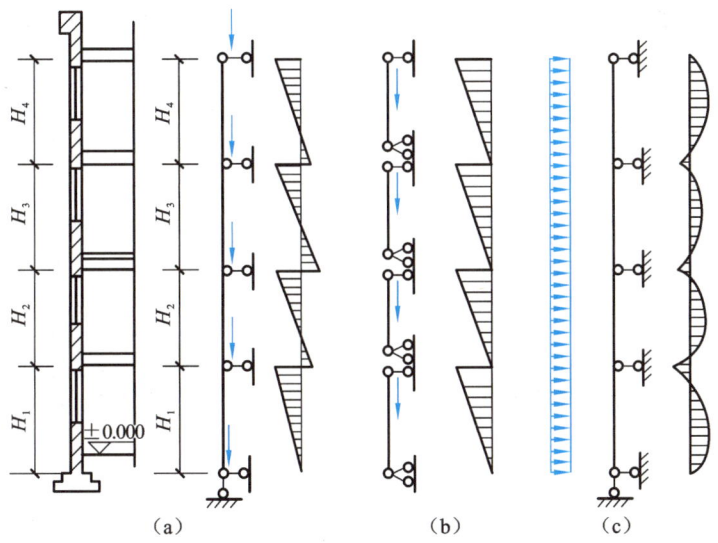

图 5.36　多层刚性房屋承重纵墙计算简图
(a)计算简图；(b)竖向荷载作用下；(c)风荷载作用下

表 5.13　刚性方案多层房屋外墙不考虑风荷载影响时的最大高度

基本风压值/(kN/m²)	层高/m	总高/m
0.4	4.0	28
0.5	4.0	24
0.6	4.0	18
0.7	3.5	18

注：对于多层砌块 190 mm 厚的外墙，当层高不大于 2.8 m，总高不大于 19.6 m，基本风压不大于 0.7 kN/m² 时，可不考虑风荷载的影响。

② 控制截面的位置及内力计算(图 5.37)

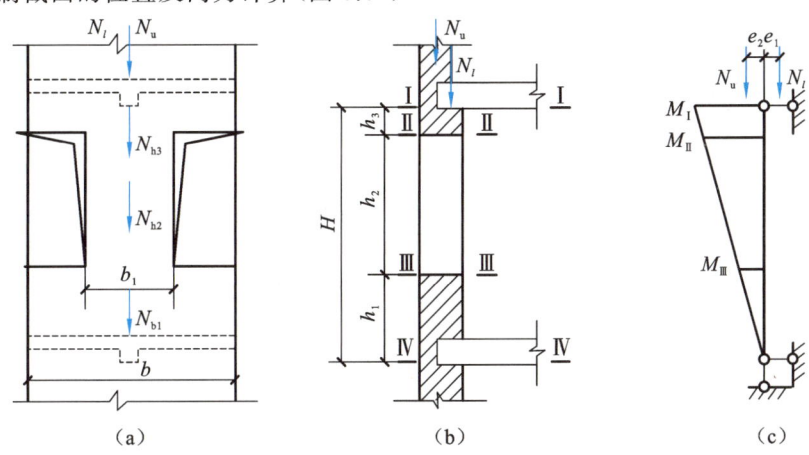

图 5.37　纵墙最不利计算截面位置及内力图

对每层墙体一般有下列几个截面起控制作用:所计算楼层墙上端楼盖大梁底面Ⅰ—Ⅰ截面、窗口上端Ⅱ—Ⅱ截面、窗台Ⅲ—Ⅲ截面以及墙下端即下层楼盖大梁底稍上的Ⅳ—Ⅳ截面,如图5.37(b)所示。

由于在竖向荷载作用下,多层刚性方案房屋均为静定结构,所以内力计算非常简单,但要注意以下问题:

a. 上部各层的荷载(包括墙体自重、屋面荷载等)沿着上一层墙的截面形心传至下层。

b. 在计算某层墙体的弯矩时,要考虑本层梁、板的支承压力对本层墙体产生的弯矩;当本层墙体与上层墙体的形心不重合时,还应考虑上层传来的竖向荷载 N_u 对本层墙体产生的弯矩。

c. 当梁支承于墙上时,梁端支承压力 N_l 至墙内边的距离可取为 $0.4a_0$,a_0 为梁端有效支承长度,按式(5.18)计算。

每层墙体的内力计算如下:

Ⅰ—Ⅰ截面:轴向力为 $N_Ⅰ = N_l + N_u$,弯矩为 $M_Ⅰ = N_l e_1 - N_u e_2$,如上下墙体的厚度相同,则 $e_2 = 0$,纵向力的偏心距为 $e_1 = \dfrac{M_Ⅰ}{N_Ⅰ}$,其中 N_l 为直接支承于计算层的梁或板传来的荷载设计值,N_u 为上层墙体传来的荷载设计值,e_1 为 N_l 对计算层墙体形心轴的偏心距,$e_1 = \dfrac{h}{2} - 0.4a_0$,$h$ 为该层墙体厚度,e_2 为上层墙体形心对该层墙体形心的偏心距。

Ⅱ—Ⅱ截面:轴向力为 $N_Ⅱ = N_Ⅰ + N_{h3}$,弯矩为 $M_Ⅱ = M_Ⅰ \dfrac{h_1 + h_2}{H}$,纵向力的偏心距为 $e_Ⅱ = \dfrac{M_Ⅱ}{N_Ⅱ}$。

Ⅲ—Ⅲ截面:轴向力为 $N_Ⅲ = N_Ⅱ + N_{h2}$,弯矩为 $M_Ⅲ = M_Ⅰ \dfrac{h_1}{H}$,纵向力的偏心距为 $e_Ⅲ = \dfrac{M_Ⅲ}{N_Ⅲ}$。

Ⅳ—Ⅳ截面:轴向力为 $N_Ⅳ = N_Ⅲ + N_{h1}$,弯矩为 $M_Ⅳ = 0$。

③ 截面承载力计算

按最不利荷载组合,确定控制截面的轴向力 N 和轴向力偏心距 e 之后,就可按受压构件承载力计算公式进行计算。Ⅰ—Ⅰ截面,需进行偏心受压承载力和梁下局部受压承载力验算;Ⅳ—Ⅳ截面,仅考虑竖向荷载时弯矩为零,按轴向受压计算,如考虑风荷载,则按偏心受压计算。

水平风荷载作用下产生的弯矩应与竖向荷载作用下的弯矩进行组合,风荷载取正风压(压力)还是取负风压(吸力)应以组合后弯矩的代数和来决定。

若 n 层墙体的截面及材料强度都相同时,则只需验算最下一层即可。

5.5.4.2 多层刚性方案房屋承重横墙的设计计算

刚性方案房屋由于横墙间距不大,在水平风荷载作用下,纵墙传给横墙的水平力对横墙的承载力计算影响很小。因此,横墙只需计算竖向荷载作用下的承载力。

(1) 计算单元和计算简图

因为楼盖和屋盖的荷载沿横墙一般都是均匀分布的,因此可以取 1 m 宽的墙体作为计算单元,如图 5.38(a)所示。一般楼盖和屋盖构件均搁在横墙上,和横墙直接联系,因而楼板和屋盖可视为横墙的侧向支承。另外,由于楼板伸入墙身,削弱了墙体在该处的整体性,为了简化计算,计算简图中每层横墙视为两端不动铰接的竖向构件。中间各层的计算高度取层高(楼板底至上层楼板底);顶层如为坡屋顶则取层高加山尖的平均高度;底层墙柱下端支点取至条形基础顶面,如基础埋深较大,一般可取地坪标高(±0.000)以下 300~500 mm。

横墙承受的荷载有:所计算截面以上各层传来的荷载 N_u(包括上部各层楼盖和屋盖的永久荷载和可变荷载以及墙体的自重),还有本层两边楼盖传来的竖向荷载(包括永久荷载及可变荷载)N_l、N_l';N_u 作用于墙截面重心处;N_l、N_l' 均作用于距墙边 $0.4a_0$ 处,如图 5.38(b)所示。当横墙两侧开间不同(梁板跨度不同)或者仅在一侧楼面上有活荷载时,N_l、N_l' 的数值并不相等,墙体处于偏心受压状态。但由于偏心荷载产生的弯矩通常都较小,轴向压力较大,故在实际计算中,各层均可按轴心受压构件计算。

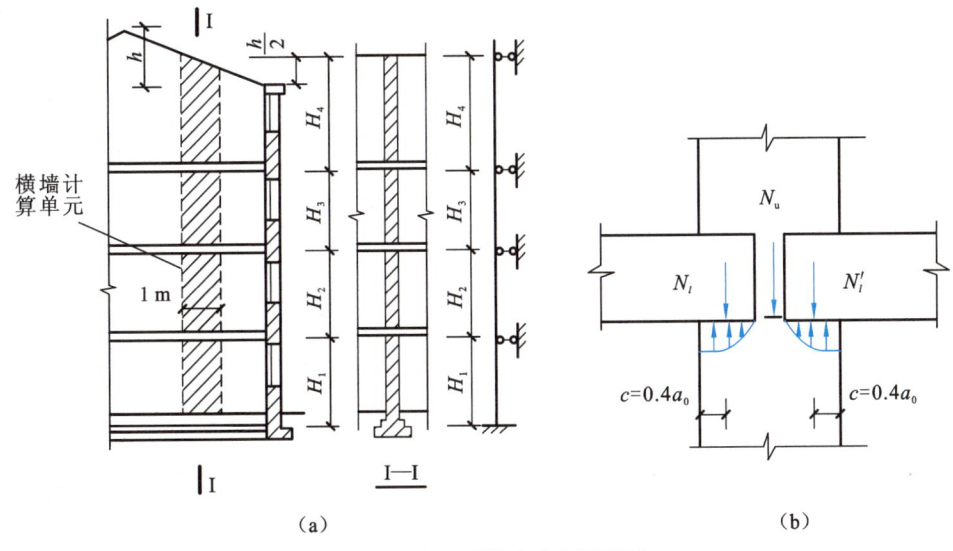

图 5.38 多层刚性方案承重横墙
(a)计算单元;(b)楼板作用下横墙的位置

(2) 控制截面位置及内力计算

由于承重横墙是按轴心受压构件计算的,又因《砌体结构设计规范》(GB 50003—2011)中规定,沿层高各截面取用相同的纵向力影响系数 φ,所以应取每层轴向力最大的下端部截面作为控制截面进行计算。

总之,多层刚性方案房屋,在竖向荷载作用下,墙、柱在每层高度范围内可近似地视作两端铰支的竖向构件;在水平荷载作用下,墙、柱可视作竖向连续梁。

(3) 截面承载力计算

在求得每层控制截面处的轴向力后,即可按受压构件承载力计算公式确定各层的块体和砂浆强度等级。

当横墙上设有门窗洞口时,则应取洞口中心线之间的墙体作为计算单元。

当有楼面大梁支承于横墙时,应取大梁间距墙体作为计算单元,此外,尚应进行梁端砌体局部受压承载力验算。对于支承楼板的墙体,则不需进行局部受压承载力验算。

5.5.5 弹性与刚弹性体房屋墙体设计

5.5.5.1 弹性方案房屋墙体的内力计算

弹性方案房屋,可按屋架、大梁与墙(柱)为铰接的、不考虑空间作用的平面排架或框架计算。对于单层弹性方案房屋,与钢筋混凝土及钢结构排架一样,其计算简图遵循以下两条假定:

(1) 屋架或屋面梁与墙(柱)顶端的连接,可视为能传递竖向力和水平剪力的铰,墙或柱下端则嵌固于基础顶面。

(2) 把屋架或屋面大梁视作一刚度无限大的水平杆件,在荷载作用下无轴向变形,即这时横梁两端的水平位移相等。

5.5.5.2 刚弹性方案房屋墙体的内力计算

刚弹性方案房屋,在水平荷载作用下,两横墙之间中部水平位移较弹性方案房屋小,且随着两横墙间距的减小,房屋空间刚度增大,该水平位移不断减小,但又不能忽略。

刚弹性方案房屋的计算简图,可按屋架或大梁与墙(柱)为铰接的并考虑空间作用的平面排架或框架计算。为了考虑排架的空间作用,计算时引入一个小于 1 的房屋各层空间性能影响系数 η_i。系数 η_i 是通过对建筑物实测及理论分析而确定的,其大小和横墙间距及屋面结构的水平刚度有关,见表 5.10。

刚弹性方案房屋墙柱内力分析可按下列步骤进行:

(1) 在各层横梁与柱连接处加水平铰支座,计算在水平荷载(风荷载)作用下无侧移时的支杆反力 $R_i(i=1,2,\cdots,n)$,并求相应的内力,如图 5.39(a)所示。

(2) 考虑房屋整体空间作用,将各支座反力 R_i 乘以由表 5.10 查得的相应空间性能影响系数 η_i,并反向作用在节点上,用剪力分配法求出各墙(柱)内力,如图 5.39(b)所示。

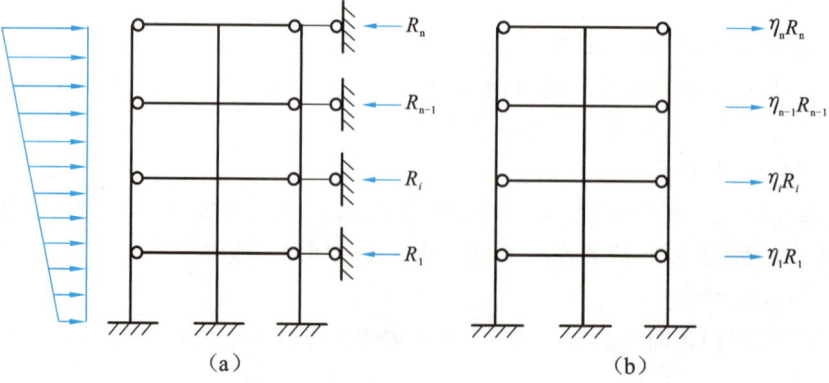

图 5.39 刚弹性方案房屋的静力计算简图

(3) 将上述两种情况下的内力图叠加即得最后内力。

在多层房屋中,有时会出现下部为刚性方案、顶层为弹性或刚弹性方案的情况,计算这种上柔下刚的房屋时,顶层可按单层房屋计算。

在多层房屋中,还可能出现上刚下柔的情况,考虑到这种结构沿竖向的刚度变化显著,不够合理,且存在着整体失效的可能性,因而一般通过如增加横墙等措施,使其变为刚性多层房屋。

5.6 配筋砌体结构设计

由配置钢筋的砌体作为建筑物主要受力构件的结构称为配筋砌体结构,包括网状配筋砖砌体、组合砖砌体和配筋砌块砌体,组合砖砌体又分为砖砌体和钢筋混凝土面层或钢筋砂浆面层组成的组合砖砌体构件、砖砌体和钢筋混凝土构造柱组成的组合墙两类。在砌体结构中配置钢筋或与钢筋混凝土组成的配筋砌体结构,不仅可以提高结构构件的承载力,还能提高结构构件的延性,广泛用于建筑物加固设计中。本节主要讲述网状配筋砖砌体和组合砖砌体。

5.6.1 网状配筋砖砌体

网状配筋砖砌体就是在砖砌体的水平灰缝内设置一定数量和规格的钢筋网,使其与砌体共同工作。因为钢筋设置在水平灰缝内,故又称为横向配筋砖砌体。常用钢筋网的网格为矩形 $a \times b$[图 5.40(a)],还有连弯钢筋网[图 5.40(b)]。

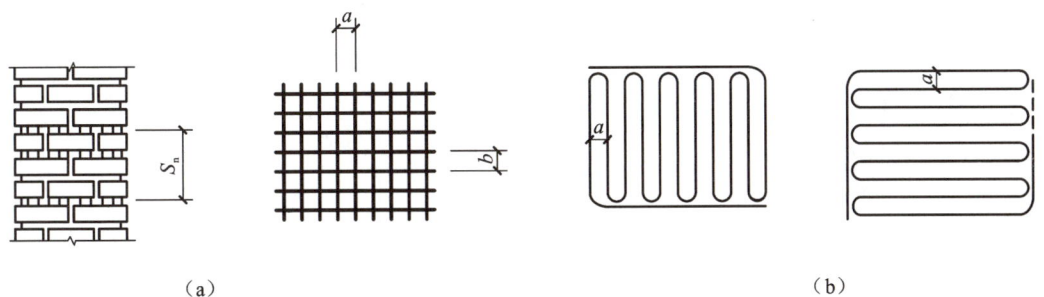

(a)　　　　　　　　　　　　　　　　　　(b)

图 5.40　网状配筋砌体
(a)用方格网配筋的砖柱;(b)连弯钢筋网

当在砖砌体上作用轴向压力时,砖砌体发生纵向压缩,同时也发生横向膨胀。试验研究表明,如果能用任何方法阻止砌体横向变形的发展,则构件承担轴向荷载的能力将会极大提高。

在轴向压力作用下,由于摩擦力以及与砂浆的黏结力,钢筋被完全嵌固在灰缝内并和砖砌体共同工作。这时,砌体纵向受压,钢筋横向受拉,因为钢筋弹性模量很大,变形很小,可阻止砌体在纵向受压时横向变形的发展,防止砌体因过早失稳而破坏,从而间接地提高砌体承担纵向压力的能力,故这种配筋又称为间接配筋。砌体与横向钢筋之间的黏结力是保证两者共同工作、提高砌体承载力的主要因素,砌体和横向钢筋的共同工作可一直维持到砌体完全破坏。

5.6.1.1 网状配筋砖砌体构件受压性能

网状配筋砖砌体开始破坏时和无筋砖砌体一样,也可分为三个受力阶段,但其破坏特征和无筋砖砌体不同。

第一阶段:随着荷载的增加,在单块砖内出现第一批裂缝,此时的荷载为60%~75%的破坏荷载,较无筋砖砌体高。

第二阶段:随着荷载逐渐增大,纵向裂缝的数量增多,但发展很缓慢;由于受到横向钢筋的约束,很少出现贯通的纵向裂缝,这是与无筋砖砌体明显的不同之处。

第三阶段:当加载接近极限荷载时,可能发生个别砖被完全压碎脱落的现象,最后导致砌体完全破坏,但一般不会出现类似无筋砌体那样被纵向裂缝分割成若干1/2砖的小立柱而发生失稳破坏的现象,砖的强度利用比较充分。

对比无筋和网状配筋砌体的试验过程发现,配置横向钢筋提高了砌体的初裂荷载,这是因为在灰缝中的钢筋提高了单砖的抗弯、抗剪能力。由于钢筋的拉结作用,避免了被竖向裂缝分割的小柱失稳破坏。

5.6.1.2 网状配筋砖砌体构件受压承载力计算

网状配筋砖砌体受压构件的承载力按下列公式计算:

$$N \leqslant \varphi_n f_n A \tag{5.42}$$

$$f_n = f + 2\left(1 - \frac{2e}{y}\right)\rho f_y \tag{5.43}$$

$$\rho = \frac{(a+b)A_s}{abs_n} \tag{5.44}$$

式中 N——轴向力设计值;

f_n——网状配筋砖砌体的抗压强度设计值;

A——截面面积;

e——轴向力的偏心距;

y——自截面重心至轴向力所在偏心方向截面边缘的距离;

ρ——体积配筋率;

a,b——矩形钢筋网的网格尺寸,方格网时,$a=b$;

s_n——钢筋网的竖向间距;

f_y——钢筋的抗拉强度设计值,当f_y大于320 MPa时,仍采用320 MPa;

φ_n——高厚比和配筋率以及轴向力的偏心距对网状配筋砖砌体受压构件承载力的影响系数,可由附表9.13直接查出,或者按下列公式计算:

$$\varphi_n = \frac{1}{1+12\left[\dfrac{e}{h}+\sqrt{\dfrac{1}{12}\left(\dfrac{1}{\varphi_{0n}}-1\right)}\right]^2} \tag{5.45}$$

其中

$$\varphi_{0n} = \frac{1}{1+(0.0015+0.45\rho)\beta^2} \tag{5.46}$$

式中　φ_{0n}——网状配筋砖砌体轴心受压构件的稳定系数。

对于矩形截面构件,当轴向力偏心方向的截面边长大于另一方向的边长时,除按偏心受压计算外,对较小边长方向按轴心受压进行验算。当网状配筋砖砌体构件下端与无筋砌体交接时,尚应验算交接处无筋砌体的局部受压承载力。

试验表明,当荷载偏心作用时,横向配筋的效果将随偏心距的增大而变差。因为在偏心荷载作用下,截面中压应力分布很不均匀,在压应力较小的区域钢筋作用难以发挥。同时,对于高厚比较大的构件,整个构件失稳破坏的可能性越来越大,此时横向钢筋的作用也难以施展。所以,《砌体结构设计规范》(GB 50003—2011)规定:①网状配筋砌体只适用于高厚比 $\beta \leqslant 16$ 的轴心受压构件和偏心荷载作用在截面核心范围内的偏心受压构件,对于矩形截面,要求 $e/h \leqslant 0.17$;②对于矩形截面构件,当轴向力偏心方向的截面边长大于另一方向的边长时,除按偏心受压计算外,还应对较小边长方向按轴心受压进行验算;③当网状配筋砖砌体构件下端与无筋砌体交接时,还应验算交接处无筋砌体的局部受压承载力。

5.6.1.3　网状配筋砖砌体构件构造要求

(1) 网状配筋砖砌体中的体积配筋率不应小于 0.1%,且不应大于 1%。
(2) 采用钢筋网时,钢筋的直径宜采用 3~4 mm。
(3) 钢筋网中网格间距离不应大于 120 mm,且不应小于 30 mm。
(4) 钢筋网的竖向间距 s_n 不应大于 5 皮砖,且不应大于 400 mm。
(5) 为了避免钢筋的锈蚀和提高钢筋与砖砌体的黏结力,所用砂浆强度等级应不低于 M7.5。钢筋网应设置在砌体的水平灰缝中,灰缝厚度应保证钢筋上下至少各有 2 mm 厚的砂浆层。

5.6.2　组合砖砌体

组合砖砌体构件有两类:一类是砖砌体和钢筋混凝土面层或钢筋砂浆面层的组合砖砌体构件,如图 5.41 所示,简称组合砌体构件;另一类是砖砌体和钢筋混凝土构造柱的组合墙,如图 5.42 所示,简称组合墙。

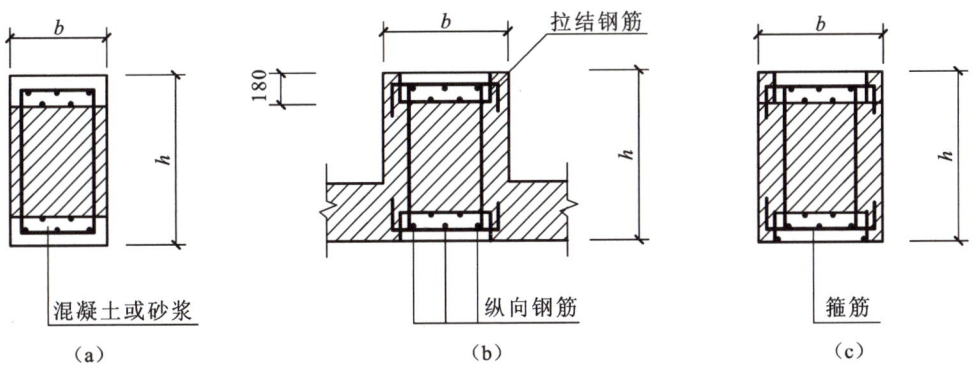

图 5.41　组合砖砌体的几种形式

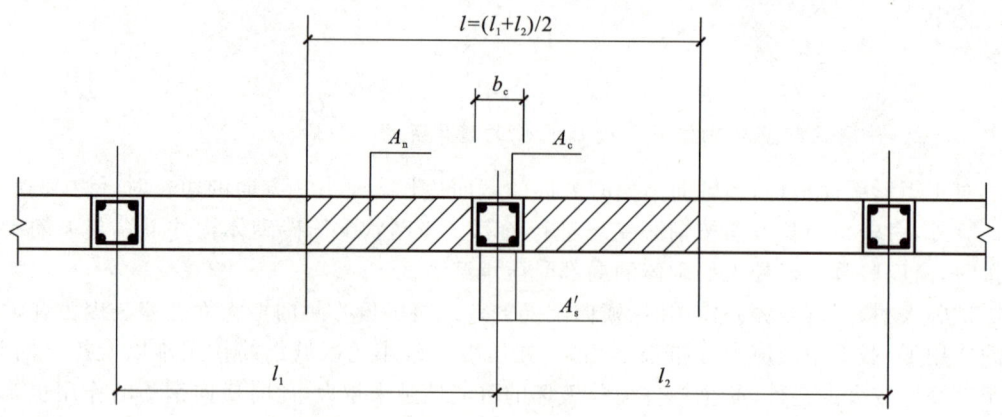

图 5.42 砖砌体和构造柱构成的组合墙截面

当荷载偏心距较大,即 $e>0.6y$,无筋砖砌体承载力不足而截面尺寸又受到限制时,宜采用组合砖砌体构件。当先砌墙后浇混凝土的构造柱不大于 4 m,且能与满足一定要求的圈梁形成"弱框架"时,可按组合墙设计,考虑构造柱分担部分墙体荷载。

研究表明,两类组合砖砌体构件都是采用在砖砌体内部配置钢筋混凝土(或钢筋砂浆)部件,通过共同工作来提高承载力和变形性能的。在计算方法上可采用相同的叠加模式。

5.6.2.1 砖砌体和钢筋混凝土面层或钢筋砂浆面层的组合砌体构件

(1) 组合砖砌体轴心受压构件的承载力

$$N \leqslant \varphi_{com}(fA + f_c A_c + \eta_s f'_y A'_s) \tag{5.47}$$

式中 φ_{com}——组合砖砌体构件的稳定系数,可按附表 9.14 采用;

f_c——混凝土或面层水泥砂浆的轴心抗压强度设计值(N/mm^2),砂浆的轴心抗压强度设计值可取为相同强度等级混凝土的轴心抗压强度设计值的 70%,当砂浆为 M15 时,取 5.2 N/mm^2,当砂浆为 M10 时,取 3.4 N/mm^2,当砂浆为 M7.5 时,取 2.5 N/mm^2;

A_c——混凝土或砂浆面层面积;

A——砖砌体的截面面积;

η_s——受压钢筋的强度系数,当面层为混凝土时,$\eta_s=1.0$,当面层为砂浆时,$\eta_s=0.9$;

f'_y——钢筋的抗压强度设计值;

A'_s——受压钢筋的截面面积。

组合砖砌体构件的稳定系数 φ_{com} 介于相同截面的无筋砖砌体构件和钢筋混凝土构件的性能之间,主要与高厚比 β 和配筋率 ρ 有关。

对于砖墙与组合砌体一同砌筑的 T 形截面构件[图 5.41(b)],可按矩形截面组合砌体构件计算[图 5.41(c)],但构件的高厚比 β 仍按 T 形截面考虑。

(2) 组合砖砌体偏心受压构件的承载力

组合砖砌体构件偏心受压时,其承载力和变形性能与钢筋混凝土构件相近,组合砖砌体构件偏心受压按相对受压区高度可分为小偏心受压和大偏心受压,如图 5.43 所示。对于小偏心受压组合砖砌体,当截面达到极限承载力而发生破坏时,受拉端抗拉钢筋并没有达到抗拉强度设计值;而对于大偏心受压构件,当砖砌体构件达到极限承载力而破坏时,抗拉钢筋达到抗拉强度设计值。

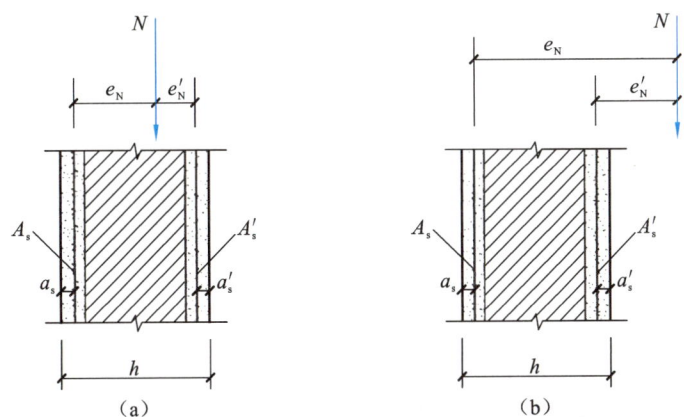

图 5.43 组合砖砌体偏心受压构件
(a)小偏心受压;(b)大偏心受压

组合砖砌体偏心受压构件的承载力,应按下列公式进行计算:

$$N \leqslant fA' + f_c A'_c + \eta_s f'_y A'_s - \sigma_s A_s \tag{5.48}$$

$$Ne_N \leqslant fS_s + f_c S_{c,s} + \eta_s f'_y A'_s (h_0 - a'_s) \tag{5.49}$$

式中 A'——砖砌体受压部分面积;

A'_c——混凝土或砂浆面层受压部分面积;

A_s——距轴向力 N 较远侧钢筋的截面面积;

A'_s——受压钢筋的截面面积;

σ_s——钢筋 A_s 的应力,按式(5.54)确定(正值为拉应力,负值为压应力),当 $\sigma_s > f_y$ 时,取 $\sigma_s = f_y$,当 $\sigma_s < f'_y$ 时,取 $\sigma_s = f'_y$。

此时受压区高度 x 可根据对 N 的力矩平衡条件(图 5.43)按下式确定:

$$fS_N + f_c S_{c,N} + \eta_s f'_y A'_s e'_N - \sigma_s A_s e_N = 0 \tag{5.50}$$

$$e_N = e + e_a + (h/2 - a_s) \tag{5.51}$$

$$e'_N = e + e_a - (h/2 - a'_s) \tag{5.52}$$

$$e_a = \frac{\beta^2 h}{2200}(1 - 0.022\beta) \tag{5.53}$$

式中 ξ——组合砖砌体构件截面受压区相对高度系数,$\xi = x/h_0$;

h_0——组合砖砌体构件截面的有效高度,$h_0 = h - a_s$;

ξ_b——组合砖砌体构件大、小心受压时,受压区相对高度的分界值,对于 HRB400 级钢筋,$\xi_b = 0.36$,对于 HPB300 级钢筋,$\xi_b = 0.47$;

f_y——钢筋的受拉强度设计值;

S_s——砖砌体受压部分的面积对钢筋 A_s 重心的面积矩;

$S_{c,s}$——混凝土(或砂浆)面层及砖砌体受压部分的面积对钢筋 A_s 重心的面积矩;

S_N——砖砌体受压部分的面积对轴向力 N 作用点的面积矩;

$S_{c,N}$——混凝土(或砂浆)面层受压部分的面积对轴向力 N 作用点的面积矩;

e_N, e_N'——钢筋 A_s 及 A_s' 重心至纵向力 N 作用点的距离;

e——轴向力的初始偏心距,按荷载设计值计算,当 $e<0.05h$ 时,应取 $e=0.05h$;

a_s, a_s'——钢筋 A_s 及 A_s' 重心至截面较近边的距离;

e_a——组合砖砌体构件在轴向力作用下的附加偏心距。

当 $\xi > \xi_b$,即小偏心受压时,根据平截面变形假定并经线性简化给出:

$$\sigma_s = 650 - 800\xi \tag{5.54}$$
$$-f_y' \leqslant \sigma_s \leqslant f_y \tag{5.55}$$

当 $\xi \leqslant \xi_b$,即大偏心受压时,$\sigma_s = f_y$。

对组合砖砌体,当纵向力偏心方向的截面边长大于另一方向的边长时,同样还应对较小边长方向按轴心受压验算。

(3) 组合砖砌体的构造要求

① 面层混凝土强度等级宜采用 C20;面层水泥砂浆强度等级不宜低于 M10,砌筑砂浆强度等级不低于 M7.5。

② 设计使用年限为 50 年时,砌体中钢筋的保护层厚度应符合附表 9.15 的要求。

③ 砂浆面层的厚度,可采用 30~45 mm。当面层厚度大于 45 mm 时,其面层宜采用混凝土。

④ 竖向受力钢筋宜采用 HPB300 级钢筋。对于混凝土面层,亦可采用 HRB400 级钢筋。受压钢筋一侧的配筋率(钢筋截面面积与组合砖砌体计算截面面积之比),对砂浆面层,不宜小于 0.1%,对混凝土面层不宜小于 0.2%。受拉钢筋的配筋率,不应小于 0.1%。竖向受力钢筋的直径不应小于 8 mm,钢筋净间距不应小于 30 mm。

⑤ 箍筋的直径不小于 4 mm 及 $d/5$(d 为受压钢筋的直径),且不宜大于 6 mm。箍筋的间距不应大于受压钢筋直径的 20 倍及 500 mm,并不应小于 120 mm。

⑥ 当组合砖砌体构件一侧的受力钢筋多于 4 根时,应设置附加箍筋或拉结钢筋。

⑦ 对于截面长短边相差较大的构件如墙体等,应采用穿通墙体的拉结钢筋作为箍筋,同时设置水平分布钢筋。水平分布钢筋的竖向间距及拉结钢筋的水平间距均不应大于 500 mm,如图 5.44 所示。

⑧ 组合砖砌体构件的顶部及底部,以及牛腿部位,必须设置钢筋混凝土垫块,受力钢筋伸入垫块的长度必须满足锚固要求。

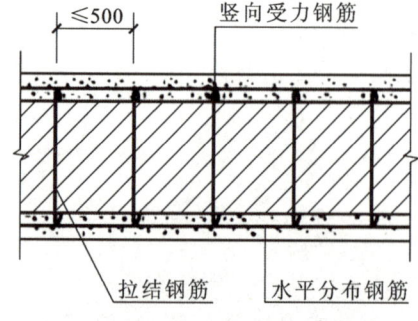

图 5.44 混凝土或砂浆面层组合墙

5.6.2.2 砖砌体和钢筋混凝土构造柱构成的组合墙

砖砌体和钢筋混凝土构造柱组合墙是在砖墙中间隔一定距离设置钢筋混凝土构造柱，并在各层楼盖处设置钢筋混凝土圈梁，使砖砌体墙与钢筋混凝土构造柱和圈梁组成一个整体结构共同受力。

在荷载作用下，由于构造柱和砖墙的刚度不同，以及内力重分布的结果，构造柱分担墙体上的荷载。此外，构造柱与圈梁形成"弱框架"，砌体受约束，提高了砌体的承载力。

在影响砖砌体和钢筋混凝土构造柱组合墙承载能力的诸多因素中，柱间距的影响最为显著。理论分析和试验结果表明，对于中间柱，它对柱每侧砌体的影响长度约为 1.2 m；对于边柱，其影响长度约为 1 m。因此，当构造柱的间距为 2 m 时，构造柱的作用非常显著；当构造柱间距为 4 m 时，对墙体受压承载力影响很小。

(1) 轴心受压承载力计算

砖砌体和钢筋混凝土构造柱构成的组合墙，如图 5.42 所示。组合砖墙轴心受压承载力按下式计算：

$$N \leqslant \varphi_{com}[fA + \eta(f_c A_c + f'_y A'_s)] \tag{5.56}$$

$$\eta = \left[\dfrac{1}{\dfrac{l}{b_c} - 3}\right]^{\frac{1}{4}} \tag{5.57}$$

式中 φ_{com}——组合砖砌体构件的稳定系数，可按附表 9.14 采用；

η——强度系数，当 $l/b_c < 4$ 时，取 $l/b_c = 4$；

l——墙长方向构造柱的间距，mm；

b_c——沿墙长方向构造柱的宽度，mm；

A——扣除孔洞和构造柱的砖砌体截面面积，mm^2；

A_c——构造柱的截面面积，mm^2。

(2) 构造要求

① 砂浆强度等级不应低于 M5，构造柱的混凝土强度等级不宜低于 C20。

② 柱内竖向受力钢筋保护层厚度应符合附表 9.15 的要求。

③ 构造柱的截面尺寸不宜小于 240 mm×240 mm，其厚度不应小于墙厚，边柱、角柱的截面宽度宜适当加大。柱内竖向受力钢筋，对于中柱，不宜少于 4 根，直径不宜小于 12 mm；对于边柱、角柱，不宜少于 4 根，直径不宜小于 14 mm。构造柱的竖向受力钢筋的直径也不宜大于 16 mm。其箍筋，一般部位宜采用直径 6 mm、间距 200 mm 的钢筋；楼层上、下 500 mm 范围内宜采用直径 6 mm、间距 100 mm 的钢筋。构造柱的竖向受力钢筋应在基础梁和楼层圈梁中锚固，并应符合受拉钢筋的锚固要求。

④ 组合砖墙砌体结构房屋，应在纵横墙交接处、墙端部和较大洞口的洞边设置构造柱，其间距不宜大于 4 m。各层洞口宜设置在相应位置，并宜上下对齐。

⑤ 组合砖墙砌体结构房屋应在基础顶面、有组合墙的楼层处设置现浇钢筋混凝土圈梁，圈梁的截面高度不宜小于 240 mm；纵向钢筋数量不宜少于 4 根，直径不宜小于 12 mm，

纵向钢筋应伸入构造柱内,并应符合受拉钢筋的锚固要求;圈梁的箍筋直径宜为 6 mm、间距为 200 mm。

⑥ 砖砌体与构造柱的连接处应砌成马牙槎,并应沿墙高每隔 500 mm 设 2 根 ϕ6 mm 拉结钢筋,且每边伸入墙内不宜小于 600 mm。

⑦ 组合砖墙的施工顺序应为先砌墙后浇混凝土构造柱。

⑧ 构造柱可不单独设置基础,但应伸入室外地坪下 500 mm,或与埋深小于 500 mm 的基础梁相连。

【例 5.8】 已知某网状配筋砖柱截面尺寸为 370 mm×490 mm,计算高度为 4.2 m,用 MU10 烧结多孔砖,M10 混合砂浆砌筑,承受轴心压力设计值 $N=200$ kN,沿长边方向弯矩设计值 $M=16$ kN·m,施工控制等级为 B 级,网状配筋采用 Φ^b4 冷拔低碳钢丝焊接方格网 ($A_s=12.6$ mm^2,$f_y=430$ N/mm^2),网格尺寸 $a \times b = 60$ mm×60 mm,每 3 皮砖设置一层钢丝网,每皮砖按 65 mm 计,试验算该砖柱的承载力。

【解】钢筋网 $f_y=430$ N/mm^2 > 320 N/mm^2,取 $f_y=320$ N/mm^2。由 MU10 烧结多孔砖,M7.5 混合砂浆,查附表 9.4 可知,$f=1.89$ N/mm^2。

柱截面面积: $A=0.37\times0.49=0.1813$ mm^2 < 0.2 m^2

考虑抗压强度调整系数: $\gamma_a=0.8+A=0.8+0.1813=0.9813$

$$\gamma_a f = 0.9813\times1.89 = 1.855 \text{ N/mm}^2$$

每 3 皮砖设置一层钢丝网,得竖向钢筋网间距 $s_n=3\times65=195$ mm。

(1) 沿截面长边方向按偏心受压进行验算

$$\rho = \frac{(a+b)A_s}{abs_n} = \frac{2\times60\times12.6}{60\times60\times195}\times100\% = 0.215\%$$

$$\beta = \frac{H_0}{h} = \frac{4.2}{0.49} = 8.57 < 16$$

$$e = \frac{M}{N} = \frac{16\times10^3}{200} = 80 \text{ mm}, \frac{e}{h} = \frac{80}{490} = 0.163 < 0.17$$

$$f_n = f + 2\left(1-\frac{2e}{y}\right)\rho f_y = 1.855 + 2\times\left(1-\frac{2\times80}{490\div2}\right)\times0.215\%\times320 = 2.33 \text{ N/mm}^2$$

$$\varphi_{0n} = \frac{1}{1+(0.0015+0.45\rho)\beta^2} = \frac{1}{1+(0.0015+0.45\times0.215\%)\times8.57^2} = 0.847$$

$$\varphi_n = \frac{1}{1+12\left[\frac{e}{h}+\sqrt{\frac{1}{12}\left(\frac{1}{\varphi_{0n}}-1\right)}\right]^2} = \frac{1}{1+12\left[\frac{80}{490}+\sqrt{\frac{1}{12}\left(\frac{1}{0.847}-1\right)}\right]^2} = 0.504$$

$$\varphi_n f_n A = 0.504\times2.33\times370\times490 = 212.9 \text{ kN} > N = 200 \text{ kN}$$

满足要求。

(2) 沿截面短边方向按轴心受压进行验算

$$\beta = \frac{H_0}{h} = \frac{4.2}{0.37} = 11.35 < 16$$

$$f_n = f + 2\left(1-\frac{2e}{y}\right)\rho f_y = 1.855 + 2\times0.215\%\times320 = 3.23 \text{ N/mm}^2$$

$$\varphi_n = \varphi_{0n} = \frac{1}{1+(0.0015+0.45\rho)\beta^2} = \frac{1}{1+(0.0015+0.45\times0.215\%)\times11.35^2} = 0.759$$

$$\varphi_n f_n A = 0.759 \times 3.23 \times 370 \times 490 = 444.5 \text{ kN} > N = 200 \text{ kN}$$

满足要求。

【例 5.9】 已知某组合砖柱截面尺寸 $b \times h = 370 \text{ mm} \times 490 \text{ mm}$，其中砖柱尺寸 $370 \text{ mm} \times 240 \text{ mm}$，见图 5.45，采用 MU15 烧结多孔砖和 M7.5 混合砂浆砌筑，混凝土面层采用 C20，配有 4Φ14 竖向 HRB400 级钢筋（$f'_y = 360 \text{ N/mm}^2$，$A'_s = 615 \text{ mm}^2$），φ6 箍筋，每两皮砖布置一道。施工质量控制等级为 B 级。该组合砖柱的计算高度 $H_0 = 6 \text{ m}$，承受轴向压力设计值 $N = 650 \text{ kN}$，试验算其受压承载力。

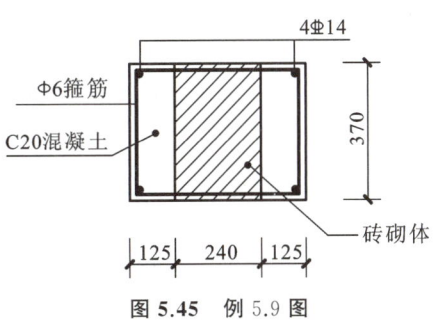

图 5.45 例 5.9 图

【解】 由 MU15 烧结多孔砖和 M7.5 混合砂浆，查附表 9.4 可知 $f = 2.07 \text{ N/mm}^2$。

砌体面积：$A = 0.24 \times 0.37 = 0.0888 \text{ m}^2 < 0.2 \text{ m}^2$

考虑抗压强度调整系数：$\gamma_a = 0.8 + A = 0.8 + 0.0888 = 0.8888$

$$\gamma_a f = 0.8888 \times 2.07 = 1.84 \text{ N/mm}^2$$

混凝土面层截面面积：$A_c = 2 \times 125 \times 370 = 92500 \text{ mm}^2$

由 C20 混凝土面层可知，$f_c = 9.6 \text{ N/mm}^2$，$\eta_s = 1.0$。

受压钢筋配筋率：$\rho' = \dfrac{A'_s}{bh} = \dfrac{615}{370 \times 490} \times 100\% = 0.34\%$

其中一侧受压钢筋配筋率为 $0.34\%/2 = 0.17\% > 0.1\%$，满足要求。

高厚比：$\beta = \gamma_\beta \dfrac{H_0}{h} = 1.0 \times \dfrac{6000}{370} = 16.2$

查附表 9.14 求得 $\varphi_{com} = 0.766$。

$$\varphi_{com}(fA + f_c A_c + \eta_s f'_y A'_s) = 0.766 \times (1.84 \times 88800 + 9.6 \times 92500 + 1.0 \times 360 \times 615)$$
$$= 975.96 \text{ kN} > N = 650 \text{ kN}$$

满足要求。

【例 5.10】 某承重横墙厚 240 mm，计算高度 $H_0 = 3.6 \text{ m}$，每米宽墙体承受轴向压力设计值 400 kN/m。采用 MU10 烧结多孔砖和 M5 混合砂浆砌筑，采用砖砌体和钢筋混凝土构造柱组合墙，间距 2 m 设置构造柱，其截面尺寸为 240 mm×240 mm，混凝土采用 C20，配有 4Φ12 竖向 HRB400 级钢筋（$A'_s = 452 \text{ mm}^2$），φ6@200 的箍筋，见图 5.46，试验算该组合墙的受压承载力。

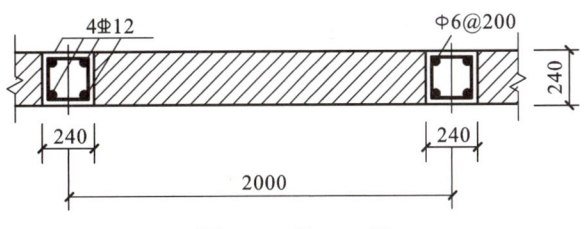

图 5.46 例 5.10 图

【解】由 MU10 烧结多孔砖和 M5 混合砂浆,查附表 9.4 可知 $f=1.5$ N/mm²,查表 5.12 可知允许高厚比 $[\beta]=24$,C20 混凝土 $f_c=9.6$ N/mm²,HRB400 级钢筋 $f'_y=360$ N/mm²。

砖砌体面积: $A=240\times(2000-240)=422400$ mm²

构造柱面积: $A_c=240\times240=57600$ mm²

配筋率: $\rho'=\dfrac{A'_s}{bh}=\dfrac{452}{2000\times240}\times100\%=0.094\%$

$$\dfrac{l}{b_c}=\dfrac{2000}{240}=8.33>4$$

$$\eta=\left[\dfrac{1}{l/b_c-3}\right]^{\frac{1}{4}}=\left[\dfrac{1}{8.33-3}\right]^{\frac{1}{4}}=0.658$$

构造柱墙体允许高厚比提高系数: $\mu_c=1+\gamma\dfrac{b_c}{l}=1+1.5\times\dfrac{240}{2000}=1.18$

墙体高厚比: $\beta=\dfrac{H_0}{h}=\dfrac{3.6}{0.24}=15<\mu_c[\beta]=1.18\times24=28.32$

满足要求。

查附表 9.14 求得 $\varphi_{com}=0.759$。

荷载效应: $N=2\times400=800$ kN

$\varphi_{com}[fA+\eta(f_cA_c+f'_yA'_s)]=0.759\times[1.5\times422400+0.658\times(9.6\times57600+360\times452)]$
$=838.3$ kN$>N=800$ kN

满足条件。

5.7 混合结构房屋其他结构构件设计

5.7.1 圈梁设计

5.7.1.1 圈梁的定义及作用

在砌体结构房屋中,把在墙体内沿水平方向连续设置并封闭的钢筋混凝土梁称为圈梁。位于房屋檐口处的圈梁又称为檐口圈梁;位于±0.000 m 以下、基础顶面处的圈梁称为地圈梁。

圈梁的主要作用包括:
(1) 增强房屋的整体性和空间刚度;
(2) 防止地基不均匀沉降而使墙体开裂;
(3) 减少振动作用对房屋产生的不利影响;
(4) 与构造柱配合有助于提高砌体结构的抗震性能。

5.7.1.2 圈梁的设置

《砌体结构设计规范》(GB 50003—2011)对在墙体中设置钢筋混凝土圈梁有如下规定:

(1) 对厂房、仓库、食堂等空旷的单层房屋

① 砖砌体房屋,檐口标高为 5~8 m 时,应在檐口设置圈梁一道;檐口标高大于 8 m 时,应增加设置数量。

② 砌块及料石砌体房屋,檐口标高为 4~5 m 时,应在檐口标高处设置圈梁一道;檐口标高大于 5 m 时,应增加设置数量。

③ 对有吊车或较大振动设备的单层工业房屋,当未采取有效的隔振措施时,除在檐口或窗顶标高处设置现浇钢筋混凝土圈梁外,还应在吊车梁标高处或其他适当位置增设。

(2) 对多层工业与民用建筑

① 住宅、宿舍、办公楼等多层砌体民用房屋,层数为 3~4 层时,应在底层和檐口标高处设置圈梁一道;当层数超过 4 层时,除应在底层和檐口标高处各设置一道圈梁外,至少应在所有纵、横墙上隔层设置。

② 多层砌体工业房屋,应每层设置现浇钢筋混凝土圈梁。

③ 设置墙梁的多层砌体房屋,应在托梁、墙梁的顶面和檐口标高处设置现浇钢筋混凝土圈梁,其他楼层处应在所有纵、横墙上每层设置。

④ 采用现浇钢筋混凝土楼盖、屋盖的多层砌体结构房屋,当层数超过 5 层时,除在檐口标高处设置一道圈梁外,可隔层设置圈梁,并与楼盖、屋面板一起现浇。未设置圈梁的楼面板嵌入墙内的长度不应小于 120 mm,应沿墙配置不小于 2 根直径为 10 mm 的纵向钢筋。

(3) 对建筑在软弱地基或不均匀地基上的砌体结构房屋

建筑在软弱地基或不均匀地基上的砌体结构房屋,除按上述规定设置圈梁外,尚应符合现行国家标准《建筑地基基础设计规范》(GB 50007—2011)的有关规定。

5.7.1.3 圈梁的构造要求

(1) 圈梁宜连续地设在同一水平面上,并形成封闭状;当圈梁被门窗洞口截断时,应在洞口上部增设相同截面的附加圈梁。附加圈梁与圈梁的搭接长度不应小于其"中"到"中"垂直间距的 2 倍,且不得小于 1 m,如图 5.47 所示。

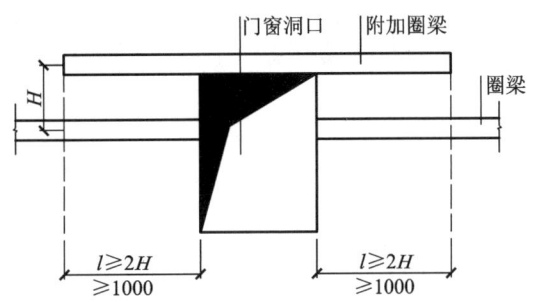

图 5.47 附加圈梁与圈梁的搭接构造

(2) 纵、横墙交接处的圈梁应可靠连接。刚弹性和弹性方案房屋,圈梁应与屋架、大梁等构件可靠连接,其配筋构造如图 5.48 所示。

(3) 混凝土圈梁的宽度宜与墙厚相同,当墙厚不小于 240 mm 时,其宽度不宜小于墙厚

的 2/3。圈梁高度不应小于 120 mm。纵向钢筋数量不应少于 4 根,直径不应小于 10 mm,绑扎接头的搭接长度按受拉钢筋考虑,箍筋间距不应大于 300 mm。

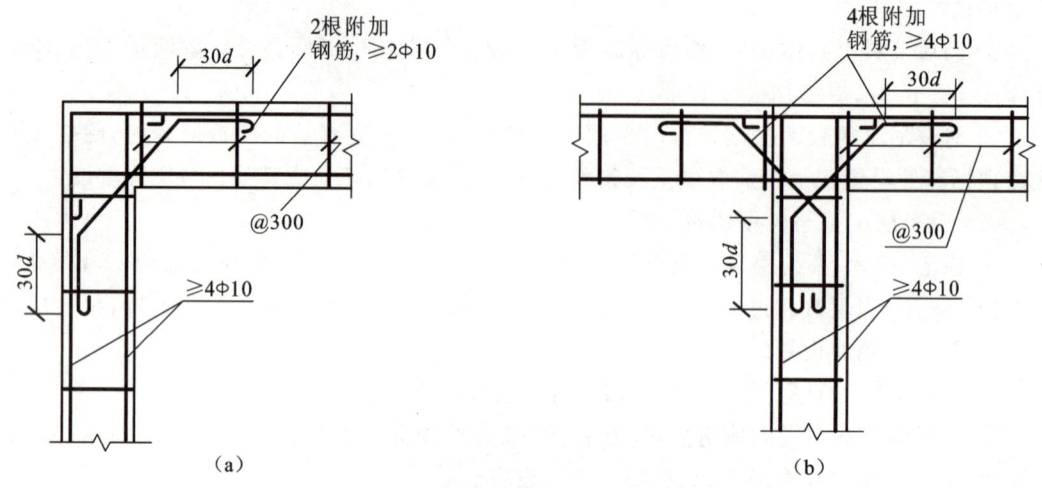

图 5.48 纵横墙交接处圈梁连接构造
(a)转角处构造;(b)丁字交叉处构造

(4)圈梁兼作过梁时,过梁部分的钢筋应按计算面积另行增配。

5.7.2 过梁设计

5.7.2.1 过梁的定义及类型

过梁是墙体中承受门、窗洞口上部墙体和楼盖传来的荷载的构件。主要有钢筋混凝土过梁、钢筋砖过梁、砖砌平拱过梁、砖砌弧拱过梁四种类型,如图 5.49 所示。

砖砌过梁具有节约钢材水泥、造价低廉、砌筑方便等优点,但对振动荷载和地基不均匀沉降较敏感,跨度也不宜过大,其中钢筋砖过梁不应超过 1.5 m,砖砌平拱过梁不应超过 1.2 m。对跨度较大或有较大振动荷载或可能产生不均匀沉降的房屋,应采用钢筋混凝土过梁。

5.7.2.2 过梁上的荷载

(1)梁板荷载

对砖和小型砌块砌体,梁板下的墙体高度 $h_w < l_n$ 时(l_n 为过梁的净跨),可按梁板传来的荷载采用;当 $h_w \geq l_n$ 时,可不考虑梁板荷载。

(2)墙体荷载

① 对砖砌体,当过梁上的墙体高度 $h_w < \dfrac{l_n}{3}$ 时,应按全部墙体的均布自重采用;当 $h_w \geq \dfrac{l_n}{3}$ 时,应按高度为 $\dfrac{l_n}{3}$ 墙体的均布自重采用。

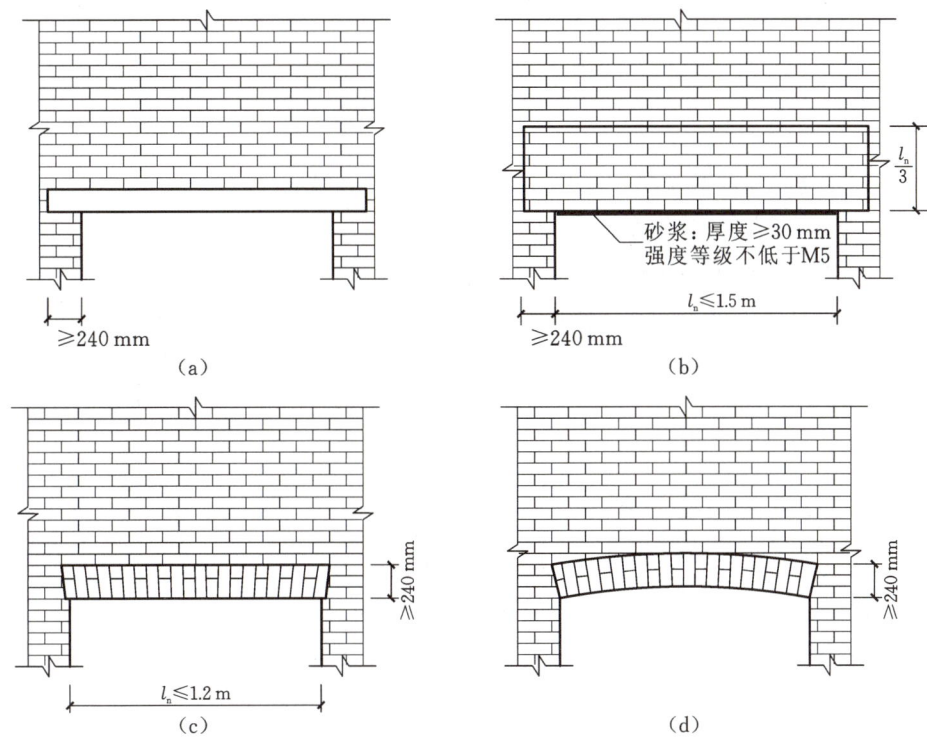

图 5.49 过梁类型
(a) 钢筋混凝土过梁；(b) 钢筋砖过梁；(c) 砖砌平拱过梁；(d) 砖砌弧拱过梁

② 对砌块砌体,当 $h_w < \dfrac{l_n}{2}$ 时,应按墙体的均布自重采用;当 $h_w \geq \dfrac{l_n}{2}$ 时,应按高度为 $\dfrac{l_n}{2}$ 墙体的均布自重采用。

5.7.2.3 过梁的承载力计算

砖砌平拱过梁受弯承载力:

$$M \leq f_{tm} W \tag{5.58}$$

钢筋砖过梁受弯承载力:

$$M \leq 0.85 h_0 f_y A_s \tag{5.59}$$

砖砌平拱受剪承载力:

$$V \leq f_v bz \tag{5.60}$$

式中　M——按简支梁并取净跨计算的跨中弯矩设计值;
　　　W——砖砌平拱过梁的截面抵抗矩,对矩形截面:$W = bh^2/6$;
　　　b——砖砌平拱过梁的截面宽度;
　　　h——过梁截面计算高度,取过梁底面以上墙体的高度,但不大于 $\dfrac{l_n}{3}$;当考虑梁、板传来的荷载时,按梁、板下的墙体高度采用;

f_{tm}——砌体弯曲抗拉强度设计值；

h_0——钢筋砖过梁的有效高度，$h_0 = h - a_s$；

a_s——受拉钢筋重心到截面下边缘的距离；

f_y——钢筋抗拉强度设计值；

V——按简支梁并取净跨计算的过梁支座剪力设计值；

z——截面内力臂，对矩形截面：$z = 2h/3$；

f_v——砌体的抗剪强度设计值。

钢筋混凝土过梁也可按一般钢筋混凝土简支梁进行受弯和受剪承载力的计算。此外，应进行梁端下砌体的局部承压验算。由于钢筋混凝土过梁多与砌体形成组合结构，刚度较大，可取其有效支承长度 a_0 等于实际支承长度，但不应大于墙厚，梁端底面压应力图形完整系数 $\eta = 1.0$，且可不考虑上层荷载的影响，即 $\varphi = 0$。

5.7.2.4 过梁的构造要求

(1) 砖砌过梁截面计算高度范围内砂浆的强度等级不宜低于 M5(Mb5、Ms5)。

(2) 砖砌平拱过梁用竖砖砌筑部分的高度不应低于 240 mm。

(3) 钢筋砖过梁底面砂浆层处的钢筋，其直径不应小于 5 mm，间距不宜大于 120 mm，钢筋伸入支座内不宜小于 240 mm，底面砂浆层厚度不宜小于 30 mm。

(4) 钢筋混凝土过梁端部的支承长度不宜小于 240 mm。

【**例 5.11**】已知某钢筋混凝土过梁，截面尺寸 $b \times h = 240 \text{ mm} \times 240 \text{ mm}$，过梁净跨度 $l_n = 1.8 \text{ m}$，计算跨度 $l_0 = 2 \text{ m}$，伸入墙上的支承长度为 240 mm，过梁上墙体高度为 1.5 m。墙厚 240 mm（墙重 5.24 kN/m^2，含墙两侧抹灰），梁板传来的均布线荷载：永久荷载标准值 $g_k = 6.0 \text{ kN/m}$，可变荷载标准值 $q_k = 4.0 \text{ kN/m}$，墙体采用 MU15 烧结普通砖、M5 混合砂浆砌筑，过梁采用 HRB400 级纵筋，HPB300 级箍筋，C25 混凝土。钢筋混凝土重度取 25 kN/m³，梁的有效高度 $h_0 = 200 \text{ mm}$，试设计该过梁。

【**解**】(1) 内力计算

过梁上墙体高度 $h_w = 1.5 \text{ m} > \dfrac{l_n}{3} = 0.6 \text{ m}$，只考虑 0.6 m 高的墙体自重。

楼板下砖砌体高度 $h_w = 1.5 \text{ m} < l_n = 1.8 \text{ m}$，应考虑梁板传来的荷载。

过梁上荷载设计值：

$$g + q = 1.3 \times (25 \times 0.24 \times 0.24 + 5.24 \times 0.6 + 6.0) + 1.5 \times 4 = 19.76 \text{ kN/m}$$

跨中弯矩设计值：

$$M = \frac{g+q}{8} l_0^2 = \frac{19.76}{8} \times 2^2 = 9.88 \text{ kN} \cdot \text{m}$$

支座边缘剪力设计值：

$$V = \frac{g+q}{2} l_n = \frac{19.76}{2} \times 1.8 = 17.78 \text{ kN}$$

(2) 受弯承载力计算

采用 C25 混凝土，$\alpha_1 = 1.0$，$f_c = 11.9 \text{ N/mm}^2$，$f_t = 1.27 \text{ N/mm}^2$，HRB400 级纵筋，$f_y = 360 \text{ N/mm}^2$，则有：

$$\alpha_s = \frac{M}{\alpha_1 f_c b h_0^2} = \frac{9.88 \times 10^6}{1.0 \times 11.9 \times 240 \times 200^2} = 0.086$$

$$\xi = 1 - \sqrt{1 - 2\alpha_s} = 1 - \sqrt{1 - 2 \times 0.086} = 0.09 < \xi_b = 0.518$$

$$A_s = \frac{\alpha_1 f_c b \xi h_0}{f_y} = \frac{1.0 \times 11.9 \times 240 \times 0.09 \times 200}{360} = 142.8 \text{ mm}^2 > \rho_{\min} bh$$

$$= 0.2\% \times 240 \times 240 = 115.2 \text{ mm}^2$$

选用 2 ⌀12（$A_s = 226 \text{ mm}^2$）。

(3) 受剪承载力计算

因 $h_w/b = 200/240 = 0.83 < 4$，则有：

$$0.25\beta_c f_c b h_0 = 0.25 \times 1.0 \times 11.9 \times 240 \times 200 = 142.8 \text{ kN} > V = 17.78 \text{ kN}$$

截面尺寸满足要求。

$$0.7 f_t b h_0 = 0.7 \times 1.27 \times 240 \times 200 = 42.672 \text{ kN} > V = 17.78 \text{ kN}$$

采用构造配筋即可满足要求，选用双肢⌀6@200 的箍筋，则：

$$\rho_{sv} = \frac{nA_{sv1}}{bs} = \frac{2 \times 28.3}{240 \times 200} = 0.118\% > \rho_{sv,\min} = 0.24 \frac{f_t}{f_{yv}} = 0.24 \times \frac{1.27}{270} = 0.113\%$$

满足要求。

(4) 过梁端部砌体局部受压承载力验算

由于墙体采用 MU15 烧结普通砖、M5 混合砂浆，查附表 9.4 可知 $f = 1.83 \text{ N/mm}^2$，并取 $a_0 = a = 240 \text{ mm}$、$\eta = 1.0$、$\gamma = 1.25$、$\psi = 0$，则有：

$$\eta \gamma f A_l = 1.0 \times 1.25 \times 1.83 \times 240 \times 240 = 131.76 \text{ kN} > N_l = \frac{19.76 \times 2}{2} = 19.76 \text{ kN}$$

满足要求。

5.7.3 挑梁设计

挑梁是指埋置于砌体中的悬挑式钢筋混凝土梁，是一种在砌体结构房屋中常用的钢筋混凝土构件，挑檐、阳台、雨篷、悬挑楼梯等均属挑梁范围。挑梁实际上是与砌体共同工作，其受力性质特殊，设计时不但要考虑其自身承载力计算，还要考虑抗倾覆验算和砌体局部受压承载力验算等问题。

5.7.3.1 挑梁的受力特点和破坏形态

试验表明，挑梁受力后，在悬臂段竖向荷载产生的弯矩和剪力作用下，埋入段将产生挠曲变形，但这种变形受到上下砌体的约束。

如图 5.50 所示，当荷载达到破坏荷载的 20%～30% 时，挑梁与砌体的上界面墙边竖向拉应力超过砌体沿通缝的抗拉强度时，将沿上界面墙边出现水平裂缝①；随后在挑梁埋入端头下界面出现水平裂

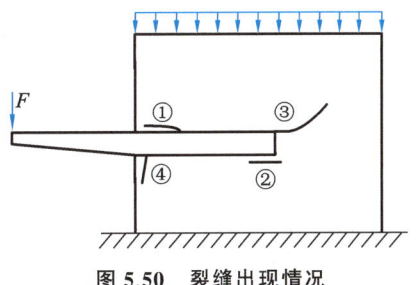

图 5.50 裂缝出现情况

缝②；继续加载达到破坏荷载的 80% 时，挑梁有向上翘的趋势，在挑梁埋入端上角的砌体中将出现阶梯斜裂缝③；随着荷载继续增大，裂缝①、②不断延伸，挑梁埋入端近墙边下界面砌体的受压区不断减小，会出现局部受压裂缝④，甚至发生局部受压破坏。

最后，挑梁可能发生下述两种破坏形态：

（1）倾覆破坏

当悬臂段竖向荷载较大而挑梁埋入段较短，且砌体强度足够，埋入段前端下面的砌体未发生局部受压破坏时，则可能在埋入段尾部以外的墙体中产生 $\alpha \geqslant 45°$（试验平均值为 57° 左右）的斜裂缝。如果这条斜裂缝进一步加宽并向斜上方发展，则表明斜裂缝以内的墙体以及在这个范围内的其他抗倾覆荷载已不能有效地抵抗挑梁的倾覆，挑梁实际上已发生倾覆破坏。

（2）局部受压破坏

当挑梁埋入段较长且砌体强度较低时，可能在埋入段尾部墙体中斜裂缝未出现以前，发生埋入段前端梁下砌体被局部压碎的情况。

通过对挑梁受力性能的分析，为了防止挑梁发生倾覆破坏和挑梁下砌体的局部受压破坏，设计时应对挑梁进行抗倾覆验算和挑梁下砌体的局部受压承载力验算。同时，挑梁本身应按《混凝土结构设计标准》(GB/T 50010—2010) 进行受弯和受剪承载力计算，以避免其由于正截面受弯承载力、斜截面受剪承载力不足发生破坏。

5.7.3.2 挑梁的设计计算

（1）抗倾覆验算

砌体墙中钢筋混凝土挑梁的抗倾覆验算应按下式计算：

$$M_{ov} \leqslant M_r \tag{5.61}$$

式中 M_{ov}——挑梁的荷载设计值对计算倾覆点产生的倾覆力矩；

M_r——挑梁的抗倾覆力矩设计值。

试验中挑梁是沿一个局部的支承面转动而发生倾覆破坏，因此很难观测到它是沿哪一点倾覆。为了便于分析，将图 5.51 中点 O 作为挑梁倾覆时的计算倾覆点，其至墙外边缘的距离为 x_0，可按下列规定采用：

① 对一般挑梁，即当 $l_1 \geqslant 2.2h_b$ 时：

$$x_0 = 0.3h_b \text{ 且 } x_0 \leqslant 0.13l_1 \tag{5.62}$$

② 当 $l_1 < 2.2h_b$ 时：

$$x_0 = 0.13l_1 \tag{5.63}$$

式中 l_1——挑梁埋入砌体的长度；

h_b——挑梁的截面高度；

x_0——计算倾覆点至墙外边缘的距离。

当挑梁下设有构造柱时，计算倾覆点至墙外边缘的距离可取 $0.5x_0$。

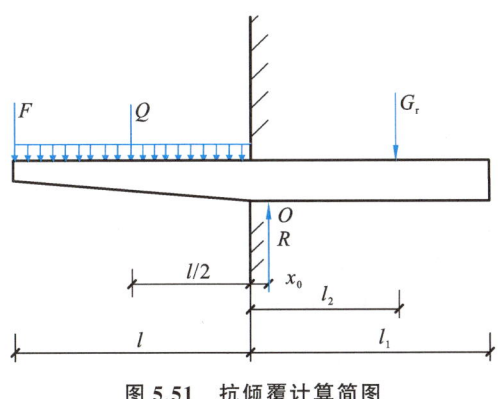

图 5.51 抗倾覆计算简图

挑梁抗倾覆力矩设计值应按下式计算：

$$M_r = 0.8 G_r (l_2 - x_0) \tag{5.64}$$

式中 G_r——挑梁的抗倾覆荷载，为挑梁尾端上部 45°扩散角的阴影范围（其水平长度为 l_3）内的本层砌体与楼面恒荷载标准值之和，如图 5.52 所示；

l_2——G_r 作用点至墙外边缘的距离。

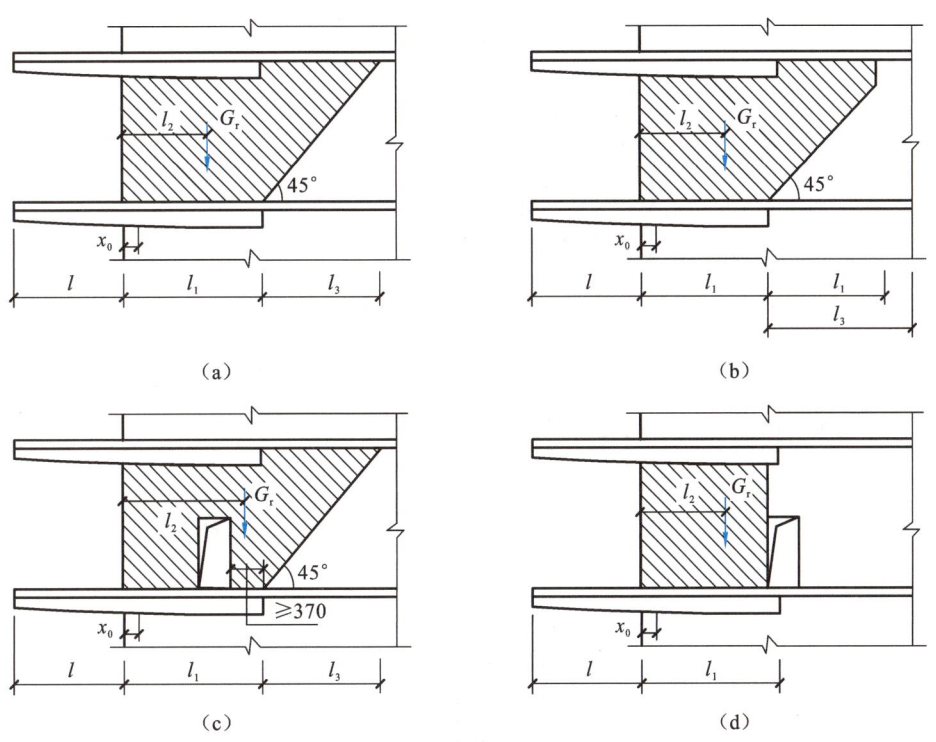

图 5.52 挑梁的抗倾覆荷载

(a) $l_3 \leqslant l_1$ 时；(b) $l_3 > l_1$ 时；(c) 洞在 l_1 之内时；(d) 洞在 l_1 之外时

G_r 的计算范围如图 5.52 所示，设计时应根据实际工程中不同的情况对照采用。

确定挑梁倾覆荷载时,须注意以下几点:

① 当墙体无洞口,且 $l_3 \leqslant l_1$ 时,取 l_3 长度范围内 45°扩散角(梯形面积)的砌体和楼盖的恒荷载为标准值,如图 5.52(a)所示;若 $l_3 > l_1$,则取 l_1 长度范围内 45°扩散角(梯形面积)的砌体和楼盖荷载,如图 5.52(b)所示。

② 当墙体有洞口,且洞口内边至挑梁埋入端距离大于 370 mm 时,G_r 的取值方法同上(应扣除洞口墙体自重),如图 5.52(c)所示;否则,只能考虑墙外边至洞口外边范围内砌体与楼盖恒荷载的标准值,如图 5.52(d)所示。

对于雨篷等悬臂构件,G_r 的计算方法如图 5.53 所示,为雨篷梁上墙体与楼面永久荷载标准值之和,按图 5.53 阴影范围采用,其中:

$$l_2 = \frac{l_1}{2}; l_3 = \frac{l_n}{2}$$

式中 l_n——门窗洞口净跨。

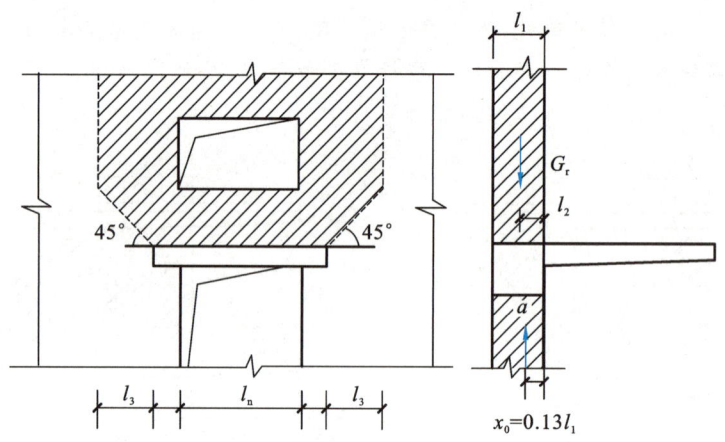

图 5.53 雨篷的抗倾覆荷载

(2) 挑梁下砌体局部受压承载力

挑梁下砌体的局部受压承载力可按下式进行验算:

$$N_l \leqslant \eta \gamma f A_l \tag{5.65}$$

式中 N_l——挑梁下的支承压力,$N_l = 2R$(R 为挑梁的倾覆荷载设计值,可近似取挑梁根部剪力);

η——梁端底面压应力图形的完整系数,可取 0.7;

γ——砌体局部抗压强度提高系数,挑梁支承在一字墙时[图 5.54(a)],取 $\gamma = 1.25$;挑梁支承在丁字墙时[图 5.54(b)],取 $\gamma = 1.5$;

A_l——挑梁下砌体局部受压面积,$A_l = 1.2bh_b$(b 为挑梁的截面宽度)。

(3) 挑梁受弯、受剪承载力计算

由于倾覆点不在墙边而在离墙边 x_0 处,且墙内挑梁在上下界面压应力作用下,最大弯矩设计值 $M_{\max}$ 在接近 x_0 处,最大剪力设计值 $V_{\max}$ 在墙边。其值分别为:

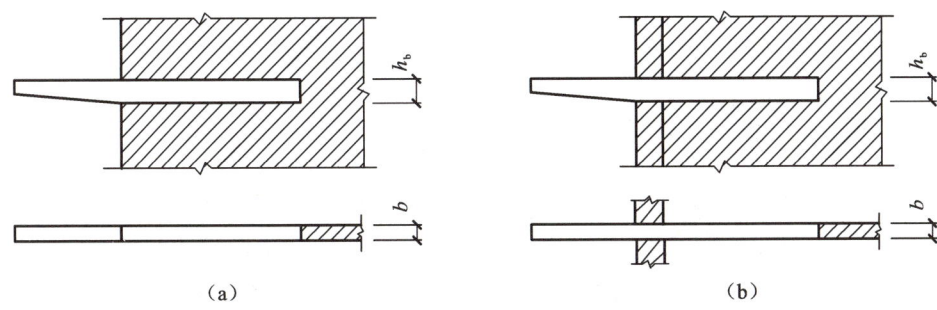

图 5.54 挑梁下砌体局部受压

(a)挑梁支承在一字墙；(b)挑梁支承在丁字墙

$$M_{\max}=M_0 \tag{5.66}$$
$$V_{\max}=V_0 \tag{5.67}$$

式中　M_0——挑梁的荷载设计值对计算倾覆点截面产生的弯矩；

　　　V_0——挑梁的荷载设计值在挑梁墙外边缘处截面产生的剪力。

5.7.3.3 挑梁的构造要求

(1) 纵向受力钢筋至少应有 1/2 的钢筋面积伸入梁尾端，且不少于 2φ12；其余钢筋伸入支座的长度不应小于 $2l_1/3$（l_1 为挑梁埋入砌体中的长度）。

(2) 挑梁埋入砌体中的长度 l_1 与挑出长度 l 之比宜大于 1.2；当挑梁上无砌体时，l_1 与 l 之比宜大于 2。

【**例 5.12**】已知：一承托阳台的钢筋混凝土挑梁埋置于 T 形截面墙段中，如图 5.55 所示。挑出长度 $l=1.8$ m，埋入长度 $l_1=2.15$ m。挑梁截面 $b\times h_b=240$ mm×300 mm，挑梁上墙体净高 2.86 m，墙厚 240 mm，采用 MU15 烧结普通砖、M5 级混合砂浆砌筑，墙体重度为 5.24 kN/m²。墙体及楼屋盖传给挑梁的荷载为：活荷载 $p_1=4$ kN/m，$p_2=4.5$ kN/m，$p_3=1.5$ kN/m；恒荷载 $g_1=4.75$ kN/m，$g_2=9.60$ kN/m，$g_3=14.5$ kN/m；挑梁自重 1.35 kN/m，埋入部分 2.20 kN/m；集中力 $F=6.0$ kN。挑梁采用混凝土等级 C30，纵筋采用 HRB400 级，箍筋采用 HPB300 级。试设计该挑梁。

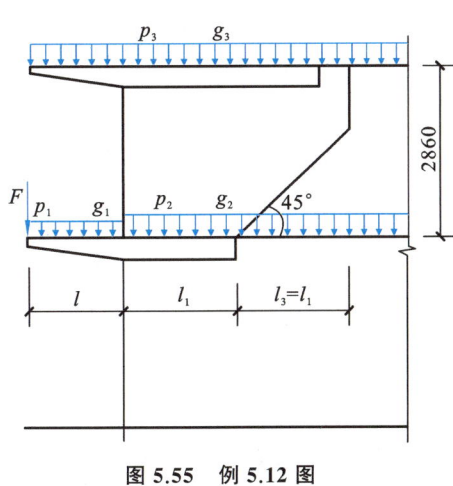

图 5.55　例 5.12 图

【**解**】(1) 抗倾覆验算

$$l_1=2.15 \text{ m}>2.2h_b=2.2\times 300=660 \text{ mm}=0.66 \text{ m}$$
$$x_0=0.3h_b=0.3\times 0.3=0.09 \text{ m}，且 x_0<0.13l_1=0.23 \text{ m}$$
$$M_{ov}=1.3\times 6.0\times(1.8+0.09)+\frac{1}{2}\times[1.5\times 4+1.3\times(1.35+4.75)]\times(1.8+0.09)^2$$
$$=39.62 \text{ kN·m}$$

$$M_r = 0.8\left[\frac{1}{2}\times(9.6+2.2)\times(2.15-0.09)^2 + 2.15\times2.86\times5.24\times\left(\frac{2.15}{2}-0.09\right)\right.$$
$$+\frac{1}{2}\times2.15^2\times5.24\times\left(\frac{1}{3}\times2.15+2.15-0.09\right)$$
$$\left.+2.15\times(2.86-2.15)\times5.24\times\left(\frac{1}{2}\times2.15+2.15-0.09\right)\right]$$
$$=92.38 \text{ kN·m}$$

故 $M_r > M_{ov}$，满足要求。注意在计算 M_r 时，G_r 仅考虑楼盖恒荷载标准值。

(2) 挑梁下砌体局部受压承载力验算

由题意知 $\eta=0.7$，$\gamma=1.5$，$f=1.83$ N/mm²，则有：
$$A_l = 1.2bh_b = 1.2\times240\times300 = 86400 \text{ mm}^2$$
$$\eta\gamma f A_l = 0.7\times1.5\times1.83\times86400 = 166 \text{ kN} >$$
$$N_l = 2\times\{1.3\times6.0+(1.8+0.09)\times[1.5\times4+1.3\times(1.35+4.75)]\} = 68.25 \text{ kN}$$

满足要求。

(3) 挑梁承载力计算
$$M_{\max} = M_{ov} = 39.62 \text{ kN·m}$$
$$h_{b0} = h_b - 35 = 300 - 35 = 265 \text{ mm}$$

采用混凝土等级 C30
$$f_c = 14.3 \text{ N/mm}^2，f_t = 1.43 \text{ N/mm}^2$$

纵筋采用 HRB400 级，$f_y = 360$ N/mm²，则有：
$$\alpha_s = \frac{M}{\alpha_1 f_c b h_0^2} = \frac{39.62\times10^6}{1.0\times14.3\times240\times265^2} = 0.164$$
$$\xi = 1-\sqrt{1-2\alpha_s} = 1-\sqrt{1-2\times0.164} = 0.18 < \xi_b = 0.518$$
$$A_s = \frac{\alpha_1 f_c b\xi h_0}{f_y} = \frac{1.0\times14.3\times240\times0.18\times265}{360}$$
$$= 454.74 \text{ mm}^2 > \rho_{\min}bh = 0.2\%\times240\times300 = 144 \text{ mm}^2$$

选用 3 Φ 14（$A_s = 461$ mm²），则有：
$$V_{\max} = V_0 = 1.3\times6.0+1.8\times[1.5\times4+1.3\times(1.35+4.75)] = 32.87 \text{ kN}$$
$$0.25\beta_c f_c bh_{b0} = 0.25\times1.0\times14.3\times240\times265 = 227.4 \text{ kN} > V_{\max} = 32.87 \text{ kN}$$

截面尺寸满足要求。
$$0.7 f_t bh_0 = 0.7\times1.43\times240\times265 = 63.66 \text{ kN} > V_{\max} = 32.87 \text{ kN}$$

采用构造配筋，选用双肢 ϕ8@200 的箍筋，则有：
$$\rho_{sv} = \frac{nA_{sv1}}{bs} = \frac{2\times50.3}{240\times200} = 0.21\% > \rho_{sv,\min} = 0.24\frac{f_t}{f_{yv}} = 0.24\times\frac{1.43}{270} = 0.127\%$$

满足要求。

5.7.4 墙梁设计

墙梁是由钢筋混凝土梁（此处称为托梁）及其以上计算高度范围内的砌体所组成的组合构件。与钢筋混凝土框架结构相比，墙梁具有节约钢材、水泥和模板用量，并具有施工速度快的优势。墙梁可用于工业与民用建筑,如商场、住宅、旅馆建筑以及工业厂房的围护墙等。

根据支承情况不同,墙梁可分为简支墙梁、框支墙梁和连续墙梁,如图5.56所示。

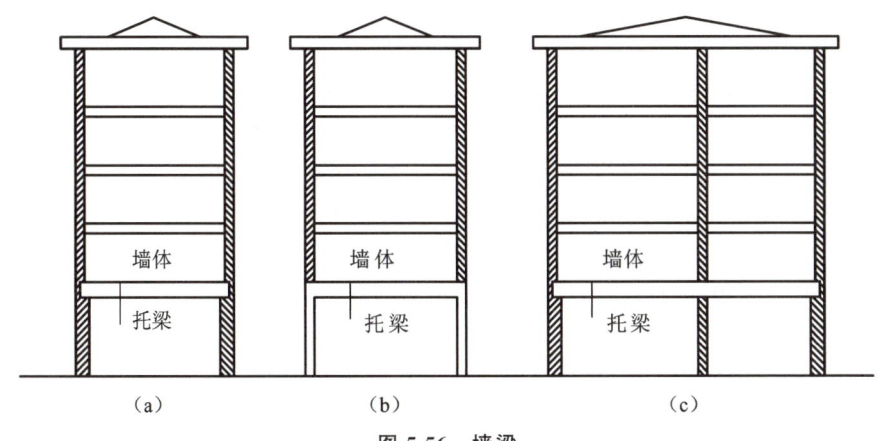

图 5.56 墙梁
(a)简支墙梁;(b)框支墙梁;(c)连续墙梁

根据墙梁是否承受墙上部梁、板荷载,墙梁可分为承重墙梁和自承重墙梁。仅仅承受托梁自重和托梁顶面以上墙体自重的墙梁,称为自承重墙梁,如工业厂房中的基础梁、连系梁与其上部墙体形成自承重墙梁。承重墙梁则还要承受墙上部梁、板荷载,如二层及以上为住宅或旅馆、公寓,底层为较大空间的商店、餐厅或车库等,通常采用承重墙梁。

根据墙上是否开洞,墙梁又可分为无洞口墙梁和有洞口墙梁。

墙梁中的墙体不仅作为荷载作用于钢筋混凝土托梁上,而且与托梁共同受力形成组合构件。因此,墙梁的受力性能与支承情况、托梁和墙体的材料、托梁的高跨比、墙体的高跨比、墙体上是否开洞、洞口的大小与位置等因素有关。

具体墙梁设计请参阅有关书籍资料。

5.8 砌体构造要求

5.8.1 墙、柱的一般构造要求

混合结构房屋的墙、柱除了满足高厚比不大于允许高厚比以及对材料的最低强度等级等构造要求外,还应满足下列构造要求:

(1)预制钢筋混凝土板在混凝土圈梁上的支承长度不应小于80 mm,板端伸出的钢筋应与圈梁可靠连接,且同时浇筑;预制钢筋混凝土板在墙上的支承长度不应小于100 mm,并应按下列方法进行连接:

① 板支承于内墙时,板端钢筋伸出长度不应小于70 mm,且与支座处沿墙配置的纵筋绑扎,并用强度等级不应低于C25的混凝土浇筑成板带。

② 板支承于外墙时,板端钢筋伸出长度不应小于 100 mm,且与支座处沿墙配置的纵筋绑扎,并用强度等级不应低于 C25 的混凝土浇筑成板带。

③ 预制钢筋混凝土板与现浇板对接时,预制板端钢筋应伸入现浇板中进行连接后再浇筑现浇板。

(2) 墙体转角处和纵横墙交接处应沿竖向每隔 400~500 mm 设拉结钢筋,其数量为每 120 mm 墙厚不少于 1 根直径 6 mm 的钢筋;或采用焊接钢筋网片,埋入长度从墙的转角或交接处算起,对实心砖墙每边不小于 500 mm,对多孔砖墙和砌块墙不小于 700 mm。

(3) 填充墙、隔墙应分别采取措施与周边主体结构构件可靠连接,连接构造和嵌缝材料应能满足传力、变形、耐久和防护要求。

(4) 在砌体中留槽洞及埋设管道时,应遵守下列规定:

① 不应在截面长边小于 500 mm 的承重墙体、独立柱内埋设管线。

② 不宜在墙体中穿行暗线或预留、开凿沟槽,当无法避免时应采取必要的措施或按削弱后的截面验算墙体的承载力(注:对受力较小或未灌孔的砌块砌体,允许在墙体的竖向孔洞中设置管线)。

(5) 承重的独立砖柱截面尺寸不应小于 240 mm×370 mm。毛石墙厚度不宜小于 350 mm,毛料石柱较小边长不宜小于 400 mm(注:当有振动荷载时,墙、柱不宜采用毛石砌体)。

(6) 支承在墙、柱上的吊车梁、屋架及跨度大于或等于下列数值的预制梁的端部,应采用锚固件与墙、柱上的垫块锚固:

① 对砖砌体为 9 m;

② 对砌块和料石砌体为 7.2 m。

(7) 跨度大于 6 m 的屋架和跨度大于下列数值的梁,应在支承处砌体上设置混凝土或钢筋混凝土垫块;当墙中设有圈梁时,垫块与圈梁宜浇成整体:

① 对砖砌体为 4.8 m;

② 对砌块和料石砌体为 4.2 m;

③ 对毛石砌体为 3.9 m。

(8) 当梁跨度大于或等于下列数值时,其支承处宜加设壁柱,或采取其他加强措施:

① 对 240 mm 厚的砖墙为 6 m,对 180 mm 厚的砖墙为 4.8 m;

② 对砌块、料石墙为 4.8 m。

(9) 山墙处的壁柱或构造柱宜砌至山墙顶部,且屋面构件应与山墙可靠拉结。

(10) 砌块砌体应分皮错缝搭砌,上下皮搭砌长度不应小于 90 mm。当搭砌长度不满足上述要求时,应在水平灰缝内设置不小于 2 根直径不小于 4 mm 的焊接钢筋网片(横向钢筋的间距不应大于 200 mm,网片每端应伸出该垂直缝不小于 300 mm)。

(11) 砌块墙与后砌隔墙交接处,应沿墙高每 400 mm 在水平灰缝内设置不少于 2 根直径不小于 4 mm、横筋间距不应大于 200 mm 的焊接钢筋网片(图 5.57)。

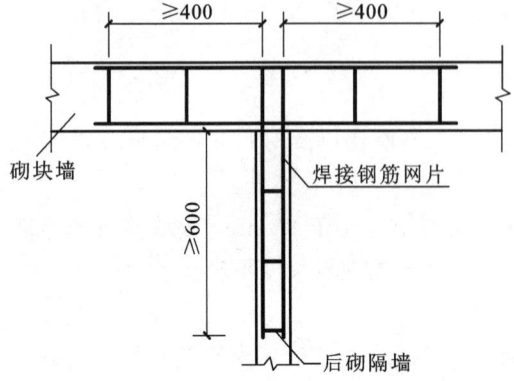

图 5.57 砌块墙与后砌隔墙交接处钢筋网片

（12）混凝土砌块房屋，宜将纵横墙交接处，距墙中心线每边不小于 300 mm 范围内的孔洞，采用不低于 Cb20 混凝土沿全墙高灌实。

（13）混凝土砌块墙体的下列部位，如未设圈梁或混凝土垫块，应采用不低于 Cb20 混凝土将孔洞灌实：

① 搁栅、檩条和钢筋混凝土楼板的支承面下，高度不应小于 200 mm 的砌体。

② 屋架、梁等构件的支承面下，长度不应小于 600 mm，高度不应小于 600 mm 的砌体。

③ 挑梁支承面下，距墙中心线每边不应小于 300 mm，高度不应小于 600 mm 的砌体。

5.8.2 框架填充墙

（1）框架填充墙墙体除应满足稳定要求外，尚应考虑水平风荷载及地震作用的影响。

（2）在正常使用和正常维护条件下，填充墙的使用年限宜与主体结构相同，结构的安全等级可按二级考虑。

（3）填充墙的构造设计，应符合下列规定：

① 填充墙宜选用轻质块体材料，其强度等级应符合 5.2.1.5 中的规定。

② 填充墙砌筑砂浆的强度等级不宜低于 M5（Mb5、Ms5）。

③ 填充墙墙体厚度不应小于 90 mm。

④ 用于填充墙的夹心复合砌块，其两肢块体之间应有拉结。

（4）填充墙与框架的连接，可根据设计要求采用脱开或不脱开方法。有抗震设防要求时，宜采用填充墙与框架脱开的方法。

① 当填充墙与框架采用脱开的方法设计时，应符合下列规定：

a. 填充墙两端与框架柱、填充墙顶面与框架梁之间留出不小于 20 mm 的间隙。

b. 填充墙端部应设置构造柱，柱间距宜不大于 20 倍墙厚且不大于 4000 mm，柱宽度不小于 100 mm。柱竖向钢筋不宜小于 $\phi 10$，箍筋宜为 $\phi^R 5$，竖向间距不宜大于 400 mm。竖向钢筋与框架梁或其挑出部分的预埋件或预留钢筋连接，绑扎接头时不小于 $30d$，焊接时（单面焊）不小于 $10d$（d 为钢筋直径）。柱顶与框架梁（板）应预留不小于 15 mm 的缝隙，用硅酮胶或其他弹性密封材料封缝。当填充墙有宽度大于 2100 mm 的洞口时，洞口两侧应加设宽度不小于 50 mm 的单筋混凝土柱。

c. 填充墙两端宜卡入设在梁、板底及柱侧的卡口铁件内，墙侧卡口板的竖向间距不宜大于 500 mm，墙顶卡口板的水平间距不宜大于 1500 mm。

d. 墙体高度超过 4 m 时宜在墙高中部设置与柱连通的水平系梁。水平系梁的截面高度不小于 60 mm。填充墙高不宜大于 6 m。

e. 填充墙与框架柱、梁的缝隙可采用聚苯乙烯泡沫塑料板条或聚氨酯发泡材料充填，并用硅酮胶或其他弹性密封材料封缝。

f. 所有连接用钢筋、金属配件、铁件、预埋件等均应作防腐防锈处理，并应符合《砌体结构设计规范》(GB 50003—2011) 第 4.3 节的规定。嵌缝材料应能满足变形和防护要求。

② 当填充墙与框架采用不脱开的方法设计时,宜符合下列规定:

a. 沿柱高每隔 500 mm 配置 2 根直径 6 mm(墙厚大于 240 mm 时配置 3 根直径 6 mm)的拉结钢筋,钢筋伸入填充墙长度不宜小于 700 mm,且拉结钢筋应错开截断,相距不宜小于 200 mm。填充墙墙顶应与框架梁紧密结合,顶面与上部结构接触处宜用一皮砖或配砖斜砌楔紧。

b. 当填充墙有洞口时,宜在窗洞口的上端或下端、门洞口的上端设置钢筋混凝土带,钢筋混凝土带应与过梁的混凝土同时浇筑,其过梁的断面及配筋由设计确定。钢筋混凝土带的混凝土强度等级不小于 C20。当有洞口的填充墙尽端至门窗洞口边距离小于 240 mm 时,宜采用钢筋混凝土门窗框。

c. 填充墙长度超过 5 m 或墙长大于 2 倍层高时,墙顶与梁宜有拉结措施,墙体中部应加设构造柱;墙高度超过 4 m 时宜在墙高中部设置与柱连接的水平系梁,墙高超过 6 m 时,宜沿墙高每 2 m 设置与柱连接的水平系梁,梁的截面高度不小于 60 mm。

5.8.3 防止或减轻墙体开裂的主要措施

(1) 在正常使用条件下,应在墙体中设置伸缩缝。伸缩缝应设在因温度和收缩变形引起应力集中、砌体产生裂缝可能性最大处。伸缩缝的间距可按表 5.14 采用。

表 5.14 砌体房屋伸缩缝的最大间距

屋盖或楼盖类别		间距/m
整体式或装配整体式钢筋混凝土结构	有保温层或隔热层的屋盖、楼盖	50
	无保温层或隔热层的屋盖	40
装配式无檩体系钢筋混凝土结构	有保温层或隔热层的屋盖、楼盖	60
	无保温层或隔热层的屋盖	50
装配式有檩体系钢筋混凝土结构	有保温层或隔热层的屋盖	75
	无保温层或隔热层的屋盖	60
瓦材屋盖、木屋盖或楼盖、轻钢屋盖		100

注:①对烧结普通砖、烧结多孔砖、配筋砌块砌体房屋,取表中数值;对石砌体、蒸压灰砂普通砖、蒸压粉煤灰普通砖、混凝土砌块、混凝土普通砖和混凝土多孔砖房屋,取表中数值乘以 0.8 的系数;当墙体有可靠外保温措施时,其间距可取表中数值。
②在钢筋混凝土屋面上挂瓦的屋盖应按钢筋混凝土屋盖采用。
③层高大于 5 m 的烧结普通砖、烧结多孔砖、配筋砌块砌体结构单层房屋,其伸缩缝间距可按表中数值乘以 1.3。
④温差较大且变化频繁地区和严寒地区不采暖的房屋及构筑物墙体的伸缩缝的最大间距,应按表中数值予以适当减小。
⑤墙体的伸缩缝应与结构的其他变形缝相重合,缝宽度应满足各种变形缝的变形要求;在进行立面处理时,必须保证缝隙的变形作用。

(2) 房屋顶层墙体,宜根据情况采取下列措施:

① 屋面应设置保温、隔热层。

② 屋面保温(隔热)层或屋面刚性面层及砂浆找平层应设置分隔缝,分隔缝间距不宜大于 6 m,其缝宽不小于 30 mm,并与女儿墙隔开。

③ 采用装配式有檩体系钢筋混凝土屋盖和瓦材屋盖。

④ 顶层屋面板下设置现浇钢筋混凝土圈梁,并沿内外墙拉通,房屋两端圈梁下的墙体内宜设置水平钢筋。

⑤ 顶层墙体有门窗等洞口时,在过梁上的水平灰缝内设置 2~3 道焊接钢筋网片或 2 根直径 6 mm 钢筋,焊接钢筋网片或钢筋应伸入洞口两端墙内不小于 600 mm。

⑥ 顶层及女儿墙砂浆强度等级不低于 M7.5(Mb7.5、Ms7.5)。

⑦ 女儿墙应设置构造柱,构造柱间距不宜大于 4 m,构造柱应伸至女儿墙顶并与现浇钢筋混凝土压顶整浇在一起。

⑧ 对顶层墙体施加竖向预应力。

(3) 房屋底层墙体,宜根据情况采取下列措施:

① 增大基础圈梁的刚度。

② 在底层的窗台下墙体灰缝内设置 3 道焊接钢筋网片或 2 根直径 6 mm 钢筋,并应伸入两边窗间墙内不小于 600 mm。

(4) 在每层门、窗过梁上方的水平灰缝内及窗台下第一道和第二道水平灰缝内,宜设置焊接钢筋网片或 2 根直径 6 mm 钢筋,焊接钢筋网片或钢筋应伸入两边窗间墙内不小于 600 mm。当墙长大于 5 m 时,宜在每层墙高度中部设置 2~3 道焊接钢筋网片或 3 根直径 6 mm 的通长水平钢筋,竖向间距为 500 mm。

(5) 房屋两端和底层第一、第二开间门窗洞处,可采取下列措施:

① 在门窗洞口两边墙体的水平灰缝中,设置长度不小于 900 mm、竖向间距为 400 mm 的 2 根直径 4 mm 的焊接钢筋网片。

② 在顶层和底层设置通长钢筋混凝土窗台梁,窗台梁高宜为块材高度的模数,梁内纵筋不少于 4 根,直径不小于 10 mm,箍筋直径不小于 6 mm,间距不大于 200 mm,混凝土强度等级不低于 C20。

③ 在混凝土砌块房屋门窗洞口两侧不少于一个孔洞中设置直径不小于 12 mm 的竖向钢筋,竖向钢筋应在楼层圈梁或基础内锚固,孔洞用不低于 Cb20 混凝土灌实。

(6) 填充墙砌体与梁、柱或混凝土墙体结合的界面处(包括内、外墙),宜在粉刷前设置钢丝网片,网片宽度可取 400 mm,并沿界面缝两侧各延伸 200 mm,或采取其他有效的防裂、盖缝措施。

(7) 当房屋刚度较大时,可在窗台下或窗台角处墙体内,以及在墙体高度或厚度突然变化处设置竖向控制缝。竖向控制缝宽度不宜小于 25 mm,缝内填以压缩性能好的填充材料,且外部用密封材料密封,并采用不吸水的、闭孔发泡聚乙烯实心圆棒(背衬)作为密封膏的隔离物(图 5.58)。

【在线测试】

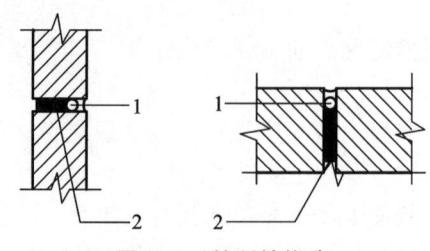

图 5.58 控制缝构造
1—不吸水的、闭孔发泡聚乙烯实心圆棒；
2—柔软、可压缩的填充物

本 章 小 结

(1) 砌体结构是指用块体和砂浆砌筑而成的结构。砌体按照材料一般可分为砖砌体、砌块砌体和石砌体。

(2) 砌体最基本的力学指标是轴心抗压强度。砌体从加载到受压破坏主要分为单块砖先开裂、裂缝贯穿若干皮砖、形成独立受压小柱等三个阶段。最终破坏时，在砌体中砖的抗压强度并未充分发挥，单块块体抗压强度高于砌体抗压强度。影响砌体抗压强度的主要因素包括：块体的种类、强度等级和形状；砂浆性能及灰缝厚度。

(3) 砌体的轴心抗拉强度、弯曲抗拉强度及抗剪强度主要与砂浆或块体的强度等级有关。当砂浆强度较低、发生沿齿缝或通缝截面破坏时，主要与砂浆的强度等级有关。

(4) 砌体构件受压承载力计算公式中的系数 φ 是考虑高厚比 β 和偏心距 e 综合影响的系数，偏心距 $e=M/N$ 按内力设计值计算，并要求 $e \leqslant 0.6y$，当不满足时应采用构造措施。

(5) 局部受压是砌体结构中常见的一种受力状态，分为局部均匀受压和局部非均匀受压，由于"套箍强化"和"应力扩散"的作用，局部受压范围内的砌体抗压强度提高；当梁端支撑处砌体局部受压承载力不足时，应设置刚性垫块或垫梁。

(6) 混合结构房屋按结构布置方案分为纵墙承重方案、横墙承重方案、纵横墙承重方案和内部框架承重方案四种。砌体结构房屋的静力计算方案按照楼盖(屋盖)类别和横墙间距分为刚性方案、刚弹性方案和弹性方案。

(7) 为了保证砌体结构在施工阶段和使用阶段稳定性和房屋空间刚度，需要进行墙、柱高厚比验算，对于一般墙柱、带壁柱墙柱及带构造柱墙，高厚比验算公式不同。

(8) 配筋砖砌体分为网状配筋砖砌体、组合砖砌体、砖砌体和钢筋混凝土构造柱组合墙。

(9) 圈梁、过梁和挑梁是混合结构房屋中经常遇到的构件，圈梁应按照《砌体结构设计规范》(GB 50003—2011)要求设置；常用过梁分为砖砌过梁和钢筋混凝土过梁，作用在过梁上的荷载有墙体荷载和过梁计算范围内梁板荷载，钢筋混凝土过梁应进行正截面和斜截面承载力计算；根据挑梁的受力特点和破坏形态不同，应进行抗倾覆验算、承载力计算和挑梁下砌体局部受压承载力计算。

(10) 墙体的构造措施不容忽视，特别由于砌体结构的脆性性质，极易出现裂缝，因此必须采取适当构造措施，防止和减小裂缝的开展，保证砌体结构的耐久性和适用性。

思 考 题

5.1 什么是砌体结构?砌体按照所采用材料不同分为哪几类?
5.2 砌体结构有哪些优缺点?
5.3 试简述砌体结构受压过程及其破坏特征。
5.4 为什么砌体的抗压强度远小于单块块体的抗压强度?
5.5 试简述影响砌体抗压强度的主要因素。其中砌体抗压强度计算公式考虑了哪些参数?
5.6 如何采用砌体抗压强度的调整系数?
5.7 无筋砌体受压构件的偏心距 e 有何限制?为什么要限制?
5.8 什么是砌体局部抗压强度提高系数 γ?为什么砌体局部抗压强度有明显提高?
5.9 当梁端支撑处砌体局部受压承载力不满足时,可采取哪些措施?
5.10 验算梁端支撑处砌体局部受压承载力时,为什么对上部轴向力设计值乘以上部荷载折减系数 ψ?ψ 与什么因素有关?
5.11 混合结构房屋的结构布置方案有哪几种?其特点是什么?
5.12 根据什么区分房屋的静力计算方案?有哪几类静力计算方案?请画出计算简图。
5.13 为什么要验算墙、柱高厚比?高厚比验算考虑哪些因素?
5.14 混合结构房屋墙柱设计内容有哪些?
5.15 刚性方案的混合结构房屋墙柱承载力是怎样验算的?
5.16 什么是配筋砌体?配筋砌体有哪几类?
5.17 什么是圈梁?圈梁的作用包括哪些?
5.18 常用的过梁的种类有哪些?怎样计算过梁上的荷载?
5.19 试简述挑梁的受力特点和破坏形态。挑梁应计算或验算哪些内容?
5.20 引起砌体结构墙体开裂的主要因素包括哪些?如何采取相应的预防措施?

习 题

5.1 某矩形截面砖柱截面尺寸为 490 mm×620 mm,采用 MU10 烧结普通砖和 M5 混合砂浆砌筑,柱的计算高度 $H_0=5.4$ m,柱顶承受轴向压力设计值 $N=260$ kN,沿截面长边方向弯矩设计值 $M=24.6$ kN·m,柱的自重按砖的重度取 19 kN/m³,砌体施工质量控制等级为 B 级。试验算柱顶的偏心受压承载力及柱底的轴心受压承载力。

5.2 带壁柱砖墙截面尺寸如图 5.59 所示,计算高度 $H_0=5.4$ m,采用 MU15 烧结普通砖和 M5 混合砂浆砌筑,若墙体承受轴向压力设计值 $N=140$ kN,弯矩设计值 $M=35$ kN·m,荷载偏向翼缘的一侧,砌体施工质量控制等级为 B 级。试验算带壁柱墙的承载力。

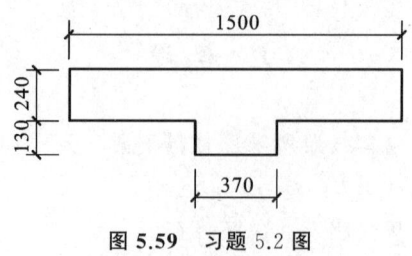

图 5.59　习题 5.2 图

5.3　已知某钢筋混凝土梁支撑在窗间墙上，梁截面尺寸为 200 mm×500 mm，梁端实际支承长度 $a=240$ mm，荷载设计值产生的梁端支撑反力 $N_l=50$ kN，墙体上部荷载 $N_u=200$ kN，窗间墙尺寸为 1500 mm×240 mm，采用 MU10 烧结普通砖和 M2.5 混合砂浆砌筑。试验算该窗间墙上梁端支承处砌体局部受压承载力。

5.4　某一外纵墙的窗间墙截面尺寸为 1200 mm×190 mm，上有一个跨度为 5.0 m 钢筋混凝土梁，截面尺寸为 200 mm×500 mm。外纵墙采用 MU10 单排孔，且孔对孔砌筑的轻骨料混凝土小型空心砌块灌孔砌体和 Mb5 混合砂浆砌筑，用 Cb20 混凝土灌孔。梁端实际支承长度 $a=240$ mm，荷载设计值产生的梁端支撑反力 $N_l=150$ kN，墙体上部荷载 $N_u=200$ kN。试验算该窗间墙上梁端支承处砌体局部受压承载力。

5.5　某单层带壁柱房屋（刚性方案），山墙间距 $s=20$ m，高度 $H=6.5$ m，开间距离 4 m，每开间有 2 m 宽的窗洞，采用 MU10 烧结普通砖和 M2.5 混合砂浆砌筑。墙厚 370 mm，壁柱尺寸为 240 mm×370 mm，如图 5.60 所示。试验算墙的高厚比是否满足要求。($\beta=22$)

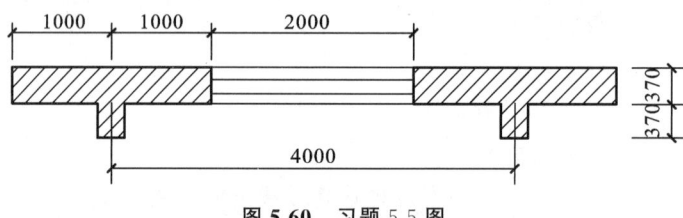

图 5.60　习题 5.5 图

5.6　已知某网状配筋砖柱，截面尺寸为 490 mm×490 mm，计算高度 $H_0=4.2$ m，承受轴向力 $N=180$ kN，沿长边方向弯矩设计值 $M=15$ kN·m，采用 MU15 烧结普通砖和 M5 混合砂浆砌筑，网状配筋采用消除应力钢丝 $\phi^P 5$ 焊接方格网，钢丝间距 $a=50$ mm，钢丝网竖向间距 $s_n=250$ mm，$f_y=430$ N/mm²。试验算该砖柱的承载力。

5.7　某钢筋混凝土组合砖承受轴向压力，墙厚 240 mm，计算高度 $H_0=3.9$ m，采用 MU15 烧结普通砖和 M5 混合砂浆砌筑，砌体施工质量控制等级为 B 级，沿墙长方向每隔 1.5 m 设 240 mm×240 mm 的钢筋混凝土构造柱，采用 C25 混凝土，HPB300 级钢筋，竖向纵筋采用 4φ12。试求单宽 1 m 横墙所能承受的轴向压力设计值。

5.8　设计一钢筋混凝土过梁。已知过梁净跨度 $l_n=3.0$ m，过梁上墙体高度为 1.5 m，墙厚为 240 mm，砌体采用 MU10 烧结普通砖和 M5 混合砂浆砌筑，采用 C25 混凝土，HRB400 级钢筋。

5 砌体结构

能力训练项目

能力训练题目：砌体结构刚性方案墙体设计
(1) 工程资料

某单位办公楼为 4 层，标准层平面布置图及剖面图如图 5.61 所示，每层层高 3.6 m，室内外高差 0.45 m。楼盖为现浇钢筋混凝土楼盖，楼面恒荷载标准值为 4 kN/m²，活荷载标准值为 3.5 kN/m²；屋面为钢筋混凝土现浇楼盖，屋面恒荷载标准值为 5 kN/m²，非上人屋面，活荷载标准值为 0.5 kN/m²，各层墙体厚度见注解，门窗自重标准值为 0.3 kN/m²。

房屋处于北方某城市，基本风压为 $w_0 = 0.45$ kN/m²，地面粗糙度为 B 类；基本雪压 $s_0 = 0.45$ kN/m²。

具体做法构造如下：
① 楼面构造做法：
20 mm 厚 1∶2 水泥砂浆面层；
120 mm 厚预应力混凝土空心板；
15 mm 厚混合砂浆粉底。
② 屋面构造做法：
改性沥青防水层；
20 mm 厚 1∶3 水泥砂浆；
100 mm 厚泡沫混凝土保护层；
120 mm 厚预应力混凝土空心板；
15 mm 厚混合砂浆粉底。
③ 墙面构造做法
内、外墙均为 240 mm 厚，两侧用 20 mm 厚的混合砂浆粉饰，再刷以乳胶漆。

(2) 训练任务及要求
① 选择材料的强度等级。
② 确定荷载包括恒荷载及活荷载：根据建筑物使用功能查阅《建筑结构荷载规范》(GB 50009—2012)。
③ 高厚比验算。
④ 墙体承载力验算：对有代表性的承重墙进行受压承载力计算及梁端支撑处局部受压承载力验算。
⑤ 绘制板及梁的配筋图：施工图是指导结构构件施工的技术文件，同时也是编制工程预算的依据和工程竣工后的存档资料，因此务须做到清晰明确，准确无误，表达详尽。

施工图通常采用两种比例尺绘制，截面一般用 1∶30~1∶20。

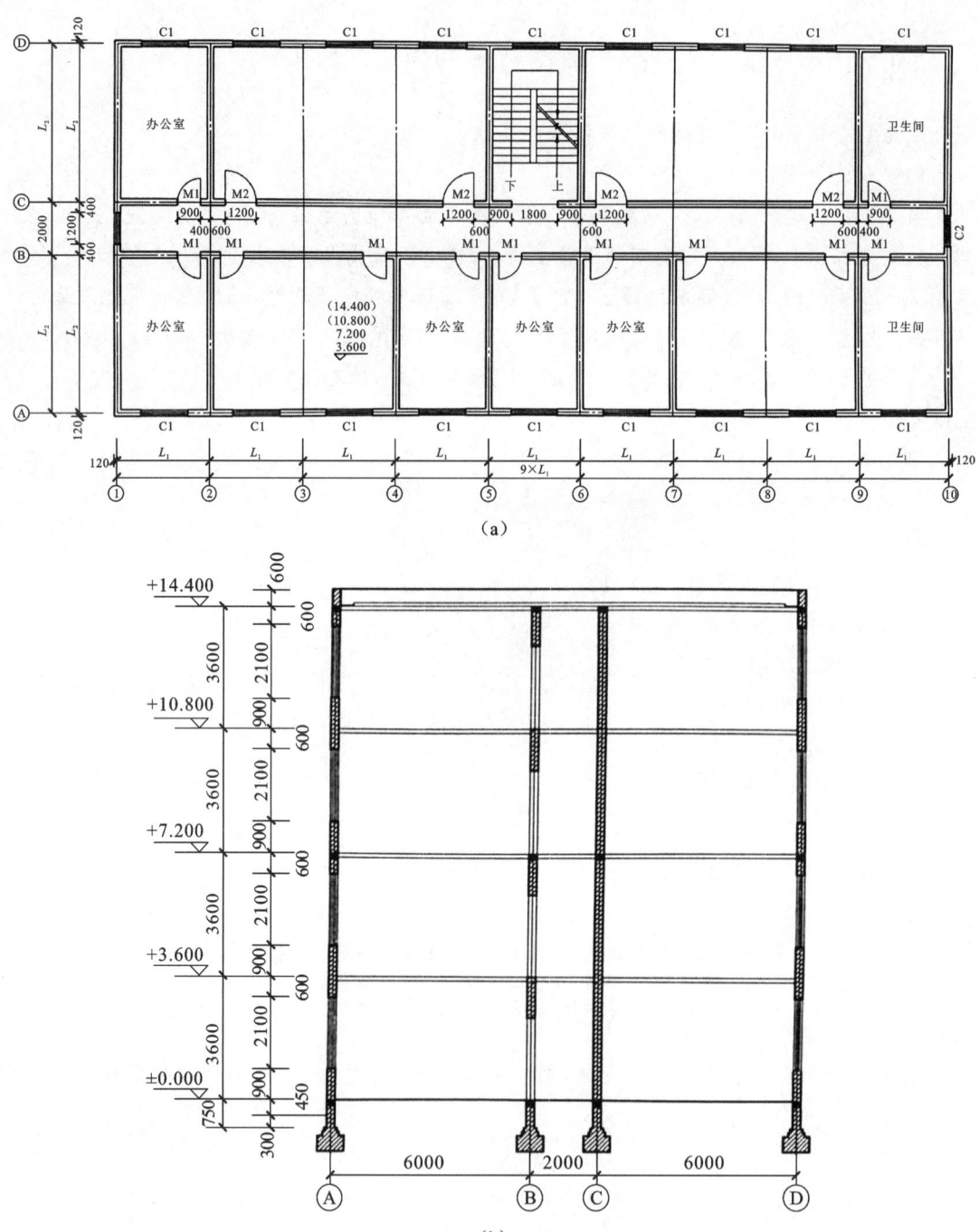

图 5.61 能力训练项目
(a)标准层平面布置图;(b)剖面图

附 录

附表 1 钢筋的公称直径、公称截面面积及理论重量

附表 1.1 钢筋的公称直径、公称截面面积及理论重量

公称直径/mm	不同根数钢筋的公称截面面积/mm²									单根钢筋理论重量/(kg/m)
	1	2	3	4	5	6	7	8	9	
6	28.3	57	85	113	142	170	198	226	255	0.222
8	50.3	101	151	201	252	302	352	402	453	0.395
10	78.5	157	236	314	393	471	550	628	707	0.617
12	113.1	226	339	452	565	678	791	904	1017	0.888
14	153.9	308	461	615	769	923	1077	1231	1385	1.21
16	201.1	402	603	804	1005	1206	1407	1608	1809	1.58
18	254.5	509	763	1017	1272	1527	1781	2036	2290	2.00(2.11)
20	314.2	628	942	1256	1570	1884	2199	2513	2827	2.47
22	380.1	760	1140	1520	1900	2281	2661	3041	3421	2.98
25	490.9	982	1473	1964	2454	2945	3436	3927	4418	3.85(4.10)
28	615.8	1232	1847	2463	3079	3695	4310	4926	5542	4.83
32	804.2	1609	2413	3217	4021	4826	5630	6434	7238	6.31(6.65)
36	1017.9	2036	3054	4072	5089	6107	7125	8143	9161	7.99
40	1256.6	2513	3770	5027	6283	7540	8796	10053	11310	9.87(10.34)
50	1963.5	3928	5892	7856	9820	11784	13748	15712	17676	15.42(16.28)

注：括号里为预应力螺纹钢筋的数值。

附表 1.2　钢筋混凝土板每米宽的钢筋面积表

钢筋间距/mm	钢筋直径/mm													
	3	4	5	6	6/8	8	8/10	10	10/12	12	12/14	14	14/16	16
70	101	179	281	404	561	719	920	1121	1369	1616	1908	2199	2536	2872
75	94.3	167	262	377	524	671	859	1047	1277	1508	1780	2053	2367	2681
80	88.4	157	245	354	491	629	805	981	1198	1414	1669	1924	2218	2513
85	83.2	148	231	333	462	592	758	924	1127	1331	1571	1811	2088	2365
90	78.5	140	218	314	437	559	716	872	1064	1257	1484	1710	1972	2234
95	74.5	132	207	298	414	529	678	826	1008	1190	1405	1620	1868	2116
100	70.6	126	196	283	393	503	644	785	958	1131	1335	1539	1775	2011
110	64.2	114	178	257	357	457	585	714	871	1028	1214	1399	1614	1828
120	58.9	105	163	236	327	419	537	654	798	942	1112	1283	1480	1676
125	56.5	100	157	226	314	402	515	628	766	905	1068	1232	1420	1608
130	54.4	96.6	151	218	302	387	495	604	737	870	1027	1184	1366	1547
140	50.5	89.7	140	202	281	359	460	561	684	808	954	1100	1268	1436
150	47.1	83.8	131	189	262	335	429	523	639	754	890	1026	1183	1340
160	44.1	78.5	123	177	246	314	403	491	599	707	834	962	1110	1257
170	41.5	73.9	115	166	231	296	379	462	564	665	786	906	1044	1183
180	39.2	69.8	109	157	218	279	358	436	532	628	742	855	985	1117
190	37.2	66.1	103	149	207	265	339	413	504	595	702	810	934	1058
200	35.3	62.8	98.2	141	196	251	322	393	497	565	668	770	888	1005
220	32.1	57.1	89.3	129	178	228	292	357	436	514	607	700	807	914
240	29.4	52.4	81.9	118	164	209	268	327	399	471	556	641	740	838
250	28.3	50.2	78.5	113	157	201	258	314	383	452	534	616	710	804
260	27.2	48.3	75.5	109	151	193	248	302	368	435	514	592	682	773
280	25.2	44.9	70.1	101	140	180	230	281	342	404	477	550	634	718
300	23.6	41.9	66.5	94	131	168	215	262	320	377	445	513	592	670
320	22.1	39.2	61.4	88	123	157	201	245	299	353	417	481	554	628

注：表中钢筋直径中的 6/8,8/10,… 指两种直径的钢筋间隔放置。

附表 2　等截面等跨连续梁在常用荷载作用下的内力系数

(1) 在均布及三角形荷载作用下：

$$M = \text{表中系数} \times ql^2 \qquad V = \text{表中系数} \times ql$$

(2) 在集中荷载作用下：

$$M = \text{表中系数} \times Fl \qquad V = \text{表中系数} \times F$$

(3) 内力正负号规定：

M——使截面上部受压、下部受拉为正；

V——对邻近截面所产生的力矩顺时针方向者为正。

附表 2.1　两跨梁

荷载图	跨内最大弯矩		支座弯矩	剪力		
	M_1	M_2	M_B	V_A	$V_{B左}$ / $V_{B右}$	V_C
均布荷载 q（两跨）	0.070	0.070	−0.125	0.375	−0.625 / 0.625	−0.375
均布荷载 q（一跨）	0.096	—	−0.063	0.437	−0.563 / 0.063	0.063
集中荷载 F（两跨跨中）	0.156	0.156	−0.188	0.312	−0.688 / 0.688	−0.312
集中荷载 F（一跨跨中）	0.203	—	−0.094	0.406	−0.594 / 0.094	0.094
集中荷载 F（两跨三分点）	0.222	0.222	−0.333	0.667	−1.333 / 1.333	−0.667
集中荷载 F（一跨三分点）	0.278	—	−0.167	0.833	−1.167 / 0.167	0.167

附表 2.2 三跨梁

荷 载 图	跨内最大弯矩		支座弯矩		剪 力			
	M_1	M_2	M_B	M_C	V_A	$V_{B左}$ $V_{B右}$	$V_{C左}$ $V_{C右}$	V_D
q 满跨 (l_0, l_0, l_0)	0.080	0.025	−0.100	−0.100	0.400	−0.600 0.500	−0.500 0.600	0.400
q 边跨	0.101	—	−0.050	−0.050	0.450	−0.550 0	0 0.550	−0.450
q 中跨	—	0.075	−0.050	−0.050	0.050	−0.050 0.500	−0.500 0.050	0.050
q 两跨	0.073	0.054	−0.117	−0.033	0.383	−0.617 0.583	−0.417 0.033	0.033
q 一跨	0.094	—	−0.067	0.017	0.433	−0.567 0.083	−0.083 −0.017	−0.017
F 满跨	0.175	0.100	−0.150	−0.150	0.350	−0.650 0.500	−0.500 0.650	−0.350
F 两边	0.213	—	−0.075	−0.075	0.425	−0.575 0	0 0.575	−0.425
F 中	—	0.175	−0.075	−0.075	−0.075	−0.075 0.500	−0.500 0.075	0.075

续附表2.2

荷 载 图	跨内最大弯矩		支座弯矩		剪 力			
	M_1	M_2	M_B	M_C	V_A	$V_{B左}$ $V_{B右}$	$V_{C左}$ $V_{C右}$	V_D
↓F ↓F (四跨梁,荷载于1、2跨中)	0.162	0.137	−0.175	−0.050	0.325	−0.675 0.625	−0.375 0.050	0.050
↓F (荷载于1跨中)	0.200	—	−0.100	0.025	0.400	−0.600 0.125	0.125 −0.125	−0.025
↓↓↓↓↓F (满布均布荷载)	0.244	0.067	−0.267	−0.267	0.733	−1.267 1.000	−1.000 1.267	−0.733
↓↓ ↓↓F (1、3跨布荷)	0.289	—	−0.133	−0.133	0.866	−1.134 0	0 1.134	−0.866
↓↓F (2跨布荷)	—	0.200	−0.133	−0.133	−0.133	−0.133 1.000	−1.000 0.133	0.133
↓↓ ↓↓F (1、2跨布荷)	0.229	0.170	−0.311	−0.089	0.689	−1.311 1.222	−0.778 0.089	0.089
↓↓F (1跨布荷)	0.274	—	−0.178	0.044	0.822	−1.178 0.222	0.222 −0.044	−0.044

附表 2.3　四跨梁

荷载图	跨内最大弯矩				支座弯矩			剪　力				
	M_1	M_2	M_3	M_4	M_B	M_C	M_D	V_A	$V_{B左}$ / $V_{B右}$	$V_{C左}$ / $V_{C右}$	$V_{D左}$ / $V_{D右}$	V_E
(q 满跨)	0.077	0.036	0.036	0.077	−0.107	−0.071	−0.107	−0.393	−0.607 / 0.536	−0.464 / 0.464	−0.536 / 0.607	−0.393
	0.100	—	0.081	—	−0.054	−0.036	−0.054	0.446	−0.554 / 0.018	0.018 / 0.482	−0.518 / 0.054	0.054
	0.072	0.061	—	0.098	−0.121	−0.018	−0.058	0.380	0.620 / 0.603	−0.397 / 0.040	−0.04 / 0.558	−0.442
	—	0.056	0.056	—	−0.036	0.107	−0.036	−0.036	−0.036 / 0.429	−0.571 / 0.571	−0.429 / 0.036	0.036
	0.094	—	—	—	−0.067	0.018	−0.004	0.433	−0.567 / 0.085	0.085 / −0.022	0.022 / 0.004	0.004
	—	0.074	—	—	−0.049	−0.054	0.013	−0.049	−0.049 / 0.496	−0.504 / 0.067	0.067 / −0.013	−0.013

续附表 2.3

荷载图	跨内最大弯矩				支座弯矩			剪力				
	M_1	M_2	M_3	M_4	M_B	M_C	M_D	V_A	$V_{B左}$ / $V_{B右}$	$V_{C左}$ / $V_{C右}$	$V_{D左}$ / $V_{D右}$	V_E
	0.169	0.116	0.116	0.169	−0.161	−0.107	−0.161	0.339	−0.661 / 0.554	−0.446 / 0.446	−0.554 / 0.661	−0.339
	0.210	—	0.180	—	−0.089	−0.054	−0.080	0.420	−0.580 / 0.027	0.027 / 0.473	−0.527 / 0.080	0.080
	0.159	0.146	—	0.206	−0.181	−0.027	−0.087	0.319	−0.681 / 0.654	−0.346 / −0.060	−0.060 / 0.587	−0.413
	—	0.142	0.142	—	−0.054	−0.161	−0.054	0.054	−0.054 / 0.393	−0.607 / −0.607	−0.393 / 0.054	0.054
	0.200	—	—	—	−0.100	0.027	−0.007	0.400	−0.600 / 0.127	0.127 / −0.033	−0.033 / 0.007	0.007
	—	0.173	—	—	−0.074	−0.080	0.020	−0.074	−0.074 / 0.493	−0.507 / 0.100	0.100 / −0.020	−0.020

续附表2.3

荷载图	跨内最大弯矩				支座弯矩			剪力				
	M_1	M_2	M_3	M_4	M_B	M_C	M_D	V_A	$V_{B左}$ $V_{B右}$	$V_{C左}$ $V_{C右}$	$V_{D左}$ $V_{D右}$	V_E
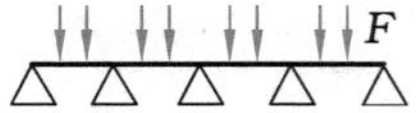	0.238	0.111	0.111	0.238	−0.286	−0.191	−0.286	0.714	−1.286 1.095	−0.905 0.905	−1.095 1.286	−0.714
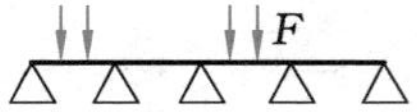	0.286	—	0.222	—	−0.143	−0.095	−0.143	0.857	−1.143 0.048	0.048 0.952	−1.048 0.143	0.143
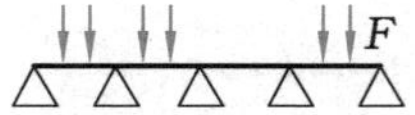	0.226	0.194	—	0.282	−0.321	−0.048	−0.155	0.679	−1.321 1.274	−0.726 −0.107	−0.107 1.155	−0.845
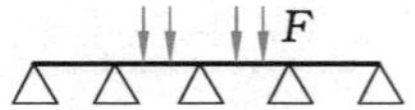	—	0.175	0.175	—	−0.095	−0.286	−0.095	−0.095	−0.095 0.810	−1.190 1.190	−0.810 0.095	0.095
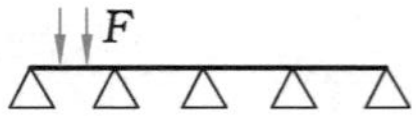	0.274	—	—	—	−0.178	0.048	−0.012	0.822	−1.178 0.226	0.226 −0.060	−0.060 0.012	0.012
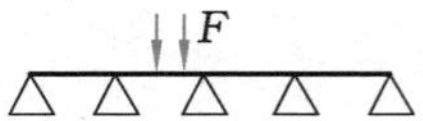	—	0.198	—	—	−0.131	−0.143	0.036	−0.131	−0.131 0.988	−1.012 0.178	0.178 −0.036	−0.036

附表 2.4　五跨梁

荷载图	跨内最大弯矩			支座弯矩				剪力				
	M_1	M_2	M_3	M_B	M_C	M_D	M_E	V_A	$V_{B左}$ / $V_{B右}$	$V_{C左}$ / $V_{C右}$	$V_{D左}$ / $V_{D右}$	$V_{E左}$ / $V_{E右}$	V_F

荷载图	M_1	M_2	M_3	M_B	M_C	M_D	M_E	V_A	$V_{B左}$/$V_{B右}$	$V_{C左}$/$V_{C右}$	$V_{D左}$/$V_{D右}$	$V_{E左}$/$V_{E右}$	V_F
满跨均布 q	0.078	0.033	0.046	−0.105	−0.079	−0.079	−0.105	0.394	−0.606 / 0.526	−0.474 / 0.500	−0.500 / 0.474	−0.526 / 0.606	−0.394
1、3、5 跨 q	0.100	—	0.085	−0.053	−0.040	−0.040	−0.053	0.447	−0.553 / 0.013	0.013 / 0.500	−0.500 / −0.013	−0.013 / 0.553	−0.447
2、4 跨 q	—	0.079	—	−0.053	−0.040	−0.040	−0.053	−0.053	−0.053 / 0.513	−0.487 / 0	0 / 0.487	−0.513 / 0.053	0.053
1、2、4 跨 q	0.073	②$\frac{0.059}{0.078}$	—	−0.119	−0.022	−0.044	−0.051	0.380	−0.620 / 0.598	−0.402 / −0.023	−0.023 / 0.493	−0.507 / 0.052	0.052
1、2 跨 q	①$\frac{—}{0.098}$	0.055	0.064	−0.035	−0.111	−0.020	−0.057	−0.035	−0.035 / 0.424	−0.576 / 0.591	−0.409 / −0.037	−0.037 / 0.557	−0.443
1 跨 q	0.094	—	—	−0.067	0.018	−0.005	0.001	0.443	−0.567 / 0.085	0.085 / −0.023	−0.023 / 0.006	0.006 / −0.001	−0.001

续附表2.4

荷载图	跨内最大弯矩			支座弯矩				剪力				
	M_1	M_2	M_3	M_B	M_C	M_D	M_E	V_A	$V_{B左}$ / $V_{B右}$	$V_{C左}$ / $V_{C右}$	$V_{D左}$ / $V_{D右}$	$V_{E左}$ / $V_{E右}$	V_F
(q 满布)	—	0.074	—	−0.049	−0.054	0.014	−0.004	−0.049	−0.049 / 0.495	−0.505 / 0.068	0.068 / −0.018	−0.018 / 0.004	0.004
(q 第1、3跨)	—	—	0.072	0.013	−0.053	−0.053	0.013	0.013	0.013 / −0.066	−0.066 / 0.500	−0.500 / 0.066	0.066 / −0.013	−0.013
(F 满布)	0.171	0.112	0.132	−0.158	−0.118	−0.118	−0.158	0.342	−0.658 / 0.540	−0.460 / 0.500	−0.500 / 0.460	−0.540 / 0.658	−0.342
(F 第1跨)	0.211	—	0.191	−0.079	−0.059	−0.059	−0.079	0.421	−0.579 / 0.020	0.020 / 0.500	−0.500 / −0.020	−0.020 / 0.579	−0.421
(F 第2跨)	—	0.181	—	−0.079	−0.059	−0.059	−0.079	−0.079	−0.079 / 0.520	−0.480 / 0	0 / 0.480	−0.520 / 0.079	0.079
(F 第3跨)	0.160	②0.144 / 0.178	—	−0.179	−0.032	−0.066	−0.077	0.321	−0.679 / 0.647	−0.353 / −0.034	−0.034 / 0.489	−0.511 / 0.077	0.077

续附表 2.4

荷 载 图	跨内最大弯矩			支座弯矩				剪 力				
	M_1	M_2	M_3	M_B	M_C	M_D	M_E	V_A	$V_{B左}$ $V_{B右}$	$V_{C左}$ $V_{C右}$	$V_{D左}$ $V_{D右}$	$V_{E左}$ $V_{E右}$	V_F
	①— 0.207	0.140	0.151	−0.052	−0.167	−0.031	−0.086	−0.052	−0.052 0.385	−0.615 0.637	−0.363 −0.056	−0.056 0.586	−0.414
	0.200	—	—	−0.100	0.027	−0.007	0.002	0.400	−0.600 0.127	0.127 −0.031	−0.031 0.009	0.009 −0.002	−0.002
	—	0.173	—	−0.073	−0.081	0.022	−0.005	−0.073	−0.073 0.493	−0.507 0.102	0.102 0.027	−0.027 0.005	0.005
	—	—	0.171	0.020	−0.079	−0.079	0.020	0.020	0.020 −0.099	−0.099 0.500	0.500 0.099	0.099 −0.020	−0.020
	0.240	0.100	0.122	−0.281	−0.211	−0.211	−0.281	0.719	−1.281 1.070	−0.930 1.000	−1.000 0.930	−1.070 1.281	−0.719
	0.287	—	0.228	−0.140	−0.105	−0.105	−0.140	0.860	−1.140 0.035	0.035 1.000	−1.000 −0.035	−0.035 1.140	−0.860

— 295 —

续附表 2.4

荷载图	跨内最大弯矩			支座弯矩				V_A	剪力			
	M_1	M_2	M_3	M_B	M_C	M_D	M_E		$V_{B左}$ / $V_{B右}$	$V_{C左}$ / $V_{C右}$	$V_{D左}$ / $V_{D右}$	$V_{E左}$ / $V_{E右}$	V_F

荷载图	M_1	M_2	M_3	M_B	M_C	M_D	M_E	V_A	$V_{B左}/V_{B右}$	$V_{C左}/V_{C右}$	$V_{D左}/V_{D右}$	$V_{E左}/V_{E右}$	V_F
	—	0.216	—	−0.140	−0.105	−0.105	−0.140	−0.140	−0.140 / 1.035	−0.965 / 0	0.000 / 0.965	−1.035 / 0.140	0.140
	0.227	②0.189 / 0.209	—	−0.319	−0.057	−0.118	−0.137	0.681	−1.319 / 1.262	−0.738 / −0.061	−0.061 / 0.981	−1.019 / 0.137	0.137
	① — / 0.282	0.172	0.198	−0.093	−0.297	−0.054	−0.153	−0.093	−0.093 / 0.796	−1.204 / 1.243	−0.757 / −0.099	−0.099 / 1.153	0.847
	0.274	—	—	−0.179	0.048	−0.013	0.003	0.821	−1.179 / 0.227	0.227 / −0.061	−0.061 / 0.016	0.016 / −0.003	−0.003
	—	0.198	—	−0.131	−0.144	0.038	−0.010	−0.131	−0.131 / 0.987	−1.013 / 0.182	0.182 / −0.048	−0.048 / 0.010	0.010
	—	—	0.193	0.035	−0.140	−0.140	0.035	0.035	0.035 / −0.175	−0.175 / 1.000	−1.000 / 0.175	0.175 / −0.035	−0.035

注:①分子及分母分别为 M_1 及 M_5 的弯矩系数;②分子及分母分别为 M_2 及 M_4 的弯矩系数。

附表 3 双向板计算系数

符号说明：

B_c 为板的抗弯刚度，$B_c = \dfrac{Eh^3}{12(1-\nu^2)}$；

E 为混凝土弹性模量；

h 为板厚；

ν 为混凝土泊松比；

f、f_{max} 分别为板中心点的挠度和最大挠度；

m_x、$m_{x,max}$ 分别为平行于 l_x 方向板中心点单位板宽内的弯矩和板跨内最大弯矩；

m'_x 为固定边中点沿 l_x 方向单位板宽内的弯矩；

m'_y 为固定边中点沿 l_y 方向单位板宽内的弯矩；

==============代表简支边；

⊥⊥⊥⊥⊥⊥⊥代表固定边。

正负号的规定：

弯矩以使板的受荷面受压者为正；

挠度以变位与荷载方向相同者为正。

附表 3.1 四边简支

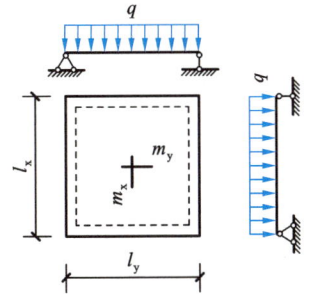

挠度 = 表中系数 $\times \dfrac{ql^4}{B_c}$

$\nu = 0$，弯矩 = 表中系数 $\times ql^2$

式中 l 取用 l_x 和 l_y 中之较小者

l_x/l_y	f	m_x	m_y	l_x/l_y	f	m_x	m_y
0.50	0.01013	0.0965	0.0174	0.80	0.00603	0.0561	0.0334
0.55	0.00940	0.0892	0.0210	0.85	0.00547	0.0506	0.0348
0.60	0.00867	0.0820	0.0242	0.90	0.00496	0.0456	0.0353
0.65	0.00796	0.0750	0.0271	0.95	0.00449	0.0410	0.0364
0.70	0.00727	0.0683	0.0296	1.00	0.00406	0.0368	0.0368
0.75	0.00663	0.0620	0.0317	—	—	—	—

附表 3.2　三边简支，一边固定

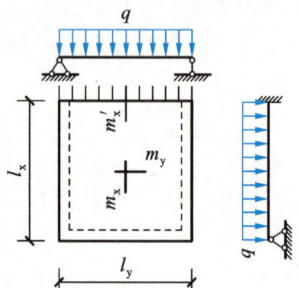

挠度 = 表中系数 $\times \dfrac{ql^4}{B_c}$

$\nu = 0$，弯矩 = 表中系数 $\times ql^2$

式中 l 取用 l_x 和 l_y 中之较小者

l_x/l_y	l_y/l_x	f	$f_{\max}$	m_x	$m_{x,\max}$	m_y	$m_{y,\max}$	m'_x
0.50	—	0.00488	0.00504	0.0583	0.0646	0.0060	0.0063	−0.1212
0.55	—	0.00471	0.00492	0.0563	0.0618	0.0081	0.0087	−0.1187
0.60	—	0.00453	0.00472	0.0539	0.0589	0.0104	0.0111	−0.1158
0.65	—	0.00432	0.00448	0.0513	0.0559	0.0126	0.0133	−0.1124
0.70	—	0.00410	0.00422	0.0485	0.0529	0.0148	0.0154	−0.1087
0.75	—	0.00388	0.00399	0.0457	0.0496	0.0168	0.0174	−0.1048
0.80	—	0.00365	0.00376	0.0428	0.0463	0.0187	0.0193	−0.1007
0.85	—	0.00343	0.00352	0.0400	0.0431	0.0204	0.0211	−0.0965
0.90	—	0.00321	0.00329	0.0372	0.0400	0.0219	0.0226	−0.0922
0.95	—	0.00299	0.00306	0.0345	0.0369	0.0232	0.0239	−0.0880
1.00	1.00	0.00279	0.00285	0.0319	0.0340	0.0243	0.0249	−0.0839
—	0.95	0.00316	0.00324	0.0324	0.0345	0.0280	0.0287	−0.0882
—	0.90	0.00360	0.00368	0.0328	0.0347	0.0322	0.0330	−0.0926
—	0.85	0.00409	0.00417	0.0329	0.0347	0.0370	0.0378	−0.0970
—	0.80	0.00464	0.00473	0.0326	0.0343	0.0424	0.0433	−0.1014
—	0.75	0.00526	0.00536	0.0319	0.0335	0.0485	0.0494	−0.1056
—	0.70	0.00595	0.00605	0.0308	0.0323	0.0533	0.0562	−0.1096
—	0.65	0.00670	0.00680	0.0291	0.0306	0.0627	0.0637	−0.1133
—	0.60	0.00752	0.00762	0.0268	0.0289	0.0707	0.0717	−0.1166
—	0.55	0.00838	0.00848	0.0239	0.0271	0.0792	0.0801	−0.1193
—	0.50	0.00927	0.00935	0.0205	0.0249	0.0880	0.0888	−0.1215

附表 3.3　两对边简支,两对边固定

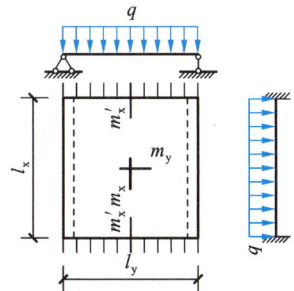

挠度 = 表中系数 × $\dfrac{ql^4}{B_c}$

$\nu = 0$, 弯矩 = 表中系数 × ql^2

式中 l 取用 l_x 和 l_y 中之较小者

l_x/l_y	l_y/l_x	f	m_x	m_y	m_x'
0.50	—	0.00261	0.0416	0.0017	−0.0843
0.55	—	0.00259	0.0410	0.0028	−0.0840
0.60	—	0.00255	0.0402	0.0042	−0.0834
0.65	—	0.00250	0.0392	0.0057	−0.0826
0.70	—	0.00243	0.0379	0.0072	−0.0814
0.75	—	0.00236	0.0366	0.0088	−0.0799
0.80	—	0.00228	0.0351	0.0103	−0.0782
0.85	—	0.00220	0.0335	0.0118	−0.0763
0.90	—	0.00211	0.0319	0.0133	−0.0743
0.95	—	0.00201	0.0302	0.0146	−0.0721
1.00	1.00	0.00192	0.0285	0.0158	−0.0698
—	0.95	0.00223	0.0296	0.0189	−0.0746
—	0.90	0.00260	0.0306	0.0224	−0.0797
—	0.85	0.00303	0.0314	0.0266	−0.0850
—	0.80	0.00354	0.0319	0.0316	−0.0904
—	0.75	0.00413	0.0321	0.0374	−0.0959
—	0.70	0.00482	0.0318	0.0441	−0.1013
—	0.65	0.00560	0.0308	0.0518	−0.1066
—	0.60	0.00647	0.0292	0.0604	−0.1114
—	0.55	0.00743	0.0267	0.0698	−0.1156
—	0.50	0.00844	0.0234	0.0798	−0.1191

附表3.4 两邻边简支,两邻边固定

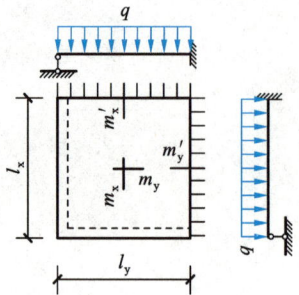

挠度 = 表中系数 $\times \dfrac{ql^4}{B_c}$

$\nu = 0$,弯矩 = 表中系数 $\times ql^2$

式中 l 取用 l_x 和 l_y 中之较小者

l_x/l_y	f	f_{max}	m_x	$m_{x,max}$	m_y	$m_{y,max}$	m'_x	m'_y
0.50	0.00468	0.00471	0.0559	0.0562	0.0079	0.0135	−0.1179	−0.0786
0.55	0.00445	0.00454	0.0529	0.0530	0.0104	0.0153	−0.1140	−0.0785
0.60	0.00419	0.00429	0.0496	0.0498	0.0129	0.0169	−0.1095	−0.0782
0.65	0.00391	0.00399	0.0461	0.0465	0.0151	0.0183	−0.1045	−0.0777
0.70	0.00363	0.00368	0.0426	0.0432	0.0172	0.0195	−0.0992	−0.0770
0.75	0.00335	0.00340	0.0390	0.0396	0.0189	0.0206	−0.0938	−0.0760
0.80	0.00308	0.00313	0.0356	0.0361	0.0204	0.0218	−0.0883	−0.0748
0.85	0.00281	0.00286	0.0322	0.0328	0.0215	0.0229	−0.0829	−0.0733
0.90	0.00256	0.00261	0.0291	0.0297	0.0224	0.0238	−0.0776	−0.0716
0.95	0.00232	0.00237	0.0261	0.0267	0.0230	0.0244	−0.0726	−0.0698
1.00	0.00210	0.00215	0.0234	0.0240	0.0234	0.0249	−0.0667	−0.0677

附表 3.5　三边固定，一边简支

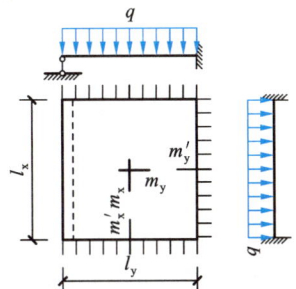

挠度 ＝ 表中系数 × $\dfrac{ql^4}{B_c}$

$\nu = 0$，弯矩 ＝ 表中系数 × ql^2

式中 l 取用 l_x 和 l_y 中之较小者

l_x/l_y	l_y/l_x	f	f_{max}	m_x	$m_{x,max}$	m_y	$m_{y,max}$	m'_x	m'_y
0.50	—	0.00257	0.00258	0.0408	0.0409	0.0028	0.0089	−0.0836	−0.0569
0.55	—	0.00252	0.00255	0.0398	0.0399	0.0042	0.0093	−0.0827	−0.0570
0.60	—	0.00245	0.00249	0.0384	0.0386	0.0059	0.0105	−0.0814	−0.0571
0.65	—	0.00237	0.00240	0.0368	0.0371	0.0076	0.0116	−0.0796	−0.0572
0.70	—	0.00227	0.00229	0.0350	0.0354	0.0093	0.0127	−0.0774	−0.0572
0.75	—	0.00216	0.00219	0.0331	0.0335	0.0109	0.0137	−0.0750	−0.0572
0.80	—	0.00205	0.00208	0.0310	0.0314	0.0124	0.0147	−0.0722	−0.0570
0.85	—	0.00193	0.00196	0.0289	0.0293	0.0138	0.0155	−0.0693	−0.0567
0.90	—	0.00181	0.00184	0.0268	0.0273	0.0159	0.0163	−0.0663	−0.0563
0.95	—	0.00169	0.00172	0.0247	0.0252	0.0160	0.0172	−0.0631	−0.0558
1.00	1.00	0.00157	0.00160	0.0227	0.0231	0.0168	0.0180	−0.0600	−0.0550
—	0.95	0.00178	0.00182	0.0229	0.0234	0.0194	0.0207	−0.0629	−0.0599
—	0.90	0.00201	0.00206	0.0228	0.0234	0.0223	0.0238	−0.0656	−0.0653
—	0.85	0.00227	0.00233	0.0225	0.0231	0.0255	0.0273	−0.0683	−0.0711
—	0.80	0.00256	0.00262	0.0219	0.0224	0.0290	0.0311	−0.0707	−0.0772
—	0.75	0.00286	0.00294	0.0208	0.0214	0.0329	0.0354	−0.0729	−0.0837
—	0.70	0.00319	0.00327	0.0194	0.0200	0.0370	0.0400	−0.0748	−0.0903
—	0.65	0.00352	0.00365	0.0175	0.0182	0.0412	0.0446	−0.0762	−0.0970
—	0.60	0.00386	0.00403	0.0153	0.0160	0.0454	0.0493	−0.0773	−0.1033
—	0.55	0.00419	0.00437	0.0127	0.0133	0.0496	0.0541	−0.0780	−0.1093
—	0.50	0.00449	0.00463	0.0099	0.0103	0.0534	0.0588	−0.0784	−0.1146

附表 3.6　四边固定

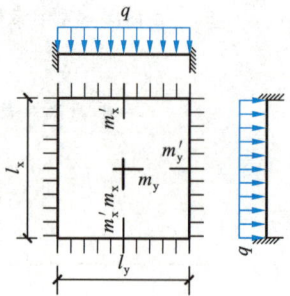

挠度 = 表中系数 × $\dfrac{ql^4}{B_c}$

$\nu = 0$，弯矩 = 表中系数 × ql^2

式中 l 取用 l_x 和 l_y 中之较小者

l_x/l_y	f	m_x	m_y	m_x'	m_y'
0.50	0.00253	0.0400	0.0038	−0.0829	−0.0570
0.55	0.00246	0.0385	0.0056	−0.0814	−0.0571
0.60	0.00236	0.0367	0.0076	−0.0793	−0.0571
0.65	0.00224	0.0345	0.0095	−0.0766	−0.0571
0.70	0.00211	0.0321	0.0113	−0.0735	−0.0569
0.75	0.00197	0.0296	0.0130	−0.0701	−0.0565
0.80	0.00182	0.0271	0.0144	−0.0664	−0.0559
0.85	0.00168	0.0246	0.0156	−0.0626	−0.0551
0.90	0.00153	0.0221	0.0165	−0.0588	−0.0541
0.95	0.00140	0.0198	0.0172	−0.0550	−0.0528
1.00	0.00127	0.0176	0.0176	−0.0513	−0.0513

附表 4 风荷载特征值

附表 4.1 部分建筑的风荷载体形系数

项次	类别	体形及体形系数 μ_s
1	封闭式双坡屋面	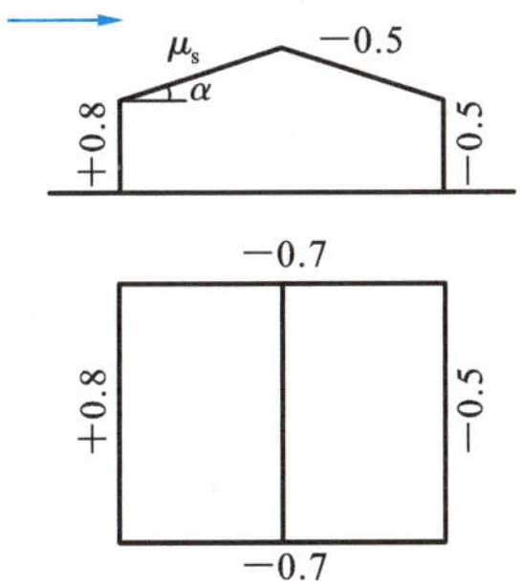 （图示） $\alpha \leq 15°$：$\mu_s = -0.6$；$\alpha = 30°$：$\mu_s = 0$；$\alpha \geq 60°$：$\mu_s = +0.8$ 中间值按插入法计算 μ_s 的绝对值不小于 0.1
2	封闭式带天窗双坡屋面	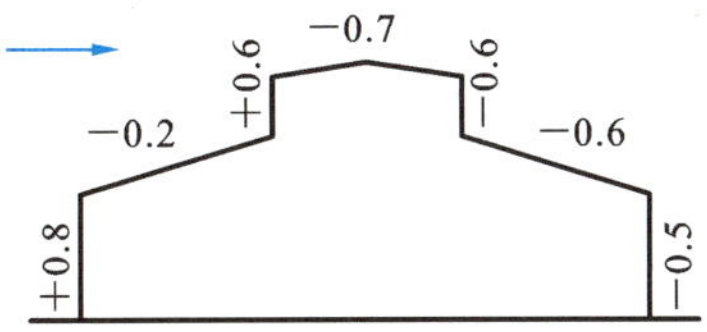 （图示） 带天窗的拱形屋面可按本图采用
3	封闭式双跨双坡屋面	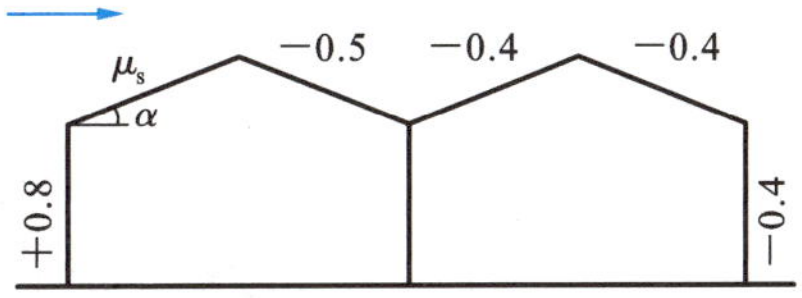 （图示） 迎风坡面的 μ_s 按第 1 项采用

续附表4.1

项次	类别	体形及体形系数 μ_s
4	封闭式不等高不等跨的双跨双坡屋面	迎风坡面的 μ_s 按第1项采用
5	封闭式房屋和构筑物	(a) 正多边形（包括矩形）平面；(b) Y形平面；(c) L形平面；(d) ⊓形平面；(e) 十字形平面；(f) 截角三角形平面

附 录

附表 4.2　风压高度变化系数 μ_z

离地面或海平面高度 /m	地面粗糙度类别			
	A	B	C	D
5	1.09	1.00	0.65	0.51
10	1.28	1.00	0.65	0.51
15	1.42	1.13	0.65	0.51
20	1.52	1.23	0.74	0.51
30	1.67	1.39	0.88	0.51
40	1.79	1.52	1.00	0.60
50	1.89	1.62	1.10	0.69
60	1.97	1.71	1.20	0.77
70	2.05	1.79	1.28	0.84
80	2.12	1.87	1.36	0.91
90	2.18	1.93	1.43	0.98
100	2.23	2.00	1.50	1.04
150	2.46	2.25	1.79	1.33
200	2.64	2.46	2.03	1.58
250	2.78	2.63	2.24	1.81
300	2.91	2.77	2.43	2.02
350	2.91	2.91	2.60	2.22
400	2.91	2.91	2.76	2.40
450	2.91	2.91	2.91	2.58
500	2.91	2.91	2.91	2.74
≥550	2.91	2.91	2.91	2.91

注：地面粗糙度分为四类：A 类指近海海面和海岛、海岸、湖岸及沙漠地区；B 类指田野、乡村、丛林、丘陵以及房屋比较稀疏的乡镇和城市郊区；C 类指有密集建筑群的城市市区；D 类指有密集建筑群且房屋较高的城市市区。

附表5 5～50/5 t 一般用途电动桥式吊车基本参数和尺寸系列（ZQ1-62）

附表5 5～50/5 t 一般用途电动桥式吊车基本参数和尺寸系列（ZQ1-62）

起重量 Q/t	跨度 L_k/m	尺寸 宽度 B/mm	尺寸 轮距 K/mm	尺寸 轨顶以上高度 H/mm	尺寸 轨道中心至端部距离 B_1/mm	吊车级别 A4～A5 最大轮压 P_{max}/t	吊车级别 A4～A5 最小轮压 P_{min}/t	吊车级别 A4～A5 吊车总质量 m_1+m_2/t	吊车级别 A4～A5 小车总质量 m_2/t
5	16.5	4650	3500	1870	230	7.6	3.1	16.4	2.0（单闸）2.1（双闸）
5	19.5	5150	4000	1870	230	8.5	3.5	19.0	2.0（单闸）2.1（双闸）
5	22.5	5150	4000	1870	230	9.0	4.2	21.4	2.0（单闸）2.1（双闸）
5	25.5	6400	5250	1870	230	10.0	4.7	24.4	2.0（单闸）2.1（双闸）
5	28.5	6400	5250	1870	230	10.5	6.3	28.5	2.0（单闸）2.1（双闸）
10	16.5	5550	4400	2140	230	11.5	2.5	18.0	3.8（单闸）3.9（双闸）
10	19.5	5550	4400	2140	230	12.0	3.2	20.3	3.8（单闸）3.9（双闸）
10	22.5	5550	4400	2140	230	12.5	4.7	22.4	3.8（单闸）3.9（双闸）
10	25.5	6400	5250	2190	230	13.5	5.0	27.0	3.8（单闸）3.9（双闸）
10	28.5	6400	5250	2190	230	14.0	6.6	31.5	3.8（单闸）3.9（双闸）
15	16.5	5650	4400	2050	230	16.5	3.4	24.1	5.3（单闸）5.5（双闸）
15	19.5	5550	4400	2140	260	17.0	4.8	25.5	5.3（单闸）5.5（双闸）
15	22.5	5550	4400	2140	260	18.5	5.8	31.6	5.3（单闸）5.5（双闸）
15	25.5	6400	5250	2140	260	19.5	6.0	38.0	5.3（单闸）5.5（双闸）
15	28.5	6400	5250	2140	260	21.0	6.8	40.0	5.3（单闸）5.5（双闸）
15/3	16.5	5650	4400	2050	230	16.5	3.5	25.0	6.9（单闸）7.4（双闸）
15/3	19.5	5550	4400	2150	260	17.5	4.3	28.5	6.9（单闸）7.4（双闸）
15/3	22.5	5550	4400	2150	260	18.5	5.0	32.1	6.9（单闸）7.4（双闸）
15/3	25.5	6400	5250	2150	260	19.5	6.0	36.0	6.9（单闸）7.4（双闸）
15/3	28.5	6400	5250	2150	260	21.0	6.8	40.5	6.9（单闸）7.4（双闸）

续附表5

起重量 Q/t	跨度 L_k/m	尺寸 宽度 B/mm	尺寸 轮距 K/mm	尺寸 轨顶以上高度 H/mm	尺寸 轨道中心至端部距离 B_1/mm	吊车级别 A4～A5 最大轮压 P_{max}/t	吊车级别 A4～A5 最小轮压 P_{min}/t	吊车总质量 m_1+m_2/t	小车总质量 m_2/t
20/5	16.5	5650	4400	2200	230	19.5	3.0	25.0	7.5（单闸）7.8（双闸）
	19.5	5550	4400	2300	260	20.5	3.5	28.0	
	22.5					21.5	4.5	32.0	
	25.5	6400	5250			23.0	5.3	30.5	
	28.5					24.0	6.5	41.0	
30/5	16.5	6050	4600	2600	260	27.0	5.0	34.0	11.7（单闸）11.8（双闸）
	19.5	6150	4800		300	28.0	6.5	36.5	
	22.5					29.0	7.0	42.0	
	25.5	6650	5250			31.0	7.8	47.5	
	28.5					32.0	8.8	51.5	
50/5	16.5	6350	4800	2700	300	39.5	7.5	44.0	14.0（单闸）14.5（双闸）
	19.5			2750		41.5	7.5	48.0	
	22.5					42.5	8.5	52.0	
	25.5	6800	5250			44.5	8.5	56.0	
	28.5					46.0	9.5	61.0	

注：①表列尺寸和起重量均为该标准制造的最大限制。
②吊车总质量根据带双闸小车和封闭式操纵室重量求得。
③本表未包括重级工作制吊车,需要时可查(ZQ1-62)系列。
④本表重量单位为吨(t),使用时要折算成法定重力计量单位千牛(kN)。
⑤起重量 50/5 t 表示主钩起重量为 50 t,副钩起重量为 5 t。

附表6　钢筋混凝土结构伸缩缝最大间距

附表6　钢筋混凝土结构伸缩缝最大间距　　　　　　单位：m

结构类别		室内或土中	露天
排架结构	装配式	100	70
框架结构	装配式	75	50
	现浇式	55	35
剪力墙结构	装配式	65	40
	现浇式	45	30
挡土墙、地下室墙壁等类结构	装配式	40	30
	现浇式	30	20

注：①装配整体式结构房屋的伸缩缝间距，可根据结构的具体情况取表中装配式结构与现浇式结构之间的数据。
②框架-剪力墙结构或框架-核心筒结构房屋的伸缩缝间距，可根据结构的具体布置情况取表中框架结构与剪力墙结构之间的数值。
③当屋面无保温或隔热措施时，框架结构、剪力墙结构的伸缩缝宜按表中露天栏的数值取用。
④现浇挑檐、雨篷等外露结构的伸缩缝间距不宜大于12 m。

附表 7 I 形截面柱的力学特征

附表 7 I 形截面柱的力学特征

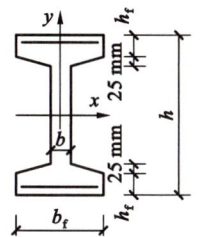

A——截面面积；
I_x——对 x 轴的惯性矩；
I_y——对 y 轴的惯性矩；
g——每米长的自重

截 面 尺 寸	$A/(\times 10^2\ mm^2)$	$I_x/(\times 10^8\ mm^4)$	$I_y/(\times 10^8\ mm^4)$	$g/(kN/m)$
I 300×400×60×60	588	12.68	3.31	1.47
I 300×400×60×80	684	14.01	4.20	1.71
I 300×500×60×60	648	22.30	3.33	1.62
I 300×500×60×80	744	25.00	4.22	1.86
I 300×600×60×60	708	35.16	3.35	1.77
I 300×600×60×80	804	39.71	4.24	2.01
I 300×600×80×80	887	40.90	4.34	2.22
I 350×400×60×60	660	14.66	5.23	1.65
I 350×400×60×80	776	16.27	6.65	1.94
I 350×400×80×80	819	16.43	6.70	2.05
I 350×500×60×60	720	25.64	5.25	1.80
I 350×500×60×80	836	28.91	6.67	2.09
I 350×500×80×80	899	29.43	6.74	2.25
I 350×600×60×60	780	40.24	5.26	1.95
I 350×600×60×80	896	45.73	6.69	2.24
I 350×600×80×80	979	46.92	6.79	2.45
I 350×700×80×80	1059	69.31	6.83	2.65
I 350×800×80×80	1139	97.00	6.87	2.85
I 400×400×60×60	733	16.64	7.78	1.83
I 400×400×60×80	869	18.52	9.91	2.17
I 400×400×80×80	912	18.68	9.96	2.28
I 400×400×100×100	1075	19.99	12.15	2.69

续附表 7

截面尺寸	$A/(\times 10^2 \text{ mm}^2)$	$I_x/(\times 10^8 \text{ mm}^4)$	$I_y/(\times 10^8 \text{ mm}^4)$	$g/(\text{kN/m})$
I 400×500×60×60	793	28.99	7.80	1.98
I 400×500×60×80	929	32.81	9.92	2.32
I 400×500×80×80	992	33.33	10.00	2.48
I 400×500×100×100	1175	36.47	12.23	2.94
I 400×600×60×60	853	45.31	7.82	2.13
I 400×600×60×80	989	51.75	9.94	2.47
I 400×600×80×80	1072	52.94	10.04	2.68
I 400×600×100×100	1275	58.76	11.84	3.19
I 400×700×60×80	1049	77.11	9.38	2.62
I 400×700×80×80	1152	77.91	10.09	2.88
I 400×700×100×100	1375	87.47	11.93	3.44
I 400×800×80×80	1232	108.64	10.13	3.08
I 400×800×100×100	1475	123.14	12.48	3.69
I 400×800×100×150	1775	143.80	17.26	4.44
I 400×900×100×150	1875	195.38	17.34	4.69
I 400×1000×100×150	1975	256.34	17.43	4.94
I 400×1100×120×150	2230	334.94	18.03	5.58
I 500×400×120×100	1335	24.97	23.69	3.34
I 500×500×120×100	1455	45.50	23.83	3.64
I 500×600×120×100	1575	73.30	23.98	3.94
I 500×1000×120×200	2815	356.37	44.17	7.04
I 500×1200×120×200	3055	572.45	44.45	7.64
I 500×1300×120×200	3175	703.10	44.60	7.94
I 500×1400×120×200	3295	849.64	44.74	8.24
I 500×1500×120×200	3415	1012.65	44.89	8.54
I 500×1600×120×200	3535	1192.73	45.03	8.84
I 600×1800×150×250	5063	2127.91	96.50	12.66
I 600×2000×150×250	5363	2785.72	97.07	13.41

注：I 为 I 形截面 $b_f \times h \times b \times h_f$（$h_f$ 为翼缘高度）。

附 录

附表 8 框架柱反弯点高度比

附表 8.1 规则框架承受均布荷载作用时柱标准反弯点高度比 y_n

层数 n	层号 j	K													
		0.1	0.2	0.3	0.4	0.5	0.6	0.7	0.8	0.9	1.0	2.0	3.0	4.0	5.0
1	1	0.80	0.75	0.70	0.65	0.65	0.60	0.60	0.60	0.60	0.55	0.55	0.55	0.55	0.55
2	2	0.45	0.40	0.35	0.35	0.35	0.35	0.40	0.40	0.40	0.40	0.45	0.45	0.45	0.45
	1	0.95	0.80	0.75	0.70	0.65	0.65	0.65	0.60	0.60	0.60	0.55	0.55	0.55	0.55
3	3	0.15	0.20	0.20	0.25	0.30	0.30	0.30	0.35	0.35	0.35	0.40	0.45	0.45	0.45
	2	0.55	0.50	0.45	0.45	0.45	0.45	0.45	0.45	0.45	0.45	0.50	0.50	0.50	0.50
	1	1.00	0.85	0.80	0.75	0.70	0.70	0.65	0.65	0.65	0.60	0.55	0.55	0.55	0.55
4	4	−0.05	0.05	0.15	0.20	0.25	0.30	0.30	0.35	0.35	0.35	0.40	0.45	0.45	0.45
	3	0.25	0.30	0.30	0.35	0.35	0.40	0.40	0.40	0.40	0.45	0.45	0.50	0.50	0.50
	2	0.60	0.55	0.50	0.50	0.45	0.45	0.45	0.45	0.45	0.45	0.50	0.50	0.50	0.50
	1	1.10	0.90	0.80	0.75	0.70	0.70	0.65	0.65	0.65	0.60	0.55	0.55	0.55	0.55
5	5	−0.20	0.00	0.15	0.20	0.25	0.30	0.30	0.30	0.35	0.35	0.40	0.45	0.45	0.45
	4	0.10	0.20	0.25	0.30	0.35	0.35	0.40	0.40	0.40	0.40	0.45	0.45	0.50	0.50
	3	0.40	0.40	0.40	0.40	0.40	0.45	0.45	0.45	0.45	0.45	0.50	0.50	0.50	0.50
	2	0.65	0.55	0.50	0.50	0.50	0.50	0.50	0.50	0.50	0.50	0.50	0.50	0.45	0.45
	1	1.20	0.95	0.80	0.75	0.75	0.70	0.70	0.65	0.65	0.65	0.55	0.55	0.55	0.55
6	6	−0.30	0.00	0.10	0.20	0.25	0.25	0.30	0.30	0.35	0.35	0.40	0.45	0.45	0.45
	5	0.00	0.20	0.25	0.30	0.35	0.35	0.40	0.40	0.40	0.40	0.45	0.45	0.50	0.50
	4	0.25	0.30	0.35	0.35	0.40	0.40	0.40	0.45	0.45	0.45	0.45	0.50	0.50	0.50
	3	0.40	0.40	0.40	0.45	0.45	0.45	0.45	0.45	0.45	0.45	0.50	0.50	0.50	0.50
	2	0.70	0.60	0.55	0.50	0.50	0.50	0.50	0.50	0.50	0.50	0.50	0.50	0.50	0.50
	1	1.20	0.95	0.85	0.80	0.75	0.70	0.70	0.65	0.65	0.65	0.55	0.55	0.55	0.55

续附表8.1

层数 n	层号 j	K													
		0.1	0.2	0.3	0.4	0.5	0.6	0.7	0.8	0.9	1.0	2.0	3.0	4.0	5.0
7	7	−0.35	−0.05	0.10	0.20	0.20	0.25	0.30	0.30	0.35	0.35	0.40	0.45	0.45	0.45
	6	−0.10	0.15	0.25	0.30	0.35	0.35	0.35	0.40	0.40	0.40	0.45	0.45	0.50	0.50
	5	0.10	0.25	0.30	0.35	0.40	0.40	0.40	0.45	0.45	0.45	0.45	0.50	0.50	0.50
	4	0.30	0.35	0.40	0.40	0.40	0.45	0.45	0.45	0.45	0.45	0.50	0.50	0.50	0.50
	3	0.50	0.45	0.45	0.45	0.45	0.45	0.45	0.45	0.45	0.45	0.50	0.50	0.50	0.50
	2	0.75	0.60	0.55	0.50	0.50	0.50	0.50	0.50	0.50	0.50	0.50	0.50	0.50	0.50
	1	1.20	0.95	0.85	0.80	0.75	0.70	0.70	0.65	0.65	0.65	0.55	0.55	0.55	0.55
8	8	−0.35	−0.05	0.10	0.15	0.25	0.25	0.25	0.30	0.35	0.35	0.40	0.45	0.45	0.45
	7	−0.10	0.15	0.25	0.30	0.35	0.35	0.40	0.40	0.40	0.40	0.45	0.50	0.50	0.50
	6	0.05	0.25	0.30	0.35	0.40	0.40	0.40	0.45	0.45	0.45	0.45	0.50	0.50	0.50
	5	0.20	0.30	0.35	0.40	0.40	0.40	0.45	0.45	0.45	0.45	0.50	0.50	0.50	0.50
	4	0.35	0.40	0.40	0.45	0.45	0.45	0.45	0.45	0.45	0.45	0.50	0.50	0.50	0.50
	3	0.50	0.45	0.45	0.45	0.45	0.45	0.45	0.45	0.50	0.50	0.50	0.50	0.50	0.50
	2	0.75	0.60	0.55	0.55	0.55	0.50	0.50	0.50	0.50	0.50	0.50	0.50	0.50	0.50
	1	1.20	1.00	0.85	0.80	0.80	0.75	0.70	0.65	0.65	0.65	0.55	0.55	0.55	0.55
9	9	−0.40	−0.05	0.10	0.20	0.25	0.25	0.30	0.30	0.35	0.35	0.45	0.45	0.45	0.45
	8	−0.15	0.15	0.25	0.30	0.35	0.35	0.35	0.40	0.40	0.40	0.45	0.45	0.50	0.50
	7	0.05	0.25	0.30	0.35	0.40	0.40	0.40	0.45	0.45	0.45	0.45	0.50	0.50	0.50
	6	0.15	0.30	0.35	0.40	0.40	0.45	0.45	0.45	0.45	0.45	0.50	0.50	0.50	0.50
	5	0.25	0.35	0.40	0.40	0.45	0.45	0.45	0.45	0.45	0.45	0.50	0.50	0.50	0.50
	4	0.40	0.40	0.40	0.45	0.45	0.45	0.45	0.45	0.45	0.45	0.50	0.50	0.50	0.50
	3	0.55	0.45	0.45	0.45	0.45	0.45	0.45	0.45	0.50	0.50	0.50	0.50	0.50	0.50
	2	0.80	0.65	0.55	0.55	0.50	0.50	0.50	0.50	0.50	0.50	0.50	0.50	0.50	0.50
	1	1.20	1.00	0.85	0.80	0.75	0.70	0.70	0.65	0.65	0.65	0.55	0.55	0.55	0.55

续附表8.1

层数 n	层号 j	K													
		0.1	0.2	0.3	0.4	0.5	0.6	0.7	0.8	0.9	1.0	2.0	3.0	4.0	5.0
10	10	−0.40	−0.05	0.10	0.20	0.25	0.30	0.30	0.30	0.35	0.40	0.40	0.45	0.45	0.45
	9	−0.15	0.15	0.25	0.30	0.35	0.35	0.40	0.40	0.40	0.45	0.45	0.45	0.50	0.50
	8	0.00	0.25	0.30	0.35	0.40	0.40	0.40	0.45	0.45	0.45	0.45	0.50	0.50	0.50
	7	0.10	0.30	0.35	0.40	0.40	0.45	0.45	0.45	0.45	0.50	0.50	0.50	0.50	0.50
	6	0.20	0.35	0.40	0.40	0.45	0.45	0.45	0.45	0.45	0.50	0.50	0.50	0.50	0.50
	5	0.30	0.40	0.40	0.45	0.45	0.45	0.45	0.45	0.45	0.50	0.50	0.50	0.50	0.50
	4	0.40	0.40	0.45	0.45	0.45	0.45	0.45	0.45	0.45	0.50	0.50	0.50	0.50	0.50
	3	0.55	0.50	0.45	0.45	0.45	0.50	0.50	0.50	0.50	0.50	0.50	0.50	0.50	0.50
	2	0.80	0.65	0.55	0.55	0.55	0.50	0.50	0.50	0.50	0.50	0.50	0.50	0.50	0.50
	1	1.30	1.00	0.85	0.80	0.75	0.70	0.70	0.65	0.65	0.60	0.60	0.55	0.55	0.55
11	11	−0.40	−0.05	0.10	0.20	0.25	0.30	0.30	0.30	0.35	0.35	0.40	0.45	0.45	0.45
	10	−0.15	0.15	0.25	0.30	0.35	0.35	0.40	0.40	0.40	0.40	0.45	0.45	0.50	0.50
	9	0.00	0.25	0.30	0.35	0.40	0.40	0.40	0.45	0.45	0.45	0.45	0.50	0.50	0.50
	8	0.10	0.30	0.35	0.40	0.40	0.45	0.45	0.45	0.45	0.45	0.50	0.50	0.50	0.50
	7	0.20	0.35	0.40	0.45	0.45	0.45	0.45	0.45	0.45	0.45	0.50	0.50	0.50	0.50
	6	0.25	0.35	0.40	0.45	0.45	0.45	0.45	0.45	0.45	0.45	0.50	0.50	0.50	0.50
	5	0.35	0.40	0.40	0.45	0.45	0.45	0.45	0.45	0.45	0.50	0.50	0.50	0.50	0.50
	4	0.40	0.45	0.45	0.45	0.45	0.45	0.45	0.50	0.50	0.50	0.50	0.50	0.50	0.50
	3	0.55	0.50	0.50	0.50	0.50	0.50	0.50	0.50	0.50	0.50	0.50	0.50	0.50	0.50
	2	0.80	0.65	0.60	0.55	0.55	0.50	0.50	0.50	0.50	0.50	0.50	0.50	0.50	0.50
	1	1.30	1.00	0.85	0.80	0.75	0.70	0.70	0.65	0.65	0.65	0.60	0.55	0.55	0.55

续附表8.1

层数 n	层号 j	K													
		0.1	0.2	0.3	0.4	0.5	0.6	0.7	0.8	0.9	1.0	2.0	3.0	4.0	5.0
12以上	↓1	−0.40	−0.05	0.10	0.20	0.25	0.30	0.30	0.30	0.35	0.35	0.40	0.45	0.45	0.45
	2	−0.15	0.15	0.25	0.30	0.35	0.35	0.40	0.40	0.40	0.40	0.45	0.45	0.50	0.50
	3	0.00	0.25	0.30	0.35	0.40	0.40	0.40	0.45	0.45	0.45	0.50	0.50	0.50	0.50
	4	0.10	0.30	0.35	0.40	0.40	0.45	0.45	0.45	0.45	0.45	0.50	0.50	0.50	0.50
	5	0.20	0.35	0.40	0.40	0.45	0.45	0.45	0.45	0.45	0.45	0.50	0.50	0.50	0.50
	6	0.25	0.35	0.40	0.45	0.45	0.45	0.45	0.45	0.45	0.45	0.50	0.50	0.50	0.50
	7	0.30	0.40	0.40	0.45	0.45	0.45	0.45	0.45	0.50	0.50	0.50	0.50	0.50	0.50
	8	0.35	0.40	0.45	0.45	0.45	0.45	0.45	0.50	0.50	0.50	0.50	0.50	0.50	0.50
	中间	0.40	0.40	0.45	0.45	0.45	0.45	0.50	0.50	0.50	0.50	0.50	0.50	0.50	0.50
	4	0.45	0.45	0.45	0.45	0.50	0.50	0.50	0.50	0.50	0.50	0.50	0.50	0.50	0.50
	3	0.60	0.50	0.50	0.50	0.50	0.50	0.50	0.50	0.50	0.50	0.50	0.50	0.50	0.50
	2	0.80	0.65	0.60	0.55	0.55	0.50	0.50	0.50	0.50	0.50	0.50	0.50	0.50	0.50
	↑1	1.30	1.00	0.85	0.80	0.75	0.70	0.70	0.65	0.65	0.65	0.55	0.55	0.55	0.55

注:$K=\dfrac{i_1+i_2+i_3+i_4}{2i_c}$。

i_1	i_2
i_3	i_c i_4

附表 8.2　规则框架承受倒三角形分布水平作用时柱标准反弯点高度比 y_n

层数 n	层号 j	K													
		0.1	0.2	0.3	0.4	0.5	0.6	0.7	0.8	0.9	1.0	2.0	3.0	4.0	5.0
1	1	0.80	0.75	0.70	0.65	0.65	0.60	0.60	0.60	0.60	0.55	0.55	0.55	0.55	0.55
2	2	0.50	0.45	0.40	0.40	0.40	0.40	0.40	0.40	0.40	0.45	0.45	0.45	0.45	0.50
	1	1.00	0.85	0.75	0.70	0.70	0.65	0.65	0.65	0.60	0.60	0.55	0.55	0.55	0.55
3	3	0.25	0.25	0.25	0.30	0.30	0.35	0.35	0.35	0.40	0.40	0.45	0.45	0.45	0.50
	2	0.60	0.50	0.50	0.50	0.50	0.45	0.45	0.45	0.45	0.45	0.50	0.50	0.50	0.50
	1	1.15	0.90	0.80	0.75	0.75	0.70	0.70	0.65	0.65	0.65	0.60	0.55	0.55	0.55
4	4	0.10	0.15	0.20	0.25	0.30	0.30	0.35	0.35	0.35	0.40	0.45	0.45	0.45	0.45
	3	0.35	0.35	0.35	0.40	0.40	0.40	0.40	0.45	0.45	0.45	0.50	0.50	0.50	0.50
	2	0.70	0.60	0.55	0.50	0.50	0.50	0.50	0.50	0.50	0.50	0.50	0.50	0.50	0.50
	1	1.20	0.95	0.85	0.80	0.75	0.70	0.70	0.70	0.65	0.65	0.55	0.55	0.55	0.50
5	5	−0.05	0.10	0.20	0.25	0.30	0.30	0.35	0.35	0.35	0.35	0.40	0.45	0.45	0.45
	4	0.20	0.25	0.35	0.35	0.40	0.40	0.40	0.40	0.40	0.45	0.45	0.50	0.50	0.50
	3	0.45	0.40	0.45	0.45	0.45	0.45	0.45	0.45	0.45	0.45	0.50	0.50	0.50	0.50
	2	0.75	0.60	0.55	0.55	0.50	0.50	0.50	0.50	0.50	0.50	0.50	0.50	0.45	0.45
	1	1.30	1.00	0.85	0.80	0.75	0.70	0.70	0.65	0.65	0.65	0.65	0.55	0.55	0.55
6	6	−0.15	0.05	0.15	0.20	0.25	0.30	0.30	0.35	0.35	0.35	0.40	0.45	0.45	0.45
	5	0.10	0.25	0.30	0.35	0.35	0.40	0.40	0.40	0.45	0.45	0.45	0.50	0.50	0.50
	4	0.30	0.35	0.40	0.40	0.45	0.45	0.45	0.45	0.45	0.45	0.50	0.50	0.50	0.50
	3	0.50	0.45	0.45	0.45	0.45	0.45	0.45	0.45	0.50	0.50	0.50	0.50	0.50	0.50
	2	0.80	0.65	0.55	0.55	0.55	0.55	0.50	0.50	0.50	0.50	0.50	0.50	0.50	0.50
	1	1.30	1.00	0.85	0.80	0.75	0.70	0.70	0.65	0.65	0.65	0.60	0.55	0.55	0.55
7	7	−0.20	0.05	0.15	0.20	0.25	0.30	0.30	0.35	0.35	0.35	0.45	0.45	0.45	0.45
	6	0.05	0.20	0.30	0.35	0.35	0.40	0.40	0.40	0.40	0.45	0.45	0.50	0.50	0.50
	5	0.20	0.30	0.35	0.40	0.40	0.45	0.45	0.45	0.45	0.45	0.50	0.50	0.50	0.50
	4	0.30	0.35	0.40	0.40	0.40	0.45	0.45	0.45	0.45	0.45	0.50	0.50	0.50	0.50
	3	0.35	0.40	0.40	0.45	0.45	0.45	0.45	0.45	0.45	0.45	0.50	0.50	0.50	0.50
	2	0.80	0.65	0.60	0.55	0.55	0.55	0.50	0.50	0.50	0.50	0.50	0.50	0.50	0.50
	1	1.30	1.00	0.90	0.80	0.75	0.70	0.70	0.70	0.65	0.65	0.60	0.55	0.55	0.55

续附表8.2

层数 n	层号 j	K													
		0.1	0.2	0.3	0.4	0.5	0.6	0.7	0.8	0.9	1.0	2.0	3.0	4.0	5.0
8	8	−0.20	0.05	0.15	0.20	0.25	0.30	0.30	0.35	0.35	0.35	0.45	0.45	0.45	0.45
	7	0.00	0.20	0.30	0.35	0.35	0.40	0.40	0.40	0.40	0.45	0.45	0.50	0.50	0.50
	6	0.15	0.30	0.35	0.40	0.40	0.45	0.45	0.45	0.45	0.45	0.50	0.50	0.50	0.50
	5	0.30	0.40	0.40	0.45	0.45	0.45	0.45	0.45	0.45	0.45	0.50	0.50	0.50	0.50
	4	0.40	0.45	0.45	0.45	0.45	0.45	0.45	0.45	0.50	0.50	0.50	0.50	0.50	0.50
	3	0.60	0.50	0.50	0.50	0.50	0.50	0.50	0.50	0.50	0.50	0.50	0.50	0.50	0.50
	2	0.85	0.65	0.60	0.55	0.55	0.55	0.50	0.50	0.50	0.50	0.50	0.50	0.50	0.50
	1	1.30	1.00	0.90	0.80	0.75	0.70	0.70	0.70	0.65	0.65	0.60	0.55	0.55	0.55
9	9	−0.25	0.00	0.15	0.20	0.25	0.30	0.30	0.35	0.35	0.40	0.45	0.45	0.45	0.45
	8	0.00	0.20	0.30	0.35	0.35	0.40	0.40	0.40	0.40	0.45	0.45	0.50	0.50	0.50
	7	0.15	0.30	0.35	0.40	0.40	0.45	0.45	0.45	0.45	0.45	0.50	0.50	0.50	0.50
	6	0.25	0.35	0.40	0.40	0.45	0.45	0.45	0.45	0.45	0.50	0.50	0.50	0.50	0.50
	5	0.35	0.40	0.45	0.45	0.45	0.45	0.45	0.45	0.50	0.50	0.50	0.50	0.50	0.50
	4	0.45	0.45	0.45	0.45	0.45	0.50	0.50	0.50	0.50	0.50	0.50	0.50	0.50	0.50
	3	0.60	0.50	0.50	0.50	0.50	0.50	0.50	0.50	0.50	0.50	0.50	0.50	0.50	0.50
	2	0.85	0.65	0.60	0.55	0.55	0.55	0.55	0.50	0.50	0.50	0.50	0.50	0.50	0.50
	1	1.35	1.00	0.90	0.80	0.75	0.75	0.70	0.70	0.65	0.65	0.60	0.55	0.55	0.55
10	10	−0.25	0.00	0.15	0.20	0.25	0.30	0.30	0.35	0.35	0.40	0.45	0.45	0.45	0.45
	9	−0.05	0.20	0.30	0.35	0.35	0.40	0.40	0.40	0.40	0.45	0.45	0.50	0.50	0.50
	8	0.10	0.30	0.35	0.40	0.40	0.40	0.45	0.45	0.45	0.45	0.50	0.50	0.50	0.50
	7	0.20	0.35	0.40	0.40	0.45	0.45	0.45	0.45	0.45	0.50	0.50	0.50	0.50	0.50
	6	0.30	0.40	0.40	0.45	0.45	0.45	0.45	0.45	0.45	0.50	0.50	0.50	0.50	0.50
	5	0.40	0.45	0.45	0.45	0.45	0.45	0.50	0.50	0.50	0.50	0.50	0.50	0.50	0.50
	4	0.50	0.45	0.45	0.45	0.50	0.50	0.50	0.50	0.50	0.50	0.50	0.50	0.50	0.50
	3	0.60	0.55	0.50	0.50	0.50	0.50	0.50	0.50	0.50	0.50	0.50	0.50	0.50	0.50
	2	0.85	0.65	0.60	0.55	0.55	0.55	0.55	0.50	0.50	0.50	0.50	0.50	0.50	0.50
	1	1.35	1.00	0.90	0.80	0.75	0.75	0.70	0.70	0.65	0.65	0.60	0.55	0.55	0.55

续附表8.2

层数 n	层号 j	K													
		0.1	0.2	0.3	0.4	0.5	0.6	0.7	0.8	0.9	1.0	2.0	3.0	4.0	5.0
11	11	−0.25	0.00	0.15	0.20	0.25	0.30	0.30	0.30	0.35	0.35	0.45	0.45	0.45	0.45
	10	−0.05	0.20	0.25	0.30	0.35	0.40	0.40	0.40	0.40	0.45	0.45	0.50	0.50	0.50
	9	0.10	0.30	0.35	0.40	0.40	0.40	0.45	0.45	0.45	0.45	0.50	0.50	0.50	0.50
	8	0.20	0.35	0.40	0.40	0.45	0.45	0.45	0.45	0.45	0.45	0.50	0.50	0.50	0.50
	7	0.25	0.40	0.40	0.45	0.45	0.45	0.45	0.45	0.45	0.50	0.50	0.50	0.50	0.50
	6	0.35	0.40	0.45	0.45	0.45	0.45	0.45	0.50	0.50	0.50	0.50	0.50	0.50	0.50
	5	0.40	0.45	0.45	0.45	0.45	0.50	0.50	0.50	0.50	0.50	0.50	0.50	0.50	0.50
	4	0.50	0.50	0.50	0.50	0.50	0.50	0.50	0.50	0.50	0.50	0.50	0.50	0.50	0.50
	3	0.65	0.55	0.50	0.50	0.50	0.50	0.50	0.50	0.50	0.50	0.50	0.50	0.50	0.50
	2	0.85	0.65	0.60	0.55	0.55	0.55	0.55	0.50	0.50	0.50	0.50	0.50	0.50	0.50
	1	1.35	1.05	0.90	0.80	0.75	0.75	0.70	0.70	0.65	0.65	0.60	0.55	0.55	0.55
12以上	↓1	−0.30	0.00	0.15	0.20	0.25	0.30	0.30	0.30	0.35	0.35	0.40	0.45	0.45	0.45
	2	−0.10	0.20	0.25	0.30	0.35	0.40	0.40	0.40	0.40	0.40	0.45	0.45	0.45	0.45
	3	0.05	0.25	0.35	0.40	0.40	0.40	0.45	0.45	0.45	0.45	0.50	0.50	0.50	0.50
	4	0.15	0.30	0.40	0.40	0.45	0.45	0.45	0.45	0.45	0.45	0.50	0.50	0.50	0.50
	5	0.25	0.35	0.40	0.45	0.45	0.45	0.45	0.45	0.45	0.50	0.50	0.50	0.50	0.50
	6	0.30	0.40	0.40	0.45	0.45	0.45	0.45	0.50	0.50	0.50	0.50	0.50	0.50	0.50
	7	0.35	0.40	0.40	0.45	0.45	0.45	0.50	0.50	0.50	0.50	0.50	0.50	0.50	0.50
	8	0.35	0.45	0.45	0.45	0.50	0.50	0.50	0.50	0.50	0.50	0.50	0.50	0.50	0.50
	中间	0.45	0.45	0.45	0.50	0.50	0.50	0.50	0.50	0.50	0.50	0.50	0.50	0.50	0.50
	4	0.55	0.50	0.50	0.50	0.50	0.50	0.50	0.50	0.50	0.50	0.50	0.50	0.50	0.50
	3	0.65	0.55	0.50	0.50	0.50	0.50	0.50	0.50	0.50	0.50	0.50	0.50	0.50	0.50
	2	0.70	0.70	0.60	0.60	0.55	0.55	0.55	0.55	0.50	0.50	0.50	0.50	0.50	0.50
	↑1	1.35	1.05	0.90	0.80	0.75	0.70	0.70	0.70	0.65	0.65	0.60	0.55	0.55	0.55

注：$K = \dfrac{i_1 + i_2 + i_3 + i_4}{2i_c}$。

i_1	i_2
i_3	i_c i_4

附表 8.3　上、下层梁刚度变化对标准反弯点高度比的修正值 y_1

α_1	K													
	0.1	0.2	0.3	0.4	0.5	0.6	0.7	0.8	0.9	1.0	2.0	3.0	4.0	5.0
0.4	0.55	0.40	0.30	0.25	0.20	0.20	0.20	0.15	0.15	0.15	0.05	0.05	0.05	0.05
0.5	0.45	0.30	0.20	0.20	0.15	0.15	0.15	0.10	0.10	0.10	0.05	0.05	0.05	0.05
0.6	0.30	0.20	0.15	0.15	0.10	0.10	0.10	0.10	0.05	0.05	0.05	0.05	0	0
0.7	0.20	0.15	0.10	0.10	0.10	0.10	0.05	0.05	0.05	0.05	0.05	0	0	0
0.8	0.15	0.10	0.05	0.05	0.05	0.05	0.05	0.05	0.05	0	0	0	0	0
0.9	0.05	0.05	0.05	0.05	0	0	0	0	0	0	0	0	0	0

注：$\alpha_1=(i_1+i_2)/(i_3+i_4)$。当 $i_1+i_2<i_3+i_4$ 时，取 $\alpha_1=(i_1+i_2)/(i_3+i_4)$，$y_1$ 取正值；当 $i_1+i_2>i_3+i_4$ 时，取 $\alpha_1=(i_3+i_4)/(i_1+i_2)$，$y_1$ 取负值。底层柱不考虑此修正，即 $y_1=0$。

附表 8.4　上、下层高度变化对标准反弯点高度比的修正值 y_2、y_3

α_2	α_3	K													
		0.1	0.2	0.3	0.4	0.5	0.6	0.7	0.8	0.9	1.0	2.0	3.0	4.0	5.0
2.0	—	0.25	0.15	0.15	0.10	0.10	0.10	0.10	0.10	0.05	0.05	0.05	0.05	0	0
1.8	—	0.20	0.15	0.10	0.10	0.10	0.05	0.05	0.05	0.05	0.05	0.05	0	0	0
1.6	0.4	0.15	0.10	0.10	0.05	0.05	0.05	0.05	0.05	0.05	0.05	0	0	0	0
1.4	0.6	0.10	0.05	0.05	0.05	0.05	0.05	0.05	0.05	0.05	0	0	0	0	0
1.2	0.8	0.05	0.05	0.05	0	0	0	0	0	0	0	0	0	0	0
1.0	1.0	0	0	0	0	0	0	0	0	0	0	0	0	0	0
0.8	1.2	−0.05	−0.05	−0.05	0	0	0	0	0	0	0	0	0	0	0
0.6	1.4	−0.10	−0.05	−0.05	−0.05	−0.05	−0.05	−0.05	−0.05	0	0	0	0	0	0
0.4	1.6	−0.15	−0.10	−0.10	−0.05	−0.05	−0.05	−0.05	−0.05	−0.05	−0.05	0	0	0	0
—	1.8	−0.20	−0.15	−0.10	−0.10	−0.10	−0.05	−0.05	−0.05	−0.05	−0.05	−0.05	0	0	0
—	2.0	−0.25	−0.15	−0.15	−0.10	−0.10	−0.10	−0.10	−0.10	−0.05	−0.05	−0.05	−0.05	0	0

注：$\alpha_2=h_u/h$，$\alpha_3=h_l/h$，h 为计算本层层高，h_u 为上一层层高，h_l 为下一层层高；y_2 按 α_2 及 K 查表，对顶层不考虑该修正；y_3 按 α_3 及 K 查表，对底层不考虑该修正。

附表 9 《砌体结构设计规范》(GB 50003—2011)有关规定

附表 9.1　砌体的弹性模量　　　　　　　　　　　　单位：MPa

砌体种类	砂浆强度等级			
	≥M10	M7.5	M5.0	M2.5
烧结普通砖、烧结多孔砖砌体	$1600f$	$1600f$	$1600f$	$1390f$
混凝土普通砖、混凝土多孔砖砌体	$1600f$	$1600f$	$1600f$	—
蒸压灰砂普通砖、蒸压粉煤灰普通砖砌体	$1060f$	$1060f$	$1060f$	—
非灌孔混凝土砌块砌体	$1700f$	$1600f$	$1500f$	—
粗料石、毛料石、毛石砌体	—	5650	4000	2250
细料石砌体	—	17000	12000	6750

注：①轻集料混凝土砌块砌体的弹性模量，可按表中混凝土砌块砌体的弹性模量采用。
②表中砌体抗压强度设计值不按 3.2.3 条进行调整。
③表中砂浆为普通砂浆，采用专用砂浆砌筑的砌体的弹性模量也按此表取值。
④对混凝土普通砖、混凝土多孔砖、混凝土和轻集料混凝土砌块砌体，表中的砂浆等级分别为：≥Mb10、Mb7.5 及 Mb5.0。
⑤对蒸压灰砂普通砖和蒸压粉煤灰普通砖砌体，当采用专用砂浆砌筑时，其强度设计值按表中数值采用。

附表 9.2　砌体的线膨胀系数和收缩率

砌体类别	线膨胀系数 /(10^{-6}℃)	收缩率 /(mm/m)
烧结普通砖、烧结多孔砖砌体	5	−0.1
蒸压灰砂普通砖、蒸压粉煤灰普通砖砌体	8	−0.2
混凝土普通砖、混凝土多孔砖、混凝土砌块砌体	10	−0.2
轻集料混凝土砌块砌体	10	−0.3
料石和毛石砌体	8	—

注：表中的收缩率系由达到收缩允许标准的块体砌筑 28 d 的砌体收缩率，当地方有可靠的砌体收缩试验数据时，亦可采用当地的试验数据。

附表 9.3 砌体的摩擦系数

材料类别	摩擦面情况	
	干燥	潮湿
砌体沿砌体或混凝土滑动	0.70	0.60
砌体沿木材滑动	0.60	0.50
砌体沿钢滑动	0.45	0.35
砌体沿砂或卵石滑动	0.60	0.50
砌体沿粉土滑动	0.55	0.40
砌体沿黏土滑动	0.50	0.30

附表 9.4 烧结普通砖和烧结多孔砖砌体的抗压强度设计值　　　　单位：MPa

砖强度等级	砂浆强度等级					砂浆强度
	M15	M10	M7.5	M5	M2.5	0
MU30	3.94	3.27	2.93	2.59	2.26	1.15
MU25	3.60	2.98	2.68	2.37	2.06	1.05
MU20	3.22	2.67	2.39	2.12	1.84	0.94
MU15	2.79	2.31	2.07	1.83	1.60	0.82
MU10	—	1.89	1.69	1.50	1.30	0.67

附表 9.5 混凝土普通砖和混凝土多孔砖砌体的抗压强度设计值　　　　单位：MPa

砖强度等级	砂浆强度等级					砂浆强度
	Mb20	Mb15	Mb10	Mb7.5	Mb5	0
MU30	4.61	3.94	3.27	2.93	2.59	1.15
MU25	4.21	3.60	2.98	2.68	2.37	1.05
MU20	3.77	3.22	2.67	2.39	2.12	0.94
MU15	—	2.79	2.31	2.07	1.83	0.82

附表9.6 蒸压灰砂普通砖和蒸压粉煤灰普通砖砌体的抗压强度设计值   单位:MPa

砖强度等级	砂浆强度等级				砂浆强度
	M15	M10	M7.5	M5	0
MU25	3.60	2.98	2.68	2.37	1.05
MU20	3.22	2.67	2.39	2.12	0.94
MU15	2.79	2.31	2.07	1.83	0.82

注:当采用专用砂浆砌筑时,其抗压强度设计值按表中数值采用。

附表9.7 单排孔混凝土砌块和轻集料混凝土砌块对孔砌筑砌体的抗压强度设计值 单位:MPa

砌块强度等级	砂浆强度等级					砂浆强度
	Mb20	Mb15	Mb10	Mb7.5	Mb5	0
MU20	6.30	5.68	4.95	4.44	3.94	2.33
MU15	—	4.61	4.02	3.61	3.20	1.89
MU10	—	—	2.79	2.50	2.22	1.31
MU7.5	—	—	—	1.93	1.71	1.01
MU5	—	—	—	—	1.19	0.70

附表9.8 双排孔或多排孔轻集料混凝土砌块砌体的抗压强度设计值   单位:MPa

砌块强度等级	砂浆强度等级			砂浆强度
	Mb10	Mb7.5	Mb5	0
MU10	3.08	2.76	2.45	1.44
MU7.5	—	2.13	1.88	1.12
MU5	—	—	1.31	0.78
MU3.5	—	—	0.95	0.56

注:①表中的砌块为火山渣、浮石和陶粒轻集料混凝土砌块。
②对厚度方向为双排组砌的轻集料混凝土砌块砌体的抗压强度设计值,应按表中数值乘以0.8。

附表 9.9 毛料石砌体的抗压强度设计值　　　　　　　　单位：MPa

毛料石强度等级	砂浆强度等级			砂浆强度
	M7.5	M5	M2.5	0
MU100	5.42	4.80	4.18	2.13
MU80	4.85	4.29	3.73	1.91
MU60	4.20	3.71	3.23	1.65
MU50	3.83	3.39	2.95	1.51
MU40	3.43	3.04	2.64	1.35
MU30	2.97	2.63	2.29	1.17
MU20	2.42	2.15	1.87	0.95

注：对细料石砌体、粗料石砌体和干砌勾缝石砌体，表中数值应分别乘以调整系数 1.4、1.2 和 0.8。

附表 9.10 毛石砌体的抗压强度设计值　　　　　　　　单位：MPa

毛石强度等级	砂浆强度等级			砂浆强度
	M7.5	M5	M2.5	0
MU100	1.27	1.12	0.98	0.34
MU80	1.13	1.00	0.87	0.30
MU60	0.98	0.87	0.76	0.26
MU50	0.90	0.80	0.69	0.23
MU40	0.80	0.71	0.62	0.21
MU30	0.69	0.61	0.53	0.18
MU20	0.56	0.51	0.44	0.15

附录

**附表 9.11　沿砌体灰缝截面破坏时砌体的轴心抗拉强度设计值、
弯曲抗拉强度设计值和抗剪强度设计值**

单位：MPa

强度类别	破坏特征及砌体种类		砂浆强度等级			
			≥M10	M7.5	M5.0	M2.5
轴心抗拉	沿齿缝	烧结普通砖、烧结多孔砖	0.19	0.16	0.13	0.09
		混凝土普通砖、混凝土多孔砖	0.19	0.16	0.13	—
		蒸压灰砂普通砖、蒸压粉煤灰普通砖	0.12	0.10	0.08	—
		混凝土和轻集料混凝土砌块	0.09	0.08	0.07	—
		毛石	—	0.07	0.06	0.04
弯曲抗拉	沿齿缝	烧结普通砖、烧结多孔砖	0.33	0.29	0.23	0.17
		混凝土普通砖、混凝土多孔砖	0.33	0.29	0.23	—
		蒸压灰砂普通砖、蒸压粉煤灰普通砖	0.24	0.20	0.16	—
		混凝土和轻集料混凝土砌块	0.11	0.09	0.08	—
		毛石	—	0.11	0.09	0.07
	沿通缝	烧结普通砖、烧结多孔砖	0.17	0.14	0.11	0.08
		混凝土普通砖、混凝土多孔砖	0.17	0.14	0.11	—
		蒸压灰砂普通砖、蒸压粉煤灰普通砖	0.12	0.10	0.08	—
		混凝土和轻集料混凝土砌块	0.08	0.06	0.05	—
抗剪	烧结普通砖、烧结多孔砖		0.17	0.14	0.11	0.08
	混凝土普通砖、混凝土多孔砖		0.17	0.14	0.11	—
	蒸压灰砂普通砖、蒸压粉煤灰普通砖		0.12	0.10	0.08	—
	混凝土和轻集料混凝土砌块		0.09	0.08	0.06	—
	毛石		—	0.19	0.16	0.11

注：①对于用形状规则的块体砌筑的砌体，当搭接长度与块体高度的比值小于 1 时，其轴心受拉强度设计值 f_t 和弯曲抗拉强度设计值 f_{tm} 按表中数值乘以搭接长度与块体高度比值后采用。
②表中数值是依据普通砂浆砌筑的砌体确定，采用经研究性试验且通过技术鉴定的专用砂浆砌筑的蒸压灰砂普通砖、蒸压粉煤灰普通砖砌体，其抗剪强度设计值按相应普通砂浆强度等级砌筑的烧结普通砖砌体采用。
③对混凝土普通砖、混凝土多孔砖、混凝土和轻集料混凝土砌块砌体，表中的砂浆强度等级分别为：≥Mb10、Mb7.5 及 Mb5。

附表 9.12.1 影响系数 φ（砂浆强度等级不低于 M5）

β	e/h 或 e/h_T												
	0	0.025	0.05	0.075	0.1	0.125	0.15	0.175	0.2	0.225	0.25	0.275	0.3
≤3	1	0.99	0.97	0.94	0.89	0.84	0.79	0.73	0.68	0.62	0.57	0.52	0.48
4	0.98	0.95	0.90	0.85	0.80	0.74	0.69	0.64	0.58	0.53	0.49	0.45	0.41
6	0.95	0.91	0.86	0.81	0.75	0.69	0.64	0.59	0.54	0.49	0.45	0.42	0.38
8	0.91	0.86	0.81	0.76	0.70	0.64	0.59	0.54	0.50	0.46	0.42	0.39	0.36
10	0.87	0.82	0.76	0.71	0.65	0.60	0.55	0.50	0.46	0.42	0.39	0.36	0.33
12	0.82	0.77	0.71	0.66	0.60	0.55	0.51	0.47	0.43	0.39	0.36	0.33	0.31
14	0.77	0.72	0.66	0.61	0.56	0.51	0.47	0.43	0.40	0.36	0.34	0.31	0.29
16	0.72	0.67	0.61	0.56	0.52	0.47	0.44	0.40	0.37	0.34	0.31	0.29	0.27
18	0.67	0.62	0.57	0.52	0.48	0.44	0.40	0.37	0.34	0.31	0.29	0.27	0.25
20	0.62	0.57	0.53	0.48	0.44	0.40	0.37	0.34	0.32	0.29	0.27	0.25	0.23
22	0.58	0.53	0.49	0.45	0.41	0.38	0.35	0.32	0.30	0.27	0.25	0.24	0.22
24	0.54	0.49	0.45	0.41	0.38	0.35	0.32	0.30	0.28	0.26	0.24	0.22	0.21
26	0.50	0.46	0.42	0.38	0.35	0.33	0.30	0.28	0.26	0.24	0.22	0.21	0.19
28	0.46	0.42	0.39	0.36	0.33	0.30	0.28	0.26	0.24	0.22	0.21	0.19	0.18
30	0.42	0.39	0.36	0.33	0.31	0.28	0.26	0.24	0.22	0.21	0.20	0.18	0.17

附表 9.12.2 影响系数 φ（砂浆强度等级 M2.5）

β	e/h 或 e/h_T												
	0	0.025	0.05	0.075	0.1	0.125	0.15	0.175	0.2	0.225	0.25	0.275	0.3
≤3	1	0.99	0.97	0.94	0.89	0.84	0.79	0.73	0.68	0.62	0.57	0.52	0.48
4	0.97	0.94	0.89	0.84	0.78	0.73	0.67	0.62	0.57	0.52	0.48	0.44	0.40
6	0.93	0.89	0.84	0.78	0.73	0.67	0.62	0.57	0.52	0.48	0.44	0.40	0.37
8	0.89	0.84	0.78	0.72	0.67	0.62	0.57	0.52	0.48	0.44	0.40	0.37	0.34
10	0.83	0.78	0.72	0.67	0.61	0.56	0.52	0.47	0.43	0.40	0.37	0.34	0.31
12	0.78	0.72	0.67	0.61	0.56	0.52	0.47	0.43	0.40	0.37	0.34	0.31	0.29
14	0.72	0.66	0.61	0.56	0.51	0.47	0.43	0.40	0.36	0.34	0.31	0.29	0.27
16	0.66	0.61	0.56	0.51	0.47	0.43	0.40	0.36	0.34	0.31	0.29	0.26	0.25

续附表9.12.2

β	e/h 或 e/h_T												
	0	0.025	0.05	0.075	0.1	0.125	0.15	0.175	0.2	0.225	0.25	0.275	0.3
18	0.61	0.56	0.51	0.47	0.43	0.40	0.36	0.33	0.31	0.29	0.26	0.24	0.23
20	0.56	0.51	0.47	0.43	0.39	0.36	0.33	0.31	0.28	0.26	0.24	0.23	0.21
22	0.51	0.47	0.43	0.39	0.36	0.33	0.31	0.28	0.26	0.24	0.23	0.21	0.20
24	0.46	0.43	0.39	0.36	0.33	0.31	0.28	0.26	0.24	0.23	0.21	0.20	0.18
26	0.42	0.39	0.36	0.33	0.31	0.28	0.26	0.24	0.22	0.21	0.20	0.18	0.17
28	0.39	0.36	0.33	0.30	0.28	0.26	0.24	0.22	0.21	0.20	0.18	0.17	0.16
30	0.36	0.33	0.30	0.28	0.26	0.24	0.22	0.21	0.20	0.18	0.17	0.16	0.15

附表9.12.3 影响系数 φ（砂浆强度等级 0）

β	e/h 或 e/h_T												
	0	0.025	0.05	0.075	0.1	0.125	0.15	0.175	0.2	0.225	0.25	0.275	0.3
≤3	1	0.99	0.97	0.94	0.89	0.84	0.79	0.73	0.68	0.62	0.57	0.52	0.48
4	0.87	0.82	0.77	0.71	0.66	0.60	0.55	0.51	0.46	0.43	0.39	0.36	0.33
6	0.76	0.70	0.65	0.59	0.54	0.50	0.46	0.42	0.39	0.36	0.33	0.30	0.28
8	0.63	0.58	0.54	0.49	0.45	0.41	0.38	0.35	0.32	0.30	0.28	0.25	0.24
10	0.53	0.48	0.44	0.41	0.37	0.34	0.32	0.29	0.27	0.25	0.23	0.22	0.20
12	0.44	0.40	0.37	0.34	0.31	0.29	0.27	0.25	0.23	0.21	0.20	0.19	0.17
14	0.36	0.33	0.31	0.28	0.26	0.24	0.23	0.21	0.20	0.18	0.17	0.16	0.15
16	0.30	0.28	0.26	0.24	0.22	0.21	0.19	0.18	0.17	0.16	0.15	0.14	0.13
18	0.26	0.24	0.22	0.21	0.19	0.18	0.17	0.16	0.15	0.14	0.13	0.12	0.12
20	0.22	0.20	0.19	0.18	0.17	0.16	0.15	0.14	0.13	0.12	0.12	0.11	0.10
22	0.19	0.18	0.16	0.15	0.14	0.14	0.13	0.12	0.12	0.11	0.10	0.10	0.09
24	0.16	0.15	0.14	0.13	0.13	0.12	0.11	0.11	0.10	0.10	0.09	0.09	0.08
26	0.14	0.13	0.13	0.12	0.11	0.11	0.10	0.10	0.09	0.09	0.08	0.08	007
28	0.12	0.12	0.11	0.11	0.10	0.10	0.09	0.09	0.08	0.08	0.08	0.07	0.07
30	0.11	0.10	0.10	0.09	0.09	0.09	0.08	0.08	0.07	0.07	0.07	0.07	0.06

附表 9.13 网状配筋砖砌体轴向力影响系数 φ_n

$\rho/\%$	β	e/h				
		0	0.05	0.10	0.15	0.17
0.1	4	0.97	0.89	0.78	0.67	0.63
	6	0.93	0.84	0.73	0.62	0.58
	8	0.89	0.78	0.67	0.57	0.53
	10	0.84	0.72	0.62	0.52	0.48
	12	0.78	0.67	0.56	0.48	0.44
	14	0.72	0.61	0.52	0.44	0.41
	16	0.67	0.56	0.47	0.40	0.37
0.3	4	0.96	0.87	0.76	0.64	0.61
	6	0.91	0.80	0.69	0.59	0.55
	8	0.84	0.74	0.62	0.53	0.49
	10	0.78	0.67	0.56	0.47	0.44
	12	0.71	0.60	0.51	0.43	0.40
	14	0.64	0.54	0.46	0.38	0.36
	16	0.58	0.49	0.41	0.35	0.32
0.5	4	0.94	0.85	0.74	0.63	0.59
	6	0.88	0.77	0.66	0.56	0.52
	8	0.81	0.69	0.59	0.50	0.46
	10	0.73	0.62	0.52	0.44	0.41
	12	0.65	0.55	0.46	0.39	0.36
	14	0.58	0.49	0.41	0.35	0.32
	16	0.51	0.43	0.36	0.31	0.29

续附表9.13

$\rho/\%$	β	e/h				
		0	0.05	0.10	0.15	0.17
0.7	4	0.93	0.83	0.72	0.61	0.57
	6	0.86	0.75	0.63	0.53	0.50
	8	0.77	0.66	0.56	0.47	0.43
	10	0.68	0.58	0.49	0.41	0.38
	12	0.60	0.50	0.42	0.36	0.33
	14	0.52	0.44	0.37	0.31	0.30
	16	0.46	0.38	0.33	0.28	0.26
0.9	4	0.92	0.82	0.71	0.60	0.56
	6	0.83	0.72	0.61	0.52	0.48
	8	0.73	0.63	0.53	0.45	0.42
	10	0.64	0.54	0.46	0.38	0.36
	12	0.55	0.47	0.39	0.33	0.31
	14	0.48	0.40	0.34	0.29	0.27
	16	0.41	0.35	0.30	0.25	0.24
1.0	4	0.91	0.81	0.70	0.59	0.55
	6	0.82	0.71	0.60	0.51	0.47
	8	0.72	0.61	0.52	0.43	0.41
	10	0.62	0.53	0.44	0.37	0.35
	12	0.54	0.45	0.38	0.32	0.30
	14	0.46	0.39	0.33	0.28	0.26
	16	0.39	0.34	0.28	0.24	0.23

附表 9.14　组合砖砌体构件的稳定系数 φ_{com}

β	配筋率 ρ/%					
	0	0.2	0.4	0.6	0.8	≥1.0
8	0.91	0.93	0.95	0.97	0.99	1.00
10	0.87	0.90	0.92	0.94	0.96	0.98
12	0.82	0.85	0.88	0.91	0.93	0.95
14	0.77	0.80	0.83	0.86	0.89	0.92
16	0.72	0.75	0.78	0.81	0.84	0.87
18	0.67	0.70	0.73	0.76	0.79	0.81
20	0.62	0.65	0.68	0.71	0.73	0.75
22	0.58	0.61	0.64	0.66	0.68	0.70
24	0.54	0.57	0.59	0.61	0.63	0.65
26	0.50	0.52	0.54	0.56	0.58	0.60
28	0.46	0.48	0.50	0.52	0.54	0.56

附表 9.15　砌体结构中钢筋的最小保护层厚度

环境类别	混凝土强度等级			
	C20	C25	C30	C35
	最低水泥含量/(kg/m³)			
	260	280	300	320
1	20	20	20	20
2	—	25	25	25
3	—	40	40	30
4	—	—	40	40
5	—	—	—	40

注：①材料中最大氯离子含量和最大含碱量应符合现行国家标准《混凝土结构设计标准》(GB/T 50010—2010)(2024 年版)的规定。
②当采用防渗砌体块体和防渗砂浆时,可以考虑部分砌体(含抹灰层)的厚度作为保护层,但对环境类别 1、2、3,其混凝土保护层的厚度相应不应小于 10 mm、15 mm 和 20 mm。
③钢筋砂浆面层的组合砌体构件的钢筋混凝土保护层宜比混凝土保护层厚度数值增加 5～10 mm。
④对安全等级为一级或设计使用年限为 50 年以上的砌体结构,钢筋保护层的厚度应至少增加 10 mm。

附表9.16 砌体施工质量控制等级

项目	施工质量控制等级		
	A	B	C
现场质量控制	制度健全,并严格执行;非施工方质量监督人员经常到现场进行质量控制,或现场设有常驻代表;施工方有在岗专业技术管理人员,人员齐全,并持证上岗	制度基本齐全,并能执行;非施工方质量监督人员间断地到现场进行质量控制;施工方有在岗专业技术管理人员,并持证上岗	有制度;非施工方质量监督人员很少在现场进行质量控制;施工方有在岗专业技术管理人员
砂浆、混凝土强度	试块按规定制作,强度满足验收规定,离散性小	试块按规定制作,强度满足验收规定,离散性较小	试块强度满足验收规定,离散性大
砂浆拌和方式	机械拌和;配合比计量严格控制	机械拌和;配合比计量控制一般	机械或人工拌和;配合比计量控制较差
砌筑工人	中级工以上,其中高级工不少于20%	高、中级工不小于70%	初级工以上

参 考 文 献

[1] 中华人民共和国住房和城乡建设部.混凝土结构设计标准:GB/T 50010—2010(2024 版)[S].北京:中国建筑工业出版社,2024.

[2] 中华人民共和国住房和城乡建设部.混凝土结构通用规范:GB 55008—2021[S].北京:中国建筑工业出版社,2022.

[3] 中华人民共和国住房和城乡建设部.工程结构通用规范:GB 55001—2021[S].北京:中国建筑工业出版社,2022.

[4] 中华人民共和国住房和城乡建设部.建筑结构可靠性设计统一标准:GB 50068—2018[S].北京:中国建筑工业出版社,2019.

[5] 中华人民共和国住房和城乡建设部.建筑结构荷载规范:GB 50009—2012[S].北京:中国建筑工业出版社,2012.

[6] 中华人民共和国住房和城乡建设部.砌体结构设计规范:GB 50003—2011[S].北京:中国建筑工业出版社,2012.

[7] 中华人民共和国住房和城乡建设部.砌体结构通用规范:GB 55007—2021[S].北京:中国建筑工业出版社,2021.

[8] 中华人民共和国住房和城乡建设部.高层建筑混凝土结构技术规程:JGJ 3—2010.北京:中国建筑工业出版社,2016.

[9] 中华人民共和国住房和城乡建设部.建筑地基基础设计规范:GB 50007—2011[S].北京:中国建筑工业出版社,2012.

[10] 中华人民共和国住房和城乡建设部.建筑抗震设计标准:GB/T 50011—2010(2024 年版)[S].北京:中国建筑工业出版社,2024.

[11] 东南大学,同济大学,天津大学.混凝土结构:中册[M].7 版.北京:中国建筑工业出版社,2020.

[12] 杨虹.混凝土结构设计与砌体结构设计[M].北京:机械工业出版社,2020.

[13] 沈蒲生.混凝土结构设计[M].5 版.北京:高等教育出版社,2020.

[14] 白国良,王毅红.混凝土结构设计[M].2 版.武汉:武汉理工大学出版社,2022.

[15] 赵亮,王百田.混凝土结构原理与设计[M].4 版.武汉:武汉理工大学出版社,2021.

[16] 梁兴文,史庆轩.混凝土结构设计[M].5 版.北京:中国建筑工业出版社,2022.

[17] 牛少儒,杨子江.混凝土结构[M].哈尔滨:哈尔滨工业大学出版社,2016.

[18] 徐锡权.建筑结构[M].2 版.北京:北京大学出版社,2014.

[19] 重庆建筑大学.钢筋混凝土连续梁和框架考虑内力重分布设计规程:CECS 51:93[S].北京:中国计划出版社,1993.

[20] 刘雁.建筑结构[M].4版.北京:机械工业出版社,2020.

[21] 苑振芳.砌体结构设计手册[M].4版.北京:机械工业出版社,2013.

[22] 东南大学,天津大学,同济大学.混凝土结构学习指导[M].3版.北京:中国建筑工业出版社,2020.

[23] 邹小静,杨鼎久,徐磊.建筑结构学习指导与习题[M].北京:机械工业出版社,2017.

[24] 唐兴荣.混凝土结构课程设计解析与实例[M].2版.北京:机械工业出版社,2021.